鑽石大全

THE GREAT DIAMONDS

李承倫 (Richard Li) 著

序

從世界各國的文獻典籍中，很早就可發現鑽石的蹤跡，例如：佛家的經書金剛經，所指最堅硬的石頭，就是鑽石。西元前四世紀時，亞歷山大大帝東征到印度河，也記錄了發現鑽石的蹤跡，對照今日地點，就是印度大城海德堡 (Hyderabad) 附近，以產 Type II A 鑽石聞名的 Golconda 老礦區，當地也是著名的珍珠交易市場。接著西元十三世紀，威尼斯商人馬可波羅寫的遊記，也記載印尼蘇門答臘有個鑽石角。著名的探險故事「辛巴達歷險記」有一段吸引人的敘述：「在充滿毒蛇的深谷中，為了取得鑽石，將肉塊丟進山谷，讓老鷹將沾有鑽石的腐肉叼出，藉此取得鑽石。」

很多跟鑽石有關的故事很有趣，而鑽石本身更是吸引人。鑽石不光是晶亮、閃爍、迷人，他引領所有寶石的精密切割方式，無論是鑽石的價值、藝術地位，都是非常值得探討的。

1974 年是筆者出生的那一年，算是戰後出生的嬰兒潮，由於當時石油危機，造成全球石油與糧食的價格飆漲、世界動盪不安，1974 年光石油就漲價了 350%，台灣的經濟成長率從 1973 年的 12.8%，於 1974 年降到到 1.1%。

此時國際鑽石市場情況危急，De Beers 因此召集了全世界的 sight holder，緊急把鑽石只簡單分級為 white、yellow、brown、white rejection，因此成功穩定了當時鑽石需求量減少，所造成的巨大衝擊；著名的鑽石業界巨人 Arunkumar Mehta，也在此時奠定了世界鑽石的版圖。

在 1970 年代初期的台灣，當時鑽石是沒有報表的，因此隨著商人任意哄抬價格，白色的鑽石一度上了天價，這個狀況，也在 1978 年的鑽石報表出現下，讓鑽石價格下降回檔呈現穩定的趨勢。這幾年，由於交易市場的熱絡，這幾年成立了超過 20 個鑽石交易所，加上中國鑽石加工的崛起，讓中國加工的鑽石也在全球市場上佔有一定的版圖，書中也詳細的介紹力拓集團 Argyle Mine，在 De beers 逼迫下的突破困境，成功對抗 De beers，這也是業界津津樂道的話題。2018 年 De beers 更投入人工鑽石生產，我們相信對業界將造成一定衝擊，而背後的故事，我們將在書中與大家分享解密。

筆者鑽研在鑽石世界數十年，出版了近十本寶石專書，本身不但是工作狂也兼具好幾個身分，是寶石獵人，也是鑑定師，不但是珠寶拍賣官，也擅於切割研磨寶石。7 歲就開始收集寶石。從路邊的攤商賣石頭到舉辦大型的拍賣會讓全球收藏家競標；從臺灣寶島開始尋寶到周遊列國造訪超過 50 多國的礦區。在國際受邀的講座及教學中與學生分享經驗，深知珠

寶愛好者對於鑽石有極高的推崇，寫這本書，不只是讓在珠寶界的從業人士有本參考書，更希望引導帶領對鑽石有興趣的初學者，能有一本資料充足的教科書，所以書中涵蓋的資料相當廣泛，希望為讀者打下良好基礎。

　　現在網路發達，優點是資訊的取得方便又迅速，缺點為虛假訊息滿天飛，若無判斷能力，將容易被誤導。而要如何具有判斷能力？建議先累積經過驗證的相關知識，才能漸漸培養判斷能力，所以筆者花了極大的心力編寫此書，希望給予讀者一把進入鑽石美好世界的鑰匙。二千多年前人類就知道鑽石的稀有與珍貴，直至今日，鑽石仍是世上最濃縮的財富，在這迅速變化的時代，鑽石讓我們看到亙古不變的本質。鑽石這個行業相當獨特有趣，一般生意場合上的契約、合同、簽章，在鑽石的交易中無任何用途，千百年來，只要雙方口頭上說好、握手、Mazal(希伯來文成交、祝好運的意思)，就算之後有人願意付更高的價錢買下，賣家也不會轉賣他人；在現今爾虞我詐的商場中，交易模式不斷的變化，沒想到在鑽石交易的背後，仍維持上千年的傳統不變，信用勝過一切。以色列這麼小的國家，自然資源匱乏、並無出產鑽石，但猶太人的鑽石生意，以誠信而聞名世界，難怪商界流傳一句話：「猶太人控制華爾街、華爾街控制全美國、美國控制全世界」。

　　這本書的完成，要感謝 EGL Taiwan 的鑑定師們。他們既富有學理又有實務經驗，為這本書貢獻了他們的專業，對讀者有很大的幫助。也要感謝編輯們，他們讓這本書的美感與可讀性都增加了不少。因為這麼多人的幫忙，這本書才能出版。

▶ 世界知名的彩鑽教父 Eddy Elzas 是我追尋巡彩鑽的啟發者。

在這次的行程中， 被當地的搶匪釘上，害的好友老林的警衛被打傷，廠房被燒掉

多虧 Terry 的照顧，讓我安全的在非洲各地考察。

▶ 1.06 克拉 綠藍鑽裸石
Fancy Greenish Blue VVS2 / CUSHION
Jurassic Museum Collection

Contents

▶ 3.01 克拉 濃彩黃綠彩鑽裸石
Fancy Intense Yellow-Green VS1 / CUSHION
Jurassic Museum Collection

▶ 11.76CT 鑽石蝴蝶蘭黃彩鑽孔克珠胸針
FANCY YELLOW / OVAL
Jurassic Museum Collection

Chapter 1
鑽石產業的起源及商業沿革

5.00CT 白鑽 / D / IF / PEAR
Jurassic Museum Collection

鑽石產業的起源及商業沿革

你可曾聽過知名品牌的廣告標語「鑽石恆久遠，一顆永流傳」，對於形容淵遠的鑽石產業歷史再適合不過了！直至今日鑽石依舊是眾所喜愛且流行不敗的寶石，鑽石又稱為金剛石，古希臘語稱為「ἀδάμας / Adamas」，意思為堅硬、不可征服之意，西元 1 世紀古羅馬學家「普林尼 (Plinius)」曾經提到：鑽石是世界上最有價值的東西。早在舊約聖經的出埃及記、佛典的金剛經都有記載鑽石之文字。

具歷史學家考究的發現，鑽石產業很有可能在 3,000 年前古印度時代就有鑽石的交易市場，但當時因為開採知識的不足及產量十分稀少，僅有在小部分特別階級的人才有機會擁有，西元 4 世紀時也據傳在印尼婆羅洲發現鑽石的蹤跡，隨著歷史洪流的發展，印度的鑽石在大約西元 13 世紀的時候，從海上絲路傳到當時歐洲最鼎盛的國度「威尼斯」，成為當時皇族公爵及社會高階人士的流行飾品。

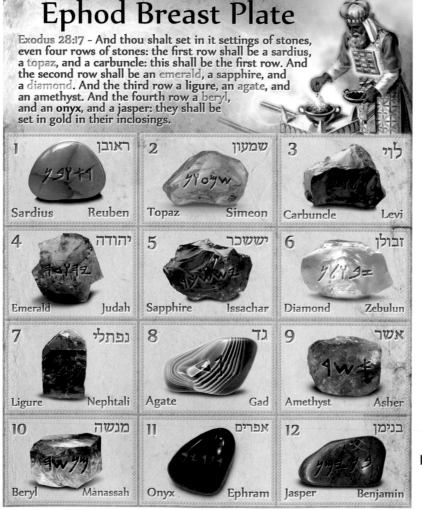

Ephod Breast Plate

Exodus 28:17 - And thou shalt set in it settings of stones, even four rows of stones: the first row shall be a sardius, a topaz, and a carbuncle: this shall be the first row. And the second row shall be an emerald, a sapphire, and a diamond. And the third row a ligure, an agate, and an amethyst. And the fourth row a beryl, and an onyx, and a jasper: they shall be set in gold in their inclosings.

1 ראובן Sardius　Reuben	2 שמעון Topaz　Simeon	3 לוי Carbuncle　Levi
4 יהודה Emerald　Judah	5 יששכר Sapphire　Issachar	6 זבולן Diamond　Zebulun
7 נפתלי Ligure　Nephtali	8 גד Agate　Gad	9 אשר Amethyst　Asher
10 מנשה Beryl　Manassah	11 אפרים Onyx　Ephram	12 בנימן Jasper　Benjamin

▶ 出埃及記 28：17~20 中記載到各種重要寶石，其中含有鑽石。
圖片來源：Robert Lyga

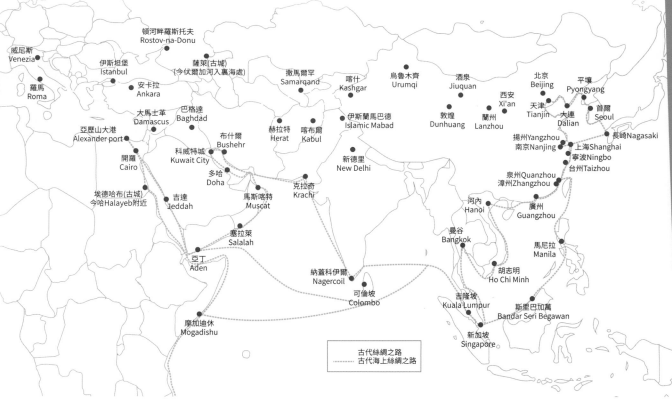

而鑽石也是在那個時期成為婚約的誓物，西元 1477 年，神聖羅馬帝國皇帝「馬克西米利安一世 (Maximilian I)」與妻子勃艮第公爵之女「瑪麗 (Mary of Burgundy)」定情之物，就是一枚鑽石戒指，也是歷史上第一個婚約鑽戒，鑽石被賦予另一個特殊的意義「永恆且堅貞不變的愛」，這個習俗直到今日還是存在。

▶ 法國皇后「瑪麗安東尼 (Marie Antoinette)」，在法國大革命發生後，於 1791 年 6 月與法國路易十六攜兒女逃亡失敗，被帶回軟禁，最終命喪斷頭台，極度奢華的瑪麗皇后留下許多傳奇珠寶，從未有人看過，於 2018.11.14 日內瓦蘇富比拍賣會登場，其中一件藏有瑪麗皇后頭髮的 M 文字戒指，起拍價為 7,950 美元，最終以 44 萬美元落槌成交！

▶ 「馬克西米利安」和「瑪麗」兩人定情戒以名字頭文字 M 為造型，可惜鑽石已消失。

▶ 18 世紀以前印度「戈爾康達 (Golconda)」是世界上鑽石最重要的產地。
圖片來源：Pieter van der Aa

▶ 法國商人「塔維尼埃 (jean baptiste Tavernier)」曾六度東航，到世界各地參訪並在「路易十四 (Louis XIV)」的要求下出版了 Les Six Voyages de Jean-Baptiste Tavernier 一書，記載到印度開採鑽石的盛況。

今日滿街巷口的精品店，都能看到鑽石的蹤影，但你曾經想過鑽石是由何時開始普及的呢？鑽石的普及是直到了 17 世紀才揭開序幕，西元 1600 年，東印度公司的成立幾乎壟斷了鑽石的交易市場，直到 17 世紀中期被迫放寬政策，從那時候才開始有許多私人公司有機會交易鑽石，法國貿易商人「塔維尼埃 (jean baptiste Tavernier)」，是具記載第一位的跨洲鑽

石貿易商人，他在 1631~1668 年間，六度東航至世界各地，其中第二次的東航 (1638~1643) 到達了印度，目睹了蒙兀兒帝王的孔雀寶座，並親赴自舉世聞名的「戈爾康達 (Golconda)」，紀錄當地開採鑽石的盛況，塔維尼埃將這些故事記載在他的遊記，並將這些鑽石的資訊帶回歐洲。

時逢歐美國家的富裕鼎盛，鑽石的消

▶ 17 世紀以前，鑽石是皇室的專屬物，「偉大的瑪薩琳 (Le Grand Mazarin)」粉紅鑽石見證了法國兩世紀間的興衰，命名來自紅衣主教「瑪薩琳」，重量 19.07 克拉，顏色及淨度為 Light Pink VS2，「路易十四 (Louis XIV)」 的妻子「瑪麗亞特麗莎 (Maria Theresa)」所配戴的后冠上，鑲嵌著這顆鑽石，後來經過歷代君王的配戴，甚至遭到失竊，最終幸運尋回，於 1887 年被「伯夐 (Boucheron)」收購，之後又被販售給歐洲私人收藏家，2017 年日內瓦佳士得拍賣會再度登場，以 14,375,000 瑞士法郎成交。

費層級慢慢從皇室，轉移到富庶的百姓成為消費鑽石的主力，需求雖然提升但礦藏始終只有印度開採鑽石，到了 18 世紀巴西的掏金者意外發現了鑽石礦藏，彌補了印度產量銳減的需求，這種狀況維持到了 19 世紀末南非鑽石的發現而終結，世界鑽石舞台的中心正式移轉到南非。

直到現在或許您還是聽過「產自南非的鑽石最好」的錯誤資訊，但鑽石貿易、開採、切磨等……技術發展至今日與南非鑽石的確是息息相關，南非鑽石的發現帶來鑽石歷史的黃金年代，據說第一個在南非發現的鑽石是在 1866 年南非金伯利地區的一座農場中，一位 15 歲的牧童砍材時意外發現一顆重達 21.25 克拉的原礦，名為「優瑞佳 (Eureka)」，意思是「我找到了」，牧童把鑽石原礦送給妹妹把玩，一次偶然的機會被鄰居「尼克可 (Schalk

▶ 18 世紀末的巴西掏金熱潮盛況，在掏洗黃金的過程中無意間也發現了鑽石的蹤跡。
圖片來源：Sebastiao Salgado

Van Niekerk)」看到，尼克可被石頭深深的吸引，請求小朋友賣給他，最後牧童的母親將鑽石贈送給他，順利得到這顆原礦，並將原礦送到英國請人鑑定，被確認是鑽石，這樣驚奇的消息被傳遞開來，當時英國媒體也渲染大肆宣傳，使得大批人潮都想湧入南非開採鑽石，一圓發財夢，

但在發現優瑞佳鑽石後的三年期間，雖然出現了更多的鑽石礦脈，但始終沒有像優瑞佳一樣的大克拉鑽石出土，使得 1866 年激起的挖鑽石熱，消退冷淡，直到了 1869 年再度發現巨鑽 - 南非之星 (Star of South Africa)，再度颳起一陣旋風。

▶ 8.00 克拉 Old mine cut。
Courtesy of Jurassic museum

▶ 26.99 克拉 Fancy yellow VS1 Old mine cushion cut / Jurassic Museum Collection，2013 年委託香港蘇富比以 472 萬港幣的高價售出，創下當時老曠式切工的拍賣紀錄。

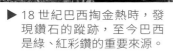

▶ 18 世紀巴西掏金熱時，發現鑽石的蹤跡，至今巴西是綠、紅彩鑽的重要來源。

▶「優瑞佳 (Eureka)」鑽石的顏色為 brownish yellow，原礦重 21.25 克拉，經過切磨後重量為 10.73 克拉，「戴比爾斯」購買後捐贈給金伯利礦業博物館展出，2018 年品牌歡慶 130 周年活動時，曾來台灣展示。來源：Debeers

▶「南非之星 (Star of South Africa)」於 1974 佳士得拍賣會再度現身，以 50 萬美元落槌成交，目前存放在倫敦自然歷史博物館。

「南非之星」發現於南非「贊德方坦 (Zandfontein)」地區的「奧蘭治河 (Orange Rive)」附近一處農場，據說是一位牧羊人撿到，原礦重達 83.50 克拉，牧羊人並不了解這顆原礦的價值，起初只是想要用它換一宿或是一頓飯，但都被拒絕，直到遇見了「尼克可」，幸運的「尼克可」一眼認出這是一顆鑽石，而且是比之前看到的「優瑞佳」大數倍，尼克可用自己全數的財產，500 隻羊、10 頭牛、1 匹馬的酬勞與牧羊人交換到原礦，「尼克可」把原礦帶到「霍普頓 (Hopetown)」售出，賣了 $11,200 英磅，1870 年被倫敦切磨師買下，切磨成 47.69CT 的水滴型鑽石，以 $125,000 美元賣給「大德利夫人 (Dudley)」。

「南非之星」的發現，再次帶起鑽石開採的風潮，且更勝於「優瑞佳」發現時的狀況，採礦人在南非「瓦爾河 (Vaal

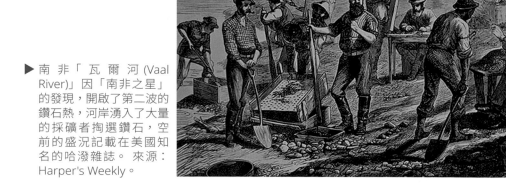

▶ 南非「瓦爾河 (Vaal River)」因「南非之星」的發現，開啟了第二波的鑽石熱，河岸湧入了大量的採礦者掏選鑽石，空前的盛況記載在美國知名的哈潑雜誌。 來源：Harper's Weekly。

River)」大有斬獲，發現了大批的鑽石，世界各地湧入大量的礦工，據說高達一萬多人在河岸邊搭起帳篷，成日都在河域周邊挖掘鑽石。

但同時期內陸地區也不時傳出有人開採到鑽石的消息，使得部分的礦工開始移動到陸地開始挖掘，1870 年代發現了「戴比爾斯」礦及金伯利礦，礦脈的位置就是今日赫赫有名的「金伯利 (Kimberley)」地區，「金伯利」原為荒野小鎮，隨著鑽石開採的旋風，許多採礦者攜家帶眷進駐，一度人口達五萬人之譜，早期物資皆需要從「開普頓 (Capetown)」運送過來，因此物資極高，聰明的商人看到了此地的商業潛力，紛紛到此開設餐館、酒吧等……「金伯利」因此逐漸成為繁華都會，而其中有一位青年「塞西爾・約翰・羅德西亞 (Cecil John Rhodes)」，也看準了這邊的商機，到「金伯利」販賣冰水給礦工，當時任誰也沒想到未來的鑽石產業深受的「羅德西亞」的影響……

▶「塞西爾・約翰・羅德西亞 (Cecil John Rhodes)」—鑽石帝國「戴比爾斯」的創辦人，終身致力於商業及政治的強人，「辛巴威」舊稱為「羅德西亞」就是為了紀念其貢獻。

▶ 在 1870 年代，「金伯利」還是個荒蕪的小鎮，物資需要從「開普頓」運送物資到「金伯利」，需要費時兩周的時間。

▶ 當地為了方便運送物資，每一塊礦坑都拉一條鋼索吊送物資，成為一種奇景。

早期「金伯利」地區的礦被劃分的十分密集，一個礦區會有數百個小礦場，每個礦場大約是 9 平方公尺的大小，初期的開採由於地表表面的「黃土 (Yellow ground)」較為鬆軟，僅需要簡單的工具即可挖掘，但黃土富含的鑽石藏量極少，常常挖掘一天只能找到些許的小原礦，隨著開採到後期挖掘到深處未氧化的「藍土 (Blue ground)」較為堅硬，故許多人後期放棄開採，便沒落離開。

決定繼續挖掘下去的礦工也遇到極大的挑戰，傳統的工具不堪使用，挖掘到深處湧出的地下水造成進度嚴重落後，聰明的「羅德西亞」，立刻收購了全南非的

▶ 「巴尼・巴納托」為「金伯利中央公司 (Kimberley Central)」老闆，與「羅德西亞」展開了一場鑽石爭奪戰。來源：（Hulton Archive / Getty Images）

▶ 鑽石帝國「戴比爾斯」- 命名來自第一波鑽石熱發跡的農場，農場主人無力保衛，最終決定脫手售出，由「羅德西亞」買下。

抽水機，用只租不賣的方式，賺到一筆資金，再用這些錢逐步買下了礦工不要的「藍土」礦。

隨著持續的開採，挖掘的難度不斷提升，而且「藍土」堅硬難鑿，使得礦主需要加注成本採購機具，大量且無計畫的挖掘使得供過於需，市場價格跌落，許多礦主在這時候紛紛放棄了開採，僅有「羅德西亞」領導的「戴比爾斯」公司及另一位「金伯利中央公司 (Kimberley Central)」的老闆「巴尼・巴納托 (Barney Barnato)」持續再收購礦權，兩人都知道要控制鑽石的價格，唯有掌控所有礦權壟斷市場，於是兩人展開一場爭奪戰。

金融家意識到持續的挖掘造成價格崩落，會危及他們的資產，因此必須要挹注資金控制礦源，使得兩股勢力都有各自的金主挹注資金撐腰，惡性競爭的狀況下雖然股價大漲，但鑽石大量開採導致價格下跌，在這種不利的狀況下，合併是他們唯一的解決方案，於是在 1888 年兩者合併成為「「戴比爾斯」聯合礦業公司 (De Beers Consolidated Mines Limited)」，正式壟斷了南非的鑽石礦業。

成立「戴比爾斯」不久後，一群英國的鑽石大亨在倫敦成立了「鑽石聯合組織 (Diamond Syndicate)」，購買「戴比爾斯」的鑽石，且制度化的銷售礦產，兩者的合作使得購買鑽石的價格穩定合理，西元 1900 年「戴比爾斯」幾乎控制了全

▶ 金伯利首個鑽石礦 -「大坑洞 (Big Hole)」：南非最著名的鑽石礦，外觀有如隕石撞擊而成，圓周達 4572 公尺、直徑 1600，公尺開採的 43 年間產出 1450 萬克拉的鑽石，於 1914 年停產，「金伯利」隨著礦坑廢棄一起沒落。

球九成的鑽石礦藏，但始終無法完整控制的原因是因為德國在南非當地設立了需多私人礦脈，西元 1902 年南非「首相礦脈 (Premier)」發跡，此礦脈拒絕與「戴比爾斯」合作，轉向投靠其主要對手「奧本海默家族 (Oppenheimer)」，削弱了「戴比爾斯」的優勢，西元 1905 年，「首相礦場」發現世界最大的鑽石，原礦重達 3106 克拉的「庫利南鑽石 (Cullinan)」，「首相礦場」也因此名聲遠播。

▶ 歐內斯特・奧本海默 (Ernest Oppenheimer) 一延續了羅德西亞的志業，接續打造戴比爾斯帝國壟斷鑽石的霸業。

首相礦場的崛起，頓時間幾乎與戴比爾斯並駕齊驅，但好景不常，隨著第一次世界大戰的爆發鑽石業蕭條，首相礦脈最終還是合併到了戴比爾斯旗下。

戴比爾斯雖然取得了多數的礦脈控制權，但遇上全球珠寶業的不景氣，鑽石的需其量大減，於 1920 年代各地礦脈的發現，隨著各國投入資源獨立運作，使得戴比爾斯無法擁有礦脈，體認到收購礦權已不可行，進而轉型將重心放在收購原石。

「歐內斯特‧奧本海默 (Ernest Oppenheimer)」則在眾多美國銀行家 (如 J.P. 摩根)，的支持下，成立了「英美集團 (Anglo American)」，於西元 1926 年成為戴比爾斯最大股東。

西元 1929 年美國股市崩盤，長達十年的經濟衰弱，歷史知名的「經濟大蕭條時期 (Great Depression)」，鑽石的需求幾乎降到了零，小規模的鑽石場及加工中心幾乎無法負荷而倒閉，「奧本海默」在這年成為「戴比爾斯」的董事長，西元 1932 年「戴比爾斯」關閉了所有的礦場，消化現有的庫存，再利用有限的資源慢慢併購零星倒閉的礦權。

在西元 1934 年，戴比爾斯成立了一個日後極為重要的部門「中央統售機構 CSO (Central Selling Organization)」，CSO 將戴比爾斯自家礦場及收購過來的鑽石統一分類篩選，依照大小、外型、顏色、淨度等……區分出 14,000 多種類等

▶ 看貨人被分到的貨樣，可能會有部分符合需求，但也會混入自己可能不需要的鑽石。
圖片來源：gemkonnect

▶ 筆者參與戴比爾斯在印度舉辦的「看貨會」，看到了除了白鑽外，還看到了藍及粉鑽等稀有的彩色鑽石。

級，早期的鑽石 4C 雛形也是從這裡開始發展，經由這種單一管道行銷壟斷市場鑽石，並於 1939 年創立出「看貨會 (sights)」特殊的販售機制。

看貨會是一種特殊的販售機制，每五周會舉辦一次看貨會，每年共十次，會在倫敦、瑞士、南非等地舉辦，它們從眾多交易商、切割場等挑選出，具有足夠的財力、信用的廠商，賦予挑選鑽石原礦的資格，這些人稱呼為「看貨人 (sightholders)」，僅有世界上少部分的人被遴選中，「看貨人」會在看貨會前三周將需要的數量類型告知 "CSO" 準備，"CSO" 會依照每位「看貨人提供的需求清單安排調配適切的商品，於看貨會時每位「看貨人」會被安排在獨立的空間校閱，"CSO" 準備好的一箱貨樣，「看貨人」僅能選擇一箱都購買或是放棄本次交易，並沒辦法只挑選自己想要的貨樣，「看貨人」確認並接

受貨物後須於七天內付足貨款，才將貨物寄送至指定地點。

另外大克拉數的貨樣並不會混入看貨箱裡，超過 10.8 克拉的鑽石由於並非每個「看貨人」都能負擔的起，因此會由「戴比爾斯」另外賣給有興趣的「看貨人」，且不同於看貨箱的商品，是有議價空間的。

這樣的銷售模式幾乎管控了鑽石的流動，從源頭控制壟斷鑽石市場，但是經濟大蕭條造成的影響使得戴比爾斯成長停滯，直到西元 1940 年二戰的爆發，帶動了工業鑽石的需求，戰後這樣的需求也毫無減退，封閉的礦脈終於也在西元 1944 年解禁，但大蕭條前的庫存，是直到了西元 1952 年才消化完畢，戴比爾斯順利挺過危機。

隨後「戴比爾斯」在西元 1967 年波札那的「奧拉帕 (Orapa)」發現了當

▶ 工業鑽石廣泛運用在工業、國防、醫療及科技產品上，而最常見的則是運用在鑽頭上。

時世界第二大的鑽石礦床，與波札那政府締盟，各半合資成立了「戴比瓦納 (Debswana)」，在西元 1971 年開始生產，西元 1972 年又再度在波札那的「朱瓦能 (Jwaneng)」發現鑽石礦床並於西元 1982 年開始生產，波札那一度成為世界鑽石產量第一。屢次的斬獲持續到了西元 1990 年中期告一個段落，隨著各國陸續發現礦藏，以及更多的大型礦業公司的崛起，如：「阿羅沙 (Alrosa)」、必和必拓・比利頓 (Bhp billiton)、「力拓 (Rio Tinto)」、「里維夫 (Lev Leviev)」等⋯⋯，各家都有自行得獨佔權，世界各地的鑽石礦藏也陸續被發現加速擴張，部分國家還存在「血鑽石」的問題，使得「戴比爾斯」要獲得控制權成為不可能的任務，市場進而逐漸轉型成「多重行銷管道」，當時富有極大礦藏的俄羅斯適逢蘇聯瓦解，俄羅斯國庫危急的狀況下，俄羅斯用庫存鑽石

作為擔保品，向 "CSO" 貸款數十億美元，並簽訂協議獲得獨佔行銷權，看似各取所需得良好交易，事實上造成「戴比爾斯」極大的內傷，俄羅斯利用兩者簽署合約的不完善處鑽漏洞，破壞 "CSO" 對鑽石控制的能力，以工業鑽石名義大量出貨，大批鑽石湧入市場一度造成價格下滑，促使「戴比爾斯」集團逐漸腐敗，其餘大型礦組藉此崛起。

列強鼎立的狀態下，世界的鑽石礦藏在這時候進入白熱化，主要的戰場有 澳洲、加拿大、俄羅斯、非洲等⋯⋯

澳洲「阿蓋爾」礦藏主要由「力拓集團」主導，但在初期主要還是經由 "CSO" 單一行銷管道的模式銷售，「阿蓋爾」礦區擁有大量的工業鑽石礦藏以及極為稀少的粉紅色鑽石，但「阿蓋爾」卻無法獨佔先機，必須將工業鑽石及粉紅鑽石提供

給 "CSO" 後，再自行購回銷售給自己的客戶，明明是自己的產區，卻要分一杯羹給「戴比爾斯」，使得兩者關係僵化，「力拓」意識到必須要由自己來行銷自己的礦產，礦產大宗產量的工業及棕色鑽石成為銷售的重點，由於這些鑽石淨度不佳，通常難以切磨，「力拓」將這些鑽石送到工資較低的印度，並且將這些產品用香檳、干邑、巧克力等名詞去包裝行銷大有斬獲，印度的切磨場也因此蓬勃發展，成為世界上最重要的切割中心，兩者的互惠使的「力拓」漸漸不需要藉由 "CSO" 的力量來銷售，成為獨立的銷售管道，並且將旗下的「阿蓋爾」粉紅鑽聲望推到高點，棕色的鑽石更成為力拓集團在 2018 年的主打商品，隨後觸角更深及到加拿大的鑽石礦脈。

　　加拿大地區的鑽石礦業自西元 1981 年 於加拿大西北地區的「艾卡提 (Ekati)」發現新的鑽石礦床，「必和必拓集團」投入資源，在西元 1998 年正式開始量產，起初此地的三成左右的產量是提供給 "CSO" 產銷，西元 2003 年同為西北地區的「迪亞維克礦 (Diavik)」由「力拓集團」投資，也正式進入量產。

　　各地戰局至此，"CSO" 不再擁有壟斷市場的優勢，面對此衝擊「戴比爾斯」從原本持有 80% 以上礦權，在 1990 後期下降到 65%，2001 年企業股份轉售給「英美集團」45% 股權，2012 年再由「奧本海默家族」收購 40%，共持有 85% 股權，因此「戴比爾斯」成為「英美集團」旗下成員，「英美集團」將旗下零售店「De Beers」售出給「LVMH 集團」，走入精品業（但在 2017 年英美集團買回大部分的 De Beers 股權重新入主），"CSO" 則轉型縮小成「DTC」形式，近年來不斷變化的市場及新發現的礦藏，使得變化加劇，現今主導鑽石產業的礦業龍頭究竟還有那些呢？我們將在「大型鑽石礦業公司」的章節會再說明。

▶ 117 克拉 Old European cut 鑽石手鍊
Courtesy of Jurassic museum

▶ 「庫利南」鑽石於 1905 年發現，重達 3106.75 克拉，命名來自礦場主人「托馬斯.庫利南 (Thomas Cullinan)」。

庫利南鑽石 (Cullinan)

「庫利南」鑽石是迄今世界最大的寶石級原礦，重達 3106.75 克拉，於 1905 年從南非首相礦場發現，隨後在倫敦進行公開招標，儘管「庫利南」鑽石名聲大噪，在約翰尼斯堡展出時吸引近萬人參觀，但遲遲都未有人將其購回，直到了 1907 年「德蘭士瓦殖民地 (Transvaal Colony)」政府以 15 萬英鎊購買，於英國「愛德華七世 (Edward VII)」66 歲誕辰時致贈給國王。

西元 1908 年愛德華國王命荷蘭切磨名門「阿斯洽 (Asscher)」處理「庫利南」鑽石，最終共切成 105 顆，合計 1063.65 克拉，損失 65% 重量，其中最大的九顆歸英皇室，其餘當作酬勞贈送給「阿斯洽」，當中最大的「庫利南一號 (Cullinan I)」重達 530.2 克拉，鑲嵌於英國「君王十字權杖 (Sovereign's Sceptre with Cross)」上，而重達重達 317.4 克拉的「庫利南二號 (Cullinan II)」則是鑲嵌在「帝國皇冠 (Imperial state Crown)」上。

▶ 經由「阿斯洽」切割後的庫利南鑽石中最大的九顆原礦。

▶ 切磨拋光後的庫利南 I~IX 號，上排由左至右為 II(317.4 克拉)、I(530.2 克拉)、III(94.4 克拉)，下排由左至右為 VIII(6.8 克拉)、VI(11.5 克拉)、IV(63.6 克拉)、V(18.8 克拉)、VII(8.8 克拉)、IX(4.39 克拉)。

▶ 產自塔吉克斯坦的尖晶石重達 156 克拉，也被稱為巴拉斯紅寶石 (Balas)。Courtesy of Jurassic museum

▶ 最知名的「庫利南一號」重達 530.2 克拉，鑲嵌在英國「君王十字權杖 (Sovereign's Sceptre with Cross)」上。

▶ 英國「帝國皇冠 (Imperial state Crown)」上鑲嵌著重達 317.4 克拉「庫利南二號 (Cullinan II)」、「聖愛德華藍寶石 (St Edward's Sapphire)」、產自塔吉克斯坦的「黑王子紅寶 (Black Prince's Ruby)」(實際上為尖晶石)，以及位於皇冠背後的「斯圖爾特藍寶石 (Stuart Sapphire)」。

▶ 19 世紀古董鑽石耳環
Courtesy of Jurassic museum

▶ 英國「喬治五世 (George V)」及「瑪麗皇后 (Queen Mary)」合影，「瑪麗皇后」全身配戴許多知名鑽石，從頭冠的「光之山鑽石」、「庫利南 IV」，項鍊吊墜的「庫利南 III」，胸針的「庫利南 II、I」。

▶ 現任英國女王伊莉莎白二世（Queen Elizabeth II），在全國感恩儀式時，也配戴過「庫利南」I 與 II 鑽石單獨組合成的胸針。

什麼是「血鑽石 (Blood Diamond)」及「金伯利進程 (kimberleyprocess)」？

您可曾經看過知名好萊屋電影「血鑽石 (Blood Diamond)」？劇情時空背景約為 1991~2002 年間「獅子山共和國」內戰時期，11 年間造成數十萬人死亡及數百萬人流離失所，當地因為叛軍需要軍火的經費，進而產生爭奪鑽石礦藏資源，以非人道手段迫害當地無辜人民進行鑽石開採，甚至進行極其殘忍的方式，用毒品控制童兵成為殺人機器，再藉由非法交易獲取的利潤來購買軍火，而這些鑽石被稱呼為「衝突鑽石」或「血鑽石」，

1998 年時非政府組織「全球見證 (Global Witness)」，提供了鑽石資助戰爭等血鑽石的相關報告受到全球矚目，同年因安哥拉內戰問題也涉及血鑽石，其後聯合國安理會通過了「第 1173 號決議」，對安哥拉鑽石貿易進行制裁，2000 年加拿大聯合國大使「羅伯特‧福勒 (Robert Fowler)」也提供了一份報告書，提到各國政府、企業及個人如何藉由其他非法走私管道，銷售安哥拉血鑽石，導致聯合國安理會再通過了「第 1295 號決議」，加強對

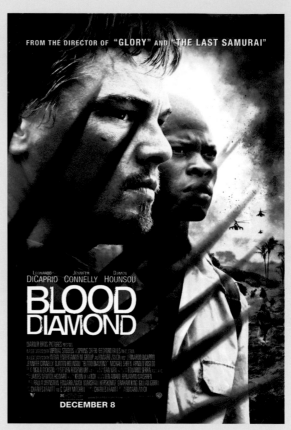

▶ 知名好萊屋電影血鑽石，敘述因鑽石資源遭受迫害的無辜人民，引起社會反思。圖片來源：Warner Bros。

▶ 許多無辜的孩童在內戰中導致殘疾或是身亡。(圖片來源：Lynn Hilton)

安哥拉制裁的強度，因世間輿論及種種壓力，處使 2000 年於比利時安特衛普所舉辦一場為期三天的「世界鑽石大會(World Diamond Congress)」中討論如何解決血鑽石問題，各國代表制定出相關規章，稱為「金伯利進程認證機制 (Kimberley Process Certification Scheme)」，要求鑽石進出口需透明申報機制，喝止血鑽石的發生，聯合國理事會也於 2003 年通過「第 1459 決議」，表示支持金伯利進程之規範，呼籲各國即刻執行，截至目前為止有82個國家及55個成員國都參與這個機制，使得目前世界上99.8%的生產量都受到金伯利流程的監控，至此血鑽石事件幾乎再也沒有發生。

▶ 金伯利進程認證書。來源：kimberley process。

▶ 金伯利進程證書，在貿易進出口
時都需詳細載明資料，證實來源
無疑慮。

Chapter 2
鑽石的來源及形成

3.04CT 藍鑽戒 /FANCY LIGHT GREENISH BLUE / CUSHION MODIFIED
Jurassic Museum Collection

鑽石的來源與形成過程

一．鑽石的發現

　　在多數歷史的記載裡，鑽石大都是意外在河中，即所謂的沖積礦床中發現的，像印度、婆羅洲和巴西，即使是 1866 年在非洲發現的鑽石礦，也產自於奧蘭治河的礫石層中，這些礦區都在河床或河階中，被稱為 "wet diggings" 或 "river diggings"。

　　第一次發現非沖積礦床的鑽石是在 1869 年，距離 "wet diggings" 約 25 公里以上，為了與 "wet diggings" 作區分，而被稱為 "dry diggings"。當時並不了解這兩種礦床實質上的區別，直到挖礦的過程

▶ 印尼南加里曼丹鑽石礦場，礦工在水深及腰的河水中淘選鑽石。
Photo by Richard Li

▶ 中國山東沂蒙鑽石國家公園，與沖積礦床開採方式不同，可看到階梯狀外觀。Photo by Richard Li

中，發現礦土與 wet diggings 有非常大的差異。在這裡的土壤比較軟，且含有較多的黏土，氧化的岩石看起來是黃色的，所以被稱為黃土。挖掘至更深處，在黃土之下未氧化的岩石呈藍色，被稱為藍土，比起黃土更硬更難開採。開採的過程使礦坑外觀形成有階梯邊緣的漏斗狀，現在我們知道那是火山筒的特徵，而黃土和藍土分別是氧化與未氧化的金伯利岩，屬於原生礦床。

二. 原生礦床

鑽石並非一開始就存在於沖積岩層中，隨著礦工的足跡從河邊到內陸，找到攜帶鑽石未經風化的原生礦床，人們開始了解鑽石真實的原貌，追朔鑽石的源頭，深入地底尋找起源。

1. 鑽石礦的形成條件

原生礦床如何形成？這個問題可以從母岩、成份、內含物獲得資料，透過不斷進步的科技與技術模擬出鑽石形成的環境。大多數的資料來自內含物的研究，內含物被鑽石完整的保留在內部，隔絕外來干擾，代表最原始的資訊，例如石榴石、橄欖石、輝石和鉻鐵礦等。

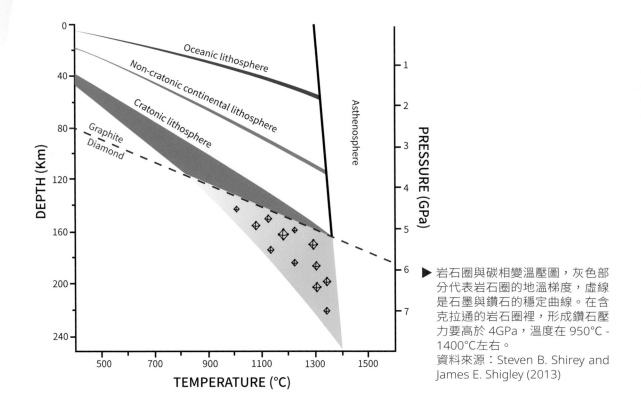

▶ 岩石圈與碳相變溫壓圖，灰色部分代表岩石圈的地溫梯度，虛線是石墨與鑽石的穩定曲線。在含克拉通的岩石圈裡，形成鑽石壓力要高於 4GPa，溫度在 950°C - 1400°C左右。
資料來源：Steven B. Shirey and James E. Shigley (2013)

A. 溫度與壓力

　　碳是鑽石的主要成分，眾所皆知碳也是石墨的主要成份，碳要形成石墨或鑽石就差在環境的溫度與壓力。下圖為生成鑽石所需的溫壓，只要達到虛線底下的條件，碳便能以鑽石的形式存在。雖然地表下的溫度和壓力會隨著深度增加，但是並非任何地方的地底都能達成該條件，不同的岩石圈有不同的地溫梯度，例如海洋岩石圈較薄，溫度上升較快，尚未達到需要的壓力，岩石已部分熔融，如果是較厚的克拉通岩石圈，便有形成鑽石的機會。

B. 碳來源

　　地底的碳可能原本就存在或者經由隱沒帶回到地底，原始的碳是在地球形成時已存在於地函中；另一種碳是經過火山釋放到大氣的二氧化碳，後來經過生物作用變成有機物，生物死去後沉積到海底，隨著隱沒帶回到地函中。

C. 形成鑽石的岩石

　　透過鑽石的內含物分析可以將鑽石分成兩組，一組是由榴輝岩生成的鑽石（E 型），另一組是由橄欖岩生成的鑽石（P 型）。以硫化物礦物為例，像是磁黃鐵礦和鎳黃鐵礦，在 P 型鑽石中有較高的鎳，

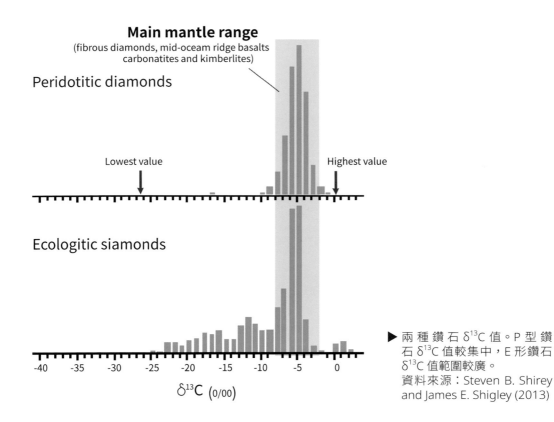

Main mantle range
(fibrous diamonds, mid-oceam ridge basalts
carbonatites and kimberlites)

Peridotitic diamonds

Lowest value   Highest value

Ecologitic siamonds

-40   -35   -30   -25   -20   -15   -10   -5   0

$\delta^{13}C$ (0/00)

▶ 兩 種 鑽 石 $\delta^{13}C$ 值。P 型 鑽
石 $\delta^{13}C$ 值較集中，E 形鑽石
$\delta^{13}C$ 值範圍較廣。
資料來源：Steven B. Shirey
and James E. Shigley (2013)

而在 E 型鑽石中較低，但銅含量稍高。基
本上 P 型鑽石與富含鎂的超基性礦物組
有關，E 型鑽石與玄武岩礦物組有關。而
且由 $\delta^{13}C$ (註 1) 的結果發現兩者碳來源也
不同，P 型鑽石 $\delta^{13}C$ 值較集中，推測是來
自均質的上部地函，自地球形成開始便存
在地函中；E 形鑽石 $\delta^{13}C$ 值範圍較廣，與
碳酸鹽類和碳氫化合物很像，所以推測是
來自近地表環境，隨隱沒帶深入地底。

D. 搬運過程

自非洲（金伯利、芬奇、庫利南）、
澳洲（阿蓋爾）和波札那（奧拉帕）的樣本
經過放射性定年發現，母岩（金伯利岩和
鉀鎂煌斑岩）年齡約在 1 到 12 億年，但是
鑽石形成年代大約在 9.9 億年前，有些可
以到 33 億年，明顯比周圍的岩石老，所
以推定鑽石是以擄獲岩的形式被帶至地
表。克拉通剖面圖精簡呈現鑽石的結晶位

1. $\delta13C=\left(\dfrac{\frac{^{13}C}{^{12}C}\text{sample}}{\frac{^{13}C}{^{12}C}\text{standard}}-1\right)\times1000‰$

    VPDB 為美國南卡羅來納州白堊系皮狄組地層內似箭石的碳氧同位素豐度比，可用作碳同位素的國際統
    一標準。

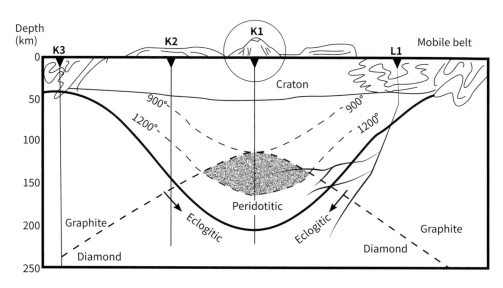

▶ 簡單克拉通剖面圖模型。短虛線為等溫線，長虛線為石墨鑽石穩定線，克拉通兩邊為活動帶，K1、K2、K3 為金伯利岩筒，L1 為鉀鎂煌斑岩筒。，K1 剖面請參考補充資料。（資料來源：Melissa B. Kirkley et al. (1991)）

置與移動路徑，E 型鑽石生長在較深的位置，如箭頭所示由海洋玄武岩形成的榴輝岩通過板塊構造運動從海洋盆地向下運至地底。溫度 900-1200°C且深度為 110-150 公里的點狀區域是鑽石的穩定區，與克拉通一樣，至少有 15 億年未參與構造活動，因此鑽石可以在這區穩定生長，一些其他地區形成的鑽石也會移動到此區。圖中 K1 通過鑽石穩定區，主要攜帶 P 型鑽石；K2 通過榴輝岩，主要攜帶 E 型鑽石；K3 不在克拉通上，沒有經過蘊含鑽石的區域，可能不攜帶任何鑽石；L1 類似阿蓋爾的鉀鎂煌斑岩筒，不在克拉通上，但可能含有 P 型與 E 型鑽石。

2. 母岩種類

現在我們知道在地表攜帶鑽石的母岩並不是孕育鑽石的岩石，而是搬運鑽石的搬運工。目前歸納有三種含有鑽石的母岩，分別是金伯利岩、鉀鎂煌斑岩和煌斑岩，其中較具有經濟價值的是金伯利岩和鉀鎂煌斑岩。由成分可知母岩的特性有以下五種：(1) 由地函深處少量熔融產生；(2) 含有較多的揮發性物質 (H_2O, CO_2, F or Cl)；(3) 富含 MgO；(4) 快速噴發；(5) 比常見的玄武質岩漿氧化程度低。不過並不是符合條件的岩石都會有鑽石，經驗上，如果出現黃長石和磷灰石就代表這是不含鑽石的其他種岩石。

A. 金伯利岩 kimberlite

　　金伯利岩是鑽石最主要的來源，目前發現有上百個含有鑽石的金伯利岩筒。金伯利岩是一種具有角礫狀構造、深色的火成岩，來自深層噴發。成分以鐵美質礦物為主，橄欖石占大宗，其次有菱鎂礦、金雲母、碳酸岩或透輝石。金伯利岩有極高的揮發物，主要是二氧化碳和水，促進金伯利岩的熔融，由上部地函快速上升至地表，過程中可能攜帶著鑽石。

B. 鉀鎂煌斑岩 Lamproites

　　鉀鎂煌斑岩比金伯利岩還稀有，著名的阿蓋爾礦區與美國阿肯色州鑽石坑州立公園 (Crater of Diamonds State Park) 便是此類。鉀鎂煌斑岩與金伯利岩相似，都產自上部地函，不過鉀鎂煌斑岩是過鹼性的鎂質火山岩，主要由白榴石、金雲母、玻璃或透輝石組成。

C. 煌斑岩 Lamprophyre

　　煌斑岩很少含有鑽石，在加拿大的安大略省擁有最古老的含鑽噴發岩 (26.7-27 億年前)。成分與鉀鎂煌斑岩類似，但以黑雲母或角閃石為主。

▶ 金伯利岩與鑽石原礦

3. 次生礦床

　　攜帶鑽石的母岩受到風化與侵蝕作用，掉落的岩塊被搬運至其他地方形成次生礦床。次生礦床離原生礦床的距離有近有遠，通常離的越遠，寶石級鑽石占的比例較高，因為有裂隙的或內含物較多易損壞的原石，禁不起這麼長途的搬運過程，例如在奈米比亞海岸的次生礦床，大概離原生礦床有 1000 公里，就有 95% 的寶石級鑽石。

世界主要鑽石產地

K-1 Gahcho kue
K-2 Ekati
K-3 Diavik
K-4 Victor
K-5 Renard
K-6 kelsey lake
L-7 Arkansas crater
　　of diamonds state park
A-8 Guaniamo
A-9 Mazaruni
K-10 Brauna
A-11 Minas Gerais
A-12 Koidu
A-13 Zimmi
A-14 Aredor
A-15 Mano River
A-16 Seguela
A-17 Toriya
A-18 Akwatia
A-19 Mobilong
A-20 Berberati
A-21 Bria
A-22 Likouala
A-23 Mbuji Mayi
A-24 Somiluana
K-25 Catoca
A-26 Lulo
K-27 Williamson
A-28 Luderitz
O-29 Debmarine
A-30 Oranjemund
K-31 Orapa
K-32 Karowe
K-33 Letlhakane
K-34 Jwaneng
K-35 Murowa

A-36 Marange
A-37 Orange River
A-38 Namaqualand
K-39 Finsch
A-40 Saxendrift
K-41 Kimberley Underground
K-42 Koffiefontein
K-43 Voorspoed
K-44 Cullinan(Premier)
A-45 Krone&Endora
K-46 Venetia
K-47 Liqhobong
K-48 Kao
K-49 Letseng
K-50 Arkangelskaya/karpinskogo
K-51 Grib
A-52 Almazy-Anabara
K-53 Udachnaya
K-54 Zarnitsa
K-55 Jubilee
K-56 Aikhal
K-57 Komsomolskaya
K-58 Nyurbinskaya
K-59 Botuobinskaya
K-60 Mir
K-61 International
K-62 Wafangdian
K-63 Shandong 701Changma
K/L-64 Panna(Majhgawan)
A-65 Kollur
A-66 Landak River
A-67 Cempaka
L/A-68 Ellendale
L-69 Argyle
K-70 Merlin

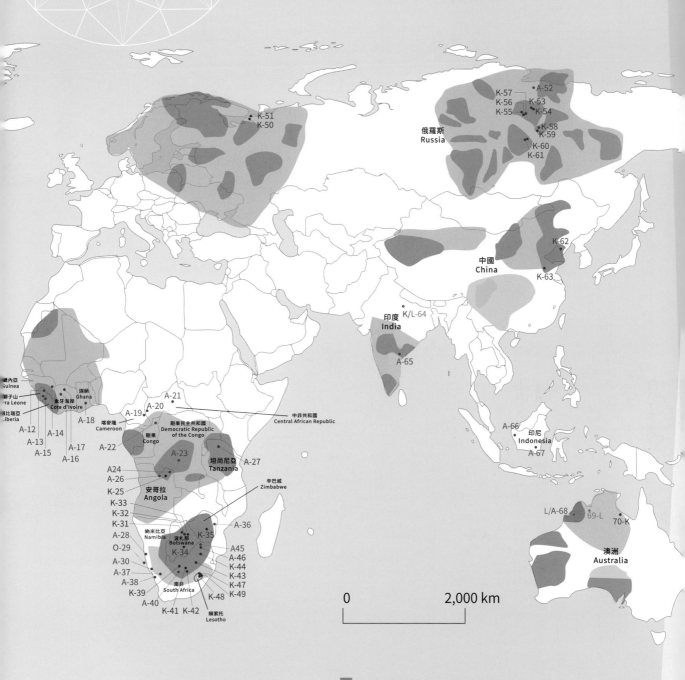

A Alluvial 沖積岩

K Kimberlite 金伯利岩

L Lamproite 鉀鎂黃斑岩

O Offshor 離岸開採

Archons: Archean areas
(3,500-2,500 million years old)

Protons: Early and middle proterozoic areas
(2,500-1,500 million years old)

Tectons: Late proterozoic areas
(1,500-600 million years old)

補充資料

1. 克拉通 (Craton)

　　克拉通是地殼上非常古老且穩定的地塊，大約在 15 億年前形成，即便大陸分分合合，克拉通幾乎沒有變化，攜帶鑽石的火山筒就在這古老地塊上。金伯利岩筒較常被發現在較古老的部分稱為太古岩 (archon)，至少有 25 億年的歷史，鉀鎂煌斑岩筒則是在較年輕的史成岩 (proton) 中被發現，約 15~25 億年。

2. 火山筒 (Pipe)

　　火山筒是岩漿通過的垂直管道，呈錐形或蘿蔔形，可分成三個部分：根、火山道、火山口。

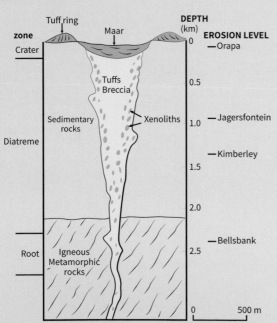

▶ 火山筒示意圖。火山筒分成三個部分，分別是火山筒、火山道、根。右側為該礦區火山筒受侵蝕的位置。
資料來源：Melissa B. Kirkley et al. (1991)

2.1　根 (root)：

　　在離地表 2-3 公里處，由金伯利岩組成，是最深也是最窄的部分。

2.2　火山道 (diatreme)：

　　是最大的垂直構造，長度約 1-2 公里，包含了最多的金伯利岩，當然也包括鑽石。金伯利岩岩漿中的熔解氣體對其施加壓力，使岩漿劇烈噴發，導致此區多為粗礫到極細礫破碎狀岩石，並被稱為角礫岩 (breccia)。除了角礫岩之外，噴發也產生了顆粒更小的凝灰岩 (tuff)。

2.3　火山口 (crater)：

　　深約 100 公尺。金伯利岩並不會像夏威夷火山那樣噴出熔岩，而是破碎的凝灰岩石塊。在地表堆積的凝灰岩會形成火口環和淺的火山口 (maar)。

　　在歷史上並沒有金伯利火山噴發的紀錄，不過在坦尚尼亞和波札那的金伯利火口環仍完整未被侵蝕，代表噴發年代較晚。大多數的金伯利火山都有不同程度的風化侵蝕，如圖右側指出一些重要礦區的侵蝕程度。因為火山筒的大小越深越窄，所以從露出表面的金伯利岩面積大小可以推測受侵蝕的程度，例如波札那的奧拉帕 (Orapa) 火山筒受侵蝕較少，在地表的面積是 106 公頃，亞赫斯方丹 (Jagersfontein) 和金伯利 (Kimberley) 分別是 10 和 3.7 公頃，侵蝕最嚴重的 Bellsbank 岩脈只剩幾公尺寬。

Chapter 3
鑽石的結晶學及其性質

2.47CT 濃彩綠鑽戒 / FANCY INTENSE GREEN / PEAR
Jurassic Museum Collection

鑽石的基礎性質

一 . 結晶學

1. 組成成分及晶格結構

A. 碳

　　前章提到碳是組成鑽石和石墨的主要元素，兩者的差別在於不同環境下，碳會以不同方式互相連接，同一種元素的不同結構就稱為同素異形體。碳的同素異形體有很多種，除了自然界中溫度與壓力下的產物外，人為影響也會改變碳結構，例如使用電流、雷射和電漿等方法可以產生奈米碳管。

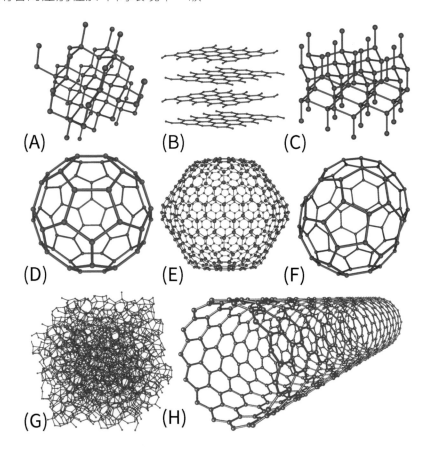

(A)　　　　　(B)　　　　　(C)

(D)　　　　　(E)　　　　　(F)

(G)　　　　　(H)

A：鑽石　　　　E：C540
B：石墨　　　　F：C70
D：藍絲黛爾石　　G：無定型碳
D：C60　　　　H：奈米碳管

▶ 八種碳的同素異形體。
資料來源：維基百科

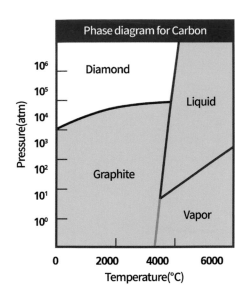

▶ 碳溫壓相圖。在地表石墨是碳最穩定的
型態，鑽石區在相對高壓的地方。（資
料來源：Stack Exchange）

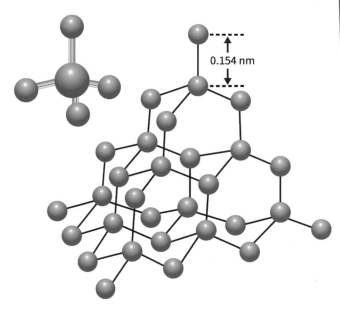

▶ 鑽石碳結構圖。每一個球體都代表碳元素，
碳之間互相連結的直線代表共價鍵。上圖為
碳四面體，下圖為碳原子互相連結形成的網
狀結構。（資料來源：物理圜）

B. 石墨與鑽石

從碳的溫壓相圖可以看出，在不同溫
度和壓力下碳的變化。在地表一大氣壓、
溫度25°C的環境下石墨是最穩定的型態，
由層狀的平面結構組成，層內每個碳原子
都與另外三個碳原子以供價鍵連接，排成
多個六邊行環狀，層間由凡德瓦爾力維持
結構。

鑽石需要的壓力比石墨高，原子排列
方式也不同。鑽石內部每個碳原子都與另
外四個碳原子以共價鍵連接，組成一個四
面體，其排列更緊密，且相連的碳原子向
四方延伸形成穩固的網狀結構，造就了鑽
石的高硬度。在重複排列的三維結構中，
可以找出最小單位的單位晶胞。鑽石的單
位晶胞是 18 個碳組成的面心立方體，其
中 8 個碳在晶格的 8 個角，6 個在晶格的
6 個面的中心，4 個碳在晶格的內部。

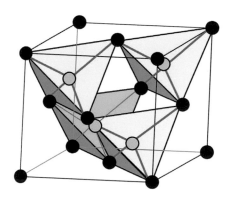

▶ 鑽石單位晶胞。
資料來源：陳立基和張金泉 (2013)

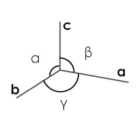

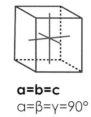

a=b=c
α=β=γ=90°
等軸晶系

立方體　　　　　　十二面體　　　　　　四角三八面體

▶ a、b 和 c 軸為假想晶軸，α、β 和 γ 為各自
　交角，等軸晶系中 a、b 和 c 軸等長且互相
　垂直，晶軸正好為三個四次對稱軸。
　資料來源：國立自然科學博物館

八面體　　　　　　四六面體　　　　　　三角三八面體

▶ 鑽石的各種晶型
　資料來源：礦物學 (2002)

六八面體

既然石墨是碳在常溫常壓下最穩定的形式，那麼鑽石在地表環境便會轉變成石墨，但這是重構型的轉變，必須打斷化學鍵並重組結構，需要大量的能，所以在一般情況下，轉化過程極慢無法察覺。如果要讓石墨轉換成鑽石，則需要更高的壓力，還需要高溫增加能量，使碳原子重新排列，高溫高壓合成鑽石就是使用這個原理。然而自然界中鑽石並非由石墨直接轉換，而是從含碳的熔體中結晶出來。

2. 鑽石型態學

鑽石的單位晶胞中，相鄰的邊互相垂直且等長，如果將單位晶胞有規律的堆積，便能組成各式各樣的晶型，例如立方體、八面體、十二面體、四六面體、三八面體和六八面體等，其中立方體、八面體和十二面體最為常見。具有良好晶型的晶體，能表現出與單位晶胞相似的對稱特性。對稱特性可利用晶軸輔助，理論上晶軸會平行於單位晶胞的稜邊，且長度和晶胞之邊長成正比。把晶軸的定義帶入鑽石，會發現鑽石有三個等長並正交的晶軸，這些晶軸也是晶體的三個四次對稱軸。

Additional Materials

補充資料

三個四次對稱軸：

將拇指與食指放在軸的兩端後，旋轉立方體，可以得到四個相同的面。其他晶型例如八面體或十二面體也適用。

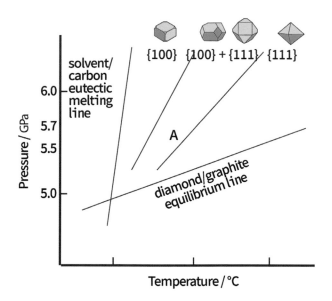

{100} {100} + {111} {111}

solvent/
carbon
eutectic
melting
line

A

diamond/graphite
equilibrium line

Pressure / GPa

6.0

5.7

5.5

5.0

Temperature / °C

▶ 李亞東 2016 年的文章提到在 Ni–Mn–Co–C 系
統下，合成鑽石在不同溫壓的晶體習性。
資料來源：Li Ya-Dong et al. (2016)

A. 立方體

　　從 HPHT 合成法實驗結果可知形成立
方體的溫度最低，推斷立方體是生長過程
中的最後階段。完整的立方體會像單位晶
胞一樣，由六個相同大小的面組成，不過
鑽石常見的立方體都會有些扭曲，表面凹
凸不平，有時會出現方形蝕坑，凹的太嚴
重還會呈現像骨骼一樣的外觀。

Courtesy of EGL Taiwan

▶ 立方體的鑽石 Courtesy of EGL Taiwan

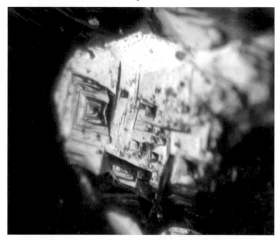

▶ 表面有方形蝕坑 Courtesy of EGL Taiwan

▶ 內凹的面 Courtesy of EGL Taiwan

Chap. Three 鑽石的結晶學及其性質 | 43

Courtesy of EGL Taiwan

B. 八面體

　　八面體在穩定的條件下生長速度較慢，鑽石晶體最常見的就是八面體，理想的八面體由八個相同的三角形組成，像兩個相反的金字塔。一般看到的八面體也會因不均勻生長而變形，例如邊角沒對齊、面大小不一或晶體歪斜等狀況。晶體表面常有平行三個邊的三角型生長紋理和三角印記，這些表面紋理會產生梯田般的邊緣，三角印記是侵蝕作用的結果，通常與所在面的方向相反，頂角指向面的邊，底部有點也有平面的形式，平底三角印記較尖底晚發展。也有三角印記與面的方向相同的情況，只是比較少見，屬於岩漿上升後晚期特徵。

▶ 八面體的鑽石 Courtesy of EGL Taiwan

▶ 不均勻生長的八面體 Courtesy of EGL Taiwan

▶ 梯田般的生長紋理與三角印記
Courtesy of EGL Taiwan

▶ 往內凹陷的有尖底 (Point bottom) 的三角印記
Courtesy of EGL Taiwan

▶ 大多數的三角印記與晶面方向相反
Courtesy of EGL Taiwan

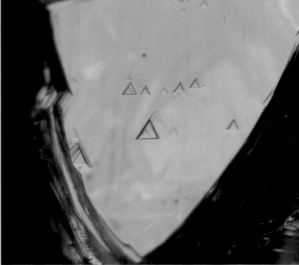

▶ 平底三角印記 Courtesy of EGL Taiwan

C. 十二面體

自然界中鑽石主要的單晶型態是立方體、八面體和十二面體，十二面體與其他晶型不太一樣，是由十二個菱形面組成，形成十二面體是因為八面體或立方體在運送過程中受岩漿的吸收，並非鑽石主要生長型態。下圖顯示八面體至十二面體的過程，體積由頂點開始減少，邊緣也變得圓滑，每個面的表面紋理只有一個方向，通常會有凸起的表面，讓鑽石看起來像圓形，但大多是扁平或拉長的形狀。

有時候鑽石會有部分與岩漿接觸，部分被包裹在擄獲岩內，造成暴露的部分被吸收形成十二面體，擄獲岩內保留原本的生長習性。

Courtesy of EGL Taiwan

Resorption

Volume Loss

| ≤1% | 3% | 5% | 20% | 35% | 45->99% |

Octahedral
habit

Transitional
habit

(Rounded)
Dodecahedral
habit

▶ 八面體在運送過程中損失體積的示意圖。體積由頂點開始減少，最後形成十二面體。
資料來源：Diamonds in nature - A guide to rough diamonds (2011)

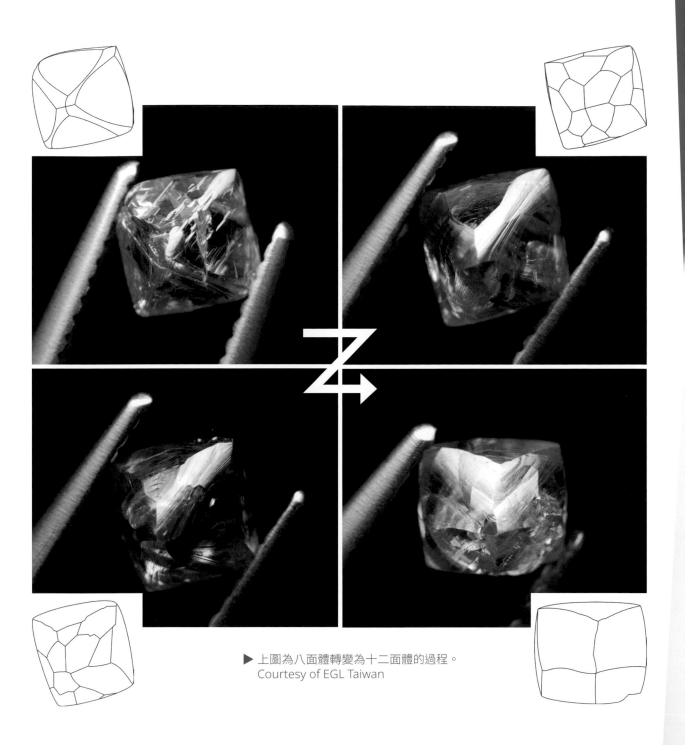

▶ 上圖為八面體轉變為十二面體的過程。
Courtesy of EGL Taiwan

D. 聚形

特定的結晶外型是在特定環境下產生，在這之間會有過渡帶，如第37頁圖片顯示過渡帶產生的外型是立方體與八面體的聚形，或者溫度和壓力變化而改變鑽石生長方向，這時候也會出現聚形。聚形就是有兩種以上的結晶型態，例如立方體與八面體的聚形可以在晶體上看到立方體與八面的晶面特徵，在自然狀況下很少可以看到有立方八面體習性的晶體，大多是長的歪斜的不均勻生長。

E. 不規則形

若無法分辨外型的鑽石稱為不規則形，大部分晶體形狀不完整，且表面平滑。受破壞的鑽石也屬於不規則形，破裂面呈平坦或貝殼狀，可能是在地底、地表搬運過程中或採礦時破裂。

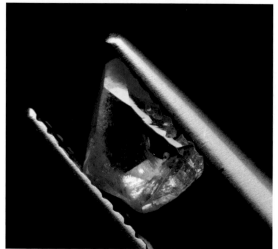

▶ 不規則形鑽石 Courtesy of EGL Taiwan

Courtesy of EGL Taiwan

F. 多重連生與平行生長

由任意生長方向的兩個或多個晶體組成，稱為多重連生；如果是由同一生長方向的晶體組成，就稱為平行生長，外觀上有互相平行的晶軸和晶面。

Courtesy of EGL Taiwan

▶ 多重連生 Courtesy of EGL Taiwan

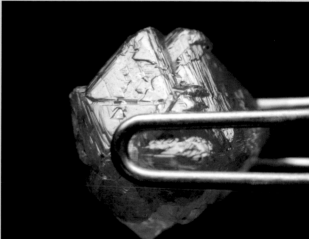

▶ 平行生長 Courtesy of EGL Taiwan

G. 雙晶

　　如果兩個或多個晶體一起生長並共用同一個面，稱為接觸雙晶。鑽石最典型的接觸雙晶就是三角薄片雙晶 (Macle)，由兩個八面體共生，可以想像成一個八面體從中間切開，其中一半旋轉 180°後，將晶體壓扁而成。三角薄片雙晶與八面體一樣，有三角型生長紋理與三角印記，在側面有三個凹角，凹角之間有類似魚骨的生長紋理。兩個不同方向的三角薄片雙晶也能組成另一種接觸雙晶，稱為大衛之星，多個雙晶組合可以發展出各種星形鑽石雙晶。這些雙晶也能因為岩漿的吸收，發展近圓形的十二面體，可靠雙晶線與單晶區別。

　　如果彼此在同一空間中以某角度穿插生長，稱為貫穿雙晶。立方體較常出現貫穿雙晶，八面體較少。

▶ 三角薄片雙晶 Courtesy of EGL Taiwan

▶ 凹角與魚骨狀生長紋理 Courtesy of EGL Taiwan

▶ 貫穿雙晶 Courtesy of EGL Taiwan

Courtesy of EGL Taiwan

H. 纖維鑽石

由平行的微觀纖維組成，纖維朝鑽石生長方向排列，雖然肉眼看不出紋理，但可以透過不透明且無光澤的外觀來辨識，缺乏晶面和充滿裂紋的外觀，代表纖維鑽石是在高碳飽和流體下快速生長。有些纖維生長在單晶鑽石外層，剖開可以看到透明的中心與不透明的邊緣。內部單晶為八面體的纖維鑽石，若外層纖維較薄會保留八面體的形狀，增厚會朝立方八面體和立方體發展。纖維鑽石通常有類似單晶立方體的生長習性，有粗糙表面和圓形邊緣，但也有不規則狀，有時不容易與單晶鑽石區分，具有球型外觀的纖維鑽石稱為 ballas，纖維沿中心放射狀排列。

I. 多晶質鑽石

由多個任意方向的微晶鑽石組成，沒有明顯的生長形式。因為多種生長方向，所以多晶質鑽石不容易切割，經常作為研磨劑使用。1895 年在巴西被發現的黑色多晶質鑽石 Sergio，是目前最大的鑽石原石，有 3167 克拉，最終被分解成小塊作為工業用鑽石鑽頭。

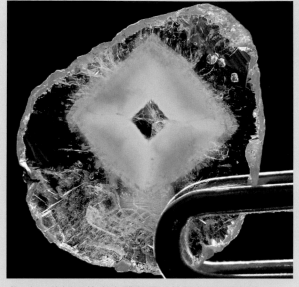

▶ 中心為透明的立方體單晶，外圍包覆不透明的纖維鑽石，最外層恢復單晶生長。
Courtesy of EGL Taiwan

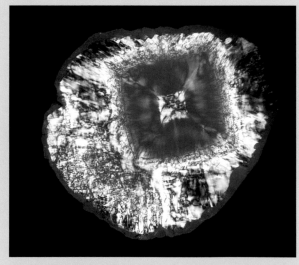

▶ 正交偏光鏡下可看見纖維狀生長紋路
Courtesy of EGL Taiwan

Courtesy of EGL Taiwan

二．鑽石分類

理想中碳原子是以規則排列組成鑽石，事實上自然界沒有什麼是完美的，從原子尺度來看，可以發現構造缺陷。缺陷可能是多原子、少原子、變形移位或原子置換等，根據其幾何分布定義為點缺陷、線缺陷和面缺陷，其中點缺陷是鑽石分類的依據。

1. 點缺陷

在有序的排列中出現單點的不完美排列，稱為點缺陷。點缺陷包括夏特基缺陷 (Schottky defect)、弗蘭科缺陷 (Frenkel defect) 和不純物缺陷 (impurity defect)。夏特基缺陷就是在晶體結構中原本有原子的地方產生晶格空位 (Vacancy defect)，且由於原子減少，該礦物的密度會低於理論密度。弗蘭科缺陷是指原子從原本的位置移動到其他間隙，產生晶格空位與間隙缺陷對。不純物缺陷是外來雜質置入間隙或取代原本原子，會改變原先礦物的化學成分，通常雜質量很少，但是能大幅影響礦物的顏色。

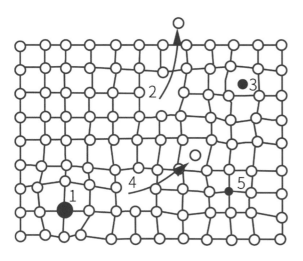

晶體中的各種點缺陷

1－大的置換原子　2－夏特基缺陷　3－間隙原子

4－弗蘭科缺陷　　5－小的置換原子

▶ 各類點缺陷示意圖
資料來源：深圳市泰立儀器
儀表有限公司

2. I 型鑽石

鑽石中常見雜質是氮元素，以不純物缺陷方式取代原本碳原子，氮原子的含量和分佈是鑽石分類的依據，也影響了鑽石的顏色。

A. Ia 型

約佔天然鑽石的 98%，顏色由近無色到淺黃，非單氮聚合體被歸在此類，又可依其聚集形式分成 IaA 型、IaB 型和 IaAB 型。IaA 型是兩個氮取代兩個相鄰碳的形式，又稱為 A 中心；IaB 型是四個氮取代四個碳環繞一個空位 (Vacancy)，又稱為 B 中心；IaAB 型包含 A 中心與 B 中心。Ia 型鑽石世界各地都有，最著名的礦區在南非，黃色的 Ia 型鑽石稱為開普系列鑽石，就是以南非的開普省命名。

B. Ib 型

約佔天然鑽石的 0.1%，單氮原子取代一個碳，分散在晶體中，並非以聚合體的形式。此鑽石吸收藍光和綠光，比 Ia 型顏色更深，有深黃色至棕色，著名的金絲雀鑽石就屬此類。

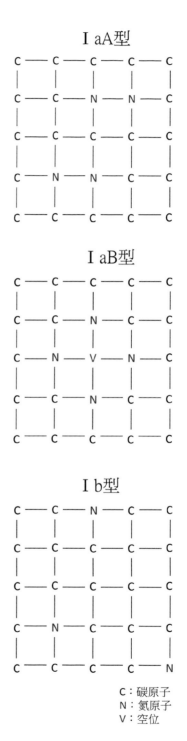

I aA型

I aB型

I b型

C：碳原子
N：氮原子
V：空位

▶ I 型鑽石結構示意圖

Courtesy of EGL Taiwan

IIa型　　　　　　　　　IIb型

C — C — C — C — C　　　B — C — C — C — C
|　　|　　|　　|　　|　　|　　|　　|　　|　　|
C — C — C — C — C　　　C — C — C — B — C
|　　|　　|　　|　　|　　|　　|　　|　　|　　|
C — C — C — C — C　　　C — C — C — C — C
|　　|　　|　　|　　|　　|　　|　　|　　|　　|
C — C — C — C — C　　　C — C — B — C — C
|　　|　　|　　|　　|　　|　　|　　|　　|　　|
C — C — C — C — C　　　C — C — C — C — C

▶ II 型鑽石結構示意圖

C：碳原子
B：硼原子

3. II 型鑽石

氮含量非常少，可分為 IIa 型與不含氮的 IIb 型鑽石。

A. IIa 型

約佔天然鑽石的 1-2%，氮含量少到幾乎沒有雜質，顏色通常為無色，著名的庫利南鑽石和獅子山之星就屬此類。理論上沒有雜質的 IIa 型鑽石應該是無色的，但是晶體因晶格錯位產生的缺陷可以改變鑽石顏色，例如黃色、棕色、橘色、紅色或紫色等。

▶ 5.14 克拉完美無瑕白鑽
Jurassic Museum Collection

GIA®

5355 Armada Drive
Carlsbad, CA 92008-4602
T +1 760 603 4500
F +1 760 603 1814
E labservice@gia.edu
www.gia.edu

December 07, 2016

DIAMOND TYPE CLASSIFICATION FOR GIA DIAMOND GRADING REPORT #1172987645

Scientists classify diamonds into two main "types" - type I and type II - based on the presence or absence of nitrogen which can replace carbon atoms in a diamond's atomic structure. These two diamond types can be distinguished on the basis of differences in their chemical and physical properties. Type II diamonds contain little if any nitrogen and they are subdivided into two groups (IIa and IIb) both of which are quite rare (less than 2% of all gem diamonds).

According to the records of the GIA Laboratory, the 5.14 carat Pear Brilliant diamond described in GIA Diamond Grading Report #1172987645 has been determined to be a **type IIa** diamond. Type IIa diamonds are the most chemically pure type of diamond and often have exceptional optical transparency. Type IIa diamonds were first identified as originating from India (particularly from the Golconda region) but have since been recovered in all major diamond-producing regions of the world.

Among famous gem diamonds, the 530.20 carat Cullinan I and the 105.60 carat Koh-i-noor are examples of type IIa.

PLEASE REFER TO IMPORTANT LIMITATIONS AND DISCLAIMERS ON THE BACK OF THIS DOCUMENT

The World's Foremost Authority in Gemology™　Ensuring the Public Trust since 1931

▶ IIa 型 5.14 克拉 DFL 完美無瑕白鑽 GIA 特別報告書

▶ 1.01CT 藍鑽裸石
Jurassic Museum Collection

B. IIb 型

　　約佔天然鑽石的 0.1%，此鑽石含硼不含氮，硼原子像 Ib 型鑽石的氮一樣取代碳原子，但是硼比碳少一個可用電子，使硼產生空穴，空穴的移動可以使鑽石導電。大部分 IIb 型鑽石可以吸收紅光、橘光和黃光，讓鑽石變成淡藍色或灰色。著名的霍普鑽石就屬此類。

February 04, 2016

DIAMOND TYPE CLASSIFICATION FOR GIA COLORED DIAMOND GRADING REPORT
#5171437199

Scientists classify diamonds into two main "types" - type I and type II - based on the presence or absence of nitrogen which can replace carbon atoms in a diamond's atomic structure. These two diamond types can be distinguished on the basis of differences in their chemical and physical properties. Type II diamonds contain little if any nitrogen and they are subdivided into two groups (IIa and IIb) both of which are quite rare (reportedly less than 2% of all gem diamonds fall into the type II category).

According to the records of the GIA Laboratory, the 1.01 carat Oval Modified Brilliant diamond described in GIA Colored Diamond Grading Report #5171437199 has been determined to be a **type IIb** diamond. Type IIb diamonds are very rare in nature (from our experience, less than one half of one percent) and contain small amounts of boron that can give rise to a blue or gray coloration. An unusual property of type IIb diamonds is that they are semi-conductors and conduct electricity. Historically, the ancient mines of India produced occasional blue diamonds but today the most significant source is limited to the Cullinan (formerly Premier) Mine in South Africa.

Among famous gem diamonds, the 70.21 carat Idol's Eye and the 45.52 carat Hope are examples of type IIb.

PLEASE REFER TO IMPORTANT LIMITATIONS AND DISCLAIMERS ON THE BACK OF THIS DOCUMENT

The World's Foremost Authority in Gemology™ Ensuring the Public Trust since 1931

▶ IIb 型 1.01 克拉濃彩藍鑽 GIA 特別報告書

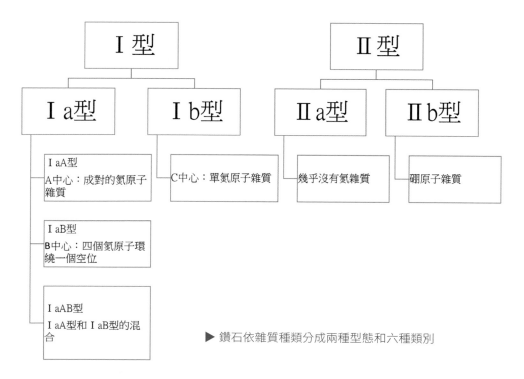

I 型		II 型	
I a型	I b型	II a型	II b型
I aA型 A中心：成對的氮原子雜質	C中心：單氮原子雜質	幾乎沒有氮雜質	硼原子雜質
I aB型 B中心：四個氮原子環繞一個空位			
I aAB型 I aA型和 I aB型的混合			

▶ 鑽石依雜質種類分成兩種型態和六種類別

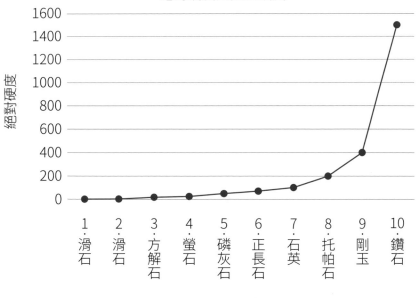

絕對硬度與莫氏硬度

絕對硬度

莫氏硬度

1.滑石　2.滑石　3.方解石　4.螢石　5.磷灰石　6.正長石　7.石英　8.托帕石　9.剛玉　10.鑽石

▶ 絕對硬度與莫氏硬度比較，莫氏硬度表上的礦物硬度並非線性。
資料來源： Applied Mineralogy: Applications in Industry and Environment (2011)

三.鑽石的基本性質

1. 硬度與韌度

　　一般所說的硬度是指平滑的礦物表面抗刮痕的能力，這種硬度又稱為刮痕硬度。硬度與分子結構有關，原子間鍵結能力越強，硬度越高。即使是同樣的成分，鍵結方式不同硬度也會有很大的差距，例如石墨和鑽石都是由碳組成，但石墨是片狀的，層間以凡德瓦爾力相連，硬度只有 1 到 2；鑽石是由共價鍵連接的網狀四面體結構，每個原子間有較強的鍵結，不容易破壞。

　　在 1812 年，德國礦物學家腓特烈摩斯利用十種常見礦物互相刮磨，找出相對硬度建立硬度標準，稱為莫氏硬度。鑽石是當中最硬的礦物，硬度為 10，所以鑽石經常被拿來切磨其他寶石。莫氏硬度是簡單方便的測量方法，只是礦物間的比較，沒辦法給出確切的數值，如果要定量測量就要使用絕對硬度測試。絕對硬度有很多種，例如維氏硬度、努氏硬度和里氏硬度等，利用撞擊或壓力的方式測量硬度，每種方法都有自己的數值。

　　將莫氏硬度表上的十種礦物做絕對硬度測試，可以發現每級間的差距不是等距的，例如在硬度計的測試結果，托帕石是 200，剛玉是 400，鑽石是 1500，分別者相差 200 和 1100。

　　因為不同寶石有不同的硬度，所以寶石在收納時，最好分開放，不然硬度較低的寶石容易受損，例如把剛

玉和鑽石放在一起，因為鑽石比剛玉硬，所以剛玉會被鑽石刮出痕跡。

除了不同寶石間有不同硬度，寶石本身也會有方向性的差異硬度，像鑽石就有差異硬度，立方體面上對角方向硬度 > 八面體面上所有方向 > 立方體面上與軸平行的方向 > 橫越十二面體面的方向。雖然八面體面不是最硬的面，但所有方向都是一致的，使得八面體面較難拋光。

硬度越高並不代表不容易被破壞，鑽石硬度高但受到撞擊容易碎裂，代表韌度不高。韌度是寶石抵抗外力鎚擊的能力，解理發達的寶石韌度較差，解理不發達或結構緊密的寶石韌度較高。

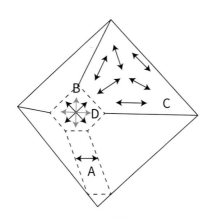

A：橫越十二面體面方向
B：立方體面上與軸平行的方向
C：八面體面上所有方向
D：立方體面上對角方向

▶ 鑽石差異硬度示意圖。(資料來源：知识贝売)

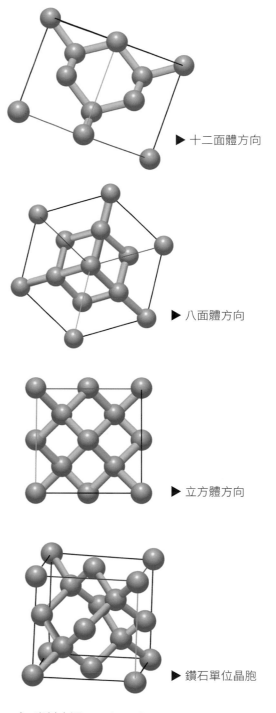

▶ 十二面體方向

▶ 八面體方向

▶ 立方體方向

▶ 鑽石單位晶胞

▶ 資料來源：Technische Universität Graz

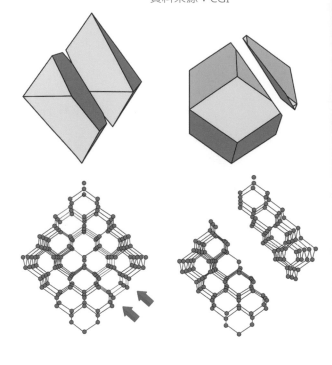

▶ 鑽石四組解理
　資料來源：CGI

2. 斷口與解理

　　寶石受外力撞擊後不規則破裂的平面，稱為斷口。斷口有貝殼狀、鋸齒狀、平坦狀、參差狀、多片狀和土狀等，而鑽石的斷口是階梯狀的。

　　寶石受外力撞擊後，沿一定結晶方向破裂，破裂面光滑與斷口不同，這光滑的面就稱為解理面，相同方向的解理面就稱為一組解理。解理代表原子間鍵結較弱的部分，鑽石的解理面平行八面體晶面，具有最大原子面間距之面，總共四組完全結理。找到解理面可以輕鬆的將鑽石劈開成兩半，但在切磨的時候也要小心，不小心撞到將會前功盡棄。

▶ 鑽石立方體晶體的解理面 Courtesy of EGL Taiwan

▶ 三角印記沿解理生長 Courtesy of EGL Taiwan

▶ 階梯狀段口 Courtesy of EGL Taiwan

3. 比重

比重是指物體密度與水密度的比值，換句話說就是指同體積物質的重量與同體積水的重量的比值。水的密度以 4°C時 1g/cm^3 為準，鑽石密度為 3.52 (±0.01) g/cm^3，3.52 (±0.01) g/cm^3 除以 1 g/cm^3 等於 3.52 (±0.01)，單位相消，所以比重是沒有單位的。

鑽石會因為損失原子、被其他原子替換或內含物的關係，比重在 3.52 左右，不會是一個定值，但浮動不會太大，還是可以用比重與其他寶石區分。

寶石	比重
剛玉	4
金綠玉	3.73
尖晶石	3.6
鑽石	3.52
丹泉石	3.35
碧璽	3.06
祖母綠	2.72

4. 光學特性

A. 折射率

光在不同物質中行進速度不同，在通過兩界質的交界面會產生偏折，偏折的角度與光速有關，所以透過偏折的角度可以推算光在物質中的速度，進而獲得折射率。

折射率的定義：$n=\dfrac{c}{v}$

c 是光在真空中的速度

v 是光在某介質中的速度

n 是某介質的折射率

帶入真空中光速 (3x10^{5}km/s) 與鑽石中光速 (1.241x10^{5}km/s)，就可推算出鑽石的折射率，約等於 2.417。

與其他寶石相比，鑽石的折射率非常高，讓鑽石有較強的光澤且定義了切磨角度。

寶石	折射率
鑽石	2.417
剛玉	1.762-1.770
金綠玉	1.746-1.755
尖晶石	1.718
丹泉石	1.691-1.700
碧璽	1.624-1.644
祖母綠	1.566-1.572

B. 光澤

當光線照到寶石表面時，除了反射和穿透外，還會被散射和吸收，人眼接受散射和反射效應的感受就稱為光澤。除了寶石本身的物理性質外，也與拋光程度有關，表面拋的越平整，光澤越好。

鑽石有較高的折射率屬於金剛光澤，反光較強，相同光澤的寶石還有閃鋅礦、白鉛礦和雄黃等。

C. 色散

　　1666 年牛頓發現通過三稜鏡的太陽光由紅到紫被分成各種顏色，這現象稱為色散，實驗結果表明肉眼所看到的白光是由各種波長的光線組合而成。會產生色散是因為不同波長的光折射率不同，紅光折射率較小，紫光較大，經過不同介質時產生的折射角不同，使不同波長的光線分離，紅光與紫光的折射率差代表色散值。

　　寶石學中色散稱為火光或火彩，色散值愈高，火光愈好。在轉動火光好的寶石時，可以看到閃耀的彩色光芒，光彩奪目。鑽石的色散值為 0.044，算很高的，但有些寶石擁有比鑽石更高的色散值，比鑽石更耀眼。

寶石	色散值
翠榴石	0.057
榍石	0.051
鑽石	0.044
鋯石	0.039
尖晶石	0.020
剛玉	0.018
祖母綠	0.014

D. 可見光

　　人們拿到寶石第一個會觀察到的特徵便是寶石的顏色，顏色是由於光線通過寶石後一些波長的光被吸收了，剩下的組合成我們看到的顏色。但不是所有的波長我們都看得到，肉眼可見的光稱為可見光，也就是日光色散後的彩虹光，大約在波長 390 到 700nm 之間。

　　光是一種電磁波，不管是有機物或無機物都可從中獲得能量，寶石中元素成分與結構影響對能量的反應。鑽石主要是電子躍遷的能量吸收，晶體中電子能階分成導帶和價帶，兩個能帶間的能量差稱為能隙。不含雜質且無缺陷的鑽石是純淨無色的，能隙為 5.47 eV，價帶中的電子要躍遷至導帶必需吸收能量 5.47eV 以上的光，也就是波長 226.69nm 以下的光，不吸收可見光，所以我們看到的鑽石是無色的。如果微量的氮原子取代碳原子，則會改變鑽石的顏色，因為氮原子比碳多一個電子，形成一個施體能階，電子從施體能階到導帶需要 4eV 的能量。4eV 不到可見光範圍，但氮的施體能階是個寬帶，可以擴張到 2.2eV，代表藍光和紫光會被吸收使鑽石呈現黃色調。如果是硼原子取代碳原子，則會使鑽石帶藍色調，因為硼比碳少一個電子，這電洞會形成一個受體能階寬帶，能隙約為 0.4eV，所有可見光都可被吸收，但在光譜的紅端有較強的吸收，使鑽石產生藍色調。

　　紫外可見光光譜儀可以協助我們測量鑽石對波長的吸收特性，常見的 415nm 吸收峰是 N3 缺陷的特徵，N3 缺

陷存在於 Ia 型鑽石裡，而 Ia 型鑽石占天然鑽石的 98%，所以可以說大多數的鑽石在波長 415nm 有吸收。當然開普鑽石不會只有 415nm 吸收峰，可能還會有 478、465、452、435 和 423nm 等。褐色鑽石在 504、498 和 537nm 處有吸收，有的也會有 415nm 吸收峰。

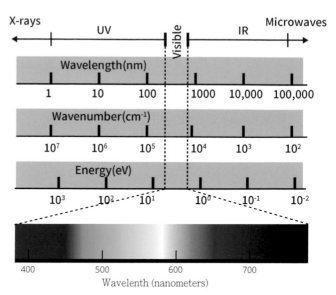

▶ 電磁波圖
資料來源：Sally Eaton-Magaña and Christopher M. Breeding (2016)

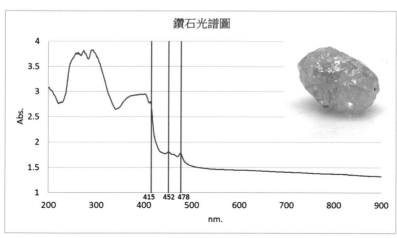

▶ 鑽石光譜圖。可看到 415nm、452nm 和 478nm 的吸收峰。

Additional Materials

補充資料

能量與波長轉換

$$E\,(eV) = \frac{hc}{\lambda} \approx \frac{1240}{\lambda}$$

E：能量，單位為 eV。

h：普朗克常數，6.6261×10^{-34} 焦耳 - 秒。

C：光速，2.9979×10^{8} 公尺 / 秒

λ：波長，單位為奈米。

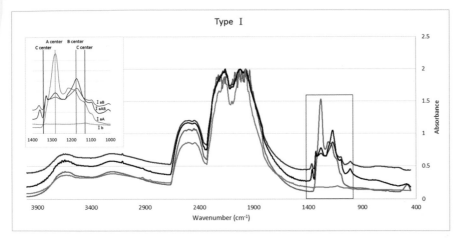

Type Ⅰ

A center　B center
C center　　C center

IaB
IaAB
IaA
Ib

▶ I 型鑽石 FTIR 光譜圖。
1400-1000 cm⁻¹ 之間，
IaA 型鑽石的特徵峰在
1282 cm⁻¹，IaB 型鑽石
的特徵峰在 1175 cm⁻¹，
Ib 型鑽石的特徵峰在
1130 和 1344 cm⁻¹。

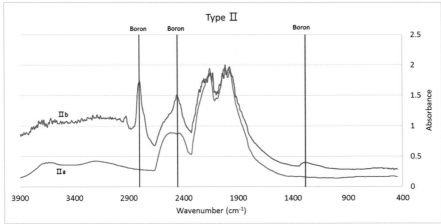

Type Ⅱ

Boron　　Boron　　　　　　Boron

IIb

IIa

▶ II 型鑽石 FTIR 光譜
圖。IIa 型鑽石在
1322-400 cm⁻¹ 之間
沒有明顯的吸收峰，
IIb 型鑽石在 1290、
2456 和 2802cm⁻¹
有硼的特徵峰。

E. 紅外光

除了可見光外，肉眼不可見的紅外光區，也會有鑽石的吸收峰，甚至可做為鑽石分類依據。1934 年，羅伯遜首次發現近無色鑽石對光譜的不同特性，大部分的鑽石無法讓波長小於 300nm 的紫外光穿透，且在 7000-20000nm 紅外光波段有強吸收，但是有小部分的鑽石可讓紫外光和紅外光通過。羅伯遜將前者數量較多的鑽石稱為 I 型鑽石，後者稱為 II 型鑽石。

1965 年，Dyer 等人利用紅外光譜儀測量 I 型鑽石，將結果區分成氮聚集的 Ia 型與孤氮的 Ib 型鑽石。1952 年，Custers 則是將 II 型鑽石分成 IIa 型和有良好導電

性的 IIb 型鑽石，其實在三年前 Blackwell 和 Sutherland 就發現了區分 IIb 型鑽石的關鍵特徵峰，直到 1957 年 Wedepohl 推論出特徵峰的強度與半導體雜質濃度有關，也沒有說明該雜質是硼元素，後來由 Chrenko 確認了硼是影響 IIb 型鑽石半導體特性的主要元素。

總結前人研究，我們可以用紅外線光譜儀來判斷鑽石類型，主要應用到的區域是 1322-400cm⁻¹ 之間，這是氮雜質的特徵吸收區。Ia 型鑽石有很強烈的吸收峰，而 Ib 型的特徵在 1290,2456,2802cm⁻¹；II 型鑽石在此區無吸收，IIb 型鑽石可利用 2802,1290,2456 cm⁻¹ 硼的吸收峰判斷。

F. 螢光與磷光

寶石除了吸收能量外，也會放出能量，若發光過程不產生大量的熱，稱為冷發光。觸發發光現象的原因有很多，例如照光、加熱、通電、照射陰極射線或摩擦等。

寶石吸收外來光源的能量後，進入激發態，然後退回基態放射出波長較長的光就稱為螢光，有些寶石在關閉外來光源後，仍持續發光就稱為磷光。鑽石在 X 光和陰極射線下都會有螢光，但我們一般觀察鑽石不需要用到這兩種，只需要簡單的紫外光燈，常用來觀察的波段是長波紫外光 (365nm) 和短波紫外光 (253nm)，多數的鑽石在長波下的螢光比短波強。

近無色的鑽石中 37% 有螢光，其中 97% 是藍色螢光，而彩色鑽石並沒有特別的統計報告。不管是近無色或彩色鑽石都常見藍色螢光，主要是 N3 缺陷引起，存在 Ia 型鑽石中；黃綠色螢光常見於褐色或黃綠色鑽石，與 H3 缺陷有關。

藍色的 IIb 型鑽石沒有螢光，但有兩個磷光發射帶：660nm 和 500nm，特別是在短波紫外光照射後最強烈。如果 500nm 較 660nm 明顯，鑽石會呈現藍色磷光；660nm 較強的，則會有紅色螢光，著名的希望鑽石和維特爾斯巴赫 - 格拉夫都是 660nm 較強烈的藍鑽。

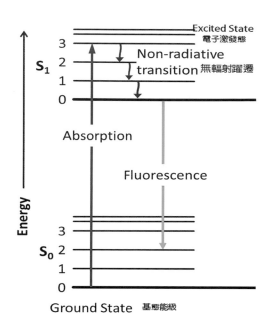

▶ 螢光示意圖

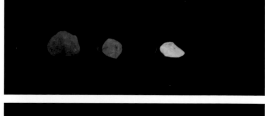

▶ 上圖為珠寶燈下鑽石照片，中圖為 365nm 紫外光下螢光照片，下圖為 253nm 紫外光下照片。
Courtesy of EGL Taiwan

a. 各缺陷光譜特徵

缺陷名稱	吸收或放射	特徵
N3	415nm	三個氮環繞一個空位。紫外光下發藍光。
N2	478nm	A 中心。吸收峰與 N3 有關。
H4	496nm	四個氮和兩個空位。使鑽石產生黃色調。
H3	503.2nm	兩個氮與一個空位。使鑽石產生黃色調。紫外光下發綠光。
3H	503.5nm	由輻射產生的間隙碳原子，經常伴隨 GR1。
	550nm	與塑性變形有關。產生紅色和棕色調。
NV^0	575nm	一個氮與一個空位。與 637nm 組合，可使多數處理鑽石和少量天然鑽石產生粉色調。
NV	637nm	一個氮與一個帶負電的空穴。
GR1	741nm	一個空位。常見於天然或人工輻照的 Ia 和 IIa 型藍、綠色鑽石。GR1 的強吸收會使鑽石產生綠色或藍色調。
H2	986nm	兩個氮和一個帶負電空穴。與 H3 相關，常作為 Ia 型經過 HPHT 的證據，有時與 H3 組合使鑽石產生綠色調。
Platelets	1375~1358cm^{-1}	平面碳缺陷。
C 中心	1130,1344cm^{-1}	單氮缺陷。
B 中心	1180,1096,1010cm^{-1}	四個氮一個空位。
A 中心	1280,1212cm^{-1}	兩個氮。
氫缺陷	3107,1405cm^{-1}	氫雜質。
硼缺陷	1290,2456,2802cm^{-1}	硼雜質。

5. 其他物理與化學特性

A. 熔點

鑽石的燃點在純氧中為 720-800°C，空氣中為 850-1,000°C，熔點在大氣壓力 12.4 GPa 時，為 4440°C。

由於鑽石在一大氣壓下是亞穩態，大約加熱到 800°C 時，鑽石不會像冰塊融化一般產生液態鑽石，而是先轉變成石墨，再氧化成二氧化碳。一般會遇到高溫的情況可能是火災或飾品維修時，鑽石表面會變黑，不過可以通過拋光變回原來的樣子。

若想獲得純粹由鑽石轉變成的液態碳，要加壓到接近 120,000 大氣壓，鑽石才會在 4,440°C 以上融成液態，這極端條件不容易達成，但是在其他行星上是可能存在的，例如就在我們太陽系內的天王星和海王星，科學家推測這兩個行星可能存在液態鑽石海。

B. 熱導率

熱導率是指傳導熱的能力。熱導率定義為單位截面、長度的材料在單位溫差下和單位時間內直接傳導的熱能（$\frac{W}{mK}$）。熱導率越高，導熱能力越強，熱能較容易傳遞出去，金屬就是熱導率高的例子，當人用手觸摸時，會覺得較涼；當環境溫度升高時，也會感覺較熱。

I 型鑽石的熱導率為 1,000 $\frac{W}{mK}$，IIa 型鑽石為 2,200 $\frac{W}{mK}$，鑽石同位素純度越高，熱導率也越高。鑽石熱導率遠高於其他金屬與寶石，所以在分辨鑽石時，可以先用手摸摸看，感受寶石的溫度。市面上用來分辨鑽石仿品的測鑽筆就是利用熱導率的原理，但無法分辨合成莫桑鑽，因為莫桑鑽也有較高的熱導率。

物質	熱導率（$\frac{W}{mK}$）
石墨烯	4,840±440 - 5,300±480
鑽石	1,000 - 41,000
莫桑鑽	230 - 490
銀	420
剛玉	15.5
石英	6 - 12
蘇聯鑽	1.7

C. 電阻率

　　導電的特性可用電阻率代表，電阻率高的材料稱為絕緣體，有較大的能隙，價帶電子不容易被激發至導帶，可作為絕緣材料，電阻率至少有 $10^{10}\Omega m$ 以上，例如電纜的外層、電子設備上的樹脂、玻璃或陶瓷塗覆等。

　　鑽石中每個碳的四顆電子都與相鄰的碳共用，沒有自由電子，能隙寬，是良好的電絕緣體，電阻率約為 10^{11}-$10^{18}\Omega m$。但是 IIb 型鑽石含有微量硼，硼比碳少一個電子，導致鑽石內的電洞增加，降低了鑽石的電阻 (10^2-$10^5\Omega m$)，形成 P 型半導體。鑽石有高熱導率、高化學、物理穩定性等優良特質，使鑽石半導體受到青睞，但天然的 IIb 型鑽石產量稀少，價格昂貴，所以人工合成鑽石成為主要的材料來源，相關的技術正在蓬勃發展。

　　合成鑽石可自由選擇半導體模式，製作 P 型半導體要加入含硼的材料，N 型半導體加入磷。但是磷的原子過大，不容易摻入鑽石晶格中，比碳多一個電子的氮也是一個選擇，只是氮的價電子不容易游離，需要在較高的溫度下才能表現 N 型半導體的特性。2003 年 Teukam 等人無意中發現在 P 型半導體中加入氘，使氘和硼結合，形成 N 型半導體，使半

導體技術有了新的轉機。近年來鑽石半導體即將脫離研發階段，2018 年 AKHAN Semiconductor 的 MirajDiamond® 技術獲得美國商標與台灣專利，未來有機會應用在雷達、汽車或航空等電子設備。

物質	電阻率 (Ωm)
PET	10^{21}
鑽石	100-10^{18}
玻璃	10^{11}-10^{15}
剛玉	10^{13}
莫桑鑽	10^{-2}-10^{6}
銀	1.59×10^{-8}
石墨烯	10^{-8}

Chapter 4

鑽石的探勘

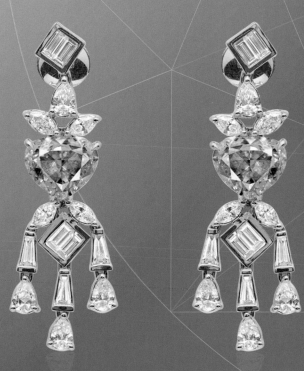

8.04CT/2P 黃鑽耳環 / FANCY VIVID YELLOW / HEART
Jurassic Museum Collection

鑽石的探勘

一. 鑽石探勘

　　在過去，挖鑽石靠的是運氣，例如1725 年在掏金時發現的巴西鑽石礦，或者是 1866 年在農場發現的南非鑽石礦，都是無意間發現的。隨著科技的進步與對鑽石的了解，採礦公司可以預先調查環境，主動尋找鑽石。

1. 早期探勘

　　前章提過含有鑽石的金伯利岩筒會在克拉通上，所以首要任務是尋找克拉通，再從這些區域找金柏利岩。通常岩筒不寬，大概只有幾百公尺，但穩定的克拉通提供良好的環境，保持岩筒的完整性。要在廣闊的克拉通上尋找狹小的金伯利岩並不容易，透過政府或是向其他公司收購指標礦物調查結果，搭配大規模低分辨率的空載地物資料模型，可以初步縮小範圍。

A. 探勘方法

a. 採樣

　　金伯利岩中一些豐富且穩定性高的礦物被視為指標礦物，像是鎂鋁榴石、鎂鋁鐵鋁榴石、鎂鈦鐵礦、鉻尖晶石、鉻透輝石、鎂橄欖石和玩火輝石等。採樣後分析樣本中指標礦物數量，取得該地區礦物分布，可追朔源頭，預測金伯利岩脈的位置。另外金伯利岩擁有比周圍岩石豐富的特徵元素，例如鍶、鋇、LREE、鈮、鉭、鉿、鋯、磷、鈦、鎂、鎳、鉻和鈷等，分析礦物中的元素含量，也可有效地推測金伯利岩位置。

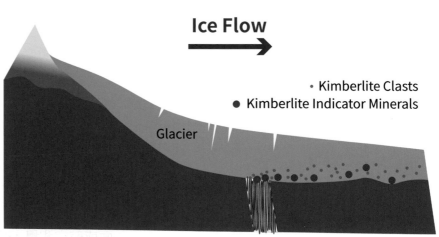

▶ 以加拿大鑽石礦為例，金伯利岩受冰河侵蝕後，指標礦物散落在冰河路徑上。

b. 磁力

　　地表及地底下的物體會影響該地區的磁場，去除校正值後可用於探測金屬礦藏、熱液活動或地底構造。磁力測量方式有地面磁測或空中磁測，地面磁測由操作人員帶著磁力儀與 GPS 沿規劃好的測線紀錄磁場變化，若測量區域不易到達，可使用空中磁測。空中磁測是將磁力計放在飛機上或拖曳在飛機下後方，以網格狀飛行路線觀測，雖然沒有地面測量精細，但同樣的時間可覆蓋更大的面積。

　　金伯利岩通常有較低的磁場，在磁場圖中因其桶狀結構而呈圓形分布，如左下圖。金伯利岩的特稱分布使得磁場測量成為首要的探勘方式，但要是金伯利岩被厚重沉積岩附蓋，或附近有斷層通過，則容易誤判，需與其他探勘結果比對，才能獲得正確的結論。

c. 重力

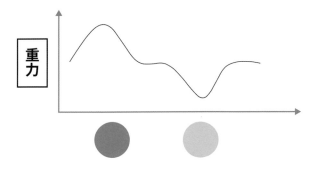

▶ 重力測量示意圖。地表下岩體密度不同產生重力差異，假設在無起伏的平原，左側地表下的藍色物質密度大於右側黃色物質，由左至右進行重力測量，所測得重力值左區會大於右區。

　　重力測量可獲得測點重力值，推算地表下密度分布，用於探測含金屬的沉積物、斷層或侵入岩體。假設地表下相同體積、密度不同的岩體，密度越大的岩石有較多的質量，質量越大產生的引力越大，如上圖。

　　重力測量有兩種，一種是絕對重力測量，另一種是相對重力測量。絕對重力測量是利用自由落體原理計算重力值，而相對重力測量是利用懸掛式彈簧，測量彈簧改變量來獲得兩測點間的重力差。可用地面或航空測量，不過重力儀是非常精密的儀器，所以在進行地面測量時盡量選擇安

▶ 地面磁場強度示意圖。藍色圓形區域就是金伯利岩所在地。(資料來源：M. Power and D. Hildes (2007))

靜的測點，因為只要有些微的震動或衝擊就會影響讀數。航空測量受到的干擾比地面更大，定位、飛行高度和飛行速度需要準確的測量，以便從資料中去除飛機產生的干擾。

通常金伯利岩的密度比片麻岩或花崗岩質圍岩低，而且容易受到風化影響，離地表越近密度越小，在重力圖上呈現圓形的重力低區，若金伯利岩侵入沉積盆地，則可能呈現重力高區。

d. 地電

地電探測主要是求得地下電阻率分布，不同的成分使岩層有不同的電阻率，如果地層中含水，則會降低電阻率，可用來探測地下水層、汙染或礦床等。

地電探測與磁力和重力探測不同的地方在於能測得地表下相對位置的值，後兩種都是測量地表上的值，再逆推地下構造。礦藏探勘較常使用電阻法和電磁法，地面測量兩者通用，空中測量則是用電磁法。地電阻探測是將人造電流通入地下，計算兩極電壓差，推算相應位置的電阻率；大地電磁法是測量磁場與電場，再推算電阻率。空中測量以

VTEM™ 系統為例，線圈與接收器由直升機拖曳，有高空間分辨率和穿透深度，比地面測量更快速，成本更低，適合大面積探勘。

火成岩或變質岩有較高的電組率，其中金伯利岩的電阻率低於花崗岩質圍岩，上層的金伯利岩容易風化成黏土礦物，更

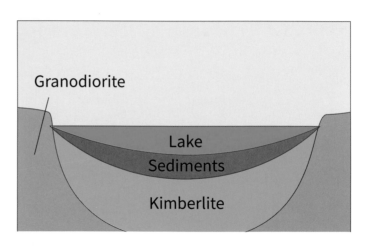

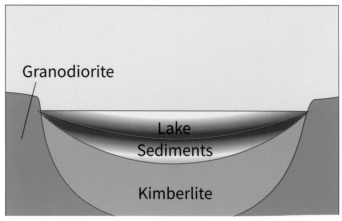

▶ 加拿大的 Drybones 金伯利岩電阻率剖面示意圖。上圖為岩性剖面，下圖為電組率分布，顏色越紅電阻率越低。資料來源：V. Kaminski and D. W. Oldenburg (2012)

是大幅降低電組率。以加拿大
的 Drybones 金伯利岩為例，從
圖中可以看出湖水、沉積物和
上層的金伯利岩電阻率比周圍
的花崗閃長岩還低。

e. 震測

岩層的彈性和密度決定震
波的傳播速度，測量震波到達
時間，可逆推地底地層分布，
廣泛用在推估基岩深度、地下
水面或油氣探勘。

震波與光波一樣，遇到不
同的介質會產生反射和折射，
震測利用此特性發展出反射震
測和折射震測，人工震源可以
是榔頭敲擊、震盪振源車或炸
藥。反射震測的人工震源沿側
線施測，受波器紀錄震波到達
地層分界後被反射回來的訊
號，訊號到達的時間用來推估
震波傳遞的距離，利用同中點
分析同一個位置的地層深度。
折射震測與反射震測相似，人
工震源配置在側線兩端或中央，震波以臨
界角由波速慢進入波速快的介質時，會沿
著介面前進再返回地表被受波器接收，超
過一定距離後，折射波將會比直達波早到
達受波器。

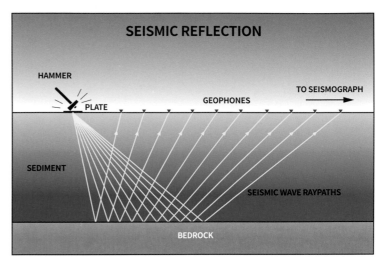

▶ 反射震測示意圖。鐵鎚敲擊鐵板產生震波，震波經由地層介面
反射至受波器。（資料來源：Geosphere Inc.）

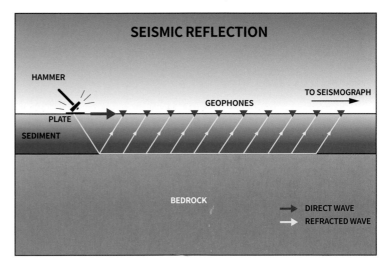

▶ 折射震測示意圖。鐵鎚敲擊鐵板產生震波，震波以臨界角入射
至地層介面，傳播一段路後返回地面由受波器接收訊號。
資料來源：Geosphere Inc.

震測很少用在鑽石探勘，因為金伯利
岩大多是垂直的，磁力和電磁探勘可以快
速又有效的找到金伯利岩，但是薄且近水
平的金伯利岩脈，容易被忽略，震測繪製
地下結構的能力適合用來尋找這些遺漏
的潛在礦藏。

2. 目標定位

　　確定優先領域後，提高抽樣
密度和空載調查分辨率，整合地
質、採樣和地物資料，估計出金
伯利岩位置和深度。接著擬定鑽
探計畫，評估適合鑽探的位置、
角度和深度。由於鑽井非常昂
貴，負責資料整合和判讀的地球
物理學家扮演重要角色，有經驗
的地球物理學家能提升鑽井位置
的準確度，降低鑽探成本。第一
次的鑽探僅有一到兩個井，以傾
角切過估計的金伯利岩筒模型，
用來確定岩筒大小，如果有發現
金伯利岩，會進一步檢查是否含
有鑽石。

▶ 23.44CT 鑽石原礦
Courtesy of Jurassic museum

補充資料

金伯利岩與片麻岩和花崗岩質的物理特性比較。紅色是火山道和淺成相金伯利岩，綠色是火山口相金伯利岩，黃色是整個的金伯利岩，紫色是片麻岩和花崗岩質圍岩。

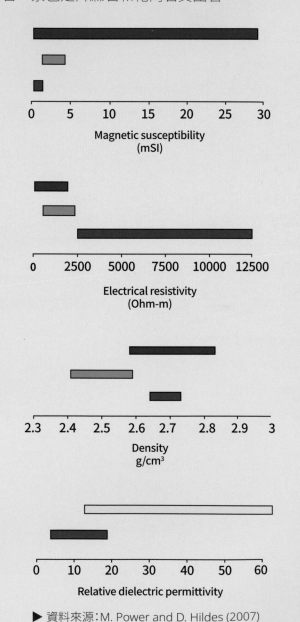

▶ 資料來源：M. Power and D. Hildes (2007)

主要的鑽探方法有岩心鑽探和反循環鑽探，岩心鑽探是用筒狀的鑽頭破壞周圍岩石，只保留中心柱狀岩芯。完整取出的岩芯由技術人員切成兩半，一半保留在岩芯托盤中，另一半再對切，一個當樣本，一個當副本，送至實驗室檢驗。測量岩芯中金伯利岩的距離，經過角度修正後，可使金伯利岩筒模型更貼近真實。反循環鑽探的運作原理是用高性能壓縮機將空氣打入外層鑽桿，氣動錘將鑽頭撞向岩石，鑽頭和鑽桿旋轉，氣流再將岩石碎片經由內部鑽桿帶至地表，到達地表的碎片經過旋風分離器分成大樣本和小樣本。反循環鑽探可更經濟且快速的測試大量目標，而岩心鑽探較貴，但能保留完整的岩芯樣本，使地質解釋更容易。選擇哪一種鑽探方式，全看計畫需求，也能混合搭配使用。

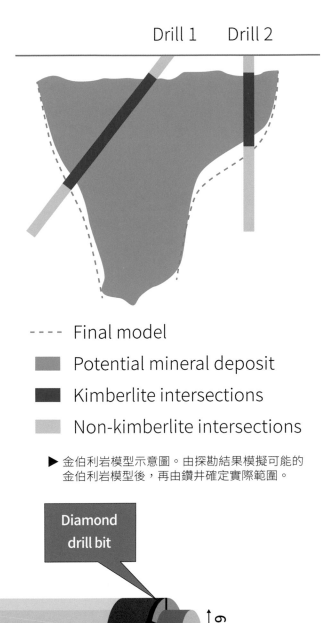

Drill 1   Drill 2

- - - - Final model

    Potential mineral deposit

    Kimberlite intersections

    Non-kimberlite intersections

▶ 金伯利岩模型示意圖。由探勘結果模擬可能的金伯利岩模型後，再由鑽井確定實際範圍。

Drill stem

Diamond drill bit

HQ drill-core

63.5mm

▶ 岩心鑽探示意圖
資料來源：GEOLOGYFORINVESTORS.COM

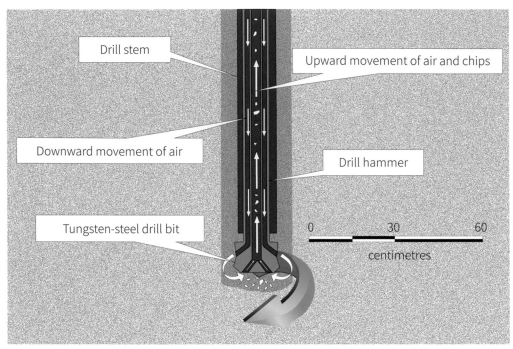

▶ 反循環鑽探示意圖 (資料來源：GEOLOGYFORINVESTORS.COM)

3. 評估

發現金伯利岩後，將樣品進行微鑽石分析 (小於 0.5mm)，讓少量的金伯利岩樣品 (小於 500g) 溶解在氫氟酸或熔融氫氧化鈉中，留下鑽石和較硬的礦物，再用篩網分類鑽石尺寸，統計數量，初步估計礦藏潛力。如果微米鑽石分析結果顯示有足夠的鑽石，下一步進行大尺寸鑽石分析，將大量金伯利岩通過重介質分離器分離重礦物和輕礦物，接著經過 X 光、油脂帶，最終由人為挑選出鑽石。鑽石的數量用來評估該礦區的噸位潛力，計算噸位、等級和價值建立收入模型。

在整個探勘階段也有其他流程要進行，像利益相關方的反饋意見或周圍環境研究，在當地政府審查完可行性、環境和社會經濟報告後，才會給予採礦許可證。

每個礦區的開發都需要標準的技術報告，例如 NI 43-101，NI 43-101 是加拿大境內礦物技術報告的規則和指南，在交易上用於展示公司礦產資訊的標準，有些國家的交易所也適用此報告。

二 . 開採

　　確定有開採價值後，便著手規劃開採方式。因礦床形態、營收和成本，有不同的礦區設計，主要分為露天開採和地下開採。配合軟體套入相關參數，算出最佳礦坑模型，協助鑽探公司制定開發策略。

1. 原生礦床

　　因鑽石礦藏深入地底，近地表可用露天開採，太深難以挖掘的部分用地下開採。

A. 露天開採

　　不需建立隧道的採礦方式，適合表層的開採，直到管道過窄或廢石量過高，不符合經濟效益，才會更改開採方式。著名的 Big Hole 就是露天開採的痕跡，由人力一塊一塊往下挖，現代則使用挖土機或爆破方式。

　　露天開採的規劃包括表土的去除、運輸路線、設備、礦坑傾角和穩定度。在整個計畫中安全是首要考量，為防止岩壁上的岩石滑落，礦坑多做階梯狀，有時需要額外固定。進行中的台階寬度要有足夠容納挖土機和卡車運作的空間，邊界有安全護堤，高度通常是卡車輪胎直徑的一半，可阻止卡車越過邊緣。若礦坑在堅固的岩石上，台階的傾角可以做成 80°到 85°也

▶ 露天開採外觀，可看到階梯狀的礦坑。
Photo by Richard Li

▶ 中國山東鑽石礦區使用的挖土機
Photo by Richard Li

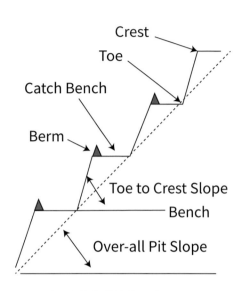

▶ 礦坑台階結構示意圖

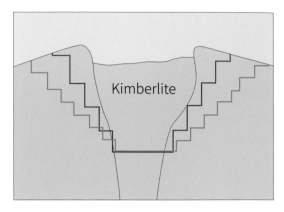

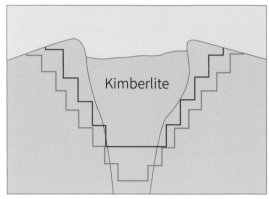

▶ 礦坑設計影響經濟效益。上圖：若岩石的強度較強，可增加階梯高度，減少廢石產生。下圖：若增加挖掘深度，可增加礦石量，但也會產生更多廢石。

不容易滑落，即使崩落也能由下方的台階接住，不過實際上多在 58°到 72°之間；而礦坑整體的傾角最好不要超過 45°，否則山崩的風險增加，影響安全與成本。

　　第二個要考慮的是經濟效益，礦坑的大小直接反應剝土比 (stripping ratio)，剝土比的定義是廢石與可用礦石的比率。若岩石的強度較高，可以增加台階高度和礦坑傾角，減少廢土量和剝土比。若礦藏很深，增加礦坑深度可以取得更多的鑽石，但增加深度就代表要增加寬度（假設岩石強度和礦坑傾角不變），會產生更多的廢石，提高剝土比。在挖掘過程中會不斷的計算剝土比，來更改設備、人員配置和礦坑規劃，直到經濟極限才停止露天開採。

B. 地下開採

　　地下開採受制於土質、礦體形狀和其他因素，工作空間比露天開採小，出入和工作環境受到限制，需要的技術性更高，成本提升。好處是地下開採可以只開採礦石，不需要為了維持礦坑外型增加廢石量。

　　地下礦場的設計包含垂直通道、水平通道、通風、照明和水流控制，除了運輸與挖掘外，維生設備也是很重要的，通風

管道可以提供工人新鮮空氣，也可以將柴油設備和爆炸產生的廢氣排出；排水設備可以防止地下水累積，將水匯集到集水坑，再通過管道抽至地面處理，如果水流量太大，需要建造水門和地下空間以控制水流。

採礦法可分為無支撐法、支撐法和陷落法，無支撐法是礦體自然支撐，不依靠大量人造結構，例如房柱

▶ 地下開採

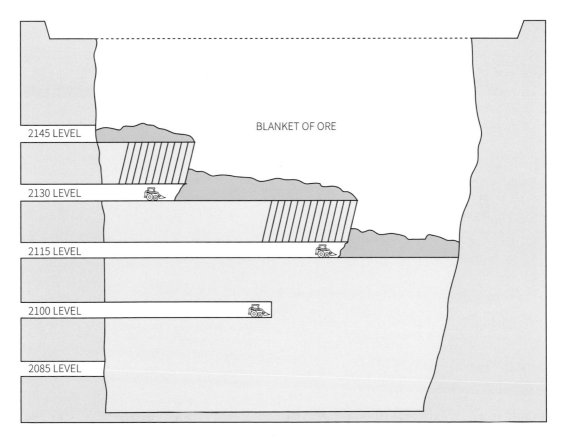

2145 LEVEL

2130 LEVEL

2115 LEVEL

2100 LEVEL

2085 LEVEL

BLANKET OF ORE

▶ Sub-level retreat 示意圖
　資料來源：Dominion Diamond Corp.

▶ 筆者在印尼南加里曼丹淘洗鑽石 Photo by Richard Li

法、次平巷採掘法；支撐法則是運用大量水泥或液壓支柱等人造支撐，例如充填採礦法；陷落法是用炸藥破壞礦體，使其崩落，由圍岩填充採場，可大規模開採，如塊體陷落法。

以加拿大的 Diavik 鑽石礦為例，該礦場較堅固的金伯利岩採用 blasthole shrinkage (BHS) 法，較軟的用 sub-level retreat (SLR) 法。BHS 是藉由一排垂直炸孔爆破礦石，破碎的礦石掉至較低的採場，再被裝載機和礦工運走，所有礦石被移除後，回填廢石。SLR 是一種由上而下的採礦方法，挖出一系列相同水平的隧道，並用炸藥炸碎上方的礦石，礦石落入隧道並被運走。開採方式有各種創新與搭配，主要還是以礦體結構和成本為首要考量。

2. 次生礦床

次生礦床的開採有悠久歷史，不管是印度、巴西或南非，鑽石開採都是從次生礦床開始。按礦床位置可分成沖積礦床和海洋礦床。

▶ 水沖採礦法。將岩壁上的沉積物沖刷下來，泥
漿沿著渠道匯流至集水區。
Photo by Richard Li

▶ 木製流礦槽 Photo by Richard Li

▶ 泥漿被抽至上方的流礦槽 Photo by Richard Li

▶ 挖泥船 Photo by Richard Li

▶ 1.04 克拉 白鑽掛墜 D SI2 / SHIELD
Jurassic Museum collection

▶ 2.20 克拉 白鑽掛墜 VVS2 / NOVELTY
Jurassic Museum collection

A. 沖積礦床

經過多年的搬運與沉積，鑽石被埋在沙子、礫石和黏土之中，匯集成沖積礦床，再被幸運的人類發現。沖積礦床的開採有工業化和小規模機械或人力方式，其中淘洗是最傳統，也是最簡單、最耗體力的。工人拿著淘洗盤，裡面裝著礦砂，浸入靜水中。在水中攪動礦土，直到黏土溶解，洗去髒汙，並把較大塊的石頭挑出。然後在水底搖動，較重的物質往下沉，較輕的物質被排到外圍，再從中挑出鑽石。

有些礦區會加入機械協助開採，在山區或無水的地方，可利用高壓水柱沖洗礦床，崩落的土石與水溶成泥漿，沿著渠道匯流至集水區，再由抽水機抽入流礦槽(Sluice box)。流礦槽底部設有障礙物，可以在水流過時留下較重的物體，藉此篩選出鑽石，適用於鬆散的沉積礦床。在河流或湖泊中採礦，可用挖泥採礦法，挖泥機的輪斗沿河床挖掘，礦砂被帶至甲板的流礦槽或其他設備處理，廢石從後方排出回到河水中。

河水最終通往大海，有些鑽石也被帶到海邊或海裡，奈米比亞的海岸便是著名的海灘礦床。在過去五千萬年中，奧蘭治河侵蝕上游金伯利岩，帶著鑽石來到海岸，再隨著沿岸漂流向北漂移。河口北邊的海岸被德國人稱為 Serrgebiet，鑽石就埋藏在此區的沉積層中，海岸的基岩為堅硬的石英岩和片岩，傾角斜向大

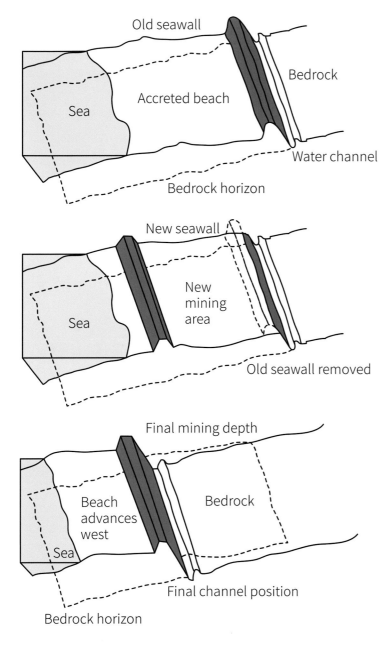

Old seawall

Bedrock

Accreted beach

Sea

Water channel

Bedrock horizon

New seawall

New mining area

Sea

Old seawall removed

Final mining depth

Beach advances west

Bedrock

Sea

Final channel position

Bedrock horizon

▶ 奈米比亞海灘礦床挖礦流程
資料來源： P. de Graaf and Sw Jacobsz (2018)

海，越靠近大海，採礦深度越深。近岸的鑽石礦床，Namdeb Diamond Corporation 利用填海的方式向西推進。採礦作業從海堤開始，將海堤移至新的位置後，由一隊挖土機和鉸鏈式自卸卡車進行，卡車將廢土傾倒至海堤以西的沙灘上，使海岸線後退，挖掘過程直到碰到基岩為止。用挖土機、液壓錘和推土機進行最後的清潔工作，再用真空裝置回收剩餘礦土，一個挖掘周期才算完成。

B. 海洋礦床

最早的海洋採礦方式是由人力潛水，潛水夫從海底採集含鑽石的礫石堆回到岸上。現今，技術發展完善，由海上採礦船主導海洋礦床開採。

陸地礦床產量逐年減少，海洋礦床成為新的目標，奈米比亞的鑽石收入有 90% 來自海底。DeBeers 在 1991 年向奈米比亞購買海底 3000 多平方英里的採礦權，2002 年與奈米比亞政府合資成立 Debmarine Namibia，在奈米比亞海岸南部的許可區採礦。

▶ mv Zealous 和 Jago（資料來源：奧本海默鑽石博物館）

海底探勘步驟與陸地差不多，都須透過地球物理測繪再採樣確認當地存量，最後擬定計畫。2015年特別製造最先進的探勘取樣船 "mv SS Nujoma"，提升採樣率和採礦效率。

Debmarine 有兩種採礦技術：airlift-drill technology 和 crawler technology。Airlift-drill technology 用直徑 6.8 公尺的鑽頭在海床上鑽探，將碎屑吸至船上；crawler technology 則是利用挖掘機在海床上採礦。Debmarine 的船隊中只有 mv Mafuta（全球最大的鑽石採礦船）採用 crawler technology。鑽石的回收完全自動化，最後被放入金屬罐中再由直升機送往陸地。

海底的鑽石經過自然精挑細選，開採出的鑽石大多是寶石級的，2014 年共有 127.3 萬克拉的產量，可見海床蘊藏的鑽石量不容小覷。

三 . 回收

從原生礦床收集的礦石由卡車運送至鑽石處理工廠，此時鑽石仍鑲在母岩中，必須經過重重關卡才能將鑽石分離出來。

以下為工廠中鑽石回收步驟：

1. 碎石

從礦區開採出的礦石很大，在進入篩選流程前，要先經過破碎，形成較小的尺寸，有些工廠會有多階段不同尺寸的碎石機，以獲得適當的大小。碎石的尺寸受到控制，避免鑽石受到破壞，以 Renard 鑽石礦為例，有三個碎石階段，從 220mm 縮小到 45mm。

2. 洗滌

通常洗滌器為管狀旋轉樣
式，洗去不需要的雜質和泥土
並解聚礦石。過程需大量的水，工廠除了
要有充足的水資源外還需要汙水處理設
施，回收與淨化使用過的廢水。

3. 篩選

這個階段礦石會被分類成各種尺寸，
以利重介質分離器作業。篩選過程可重
複安插在前兩步驟之間，有時會與碎石
或洗滌共同處理。

▶ 顎式碎石機 (資料來源：Materialtree.com)

4. 重介質分離

用鑽石與一般岩石比重不同來挑出
鑽石，將加入重介質分離裝置的礦石與
矽鐵和水混合，形成接近比重 3.52 的流
體，較重的物質會下沉，較輕的物質會浮
起。常見的重介質分離裝置為旋風分離
器，是個大型離心機，讓內部液體高速旋
轉，輕的物質流向頂部，鑽石和其他較重
的物質沉入底部回收。

▶ 重介質分離器

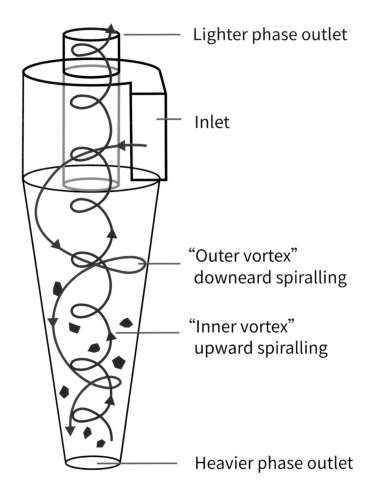

Lighter phase outlet

Inlet

"Outer vortex"
downeard spiralling

"Inner vortex"
upward spiralling

Heavier phase outlet

▶ 旋風分離器作用示意圖
資料來源：Y. F. Chang and A. C. Hoffmann (2015)

5. X 光篩選

接下來混著鑽石的礦石會被送入安全的回收設施，到這裡鑽石才開始正式的與其他物質分離。X 光篩選是利用鑽石照射 X 光發出螢光的特性，當探測器感測到螢光，會觸發空氣噴流，將鑽石導入收集箱中。

6. 油脂帶

有些鑽石在 X 光下沒有明顯的螢光反應，例如 II 型鑽石，這時就需要用到鑽石的另一個特性—親油性。在輸送帶上塗抹油脂，鑽石通過時，會附著在油脂上，其他物質被水流帶走。最後鑽石與油脂一起被刮下油脂帶，接著加熱油脂使它失去黏性並丟入熱水中，融化的油脂浮在水面，鑽石下沉，把表面的油脂去除後，就剩下水和鑽石了。

7. 最後處理

前面的步驟可完全自動化，不過還是得通過人力做最終確認。在選礦室 (Sorthouse) 裡，工作人員透過手套箱挑選鑽石，鑽石也在此清潔、分類與評估，最後才送往其他地方加工或銷售。

X-ray Fluorescence Separator

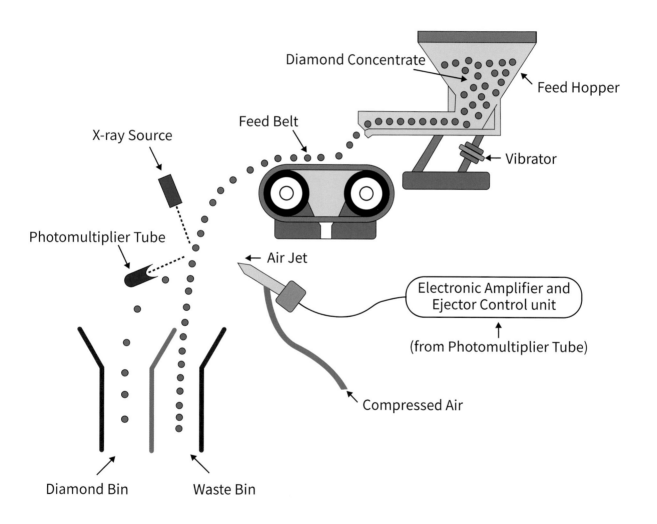

▶ X 光篩選示意圖。(資料來源： Diamcor Mining Inc.)

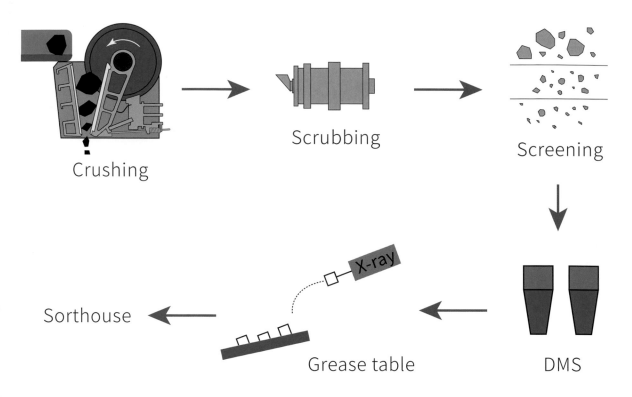

Crushing

Scrubbing

Screening

X-ray

Sorthouse

Grease table

DMS

▶ 鑽石回收步驟示意圖

四．恢復

　　礦區的開發必定會產生廢料，如何回收、處理廢棄物和復原礦區也是計畫中重要的一環。加工後的金伯利岩 (PK) 會被保存在長期儲存設施裡，一些低風險的廢棄材料可當建材重複使用，設施外圍建立防侵蝕保護層，避免環境汙染。在整個開發計畫結束後，礦業公司移除所有的建築物和設備，廢石會被回填至地下或露天礦井，使用過的地表覆上土壤，種植當地植物，將礦區恢復成接近自然的狀態。

▶ 選礦室

Chapter 5

大型鑽石礦業公司

6.67CT 粉鑽戒 / FANCY PINK / VS2
Jurassic Museum Collection

大型鑽石礦業公司

1. ALROSA 阿羅沙

　　蘇聯於 18 世紀就間歇性的發現一些鑽石的礦源，直到 1950 年代才大量密集的探勘到鑽石的礦藏，往後陸續發現了 15 個鑽石礦脈，其中最為重要的「和平鑽礦」及「成功鑽礦」都是在這個時期發現，直到了 1957 年決定要開採薩哈礦床進而成立了「薩哈鑽石公司 (Yakutalmaz)」，管理設施建設和後續操作，並於當年開始生產工業鑽石，兩年後和戴比爾斯 (De Beers) 簽訂合作協議，於 1992 年「薩哈鑽石公司 (Yakutalmaz)」和俄羅斯國家機構成立 ALROSA 公司，2009 年因為反壟斷法的關係，終止了與戴比爾斯 (De Beers) 的合作關係，自此完全獨立在市場運作，在當今 ALROSA 已經成為鑽石開採中佔據領導地位，主要礦藏來自俄羅斯，如成功鑽礦 (Удачный)、阿卡奇內礦 (Айхал)、紐爾巴 (Нюрба)、JSC 安納巴拉礦 (АО «Алмазы Анабара»)、JSC 下莉娜礦 (АО «НИЖНЕ-ЛЕНСКОЕ»)、PJSC SEVERALMAZ 礦 (ПАО «СЕВЕРАЛМАЗ») 還有最知名的和平鑽礦 (Мирный)，和平鑽礦是世界第二大的人造洞，飛機的航道必須要避開此處，以免被吸入，由於氣候惡劣，冬天溫度會低到將鋼筋凍斷，開採難度極高，目前已停止露天開採轉為地下開採，阿羅沙旗下所有礦區年產量高達 3,961 萬克拉，佔世界鑽石產量約 26%。

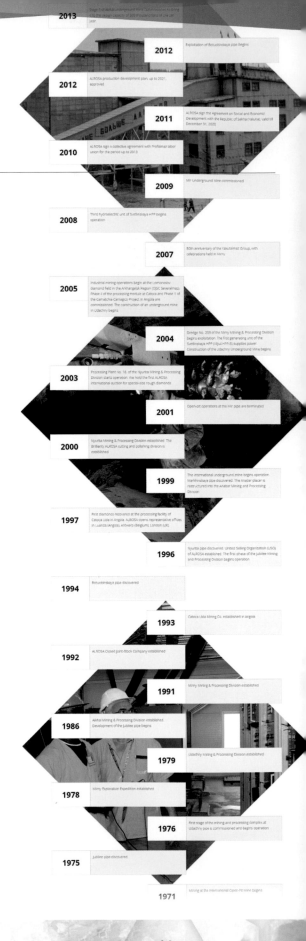

ALROSA
The worlds leading diamond producer

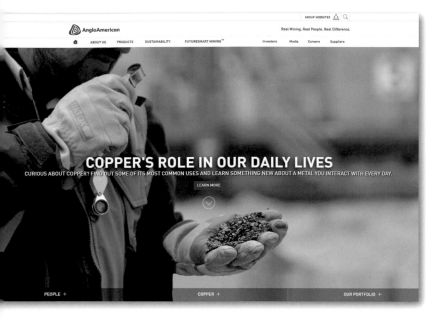

2. Angola America 美英集團

　　美英集團創立於 1917 年，由厄尼斯奧本海默 (Ernest Oppenheimer) 在美國摩根銀行的資金支持下創立，1926 年成為戴比爾斯 (De Beers) 的最大單一股東，於 1999 年再倫敦及約翰尼斯堡上市，並於 2012 收購奧本海默家族 40% 股權，佔戴比爾斯 (De Beers) 集團 85% 的股權，剩餘的 15% 股權由合作夥伴波札那共和國擁有，目前擁有的鑽石礦脈為加拿大及南非，生產世界上約 20% 的鑽石原礦，透過 DTC 看貨會機制銷售鑽石原礦，由 Forevermark 品牌銷售拋光鑽石，及戴比爾斯 (De Beers) 銷售鑽石成品，是一家全球化的大型礦業公司，旗下擁有銅、鉑、煤炭、鐵、錳、鎳和鑽石礦脈，2017 年美英集團從 LVMH 集團收購回戴比爾斯珠寶商的股權。

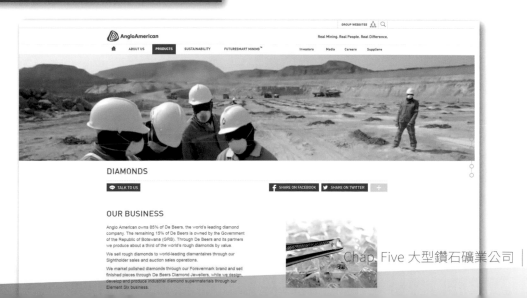

3. Rio Tinto 力拓

　　世界大型礦業公司 Rio Tinto 集團，擁有澳洲的阿蓋爾 (Argyle) 鑽石礦的100%的開採權和加拿大 Diavik 礦的60%開採權，目前也在印度開始探勘鑽石礦脈，旗下最知名的莫過於阿蓋爾 (Argyle) 粉紅鑽石，阿蓋爾 (Argyle) 供應世界高達90%以上的粉紅鑽，澳洲的鑽石礦脈起源於1895年掏金客首次發現第一顆鑽石，1972地質學者開始探勘地質調查，初期都只有找到微小的鑽石原礦並不足以符合經濟效應開採，經過多年探勘確認達到商業開採效益，於1985年12月正式開始露天開採，每年產出3500萬克拉的鑽石，直到2008年停止了露天開採改為地下開採，預計礦藏量可以維持到2020年，目前年產量約2000萬克拉，但多為工業鑽石，由於礦脈形成年限尚屬年輕，因此幾乎沒有大克拉數的鑽石，且寶石級的鑽石更只佔5%，在這5%中多數都為棕色鑽石，粉紅鑽石僅佔微小部分，使得一石難求的阿蓋爾粉紅鑽石，讓世界鑽石藏家為之瘋狂，阿蓋爾粉紅鑽有自己的鑽石鑑定系統，銷售模式也如同 DTC 的看貨商機制，世界上僅有少數業者擁有資格，且每年會由 Rio Tinto (力拓) 集團舉辦名為 TENDER 的拍賣會，拍賣會的拍品皆由年度最好的數十顆紅、粉紅、紫鑽等……邀請業界名列前茅的商家來參與拍賣，筆者也相當榮幸是全台灣唯一受邀參與的會員之一，將阿蓋爾粉紅鑽之美帶回台灣。

— 2016: Progressing three major multi-decade, high-yield growth projects

Image: Oyu Tolgoi Underground Project

2016 saw Rio Tinto progress its three major multi-decade, high-yield growth projects. In May, work started on the underground development at Oyu Tolgoi in Mongolia, with copper production expected to begin in 2020. In August, an additional US$338 million investment to complete the Silvergrass iron ore mine in Pilbara was approved. And development work progressed at the Amrun bauxite project in Queensland.

— 2015: Critical risk management programme boosts drive on fatality elimination

Rio Tinto began implementing its critical risk management (CRM) programme - a dedicated fatality prevention programme for all jobs with a fatality risk – in every operation. By the end of 2016, 1.3 million risk verifications had taken place across more than 60 operational sites.

— 2014: New kimberlite pipe developed at Diavik Diamond Mine in Canada

Image: Diavik Diamond Mine in Canada

Rio Tinto approved the development of a fourth diamond-bearing kimberlite pipe, known as A21, at its Diavik Diamond Mine in Canada. The mine, 220km south of the Arctic Circle and on the bed of a vast northern lake, Lac de Gras, demanded engineering on the grandest of scales, including construction of rockfill dikes to hold back the lake waters. A21 production is scheduled to begin in 2018.

— 2013: Oyu Tolgoi begins shipping copper concentrate to customers

Image: Shipment of copper concentrate leaves Oyu Tolgoi mine in Mongolia

Oyu Tolgoi began shipping copper concentrate to customers, mostly in nearby China, from ore produced in the open pit mine in Mongolia's southern Gobi desert. Oyu Tolgoi is jointly owned by the Government of Mongolia, which holds 34 per cent, and Turquoise Hill Resources (51 per cent owned by Rio Tinto) with 66 per cent. Rio Tinto has been manager of the project since 2010.

— 2012: Rio Tinto supplies medals metals for London 2012

Image: medals for the London 2012 Olympic and Paralympic Games

Rio Tinto, appointed official metals provider, supplied the eight tonnes of gold, silver and copper used to make 4,700 medals for the London 2012 Olympic and Paralympic Games.

— 2011: Land use partnerships with Pilbara Indigenous groups secure future of iron ore business

Image: Participation Agreement signing with the Banjima people

Rio Tinto sealed land use partnerships with five Indigenous groups across the Pilbara in Australia, securing the future operations of its iron ore business. The new partnerships build on previous agreements and cover matters such as employment and training, business development, cultural heritage, land access, environmental management, cultural awareness training and life-of-mine planning. They also provide royalty-type economic benefits, based on the value of ore shipped . In 2016, Rio Tinto formed its tenth Indigenous Land Use Agreement in the Pilbara .Signed with the Banjima Traditional Owners, this agreement means that the Group has now signed agreements with all Native Title Claim groups who hold interests in areas of the Pilbara that it operates in.

— 2010: Post-2008 divestments and rights issue strengthen balance sheet

Following the financial crisis of 2008 and an abortive takeover bid from BHP-Billiton, Rio Tinto undertook over US$11 billion worth of divestments and a US$15.2 billion

— 1958: Comalco formed to exploit vast bauxite deposits at Weipa

Image: Exploration at the Weipa bauxite deposits

The Commonwealth Aluminium Corporation Pty Ltd, known as Comalco, was formed to exploit the vast bauxite deposits of Weipa. Initially 50/50 owned with Kaiser Aluminum of the US, by 2000 Rio Tinto had become sole owner of the company.

— 1954: Rio Tinto sale yields funds for global exploration

After 80 years, two-thirds of the now low-yielding Rio Tinto mine was sold. The proceeds financing new pioneering exploration ventures in Africa, Australia and Canada, leading to the establishment of major mines producing uranium and other metals.

— 1949: Mergers in zinc; new ventures in Australia

Image: Surveyors at work at Weipa in the early days

The UK interests of two firms, the Imperial Smelting Corporation and The Consolidated Zinc Corporation, merged to become The Consolidated Zinc Corporation. Its Australian arm, Consolidated Zinc Proprietary, developed the uranium mines Rum Jungle and Mary Kathleen, and later the bauxite deposit at Weipa in far north Queensland.

— 1925: A global essential materials powerhouse is born

Image: Sir Auckland Campbell-Geddes

A new management team, headed by chairman Sir Auckland Campbell-Geddes, launched a series of joint ventures, technological developments and overseas expansions that marked the beginnings of Rio Tinto's transformation from a single copper mine business into a global essential materials powerhouse.

— 1905: Pioneering process to extract valuable zinc from waste ore

American mining engineer Herbert Hoover, later the 31st President of the United States, joined associates to form The Zinc Corporation, which developed a new process to extract zinc from residues left after the extraction of silver and lead ores from Broken Hill in Australia – the richest silver-lead-zinc deposit on earth.

— 1873: Transforming the mines of antiquity into the world's #1 copper producer

Image: The Rio Tinto Company's original copper operations in southern Spain

The Rio Tinto (Red River) mines in Spain, dating back to about 750 BC and supplying the civilisations of ancient Greece and Rome, were sold by the Spanish Government to a British-European syndicate led by Scottish entrepreneur Hugh Matheson. The "Rio Tinto Company" constructed new processing facilities, introduced new techniques and turned the mine into the world's number one copper producer from 1877 to 1891.

4. Dominion Diamond Mines
　主權鑽石礦業公司

　　創立自西元 1994 年，原本為 Aber 鑽石公司，在加拿大西北地區的迪亞維克礦 (Diavik) 發現鑽石礦，本身未涉入開採作業，是以提供 40% 的資本成本給力拓集團旗下子公司「迪亞維克鑽石礦業公司 (Diavik Diamond Mines)」為條件，獲取 40% 的鑽石礦權，獲得豐碩的成果，2004 年成為知名珠寶品牌「海瑞溫斯頓 (Harry Winston)」最大股東，並且在 2006 年完整收購海瑞溫斯頓，公司則在 2007 年更名為海瑞溫斯頓鑽石公司 (Harry Winston Diamond Corporation) 於紐約證券交易所上市，2012 年時更將必和必拓集團併購，得到旗下的艾卡提 (Ekati) 鑽石礦床，2013 年的時候將旗下的珠寶品牌海瑞溫斯頓 (Harry Winston) 出售給「斯沃琪集團（Swatch Group Ltd.）」，集團更名為 Dominion Diamond Corporation，旗下兩個礦脈的年產量高達 700 萬克拉，估計價值約為 11 億美元，2017 年被華盛頓公司 (The Washington Companies) 併購，正式正名為 Dominion Diamond Mines，旗下的開採鑽石會使用 CanadaMarkTM 標誌證明來源。

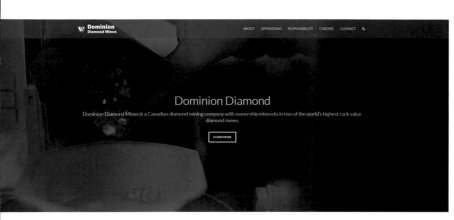

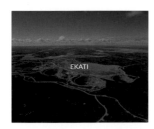

5. Petra Diamonds Ltd. 佩特拉鑽石公司

佩特拉鑽石成立於 1997 年，並於 AIM 上市，主要礦藏位於南非及坦尚尼亞，早期與必和必拓合資探勘未果，2007 年開始更改策略，陸續與戴比爾斯收購五個非核心的鑽石礦脈，Finsch、Cullinan、Koffiefontein、Kimberley Underground、Williamson Mine，還有一個位波札那探勘的鑽石礦尚未開始量產，佩特拉鑽石公司旗下礦藏最具知名的是於 2008 年收購的庫利南礦脈（原首相礦脈），庫利南鑽石礦脈是世界上重要藍鑽產出礦脈，也是產出至今世界最大的庫利南鑽石原礦礦區，期間更發現幾個世界級彩色鑽石，如一度位居成交價世界紀錄的 12.03 克拉約瑟芬的藍月、世界最大的 122.52 克拉藍鑽原礦、507 克拉的 Cullinan Heritage、26.6 克拉的約瑟芬之星等⋯⋯，2016 年在坦尚尼亞的威廉森礦 (Williamson) 發現了 32.33 克拉的「粉紅泡泡糖」粉紅鑽原礦，更以 1500 萬美元售出，總體礦藏實力驚人，佩特拉鑽石公司旗下五個礦脈合計年產量約為 370 萬克拉，預估總礦藏量高達 3 億克拉，是目前世界前五大的鑽石礦業公司。

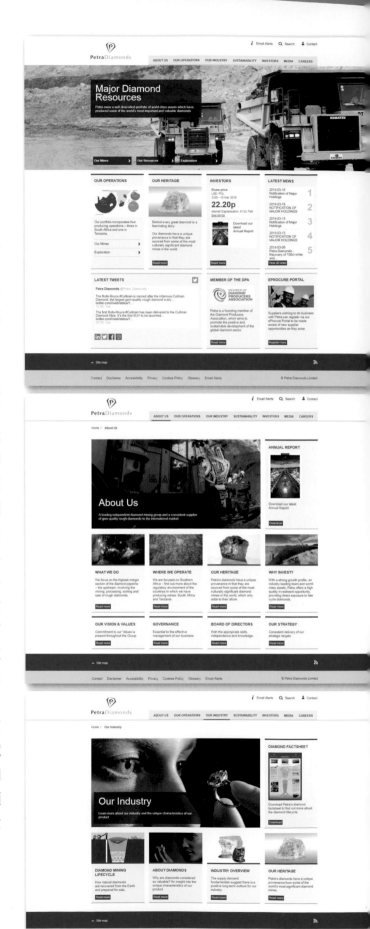

ABOUT US   OPERATIONS   INVESTORS   NEWSROOM   SUSTAINABILITY   SALES   CLARA

LUCARA DIAMOND
MAKING
DIAMOND
HISTORY
ABOUT US

JULY 2015 | 342 ct

LUCARA DIAMOND

Lucara Diamond Corp. is a Canadian diamond mining company with a producing mine and exploration licenses in Botswana. Its 100% owned Karowe mine is one of the world's foremost producers of large, high quality, Type IIA diamonds in excess of 10.8 carats.

Lucara is a member of the Lundin Group of Companies and is listed on the TSX, Nasdaq Stockholm and the Botswana Stock Exchange under the symbol "LUC".

INVESTORS

NEWS

FEB 28, 2019
Lucara Share Capital and Voting Rights Update
READ

FEB 21, 2019
Lucara Announces Declaration of Quarterly Dividend
READ

FEB 21, 2019
Lucara Announces 2018 Annual Results
READ

CLARA

MATCHED TO BUYER

SCAN/ID

TRANSPARENT SUPPLY CHAIN FROM MINE TO FINGER

MINE

ANALYZED FOR CUT POTENTIAL

LUCARA'S NEXT GENERATION GROWTH PROJECT

Clara Diamond Solutions (Clara), is a secure, digital sales platform that uses proprietary analytics together with cloud and blockchain technologies to modernize the existing diamond supply chain, driving efficiencies, unlocking value and ensuring diamond provenance from mine to finger.

ABOUT CLARA

OPERATIONS

The Karowe diamond mine, located in Botswana, is a state-of-the-art mine which was fully commissioned in Q2 2012. Karowe, which means precious stone in the local language, is one of world's foremost producers of large, high quality, Type IIA diamonds in excess of 10.8 carats, including the historic 1,109 carat Lesedi La Rona (second largest gem diamond ever recovered) and the 813 carat Constellation (sold for a record US$63.1 million).

DISCOVERY HIGHLIGHTS

KAROWE DIAMOND MINE

ANGOLA   ZAMBIA
ZIMBABWE   MOZAMBIQUE
NAMIBIA   BOTSWANA
SOUTH AFRICA

100% OWNED   ANNUAL DIVIDEND

6. Lucara Diamond Corporation
盧卡拉鑽石公司

盧卡拉鑽石公司為加拿大的「倫丁集團 (Lundin Group of Companies)」旗下的鑽石礦業公司，於 2004 年創立，雖然產能無法與其他大型鑽礦公司相比，但旗下擁有位於波札那的「卡羅鑽石礦 (Karowe)」，產出多顆大克拉的鑽石原礦，諸如：我們的光 (Lesedi La Rona)、星座 (Constellation) 等，其中 2015 年發現的「我們的光 (Lesedi La Rona)」，是一顆重達 1109 克拉的 IIA 型鑽石原礦，是世界上迄今被發現第二大的鑽石原礦，僅次於庫利南鑽石，目前在納米比亞、辛巴威、喀麥隆等地，擁有鑽石礦探勘權。

7. BHP Billiton
必和必拓

　　由澳洲布羅肯希爾控股 (BHP) 及英國比利頓 (Billiton) 兩大礦業公司於 2001 年合併，當時是世界上最大的綜合礦業公司，在全球 25 國中，生產鐵、煤炭、石油、天然氣、銅、鈾及鑽石等礦，鑽石礦脈業務是由 1991 年於加拿大西北地區的 EKATI 地區發現鑽石開始，BHP Billiton 擁有 80% 的股權，EKATI 鑽石礦年產量約佔世界鑽石產量 6%，但目前此項鑽石開採權已經於 2012 年以 5 億美元，售出給主權鑽石礦脈公司 (Dominion Diamond Mines)。

8. Gem Diamonds Ltd 寶石鑽石公司

　　寶石鑽石公司成立於 2005 年，總部位於倫敦，在賴索托和波札那設有鑽石開採業務，目前格拉夫鑽石 (Graff Diamonds) 為最大股東佔股 15%，因此收購了很多自己礦區開採出來的大克拉知名巨鑽，2006 年與賴索托政府合資收購了 Letšeng 鑽石礦，是旗下最重要的鑽石礦脈，但由於高海拔的環境，使得生產量遠低於其他鑽礦公司，但投入嶄新的開採技術，高效的採集率有目共睹，近年來不斷發現破百克拉的鑽石原礦，造成市場話題，另外寶石鑽石公司在安特衛普設立了自己的營銷公司，利用招標會的模式吸引眾多藏家，寶石鑽石公司除了賴索托的 Letšeng 鑽石礦外，在 2007 年收購了也曾經收購位於波札那的 GHAGHOO 鑽石礦，目前這個礦脈於 2017 年封閉進行維護與保養。

▶ 1.19 克拉 ARGYLE 阿蓋爾濃彩粉彩鑽裸石
Fancy Intense Pink / CUT-CORNERED SQUARE
/ ARGYLE SYMBOL：368603
Jurassic Museum Collection

Chapter 6

鑽石的主要產地與名鑽

4.66CT 白鑽戒 / HEART
Jurassic Museum Collection

鑽石的主要產地與名鑽

鑽石的開採歷史至今已兩千多年,從鑽石產業的起源及商業沿革章節中提到 18 世紀以前印度及印尼加里曼丹是世界上鑽石唯二的產地,但隨著各地的沖積礦的發現及鑽石探勘的技術提升,目前除了南極洲因技術性及公約的保護下無法開採,其餘世界各大洲都有鑽石的產能,就「金伯利進程 (Kimberley Process)」的資料統計,2017 年的鑽石原礦開採量約為 1.5 億克拉,大型鑽礦公司就佔據了約 75% 的產量,其中光以俄羅斯的鑽石礦業巨頭阿羅莎,旗下鑽石礦產量為 3961 萬克拉,佔年度產量的 26%。

另外您一定很好奇鑽石現在最大的

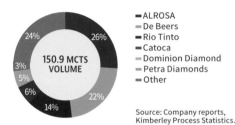

WORLD DIAMOND PRODUCTION

150.9 MCTS VOLUME

26% ■ALROSA
22% ■De Beers
14% ■Rio Tinto
6% ■Catoca
5% ■Dominion Diamond
3% ■Petra Diamonds
24% ■Other

Source: Company reports, Kimberley Process Statistics.

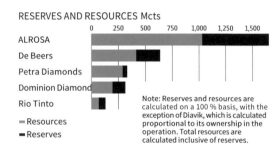

RESERVES AND RESOURCES Mcts

ALROSA
De Beers
Petra Diamonds
Dominion Diamond
Rio Tinto

■Resources
■Reserves

Note: Reserves and resources are calculated on a 100 % basis, with the exception of Diavik, which is calculated proportional to its ownership in the operation. Total resources are calculated inclusive of reserves.

▶ 2017 年度鑽石產量資料及預估蘊含量。(資料來源 petradiamonds)

國家	2012	2013	2014	2015	2016	2017
俄羅斯聯邦	34.93	37.84	38.30	41.91	40.32	42.61
加拿大	10.45	10.60	12.01	11.68	13.04	23.23
波茲瓦納	20.55	23.19	24.67	20.78	20.50	22.96
剛果民主共和國	21.52	15.68	15.65	16.02	15.56	18.90
澳大利亞	9.18	11.73	9.29	13.56	13.96	17.13
南非	7.08	8.14	7.43	7.22	8.31	9.68
安格拉	8.33	9.36	8.79	9.02	9.02	9.44
辛巴威	12.06	10.41	4.77	3.49	2.10	2.51
納米比亞	1.63	1.69	1.92	2.05	1.72	1.95
賴索托	0.48	0.41	0.35	0.30	0.34	1.13

▶ 圖表為年度產量統計,單位為百萬克拉。(由金伯利進程公開資料統計)

2012~2017 鑽石原礦年產量

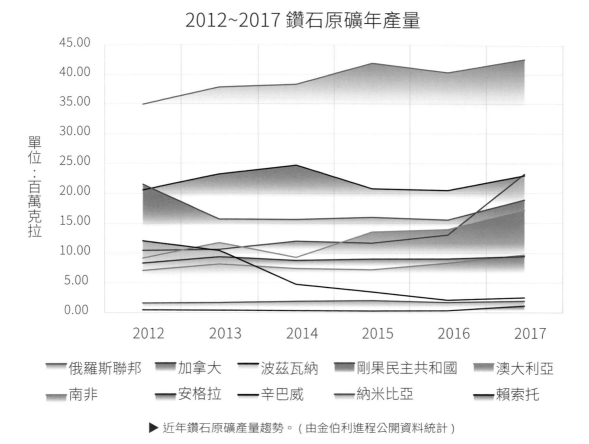

單位：百萬克拉

| 俄羅斯聯邦 | 加拿大 | 波茲瓦納 | 剛果民主共和國 | 澳大利亞 |
| 南非 | 安格拉 | 辛巴威 | 納米比亞 | 賴索托 |

▶ 近年鑽石原礦產量趨勢。（由金伯利進程公開資料統計）

生產國為哪個國家，就已近六年的資料來統計，年度產量超過百萬克拉的如表：

可以看到 2017 年的鑽石原礦產量排行依序為：

1. 俄羅斯聯邦

2. 加拿大

3. 波札那

4. 剛果民主共和國

5. 澳大利亞

光前五大礦區，就佔了世界的鑽礦資源八成，曾經在 19~20 世紀的席捲世界

的南非礦區，在 2017 年的資料統計排行僅在第六名，年度產量約為 968 萬克拉，支撐 19 世紀以前的印度、巴西等產地目前則產量非常稀少。

當然就整體而言，原礦的產量雖然比想像中的高，事實上能進入到珠寶市場的鑽石非常稀少，就資料統計工業級的鑽石就佔了 47%，近寶石級佔了 42%，寶石級的鑽石原礦大約只佔總產量的 11%，還需要經過切磨等程序扣除損耗，一般損耗會依照車工的差距可能會從 40~70% 不等，因此實際上製作成珠寶的量可能只有 5% 左右。

世界各地主要鑽石礦區

K-1 Gahcho kue
K-2 Ekati
K-3 Diavik
K-4 Victor
K-5 Renard
K-6 kelsey lake
L-7 Arkansas crater
　　of diamonds state park
A-8 Guaniamo
A-9 Mazaruni
K-10 Brauna
A-11 Minas Gerais
A-12 Koidu
A-13 Zimmi
A-14 Aredor
A-15 Mano River
A-16 Seguela
A-17 Toriya
A-18 Akwatia
A-19 Mobilong
A-20 Berberati
A-21 Bria
A-22 Likouala
A-23 Mbuji Mayi
A-24 Somiluana
K-25 Catoca
A-26 Lulo
K-27 Williamson
A-28 Luderitz
O-29 Debmarine
A-30 Oranjemund
K-31 Orapa
K-32 Karowe
K-33 Letlhakane
K-34 Jwaneng
K-35 Murowa

A-36 Marange
A-37 Orange River
A-38 Namaqualand
K-39 Finsch
A-40 Saxendrift
K-41 Kimberley Underground
K-42 Koffiefontein
K-43 Voorspoed
K-44 Cullinan(Premier)
A-45 Krone&Endora
K-46 Venetia
K-47 Liqhobong
K-48 Kao
K-49 Letseng
K-50 Arkangelskaya/karpinskogo
K-51 Grib
A-52 Almazy-Anabara
K-53 Udachnaya
K-54 Zarnitsa
K-55 Jubilee
K-56 Aikhal
K-57 Komsomolskaya
K-58 Nyurbinskaya
K-59 Botuobinskaya
K-60 Mir
K-61 International
K-62 Wafangdian
K-63 Shandong 701Changma
K/L-64 Panna(Majhgawan)
A-65 Kollur
A-66 Landak River
A-67 Cempaka
L/A-68 Ellendale
L-69 Argyle
K-70 Merlin

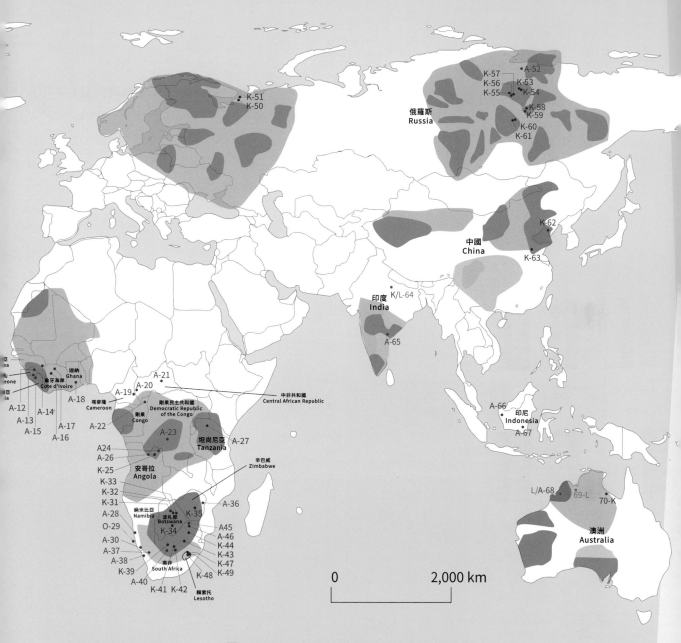

A **Alluvial** 沖積岩

K **Kimberlite** 金伯利岩

L **Lamproite** 鉀鎂黃斑岩

O **Offshor** 離岸開採

Archons: Archean areas
(3,500-2,500 million years old)

Protons: Early and middle proterozoic areas
(2,500-1,500 million years old)

Tectons: Late proterozoic areas
(1,500-600 million years old)

世界各地的鑽石礦區

鑽石的礦藏遍佈五大洲,本節將依序介紹各大洲境內的主要鑽石礦區:

1. 非洲

A. 南非

南非西元 1866 年首次發現鑽石,最先發現鑽石的地方在金伯利鎮一帶,在

▶ 從佩特拉購買的黃鑽原礦
Courtesy of Jurassic museum

▶ 產自南非的稀有綠鑽原礦
Courtesy of Jurassic museum

▶ 庫利南礦場的鑽石加工場,使用最新的頂尖篩選回收技術。
資料來源:
petradiamonds

1872 年至 1903 年間,南非鑽石礦產年產約為 300 萬克拉,占當時全球總量的 95%,目前礦產雖然在探勘開發後產量有提升,但不如鼎盛時期,目前占全球鑽石總產量的 6.4%(以 2017 年產量推算)。

南非鑽石約九成產自金伯利管狀脈,最著名的為金伯利礦 (Kimbrley) 及首相礦場 (Premier),金伯利礦場已於 1914 年停止開採,大量開採留下的大坑洞,成為當地旅遊景點,於礦場 100 周年的 1971 年成立「大坑洞博物館 (The big hole museum)」,述說著鑽石的發展故事,直到至今南非依舊產出極為重要的高品質鑽石 type IIA 及藍彩鑽石。

目前南非境內有的主要礦場如下:

a. 庫利南礦場 (Cullinan)

舊稱「首相礦場 (Premier)」，是世界最知名的礦區之一，於 1902 年探勘發現，隔年正式開採，並在 1905 年挖掘出一顆全世界最大的鑽石「庫利南 (Cullinan)」，重達 3106 克拉，至今仍是全世界最大寶石級的鑽石原礦，切磨後被鑲至英國皇室權杖上，2003 年時慶祝開採百年，更名為庫利南礦場 (Cullinan)，目前礦場所有權為「佩特拉鑽石公司 (Petra Diamonds Ltd)」，庫利南礦場以出產大克拉鑽石聞名，經常挖掘出大於 10 克拉的鑽石原礦。超過 100 克拉的原礦多達 800 顆以上，超過 200 克拉的原礦有 140 顆，超過 400 克拉尺寸的鑽石占世界礦場的 1/4 量，產能與質量十分驚人，許多世界級彩色鑽石都產自此地，諸如：

▶ 507.55 克拉的庫利南遺產 (圖片來源：petradiamonds)

＊ 庫利南遺產
(The Cullinan Heritage)

庫利南遺產於 2009 年被挖掘出，原礦重達 507.55 克拉，為 Type IIA 的鑽石，2010 年由「周大福珠寶」以 3500 萬美元買回，創下當時最高銷售價格，周大福的工匠以三年的時間評估分析切磨的方式，切割成共 24 顆 D/IF 的鑽石，其中最大的為 104 克拉圓型明亮式車工，並邀請世界知名珠寶藝術家「陳世英 (Wallace Chan)」及設計團隊歷時 47,000 小時打造出這套「裕世鑽芳華」套鍊。

▶ 裕世鑽芳華套鍊，有 27 種戴法，中間最大的主鑽重達 104 克拉。（圖片來源：周大福）

▶ 1.72 克拉 FANCY VIVID BLUE SI2。
JURASSIC MUSEUM COLLECTION

✳ 約瑟芬之星
(The Star of Josephine)

　　約瑟芬之星於 2008 年開採出，原礦重量為 26 克拉，經過切磨後為 7.03 克拉，顏色為 Fancy Vivid Blue，淨度 IF。2009 年，佩特拉公司委託蘇富比拍賣公司，以成交價 949 萬美元售出給香港富商 - 劉鑾雄，劉鑾雄贈送給他的愛女約瑟芬，因此被命名為「約瑟芬之星 (The Star of Josephine) 」。

▶ 約瑟芬之星切磨後的重量為 7.03 克拉，顏色淨度為 Fancy Vivid Blue/IF。
圖片來源：petradiamonds

✳ 首相玫瑰鑽
(Premier Rose Diamond)

　　首相玫瑰鑽石原礦重達 353.9 克拉，於 1978 年開採出，原礦經過數個月的評估，進行 60 次的模擬，最後經過 300 多個小時的切磨，切割成一顆水滴型 137.02 克拉的首相玫瑰鑽石、31.48 克拉的小玫瑰鑽石及 2.11 克拉的玫瑰莫夫鑽 (Rose Mouw) ，目前由 MOUAWAD 鑽石公司收藏。

▶ 137.02 克拉的首相玫瑰鑽石與 2 克拉圓鑽的大小比較。
圖片來源：williamgoldberg

✳ 庫利南夢想
(The Cullinan Dream)

　　庫利南夢想於 2014 年被挖掘出，原礦重量為 122.52 克拉，以 2760 萬美元售出後，經切割成為四顆藍色鑽石，其中最大顆的 24.18 克拉為 Fancy Intense Blue，類型為 Type IIB，於 2016 年紐約佳士得拍賣會售出，成交價格 2532.5 萬美元。

▶ 122.52 克拉的庫利南夢想 (圖片來源：petradiamonds)

▶ 庫利南夢想原礦被切割成四顆藍彩鑽，其中最大的為 24.18 克拉，顏色淨度為 Fancy Intense Blue/VS2。（圖片來源：petradiamonds）

▶ 17.89 克拉 FANCY LIGHT BLUE VS2 JURASSIC MUSEUM COLLECTION

✳ 泰勒伯頓 (The Taylor Burton)

泰勒伯頓鑽石於 1966 年挖掘出，原礦重 241 克拉。由美國珠寶公司「海瑞溫斯 (Harry Winston)」買下，花了六個月的時間研究如何切磨，最後切磨成 69.42 克拉的水滴型鑽石。一開始由 Harriet Annenberg Ames 女士購買，但因為懼怕遭受不測及很少配戴而售出，於拍賣會場被卡地亞公司買走，最後由著名演員「李察伯頓 (Richard Burton)」用 110 萬美元買下，並送給她的新娘「伊莉莎白泰勒 (Elizabeth Taylor)」，更名為「泰勒伯頓鑽石」，「伊莉莎白泰勒」曾於第 42 屆奧斯卡頒獎典禮配戴過，之後離婚後出售鑽石，中間經過幾次的轉手，目前由 MOUAWAD 鑽石公司收藏，並且將重量切割為 68.09 克拉。

▶ 泰勒伯頓鑽石原本為戒指，後來設計成套鍊。圖片來源：worthy

▶ 「伊莉莎白泰勒」出席第 42 屆奧斯卡頒獎典禮配戴「泰勒伯頓鑽石」。

▶ 金伯利地下礦場鄰近大坑洞 (Big Hole)，兩者僅距離五公里。(圖片來源：petradiamonds)

✱ 戴比爾斯世紀之鑽
(De Beers Centenary)

於 1986 年被開採出，重量達 599 克拉，在 1988 年戴比爾斯礦業公司的百年慶時首度亮相，之後委託由以色列切割大師「加布爾‧托高斯奇 (Gabriel Tolkowsky)」的團隊，使用與「金色慶典」一樣的切磨室，團隊進行一連串的評估，提案了 13 種切割設計，最後切割成

▶ 273.85 克拉的「戴比爾斯世紀之鑽 (De Beers Centenary)」，紀念戴比爾斯集團 100 周年慶而得名。(圖片來源：debeersgroup)

團隊最為建議的心型切割，在 1991 年完工，切磨成 273.85 克拉的鑽石。

除了以上介紹的知名鑽石外，庫利南礦場所產出的鑽石不勝枚舉，還有約瑟芬的藍月 (The Blue Moon of Josephine)、金色慶典 (The Golden Jubilee)、奧本海默之藍 (The Oppenheimer Blue) 等……礦區年度產量約為 78 萬克拉原礦，佩特拉鑽石公司於 2017 年將礦場現代化完成，經由開發後預估礦源至少可以維持到 2030 年。

b. 金伯利地下礦場
(Kimberley Underground)

於 1980 年代在南非鑽石熱潮的中心 - 金伯利礦場，周邊數公里處發現礦藏，分別為三個鑽石管 Dutoitspan、Wesselton 和 Bultfontein，起初為露天式開採，到 1950 年代轉為地下開採，這些礦山在 2005 年因不符合效益戴比爾斯龐

大的集團營運效益，被戴比爾斯集團封存，直到 2007 年開始由「佩特拉鑽石公司 (Petra Diamonds Ltd)」接手整修及維護，獲得戴比爾斯公司的信任，於 2010 年將剩礦藏收購，並在 2015 年與「艾卡帕礦業公司 (EkapaMining)」合資將剩餘的金伯利礦場全部收購，「佩特拉鑽石公司 (Petra Diamonds Ltd)」及其 BEE 合作夥伴持有 75.9％股權，「艾卡帕礦業公司 (EkapaMining)」持有 24.1％股權，目前年度產量約為 80 萬克拉，經由開發維護後，礦源壽命預計可以維持到 2035 年，另外礦區產出許多黃彩鑽，其中比較知名的兩個鑽石為：

＊ 奧本海默鑽石
(The Oppenheimer Diamond)

於 1964 年在 Dutoitspan 鑽石管中挖掘出，重量為 253.7 克拉，原礦保留為八面體形式未經切割，由美國珠寶公司「海瑞溫斯頓 (Harry Winston)」買下，贈送給美國史密森尼博物館為館藏，命名是為了紀念戴比爾斯集團前董事 - 歐內斯特・奧本海默 (Ernest Oppenheimer)。

▶ 奧本海默鑽石原礦，為等軸晶系的八面體，重達 253.7 克拉。
圖片來源：Dane Penland

＊ 金伯利八面體 (The Kimberley Octahedral)

▶ 金伯利八面體鑽石，是迄今最大的八面體原礦，重達 616 克拉。
圖片來源：jongliddonauthor

於 1871 年在 Dutoitspan 鑽石管中挖掘出，重量為 616 克拉，是迄今發現最大的八面體原礦鑽石，由於原礦形式的稀有及珍貴，至今都未切割這顆鑽石，目前收藏於「大坑洞博物館 (The big hole museum)」當中。

c. 威尼斯礦場 (Venetia)

位於南非最貧窮的省份「林波波省 (Limpopo)」，早期在 1903 年礦場周邊的「林波波河 (Limpopo River)」就有發現零散的鑽石沖積礦，1969 年戴比爾斯於周邊偵查確定礦場位置，1980 年時正式探勘到地下的金伯利管含量符合開採效益，1990 年時開始設置採礦場，直到 1993 年正式量產，目前為露天開採，年

▶ 威尼斯礦場為南非目前產量最多的礦場。(圖片來源：Debeers)

產量約為 460 萬克拉，為南非境內產量最大的鑽石礦，預計可以露天開採可以到 2021 年為止，戴比爾斯集團在 2013 年投入了 20 億美元的預算，開發其礦區的地下礦源，於 2022 年正式轉換地下開採，總體礦源壽命預估可到 2046 年，該礦源特殊的事蹟為全球第一家獲得 ISO 9002 質量管理認證的鑽石礦。

▶ 咖啡方丹礦場的工作人員操作鑽探機。
圖片來源：petradiamonds

d. 咖啡方丹礦場 (Koffiefontein)

南非咖啡方丹這個小鎮於 1870 年代首次在農場中發現鑽石，起初為小型獨立礦場，當地礦產克拉數雖然不大，但是質量佳，後來在 1911 年被戴比爾斯礦業公司收購，中間曾經因為 1932 年的經濟大蕭條時期停止開採，1950 年代還曾經發生鑽石管塌陷，使得產能下滑，直到 1970 年才恢復，並且重新翻修工廠，開啟露天開採，挖掘深度達 270 米，之後為了開發礦產量而執行了地下開採活動，但中間又經歷了 1980 年代鑽石價格下跌，市場出現鑽石拋售的影響，使得計畫暫時中止，直到 1987 年才再度地下開採，2006 年戴比爾斯集團開採權即將到期停止開採，由「佩特拉鑽石公司 (Petra

▶ 咖啡方丹的礦藏中，也富含了高品質的粉紅鑽。
圖片來源：petradiamonds

Diamonds Ltd) 」接手進行保養維護，並在 2007 年收購礦場，目前礦場的年產量約 5 萬克拉，雖然不多但礦源質量佳且有產出粉紅鑽石，使得礦產依然值得投資，經評估礦產壽命預計可以維持到 2031 年，迄今發現最大的原礦重量為 232 克拉，於 1994 年開採出。

▶ 產自芬奇礦場的黃彩鑽原礦。
圖片來源：diamondproducers

起初為露天開採礦，直到 1978 年礦井坍方，進而改成改成地下開採，戴比爾斯集團投資了 1 億美元改建處理場，打造成全球地下化開採中設備最精良的礦場，2011 年由「佩特拉鑽石公司 (Petra Diamonds Ltd)」收購礦權，目前年產量約為 210 萬克拉，礦源壽命預計可以維持到 2030 年，此礦多產出 50 克拉以上等級原礦，5 克拉以上的高品質原礦及高品質的黃彩鑽。

e. 芬奇礦場 (Finsch)

芬奇鑽石礦是南非境內鑽石礦區產量第二大的，由 Fincham 和 Schwabel 兩位探勘發現於 1960 年，因此用兩人的頭文字命名礦區，1967 年正式進入開採，

▶ 芬奇礦場一景。(圖片來源：petradiamonds)

B. 波札那

波札那為現今最為重要的鑽石生產國之一，且經濟效益為世界第一，最早於 1955 年在境內「馬特姆西河 (Motloutse River)」發現少量沖積礦，後來在西元 1967 年「萊特拉卡 (Letlhakane)」發現了「奧拉帕 (Orapa)」鑽石礦，1969 年戴比爾斯成立了「戴比瓦納 (Debswana)」，在當地進行開採，並在 1978 年與與波札那政府締盟各出資 50%，兩者的合作促進了當地經濟的繁榮，鑽石生產就佔了波札那全年 GDP 的 30%，波札那產能在 1980 年代一度成為世界鑽石產量第一的國家，目前排行第三，年度總產 2296 萬克拉，佔世界總產量的 15%（以 2017 年產量推算），境內有四個主要的礦區如下：

a. 奧拉帕礦場 (Orapa)

奧拉帕在波札那語的意思是「獅子的安息之地」，是波札那境內最早被發現的鑽石礦場，於 1971 年正式開採，奧拉帕擁有世界第二大的金伯利管礦，2017 年度產量約為 980 萬克拉，每克拉利潤排行世界第三，佔全球產量 6.85%，開採深度達 250 米，礦源壽命預計可以維持到 2030 年。

▶ 奧帕拉礦場的空拍圖。圖片來源：Guido Warnecke

▶ 萊特拉卡礦區，大卡車運送開採出來的礦土。
圖片來源：Debswana。

b. 萊特拉卡礦場 (Letlhakane)

萊特拉卡在波札那語的意思是「小蘆葦」，是在評估奧拉帕礦時發現的，於 1975 年開採，由於礦源的逐漸衰退，戴比爾斯在 2014 決定進行尾礦處理計畫，並且在 2017 年正式結束了露天開採，無縫接軌的開始進行 8300 萬噸尾礦的處理作業，預估處理後還有 2100 萬克拉的鑽石原礦可以產出，將礦山壽命至少延續 25 年，2017 年產量約為 60 萬克拉。

▶ 卡羅礦是目前世界上極具潛力的礦區。
圖片來源：Lucara Diamond Corp

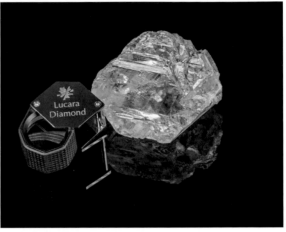

▶ 迄今第二大的鑽石原礦「我們的光」，重達 1109 克拉。
圖片來源：Lucara Diamond Corporation

c. 卡羅礦場 (Karowe)

　　「盧卡拉鑽石公司 (Lucara Diamond Corporation)」旗下的鑽石礦，擁有位於波札那的卡羅鑽石礦 100% 的所有權，98% 的員工都是波札那人，自 2012 年開始投入生產，期間產出許多大克拉數高品質 IIA 型鑽石，2015 年 11 月發現了一顆重達 1109 克拉的 IIA 型鑽石原礦，經由票選後被命名為 "Lesedi La Rona" 是波札那語「我們的光」的意思，是世界上迄今被發現第二大的鑽石原礦，於 2017 年 9 月被「格拉夫鑽石 (Graff Diamonds)」以 5300 萬美元買走，另外同一個礦脈隔一天後又發現了一顆 813 克拉的「星座 (Constellation)」，以創紀錄的價格 6310 萬美元，售出給杜拜珠寶商 DE GRISOGONO，礦脈不斷產出高品質大克拉鑽石，每年有 30 萬克拉的產值，2018 年 4 月 12 發現了一顆重達 472 克拉的棕色鑽石，4/26 又發現一顆 327 克拉的鑽

▶ 朱瓦能鑽石礦是當今世界上原礦價值最高的礦區。
圖片來源：Debswana

石原礦，可以說是產值驚人，至今礦區都還是露天開採，預估露天開採到西元 2026 年，地下蘊含量潛力更大。

d. 朱瓦能礦場 (Jwaneng)

　　朱瓦能在波札那語的意思是「產小石頭的地方」，但有趣的是朱瓦能卻是目前世界上最有價值的鑽石礦，每克拉利潤排行世界第一，產能世界第二，發現於 1972 年並於 1982 年正式進行開採，光朱瓦能的鑽石產值收入就佔「戴比瓦納

(Debswana)」的 60~70%，礦場於 2010 年決定將礦山擴建及建造尾礦處理廠，投入了 30 億美元進行改造，此舉使得朱瓦能的礦藏壽命至少可以延續到 2035 年，期間更創造了 4500 個工作機會，提供給當地人民，目前開採深度達 624 米，2017 年度產量約為 1200 萬克拉。

C. 剛果民主共和國

剛果雖然坐擁大量的天然礦物資源，但由於內部戰亂不停，使得國家動盪不安，也是金伯利進程的重點觀察國，鑽石的來源也難以去區分出很難追查，就

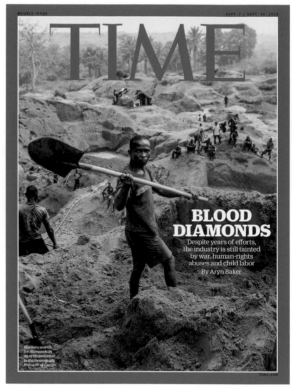

▶ 在金伯利進程的約束下，剛果血鑽石問題已大幅度改善。(圖片來源：時代雜誌)

▶ 剛果的鑽石原礦。Courtesy of Jurassic museum

2017 年的金伯利進程資料統計，剛果民主共和國的年產量高達 1890 萬克拉，佔世界年度產量的 12.5% 排行第四，不可思議的是，據估計鑽石生產收入就佔了剛果民組共和國的 GDP 10%，人民卻沒有因此受惠，反倒是支撐起比利時的切割工藝的地位，1908 年比利時殖民時期，在剛果發現了大量的鑽石礦藏，二戰後帶動全球工業鑽石需求，當時比利時切磨的鑽石當中，67% 都來自剛果民主共和國的 Mbuji Mayi 礦，而直到今日由於國家的政策導致國有的礦業公司「Miniere de Bakwange (MIBA)」無法掌握礦源，境內大量小型零散的礦業公司隨意進行開採，整體的質量多數為工業等級，不過近年來有中國企業與剛果政府合資企業，對剛果

▶ 卡托卡礦場。（圖片來源：Alrosa website）

整體礦藏進行評估並發現地底富含驚人的金伯利管礦藏，如果正式進入規模化的生產，開採高品質的鑽石，剛果民主共和國的命運也許會大幅的改變。

　　1984 年礦區挖掘出一顆重達 890 克拉的鑽石原礦，名為「無與倫比的鑽石 (The Incomparable Diamond)」，經過切割後 407.48 克拉，是目前最世界第三大的切割面鑽石。

D. 安哥拉

　　安哥拉鑽石礦最早在 1912 年，「穆沙拉拉河 (Mussalala)」流域周邊小量發現，之後終於在 1965 年發現「卡托卡礦 (Catoca)」，1980 年 Yakutalmaz 集團（阿羅莎前生）和安哥拉政府接觸進行實地評估，於 1996 年開始生產，另外在 2010 開採了 Somiluana 礦、2015 開採 Lulo 礦，

▶ 安哥拉產的綠鑽原礦
Courtesy of Jurassic museum

目前境內全礦區年度總產量 944 萬克拉，佔世界總產量的 6.26%（以 2017 年產量推算），境內主要的三個礦區如下：

a. *卡托卡礦場 (Catoca)*

　　卡托卡為安哥拉境內最重要的鑽石礦，1965 年於南倫達省的「紹里木 (Saurimo)」境內發現，早期由傳統的手工小規模開採，隨後由俄羅斯的 Yakutalmaz 集團（阿羅莎前生），對礦區進行開採效益評估，並在 1990 年提出可行性，1992 年由安哥拉政府、俄羅斯的阿羅莎、巴西的 Odebrecht 集團三方合資成立了「卡托卡礦業公司 (Sociedade Mineira de Catoca)」，1996 年開始進行生產，年產能穩定且質量佳，每克拉利潤排行世界第三，年產量 740 萬克拉，礦區壽命預計可到 2034 年。

　　2018 年巴西的 Odebrecht 集團將 16.4% 的股權售出給阿羅莎，阿羅莎將股權分給安哥拉政府，使得 Endiama（安哥拉政府國有鑽石開採企業）持有 41%、阿羅莎持有 41%、LL International Holding

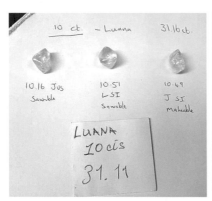

▶ 產自索謬烏納礦的鑽石原礦
Courtesy of Jurassic museum

▶ 路羅鑽石礦潛力驚人，開採出多數高品質白鑽及彩鑽。
圖片來源：lucapadiamond company

BV（中國安中石油）18%。

b. 索謬烏納礦場 (Somiluana)

索謬烏納礦位於北倫達省，自 2010 年開採至今，礦藏克拉數不大，年產量約為 12 萬克拉，目前開採形式為沖積礦床的露天開採，近期在礦場周邊發現新的金伯利管，蘊含量尚未評估，礦藏主要由 Trans Hex 公司進行開採，由 Trans Hex 投資 33%，Endiama（安哥拉政府國有鑽石開採企業）持有 39%、其餘由在地的小型公司持有。

c. 路羅礦場 (Lulo)

位於北倫達省，由盧卡帕公司 (lucapa) 持有 40% 及 Endiama（安哥拉政府國有鑽石開採企業）持有 60% 合資開發，於 2008 年開始探勘，在 2015 年正式開始沖積礦床開採，年產量大約 19000 克拉雖然不高，但開採至今卻發現了 404.2 和 227 克拉的鑽石原礦及 46 克拉的粉鑽和 43 克拉的黃鑽原礦，其中 404.2 克拉的鑽石原礦以 1600 萬美元售出給瑞士珠寶品牌 Degrisogono，潛力極

為驚人，因為當地礦區投入了與波札那的「卡羅鑽石礦」一樣的 XRT 分篩技術，使得二型鑽石有更高的機會被分篩出，目前盧卡帕公司正在對地下的金伯利管礦藏進行評估，未來加入投產後定會大幅提升產能。

＊ de GRISOGONO Creation I

由路羅礦場開採出的 404.2 克拉鑽石原礦 "4 de Fevereiro" 切磨而成，瑞士珠寶品牌 "Degrisogono" 以 1600 萬美元購買，切割成 163.41 克拉成色等級為

▶ 163.41 克拉的 "de GRISOGONO Creation I" 以 3,370 萬美元刷新 D/FL 鑽石的最高成交價。
圖片來源：Degrisogono

▶ "mv SS Nujoma" 於 2017 年投入，為世界最大且最先進的海上探勘船，在納米比亞離岸開採扮演重要的角色。（圖片來源：Mining Review Africa）

D/FL，Type IIA 的最高等級，命名為 "de GRISOGONO Creation I"，並在 2017 年佳士得秋季日內瓦拍賣會中，以 3370 萬美元售出創下目前 D/FL 鑽石的最高成交價。

E. 納米比亞

納米比亞是世界上最重要的海岸及海底礦床開採鑽石的地區，最早在 1908 年一位鐵路工人在沿海的「呂德里茨 (Lüderitz)」附近發現鑽石引起了一波鑽石熱，當時納米比亞為德國的殖民地，並將此地列為「禁區 (Sperrgebiet)」，據說第一次世界大戰以前當地就開採出了近 700 萬克拉之譜，一戰後原本在納米比亞當地的各殖民統治的採礦公司被統一合併，並由「歐內斯特・奧本海默 (Ernest Oppenheimer)」創立了「西南非綜合鑽石礦業 (Consolidated Diamond Mines of South West Africa)」，並在「橙河 (Orange river)」河口的城市，「奧蘭治蒙德 (Oranjemund)」發現大量的沖積礦，到 1990 年代為止共開採出 6500 萬克拉的高品質鑽石礦，1994 年戴比爾斯集團與納米比亞政府各半合資組成「納米戴比控股集團 (Namdeb Holdings Group)」，旗下分為離岸近海開採為主的 Debmarine Namibia 和海岸線周邊開採 的 Namdeb Diamond Corporation，以及負責銷售的「納米比亞鑽石貿易公司 (NDTC)」，納米戴比控股集團透過陸續修正條例，逐步開放了占地約 16000 平方公里的「禁區 (Sperrgebiet)」，目前 Debmarine Namibia 旗下擁有六艘探勘船隊，最新的 "mv SS Nujoma" 號於 2017 年投入，Debmarine Namibia 具備現今最頂尖的海岸鑽石開採，離岸的年開採量佔全集團 65%，超越陸地開採並領先世界，預估總蘊藏量超過 8000 萬克拉，沿岸開採的領地北至「伊莉莎白灣 (Elizabeth

Bay)」南至「奧蘭治蒙德 (Oranjemund)」，並順著「奧蘭治河 (Orange river)」流域進行開採，合計 2017 年產量 195 萬克拉，佔世界第九，由於主要是沖積礦，鑽石礦高達 95% 都是寶石級，礦源壽命預估可達 2050 年。

F. 辛巴威

　　早年為英屬殖民地，曾被稱為「羅德西亞」，是為了紀念戴比爾斯創辦人「塞西爾・約翰・羅德西亞 (Cecil John Rhodes)」得名，之後經歷獨立戰爭之後於 1980 年獨立成立辛巴威共和國，但政經動盪及政策的失敗導致國家陷入惡性通膨，幣值崩跌，最大面額高達 100 兆，使得人民上街買糧食需要捧著大量的紙幣才能買到東西，因此現行直接廢棄國幣，改使用美元，國家經濟面臨極大的狀況，導致辛巴威政府對於境內的鑽石礦寄以重望，2008 年辛巴威總統「羅伯．穆加比 (Robert Mugabe)」用強硬的手段強制接管「馬蘭吉鑽石礦 (Marange)」，高達 200 人遭到大量屠殺及虐待礦工的行為受到國際的嘩然引起了高度關注，金伯利進程對辛巴威進行制裁，並派觀察員進入了解，諷刺的是最終在金伯利進程認同辛巴威鑽石符合出口標準機制，開放其出口，事件的發展讓內部成員有不同聲音，國際上更是陰謀論四起，使得部分創始成

▶ 馬蘭吉鑽石地區，除了豐富的鑽石資源外，還有黃金。
圖片來源：timescolonist

▶ 辛巴威鑽石開採出來的鑽石原礦
Courtesy of Jurassic museum

▶ 辛巴威幣面額曾經高達 100 兆

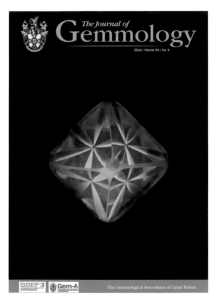

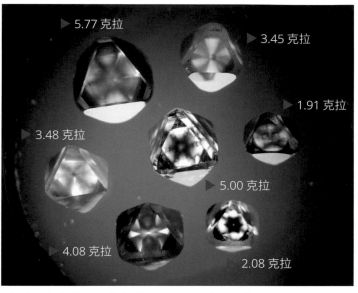

5.77 克拉

3.45 克拉

1.91 克拉

3.48 克拉

5.00 克拉

4.08 克拉

2.08 克拉

▶ 國際知名的 Gem-A 出品寶石雜誌
「The Journal of Gemmology」裡
曾經專題討論這種稀有的花鑽，也
被稱為「羅德西亞之星 (Rhodesian
star diamond)」。

▶ 各種不同內含物的花鑽是辛巴威礦的特有礦。
Jurassic museum collection

員脫離金伯利進程，國際鑽石報價表組織
Rapaport 更是呼籲希望大家不要購買來
自辛巴威的鑽石，由於鑽石資源對國家是
重要收入，近年產量遞減，為防止民間公
司大量無節制開採，政府實施強硬手段，
2015 年起全面接收國內所有鑽石礦，並
要求各國礦業公司撤出，其中原為力拓集
團持有 78% 股權的 Murowa 礦，也因為政
府大量提升稅收，使得力拓撤資離開，鑽
礦由政府接收，也讓一直資助辛巴威的中
國政府不滿，造成兩國關係惡化，間接的
因果關係導致 2017 年總統「穆加比」遭
到政變被迫下台，新任總統「埃默森·姆

南加格瓦 (Emmerson Mnangagwa)」上
任後，積極修復與國際關係，由於「馬蘭
吉鑽石礦」即將枯竭，政府旗下的「辛巴
威國家鑽石公司 (Zimbabwe Consolidated
Diamond Company)」也繼續開展境內新
的鑽石攤勘計畫，2019 年俄羅斯「阿羅
莎」及中國「安津」與政府合作，準備恢復
在辛巴威的鑽石開採業務，邁開辛巴威鑽
石新篇章，目前年產量約 251 萬克拉，值
得一提的是，2006 年在當地發現新的特殊
鑽石礦藏，是一種名為「花鑽 (Asteriated
diamond」的品種，也被稱呼為「羅德西
亞之星 (Rhodesian Star)」，內部排列而
成的圖形通常是呈現放射狀的三線或六線
星芒圖案，甚至在不同的角度觀察可以看

到類似像萬花筒的多重影像效應。

G. 賴索托

　　賴索托被南非國土包圍，是世界上最大的國中國，國土平均海拔高達 1600 公尺，在 1950 年代首次在「馬盧蒂山脈 (Maluti)」發現鑽石的蹤跡，1965 年發現了一顆 527 克拉的鑽石原礦，1967 年又發現了一顆 601 克拉的原礦，充分展現出礦區的潛力，1980 年代戴比爾斯集團在此地進行開採，但時逢鑽石景氣不佳，且礦區地理位置偏遠造成開採成本太高，使得礦脈的開採並沒有什麼高度進展，直到 2000 年鑽石景氣升溫才重新評估開採，但戴比爾斯將礦權販售給「寶石鑽石公司 (Gem Diamonds Ltd)」，寶石鑽石公司做了技術提升，於 2006 年正式進行開採，並馬上挖角到一顆重達 603 克拉的鑽石原礦，沉寂多年的賴索托鑽石礦至此開啟了不凡的篇章，

▶ 由「賴索托的諾言 (Lesotho promise)」原礦切磨成 26 顆鑽石設計成套鍊，最大的水滴車工鑽石重達 75 克拉，總計重量為 224 克拉。
圖片來源：格拉夫鑽石

近年屢出高品質 Type IIA 鑽石原礦，境內主要礦區如下：

a. 萊森礦場 (Letšeng)

　　萊森鑽石礦是目前賴索托國內最重要的鑽石礦，平均海拔高達 3000 公尺，是世界上最高的鑽石礦區，地勢造就出嚴苛的開採環境，但是屢創奇蹟，2006 年「寶石鑽石公司 (Gem Diamonds Ltd)」與賴索托政府合資收購了 Letšeng 鑽石礦，並在當年度發現了一顆 603 克拉的鑽石原礦，，Letšeng 鑽石礦還發現了很多知名巨鑽，例如：493 克拉的「賴索托遺跡 (Letšeng Legacy)」、357 克拉的「賴索托王朝 (Letšeng DYNASTY)」、314 克拉的「賴索托命運 (Letšeng Destiny)」、550 克拉的「賴索托之星 (Letšeng STAR)」、除此之外 Letšeng 鑽石礦也發現不少大克拉彩色鑽石原礦，7.87 克拉的粉紅鑽原礦、12 克拉的藍

▶ 高海拔的萊森礦，開採極具挑戰。
　圖片來源：gemdiamonds

鑽原礦，還有值得注意的 299 克拉黃鑽原礦，後來被格拉夫鑽石切割成 132.55 克拉的 "The Golden Empress"，2018 年一月萊森礦區挖掘到一顆重達 910 克拉的「賴索托傳奇 (Letšeng Legend)」，是目前世界第五大的巨鑽，以 4000 萬美元售出，2018 年第一季為止，礦區已經發現了七顆超過一百克拉的鑽石，礦藏潛力無窮，目前年產量11.2 萬克拉，礦源壽命預估可達 2038 年，目前開採出知名的鑽石如下：

＊ **賴索托的諾言**
　(Lesotho promise)

　　於 2006 年被挖出，原礦重達 603 克拉，被命名為「賴索托的諾言 (Lesotho promise)」，由「格拉夫鑽石 (Graff Diamonds)」用 1240 萬美元收購後，切割成 26 顆 D/FL~IF 的鑽石設計成一款套鍊。

＊ **金色皇后**
　(The Golden Empress)

　　於 2014 年被挖出，原礦重達 299 克拉，由「寶石鑽石公司 (Gem Diamonds Ltd)」最大股東「格拉夫鑽石 (Graff Diamonds)」對原礦進行處理，經過切磨後最大的主石重達 132 克拉，顏色為 Fancy intense yellow，其餘切磨成 6 顆梨形車工、2 顆圓型車工，最大的梨形重量 21.34 克拉。

▶ 金色皇后 (The Golden Empress) 被切磨成 9 顆黃彩鑽，最大的枕型黃彩鑽重達 132 克拉。
　圖片來源：格拉夫鑽石

▶ 世界第五大的鑽石原礦賴索托傳奇，重達 910 克拉。(圖片來源： Gem Diamonds)

＊ 賴索托傳奇
(Letšeng Legend)

2018 年 1 月被挖掘出，是目前世界上第五大的鑽石原礦，重達 910 克拉，為 D 色 Type IIA 鑽石，也是萊森礦區迄今發現最大的鑽石原礦，3 月於安特衛普的招標會中，以 4000 萬美元售出給「薩米爾寶石公司 (Samir Gems)」。

b. 立奎泵礦場 (Liqhobong)

早在 1950 年代就發現，但一直到了 1990 年代「柯潘鑽石開發公司 (Kopane)」首次對礦脈進行初步勘查評估可能富含 950 萬克拉的鑽石礦藏，並在 2005 年開始建造開採工廠，2010 年「柯潘鑽石開發公司 (Kopane)」被「火石鑽石公司 (firestonediamonds)」以 7100 萬美元收購，持有礦區 75% 股權，剩餘 25% 由賴索托王國所有，2011 年開採出 32.5 萬克拉的鑽石，2014 募集 2 億多美元對礦區進行擴建，並在 2016 年擴建完成，年產量提升為 68.7 萬克拉，2017 年從礦區開採到一顆 110 克拉的黃彩鑽，目前礦區多為露天開採，預估總資源量 2400 萬克拉。

c. 考礦場 (Kao)

由「納馬奎鑽石公司 (Namakwa diamonds)」擁有 62.5% 股權、賴索托政府 25%，剩餘由在地小型公司擁有，2014 年發現一顆 23.82 克拉的粉紅鑽原礦，被命名為「賴索托風暴 (Lesotho Storm)」，考鑽石礦預估有 1240 萬克拉的鑽石含量，目前年產量約 7.5 萬克拉，礦源壽命可達 2050 年

賴索托除了出產大量的高品質鑽石，2017 年的年度產量也大幅提升到 112.6 萬克拉，相較於 2016 年產量 34.2 萬克拉，成長了近三倍。

H. 坦尚尼亞

坦尚尼亞境內較具規模的鑽石礦藏

▶ 主石重 23.6 克拉的威廉森粉紅胸針。
圖片來源：wowdiamond

僅有威廉森鑽石礦，由加拿大地質學家「約翰‧威廉森 (John T. Williamson)」發現於 1940 年，位於坦尚尼亞的小鎮「莫瓦堆 (Mwadui)」，目前年產量 29.8 萬克拉，占全球的 0.2%（以 2017 年產量推算）。

a. 威廉森礦場 (Williamson)

威廉森礦場的命名來自發現者「約翰‧威廉森 (John T. Williamson)」，起初他於「維多利亞湖 (Victor Lake)」發現了零星的鑽石沖積礦，認為周遭應該有鑽石礦，在多年的探訪下，終於在 1940 年發現了礦藏，礦場的面積為世界第二大的 146 公頃，但開採深度最深僅達 95 米，威廉森的一生都奉獻給這個礦脈，獨

立經營了 17 年，於 1958 年過世，之後由戴比爾斯及當時的殖民政府「坦干伊加 (Tanganyika)」合作購買此礦，期間產能大幅提升，1973 年轉由坦尚尼亞國家礦業組織「斯塔米克 (Stamico)」經營，但礦源逐漸衰退，使得 1993 年時戴比爾斯重新接手進行整體的重組後產能再度提升，到了 2005 年產量增加到每年約 19.5 萬克拉，2009 年戴比爾斯將礦場出售給「佩特拉鑽石公司 (Petra Diamonds Ltd)」，目前年度產量約為 22.5 萬克拉，預估礦源壽命可達 2033 年，鑽石礦場產出多顆知名的粉紅鑽及高品質無色鑽石，諸如：

✳ 威廉森粉紅 (The Williamson Pink)

於 1947 年發現原礦重量 54.5 克拉，之後致贈給伊莉莎白公主（現任女王伊莉莎白二世）當作結婚禮物，皇室於 1948 年委託切磨師切磨成現在的 23.6 克拉圓型明亮式粉紅鑽，並在 1953 委託「卡地亞珠寶公司」設計用水仙花為元素設計的造型胸針，伊莉莎白女王對此胸針情有獨鍾，時常在慶典佩帶。

✳ 粉紅泡泡糖 (bubblegum pink)

2015 年於礦區挖掘出 23.16 克拉的粉鑽原礦，並於安特衛普公開招售，最終被「M. A. 愛娜美鑽石集團 (M. A. Anavi Diamond Group)」以 1050 萬美元購

▶ 1.03 克拉 Fancy Intense Purplish Pink，顏色猶如泡泡糖粉色。
Jurassic museum collection

▶ 獅子山共和國的沖積礦床開採。
圖片來源：Issouf Sanogo / AFP / Getty Images

買，2016 年礦區又再度挖掘出比前次還重的 32.33 克拉粉鑽原礦，同樣由「M. A. 愛娜美鑽石集團 (M. A. Anavi Diamond Group)」以 1500 萬美元購買。

另外鑽石礦場於 2017 年發生了一起疑似低報價值出口的事件，「佩特拉鑽石公司 (Petra Diamonds Ltd)」將一批 71654.54 克拉的鑽石原礦預計出口至安特衛普，報關價值為 1479.8 萬美元，但坦尚尼亞政府評估認為鑽石的實際價值應為 2950 萬美元，目前遭扣押，但「佩特拉鑽石公司 (Petra Diamonds Ltd)」公司聲明一切流程皆符合坦尚尼亞政府及金伯利進程的規範，並將資料公開於網站，認為海關的臨時估價有商榷的空間，

目前全案都還在上訴中。

I. 獅子山

講起血鑽石第一個會想到的國度，可能就是獅子山共和國，早在 1930 年代開始當地就有開採鑽石的紀錄，1943 年曾在境內「考度鎮 (Koidu)」的「沃伊河 (Woyie river)」發現了一顆 249.5 克拉及 532 克拉的鑽石原礦，然後在 1945 年發現了 770 克拉的原礦，被命名為「沃伊河鑽石 (Woyie river diamond)」，1972 年發現了重達 969 克拉的「獅子山之星 (Star of Sierra Leone)」，即便出產許多大克拉的鑽石，但鑽石卻沒為當地人帶來幸福，1991~2002 年期間，境內叛軍為了軍火經費爭奪礦藏資源，脅迫當地無辜人民大量開採，長達 11 年的內戰紛亂造成數十萬人死亡數百萬人流離失所，2002 年在聯合國的介入下終止了內戰，盛產鑽石的科諾地區 (Kono) 地區多數為

▶ 23.16 克拉泡泡糖粉紅鑽原礦，猶如少女的房間夢幻的顏色。（圖片來源：petradiamonds）

▶ 重達 709 克拉的「和平鑽石 (Peace Diamond)」為獅子山創下新的篇章。(圖片來源：Graff)

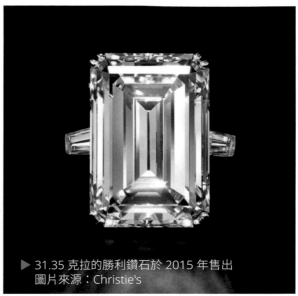

▶ 31.35 克拉的勝利鑽石於 2015 年售出
圖片來源：Christie's

沖積礦床，且容易在河床中掏洗的鑽石，因此不需要經過大型機具，早年許多非法開採，直到內戰的結束後，才有專業的礦業集團進入，2003 年知名鑽石大亨「班尼‧斯坦梅茨 (Beny Steinmetz)」的 BSG Resources Limited 旗下設立「考度公司 (Koidu ltd)」在當地進行開採，2017 年獅子山挖掘到一顆重達 709 克拉的「和平鑽石 (Peace Diamond)」，由 Rapaport 主辦慈善拍賣形式，公正開放各藏家進行競標，最後以 650 萬美元售出給「格拉夫 (Graff)」，其中的 59% 稅收，回饋於當地的建設，跨出獅子山的嶄新里程碑，目前境內鑽石年產量約為 55 萬克拉，境內礦區有：

a. 考度礦場 (Koidu)

位於考度鎮內，是目前獅子山最重要的鑽石礦脈，早年多為沖積開採，直到近年開始由「考度公司 (Koidu ltd)」進行金

伯利管的評估與開採，耗資 1.5 億美元進行礦場擴建，於 2016 年開始由露天開採轉為地下開採，礦源壽命預計可達 2028 年，目前年產量約為 30 萬克拉，旗下礦區產出的知名鑽石有：

✱ 勝利鑽石
(The Victory Diamond)

勝利鑽石是由「沃伊河鑽石 (Woyie river diamond)」切割而成，由英國切割公司 Briefel & Lemer 負責，經過研發切割機及多次用水泥模型測試，最終切割成 30 顆鑽石，其中最大的 31.35 克拉鑽石祖母綠車工，被命名為勝利，慶祝同盟軍在二戰中勝利，顏色等級為 D 色淨度 VVS2 TypeIIA，之後由美國鐵路大亨「傑‧古爾德 (J. Gould)」的兒媳婦「佛羅倫斯‧傑‧古爾德 (Florence J. Gould)」收藏，1983 年佛羅倫斯去世後於當年的日內瓦蘇富比拍賣會售出，最近在 2015 年紐約

▶ 21.69 克拉的「獅子山之星 VI」
圖片來源：Christie's、sotheby's

佳士得拍賣會以 430.9 萬美元售出。

＊ 獅子山之星
(Star of Sierra Leone)

　　於 1972 年被挖掘，重量達 968.9
克拉，歷史第四大的鑽石原礦，後來於
1972 年以 250 萬美元賣給「海瑞溫斯頓
(Harry Winston)」，最終切磨成 17 顆，
最大的一顆祖母車工重達 143.2 克拉，
但鑽石尚有缺陷，溫斯頓先生認為這樣的
鑽石不應該有瑕疵，後來將桌面位置的瑕
疵切磨下來，得到一顆 35 克拉的 D 色淨
度 IF 祖母綠鑽石，剩餘的部分切磨出六
顆馬眼車工鑽石合計 21.05 克拉，被海瑞
溫斯頓製作成胸針，命名為「獅子山之星
胸墜 (The Star of Sierra Leone Diamond
Brooch)」，2017 年日內瓦蘇富比拍賣
會，以 123 萬美元售出，另外最原始的原
礦中切磨出一顆梨形的 22.27 克拉 (後來

又被切磨成 21.69 克拉)，顏色等級為 D
色淨度 VVS2 TypeIIA，被命名為「獅子山
之星 VI (Star of Sierra Leone VI)」，2016
年日內瓦佳士得拍賣會以 145 萬美元售
出。

b. 西米礦場 (zimmi)

　　獅子山共和國境內的鑽石礦多數坐
落在柯諾地區，但西米鑽石礦卻是在普
傑洪地區，西米鑽石礦最大的特色是產
出一種特殊的黃彩鑽，比正規艷彩等級的
黃彩鑽還要濃郁，顏色飽和度極高，被稱
呼為「zimmiyellow」，也被稱呼為金絲

▶ 「獅子山之星」上切磨出六顆馬眼車工鑽石
合計 21.05 克拉，製作成「獅子山之星胸墜」
圖片來源：sotheby's

，最終以 1145 萬美元驚人的天價售出。

除了上述的鑽石礦外，近期在柯諾地區的一個新礦「梅亞鑽石礦 (Meya)」，開礦的第五天就挖掘出一顆 476 克拉的鑽石原礦，被命名為「梅亞繁榮 (Meya Prosperity)」，以 1650 萬美元售出給「格拉夫 (Graff)」，另外獅子山共和國境內還有許多正在探勘的計畫，例如：Tonguma 鑽石礦由「恆星鑽石公司 (Stellardiamonds)」和「考度公司 (Koidultd)」合作開發中，境內還有許多獨立的小型沖積礦。

▶「日出東方 (THE ORIENTAL SUNRISE)」由 12.20 和 11.96 克拉一對的黃彩鑽耳環組成。
圖片來源： Christie's

雀黃，是收藏家當中的逸品，目前這種特殊的黃彩鑽幾乎已經絕礦，要入手一顆「zimmiyellow」大約要比一般的艷彩黃鑽多付出數倍的代價才能得到，就研究分析「zimmiyellow」是一種 Type Ib 的鑽石，造就出他特殊不凡的色彩，2016年日內瓦佳士得拍賣會一對被稱呼為「日出東方 (THE ORIENTAL SUNRISE)」的黃彩鑽耳環，就是產自西米礦脈，顏色為艷彩橘黃色 (Fancy Vivid Orange-Yellow)

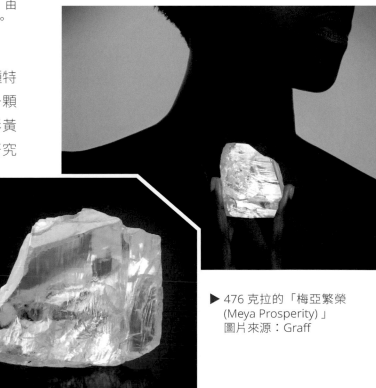

▶ 476 克拉的「梅亞繁榮 (Meya Prosperity)」
圖片來源：Graff

▶ 120.64CT 鑽石原礦 Courtesy of Jurassic museum

2. 亞洲

A. 俄羅斯聯邦

　　當今世界最大的鑽石生產國就是俄羅斯聯邦了，俄羅斯於 18 世紀就間歇性的發現一些鑽石的礦源，1829 年時期在烏拉山由一位 14 歲的少年發現了鑽石，但克拉數都不大，在此地有小量的開採，後來因二戰時期工業鑽石的需求，政府組織探鑽隊，經地質學家研究分析西伯利亞地區應該含有豐富的金伯利岩，直到了 1949 年代首度在「薩哈共和國 (Sakha Republic)」發現鑽石原礦，並在 1950 年代才大量密集的探勘到鑽石的礦藏，於 1954 年發現了第一個金伯利鑽石管「悶雷礦 (zarnitsa)」，並在之後的幾年陸續發現了「和平鑽礦 (Mir)」及「成功鑽礦 (Udachny)」，直到今日多數的鑽石礦都是在西伯利亞地區，1957 年政府成立了「薩哈鑽石公司 (Yakutalmaz)」，五年後俄羅斯躍身為世界第五大的鑽石生產國，使得戴比爾斯集團感受到來自俄羅斯礦脈的威脅，當時戴比爾斯依舊在考量壟斷鑽石的大業，因此與「薩哈鑽石公司 (Yakutalmaz)」合作，收購俄羅斯出產的鑽石，但也依舊無法全盤了解俄羅斯鑽石開採的實際狀況，俄羅斯鑽石的開採環境極為惡劣，高緯度的環境使得地質多為凍土，開採期有限，礦底的溫度甚至低於零下 60 度，1975 年俄羅斯發現了境內最大的金伯利管「慶典礦 (Jubilee)」，境內各礦脈的簡介如下：

a. 悶雷礦場 (zarnitsa)

　　是俄羅斯境內最早發現的金伯利管鑽石礦，於 1954 年發現，隨後俄羅斯境內又發現了和平礦場，阿羅莎認為和平礦場潛力更大更有效益，並將開採主要的資源挹注到和平礦場，使得悶雷礦場幾乎是停擺的，1980 年代重新評估後，認為有開採的效益，並在 1999 年才正式進行露天開採，年產量約為 78.6 萬克拉，2016 年在礦區挖掘到 207.29 克拉的原礦，是該礦區最大的紀錄。

▶ 和平礦場為阿羅莎旗下最具指標性的礦區。
圖片來源：Alrosa websit

▶ 蘇共 26 大會鑽石，重達 342.57 克拉。
圖片來源：alrosa

▶ 薩哈之星鑽石，重達 232.1 克拉。
圖片來源：Rossiyskaya Gazeta

b. 和平礦場 (Mir)

於 1955 年由地質學家「尤里・考巴登 (Yuri.Khabardin)」帶領的團隊發現了鑽石礦，因為礦脈的資源對當時的蘇聯來說是一場及時雨，「尤里・考巴登 (Yuri.Khabardin)」還因此獲得「列寧獎 (Lenin Prize)」，於 1957 年正式量產，當地的低溫對礦工及機具都是極大的挑戰，但年產量高達 1000 萬克拉的豐碩回報，使得俄羅斯政府願意挹注大量的資源持續開發，驚人的礦藏量造成戴比爾斯極大的壓力，和平礦場的露天開採直到 2001 年正式結束，於 2009 年進入地下開採，目前年產量約為 277 萬克拉，但 2017 年 6 月，礦場發生洪水灌入露天礦井，導致地下管掩沒的意外事故，造成八名礦工不幸罹難，使得目前和平礦場暫時封閉維修中，造成阿羅莎股價下跌，產量也受到影響，損失估計至少高達 1.25 億美元，旗下礦區產出的知名鑽石有：

＊ 蘇聯共產第 26 次代表大會 (26th Congress of the Communist Party of the Soviet Union)

是俄羅斯境內發現的鑽石原礦排行第二大，重達 342.57 克拉，於 1980 年在和平礦場發現，紀念於 1981 年在莫斯科舉辦的蘇共大會，目前鑽石收藏於克里姆林宮博物館中。

＊ 薩哈之星 (Star of Yakutia)

1973 年被挖掘出，早年俄羅斯出產的鑽石都是由蘇聯總理「阿列克謝・尼古拉耶維奇・柯西金 (Alexei Nikolayevich Kosygin)」命名，當時鑽石被發現時柯西金正在度假，因此最早被命名為「俄羅斯航空 50 周年」，並送出給戴比爾斯製作文宣目錄，不料柯西金回到崗位後又更名為「薩哈之星」，使得文宣因此重新印刷，目前存放於克里姆林宮博物館中。

▶ 成功礦場為世界第三深的露天礦物礦場。（圖片來源：alrosa）

c. 成功礦場 (Udachnaya)

Udachnaya 在俄語意思為幸運、成功或是繁榮，成功礦場是在和平礦場發現幾天後，又在薩哈共和國境內接近北極圈的位置發現，於 1971 年開始露天開採，並成為阿羅莎集團旗下最大的露天礦場，也是世界上第三深的礦物露天礦場，深度達 600 米，露天開採最後一次的爆破於 2015 年進行，開採的 44 年間共產出了 3.5 億噸的鑽石原礦，2004 年為了延續礦源壽命，開始架構地下開採，並於 2014 年開始進行，預估礦源壽命可延長 50 年，目前地下開採年產量為 161.4 萬克拉。

d. 國際礦場 (Internatsionalnaya)

於 1969 年發現，地點位於和平礦場西南約 16 公里的位置，礦區內的鑽石等級質地佳，開採效益高，每克拉利潤排行世界第五，是俄羅斯境內最早進行地下開採的礦脈。阿羅莎集團從此礦轉型地下開採獲得重要的技術，目前年產量約為 370

萬克拉。

e. 慶典礦 (Jubilee)

於 1975 年發現，1989 年才正式投入露天開採，鑽石蘊含量驚人，開採至今已生產一億克拉的鑽石，預估可露天開採到 2030 年，之後還可開發地下開採，是俄羅斯境內目前產能最大的鑽石礦，目前年產量約為 1060 萬克拉，每克拉利潤排行世界第二。

f. 格里布礦 (Grib)

俄羅斯多數的鑽石礦都在薩哈共和國境內，格里布礦則不同，位處於俄羅斯西北部的阿爾漢格爾斯克州，於 1996 年由「阿爾漢格爾斯克地質企業 (Arkhangelskgeoldobycha JSC)」旗下的油田中發現金伯利管，礦區命名是為了紀念該企業的前首席地質學家「弗拉基米爾·帕夫洛維奇·格里布 (Vladimir Pavlovich Grib)」的貢獻，西元 2000 年時石油業巨頭「盧克石油 (LUKOIL)

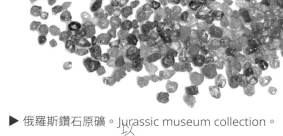

▶ 俄羅斯鑽石原礦。Jurassic museum collection。

▶ 14.83 克拉的粉鑽，是俄羅斯史上發現最大的粉紅鑽石。(圖片來源：Alrosa)

」收購「阿爾漢格爾斯克地質企業 (Arkhangelskgeoldobycha JSC)」資產，並在 2013 年開始投入生產，預估總鑽礦儲量有 9,850 萬克拉，目前年產量為 440 萬克拉，礦源壽命約為 25 年，2017 年「盧克石油 (LUKOIL)」將股權以 145 億美元將鑽石業務售出給「發現控股集團 (Otkritie Holding Group)」。

　　除了上述介紹到的鑽石礦脈外，俄羅斯聯邦境內大大小小的礦脈合計約 16 個

2017 年在「阿納巴爾鑽石流域 (Almazy-Anabara)」旗下的 "Ebelyak" 沖積礦場發現一顆 27.85 克拉的粉色鑽石原礦，是迄今俄羅斯發現最大的原礦，阿羅沙於 2019 年 2 月稀有彩鑽展中展示出這顆原礦切磨的鑽石，重量為 14.83 克拉。綜合境內鑽石礦脈年產量約為 4,401.5 萬克拉，佔世界年產量的 29%，為世界之冠。

▶ 格里布礦鳥勘照 (圖片來源：Arkhangelskgeoldobycha JSC)

▶ 瑪麗王后的皇冠上鑲嵌著光之山，主石重 105.6 克拉。(圖片來源：The Jewel House)

B. 印度

印度是世界上最早出產鑽石的國家，具歷史資料記載，西元前 4 世紀印度就有鑽石貿易的活動，是 18 世紀以前世界唯一主要的鑽石產地，然而印度悠悠的鑽石歷史當中，最鼎盛的時期則是在 16 世紀，當時在「德干蘇丹國 (Deccan Sultanates)」其中一支「戈爾康達蘇丹國 (Golconda Sultanates)」境內「奎師那河流域 (Krishna River)」附近的「柯羅礦 (Kollur)」(現今海德巴拉內的安得拉邦地區) 開採鑽石，這些鑽石被送到「戈爾康達 (Golconda)」進行交易，不少舉世聞名的美鑽出自該礦，其出產的高品質 Type IIA 鑽石也曾多次亮相於世界知名拍賣會，高品質的鑽石、悠久的歷史、創紀錄的成交額，使得「戈爾康達」成為了世界頂級鑽石的代名詞，下列為印度產出的知名鑽石：

✱ 光之山 (Koh-i-Noor)

歷史著名的光之山鑽石原礦重達 793 克拉，據說擁有了這顆鑽石可以得到全世界，但厄運也會降臨，只有上帝或女人戴上它才能平安無事，傳奇的故事從「卡卡提亞王朝 (Kakatiya)」時期被「阿拉丁・卡爾吉 (Alauddin Khalji)」掠奪後開始，之後都在印度的皇宮當中經歷不同的王朝，蒙兀兒帝國第五任皇帝 -「沙賈汗 (Shah Jahan)」將光之山鑲嵌在他美麗的孔雀皇座上，西元 1750 年左右，波斯

統治者「納迪爾沙 (Nader Shah)」遠征印度攻佔了德里掠奪這顆鑽石,當他看到這顆美麗的鑽石時驚嘆不已的說出「Koh-i-Noor!」,在波斯語的意思為光之山,鑽石因此得名,幾年後「納迪爾沙 (Nader Shah)」遭到暗殺,光之山之後被他的孫子「沙魯克・阿夫沙爾 (Shahrokh Shah)」來拿討好阿富汗「杜蘭尼帝國 (Durrani Empire)」換取支持,後來杜蘭尼帝國第五任君王「蘇加沙・杜蘭尼 (Shuja Shah Durrani)」流亡的時候,將光之山帶到「錫克帝國 (Sikh Empire)」在,錫克帝國的君王「季德・辛格 (Ranjit Singh)」因此得到光之山,之後英國與錫克帝國發生兩次戰爭,戰敗的錫克帝國簽署了拉合爾條約,並將光之山移轉給英國謀和,1851年在倫敦萬國博覽會上展出,吸引了大批民眾觀賞,但看過的民眾卻認為光之山並不閃耀,原因是沙賈汗持有的時期,將原礦委託威尼斯珠寶商切割成 186 克拉的蒙兀兒切工,但以 19 世紀當時的工藝來看,這顆光之山的光彩並不理想,英國皇室為了解決這個難題,多方尋求各種礦物專家,最後委託「皇家科斯特鑽石 (Royal Coster Diamonds)」的著名切割師在英國進行切割,為了切割光之山,還特地打造一台蒸氣動力研磨機,費時 38 天 8000 英鎊,最後光之山被切割成 105.6 克拉,並鑲嵌在維多利亞女皇的胸針上,最後鑽

▶ 光之海鑽石是世界上最大的粉紅鑽石,重達 182 克拉。
圖片來源:伊朗國家珠寶財務部

石鑲嵌在瑪麗王后的皇冠上,瑪麗王后過世後,光之山就一直收藏於英國皇室的寶石屋,光之山鑽石繪聲繪影的傳奇至此暫告一個篇章,近年印度、巴基斯坦、伊朗、阿富汗都試圖要求英國歸還鑽石,但英國以拉合爾條約為由,提出了拒絕。

✱ 光之海 (Darya-i-noor)

光之海是世界上最大的粉紅鑽石,重達 182 克拉,光之海與光之山同為在「卡卡提亞王朝 (Kakatiya)」時期在「柯羅礦 (Kollur)」產出,與光之山的際遇相同,不同的是光之山被「沙魯克・阿夫沙爾 (Shahrokh Shah)」送給「杜蘭尼帝國 (Durrani Empire)」,光之海則是被伊朗「桑德王朝 (Zand dynasty)」的第六任君王「盧圖夫・阿里汗 (Lotf Ali Khan)」奪

▶ 傳奇的攝政王鑽石，重達 140.5 克拉。
圖片來源：louvre

去，之後隨著桑德王朝的壞滅，移轉到了「卡札爾王朝 (Qajar dynasty)」至此光之海就一直留在伊朗，至今存放在伊朗的國家珠寶博物館中，1965 年加拿大團隊對伊朗皇室珠寶進行考究發現，「光之眼鑽石 (Noor-ul-Ain)」，可能與光之海原為同一塊鑽石分割出來。

✱ 攝政王 (The Regent)

1698 年於礦區開採出來，原礦重達 410 克拉，據說一名奴工劃傷自己的腿，將鑽石夾藏在自己的腿內逃出，透漏了秘密給一位英國船長分贓鑽石的利益換取自由，沒想到卻遭到謀害，船長將原石以 1000 英鎊轉賣給一位印度珠寶商，1701 年印度珠寶商以 2.4 萬英鎊賣給當時英屬印度馬德拉斯的總督「托馬斯・皮特 (Thomas Pitt)」，並將鑽石命名為皮特鑽石，皮特鑽石經過了數年時間與兩次的切割，最終最大克拉的 140.5 克拉就是現今的攝政王鑽石，由於鑽石價格昂貴，

皮特遲遲無法將鑽石售出，直到了法國國王路易十四逝世，由於繼任者路易十五年幼，便由「奧爾良公爵腓力二世 (Philippe II, Duke of Orléans)」攝政，為了建立威信，奧爾良公爵花了 13.5 萬英鎊購買了皮特鑽石，並將其改名為攝政王，從此攝政王鑽石成為法國最重要的王室珠寶之一，多番出現在皇室重要典禮的皇冠上，法國大革命時期，由於財政困難，攝政王鑽石還一度成為借貸抵押品流落至荷蘭及柏林，直到 1801 年法國皇帝拿破崙將鑽石贖回，並將攝政王鑽石鑲嵌在其佩刀劍柄上，1940 年二戰時期，納粹進攻巴黎時企圖掠奪攝政王鑽石但未能得逞，爾後攝政王鑽石就一直收藏在法國羅浮宮中。

✱ 沙汗鑽石 (Shah Diamond)

沙汗鑽石出產於「德干蘇丹國 (Deccan Sultanates)」的其中一支「艾哈邁德納加爾蘇丹國 (Ahmadnagar Sultanate)」統治時期，原始重量為 95 克拉，經過切磨後變成 88.7 克拉，1591 年王朝第七任的君王「布爾漢・尼扎・沙汗二世 (Burhan Nizam Shah II)」命人在鑽石上刻畫上自己的名字，同年蒙兀兒帝國第三任君王 -「阿克巴 (Akbar)」侵略「艾哈邁德納加爾蘇丹國 (Ahmadnagar Sultanate)」，並將沙汗鑽石帶回，直到

▶ 沙汗鑽石經過三個不同時期的帝王銘文，重達 88.7 克拉。（圖片來源： Sputnik / Владимир Вдовин）

▶ 產自印度潘南礦 (Panna mine) 的鑽石原礦
Courtesy of Jurassic museum

蒙兀兒帝國第五任皇帝「沙賈汗 (Shah Jahan)」將沙汗鑽石簽上新名字，並將其鑲嵌在孔雀王座上，1738 年波斯統治者「納迪爾沙 (Nader Shah)」掠奪孔雀王座與各式寶石，將沙汗鑽石帶到了波斯，直到 1826 年當時統治波斯的「卡札爾王朝 (Qajar dynasty)」第二任君王「法特赫 - 阿里沙·卡札爾 (Fat'h-Ali Shah Qajar)」留下最後一道簽名，沙汗鑽石因此被留下三道不同時期君王的銘文，後來波斯與俄羅斯發生了兩次的戰爭，波斯簽屬了兩次不平等條款，波斯群眾反俄聲勢遽增，導致俄國駐波斯大使「亞歷山大格里博伊多

夫 (Alexander Griboyedov)」遭到暴民虐殺，使得兩國關係再度緊張，法特赫派其皇孫「庫思老·米爾扎王子 (Khosrow Mirza)」前往聖彼得堡，並將沙汗鑽石贈送給沙皇「尼古拉一世 (Nicholas I)」討其歡心，至此沙汗鑽石就一直存放在俄羅斯，目前存放於克里姆林宮博物館中。

　　除了上述介紹到的幾顆名鑽外，產自「戈爾康達 (Golconda)」的名鑽不勝枚舉，部分的名鑽我們將在鑽石的顏色章節介紹，今日印度鑽石生產僅占全球產量的一小部分，每年產量約為 4 萬克拉，因應二戰後大量的工業鑽石需求，以及澳洲大量的產出工業鑽石，在為了節省人力成本的狀況下，將這些鑽石送到了印度的蘇拉特 (Surat) 進行加工，使得印度近年轉型為重要的切磨中心。

▶ 筆者造訪中國山東鑽石公園

C. 中國

　　中國淵遠的的歷史當中雖有使用鑽石的紀錄，但境內生產鑽石據傳言中是到了清朝道光年間才開始於湖南的沅江流域掏金時發現了鑽石的蹤跡，但產量零星，1937 年山東省臨沂市郊城縣的李莊鎮，發現了一顆重達 281.25 克拉的鑽石原礦，被命名為「金雞鑽石」，往後的幾年中國都沒有產出鑽石的蹤跡，直到 1965 年地質探險隊於山東省臨沂市蒙陰縣的常馬莊發現了 701 鑽石礦的勝利管，並在 1972 年開始開採揭開了序幕，大克拉數的鑽石陸續在山東省臨沂市的各村落發現，1977 年山東省臨沂市臨沭縣常林村一位女農民耕田翻土的時候，發現了一顆重達 158.7 克拉的「常林鑽石」捐贈給中國政府，1981 年山東省臨沂市郊城縣陳埠村發現了一顆 124.27 的陳埠 1 號鑽石，而較具規模的 701 礦終於在 1983 年發現了第一個破百克拉的「蒙山一號鑽石」，2005 年臨沂市政府於 701 礦周邊設置了鑽石「沂蒙鑽石國家礦山公園」提供遊客參觀，直到今日中國的鑽石產量雖然非常稀少，2017 年的年度產量僅有 230 克拉，但在遼寧省大連市的瓦房店市，發現了富含鑽石礦藏，據中國地質局調查至少有 100 萬克拉以上的礦藏量，至今尚未進行開採，產自中國地區的知名鑽石如下：

＊ 金雞鑽石

　　金雞鑽石發現於 1937 年山東省的李莊鎮的金雞嶺，一位農民「羅佃邦」耕田時發現一顆重達 281.25 克拉的黃色鑽石原礦樣如雞雞，又因產自金雞嶺故此命名，「羅佃邦」原想將鑽石售出，但消息傳到鄉長「朱希品」耳邊，「朱希品」以協助兜售鑽石之名將金雞鑽石騙走，李莊鎮當地警局警長「張英傑」得知消息，脅

▶ 中國山東露天開採鑽石的過程與大型機具

迫鄉長「朱希品」交出鑽石，警長擔心落人口舌，便以 800 斤小麥與「羅佃邦」換取鑽石，「羅佃邦」心中憤慨因此抑鬱成疾，左鄰右舍聽聞消息忿忿不平，便抬著病榻的「羅佃邦」上警局理論，結果討不回鑽石反被警長「張英傑」毒打一頓，「羅佃邦」因此沒了性命，隔年日本侵華攻佔，金雞鑽石被日本駐地顧問「川本定雄」強行奪走，至此後金雞鑽石下落不明。

＊ 常林鑽石

1977 年山東省臨沂市臨沭縣常林村一位女農耕隊員「魏振芳」耕田翻土的時候，發現了一顆重達 158.7 克拉的鑽石，「魏振芳」將鑽石攜回給家人看，家人見到鑽石憶起當年金雞鑽石的慘劇，不

▶ 158.7 克拉的常林鑽石 (圖片來源、wemedia)

知撿到這顆鑽石是福是禍，最終「魏振芳」將鑽石贈送給國家，中國政府為了表揚「魏振芳」的貢獻及愛國精神，徵求意見要提供獎勵給他，「魏振芳」想了很久決定要改善隊上的耕作機具，希望政府提供一台曳引機給隊上使用，中國政府答應了他的要求外，還提供一筆錢挹注當地發展，造就一樁美事，最終鑽石在中國科學院的鑑定確認是一顆鑽石，時任中央委員會主席「華國鋒」命名鑽石為常林鑽石，迄今鑽石收藏在中國人民銀行中，但也有傳聞鑽石其實已經失竊。

D. 印尼

印尼的「加里曼丹島 (Kalimantan)」也被稱為「婆羅洲 (Borneo)」，這裡可能是世界上第二古老的鑽石產地，據傳在西元 6 世紀時，印度人將印度教傳入當地時發現了鑽石的蹤跡，後來西元 7~12 世紀間，馬來人、中國宋朝人在西加里曼丹的「蘭達克河 (Landak river)」流域中掏金時也看到鑽石的蹤跡，直到 16 世紀「費南多・麥哲倫 (Ferdinand Magellan)」進行人類史上第一次的環球航行，他同行的小舅「杜阿爾特・巴博薩 (Duarte Barbosa)」在航行書上記載他在婆羅門州看到當地開採的樟腦、鑽石、沉香木進行貿易，往後的幾年許多葡萄牙人航海至此，都記載了婆羅洲內鑽石開採的狀況，到了 17 世紀荷蘭東印度公司更是壟斷了當地的鑽石交易。

同時期在印尼南加里曼丹現今知名的鑽石城「馬塔普拉 (Martapura)」也發現了鑽石的蹤跡，而 18 世紀時華人的舞台則在「蘭達克河 (Landak river)」流域持續，最為著名的是由華人「羅芳伯」在印尼建立的「蘭芳共和國 (Lanfang Republic)」，因為畏懼荷蘭的力量，選擇靠攏清朝，每年也從當地走私進貢很多鑽石到中國，「蘭達克河 (Landak river)」流域在 1789 年時，還一度傳出挖掘到

▶ 直到今日沉香木在印尼依舊是重要的出口貿易收入。

▶ 加里曼丹開採出的各式鑽石原礦，多半以棕、黃色為主，但也有稀有的粉、綠、藍色。

▶ 筆者在加里曼丹進行原礦的挑選。

一顆重達 367 克拉的「馬塔鑽石 (Matan)」，現今流向不明，傳聞有可能並非鑽石而是水晶，雖然荷蘭幾乎壟斷了當地的鑽石礦但卻也奈何不了打著中國清廷旗號的「蘭芳共和國 (Lanfang Republic)」盜採走私，直到 1840 年發生了歷史上的大事件「第一次鴉片戰爭 (First Opium War)」，造成了中國清朝衰敗，自顧不暇的狀況下，使得荷蘭在印尼展開動作，大量的中國礦工遭到殺害，而「蘭芳共和國 (Lanfang Republic)」也遭到消滅，餘黨逃離到蘇門答臘等地，荷蘭雖然處理了內憂外患，但未料到的是，1880 年代南非的鑽石礦崛起，使得印尼當地的鑽石不再受到矚目，迫切地需要找到新地可靠礦源，荷蘭政府正式開始對 Cempaka 礦區進行開發，但印尼整體的鑽石產量也不如初期年產量 5 萬克拉，19 世紀時年產量還有近 3 萬克拉，到了 20 世紀大幅下滑到 600 克拉，緊接而來二戰的爆發，使的日本趕走荷蘭人，但隨著日本戰敗最終印尼獨立。

印尼出產的鑽石顏色以棕色為多數，並帶有雜質與色塊或色帶，但確曾在此開採出粉紅、綠、藍鑽的案例，1965 年曾在 Cempaka 礦區發現了一顆重達 166.75 克拉 Type IIA 的粉色鑽石原礦「Trisakti」，至此湧入大量的礦工盼望幸運再次降臨，帶動了礦區所在的城市，被稱為鑽石之城

的「馬塔普拉 (Martapura)」發展，當地使用最簡單的工具開採，礦工在水深及腰的水中用 "Linggang"（一種錐形大碗）清洗泥沙、淘選鑽石，盼望能在碗中找到巨大且稀有的鑽石，但大量且無計畫性的挖掘導致山體崩塌，對生命及環境已造成迫害。

2006 年倫敦 BDI 礦業集團開採團隊，在此挖掘出 3.02 克拉的濃彩藍鑽原礦，被命名為切爾西藍 (Chelsea Blue) 曾造成一時轟動，2007 年 BDI Mining 將開採權已 7820 萬美元出售給英國的 Gem diamonds，2008 年因為廢水處理的問題導致對環境的危害，影響當地的農作物收

▶ 礦區位於山林間，為了開採鑽石大量的筏木及用水柱沖刷，使得環境受到破壞。

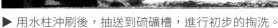

▶ 用水柱沖刷後，抽送到硫礦槽，進行初步的掏洗。

成，一度暫停礦區的開採，2011 年 Gem diamonds 又以 500 萬美元的價格將股權的 80% 出售給 PT Galuh Cempaka，然而廢水的問題依舊無法良好的解決，使得礦區從 2012~2018 年都在進行維護，不過據傳預計在 2018 年的年底要重新開業。

▶ 下游處也有礦工在水深及腰的水中用 "Linggang"（一種錐形大碗）清洗泥沙、淘選鑽石。

▶ 「馬塔普拉 (Martapura)」現今是熱鬧的旅遊地區，當地街邊有需多珠寶店。

▶ 艾卡提礦區鳥勘圖。版權所有 ©Dominion Diamond Mines

3. 北美洲

A. 加拿大

　　加拿大為目前世界第二大的鑽石生產國，領土坐落於前寒武紀時期的古老大地盾，得天獨厚的地理位置，使得加拿大的鑽石礦藏潛力無窮，但加拿大的鑽石開採卻是直到了 1990 年代才開啟，最早在 1960 年代「戴比爾斯 (De Beers)」在加拿大境內探勘，雖然發現數個金伯利管，但始終未尋獲具經濟效益的礦脈，直到 1991 年在加拿大「西北地區 (NorthwestTerritories)」的「鵝肝湖 (Lac de Gras)」附近的「波因特湖 (Point Lake)」，正式發現了加拿大第一個具經濟價值的金伯利管，該區域被稱為「艾卡提

(Ekati)」，該礦之後由「必和必拓 (BHP Minerals)」進行開發，於 1998 年正式量產，而境內的另一個重要的鑽石礦「戴維克礦 (Diavik)」則是在 1994 於「鵝肝湖 (Lac de Gras)」磁測時發現的，並在 2003 年正式投入量產，隨後境內又陸續發現了數個新的鑽石礦脈，以下我們一一來介紹。

a. 艾卡提 (Ekati)

　　加拿大境內第一個鑽石礦，於 1991 年發現，由加拿大地質學家「查爾斯 E 芬奇 (Charles E Fipke)」和他的合夥人「斯圖爾特・布拉森 (Stewart Blusson)」在 1983 年他們成立了公司「Dia Met Minerals」專門為了探勘當地鑽石礦脈，

隨後在 1985 年在境內西北地區的「鵝肝湖 (Lac de Gras)」首度發現金伯利岩的指標性礦物鉻透輝石，1991 年在「波因特湖 (Point Lake)」發現了第一個具經濟價值的金伯利管，但「Dia Met Minerals」探勘數年投入的資金幾已枯竭，因此之後找上了澳洲的礦業公司「必和必拓 (BHP Minerals)」簽署協議，開發的收益由「必和必拓 (BHP Minerals)」51%、「Dia Met Minerals」29%、「查爾斯 E 芬奇 (Charles E Fipke)」和「斯圖爾特‧布拉森 (Stewart Blusson)」各自持有 10%，鑽礦的開發則由「必和必拓 (BHP Minerals)」執行，並在之後的幾年陸續探勘發現鑽石蘊含量十分驚人，而且開採效益極高，周邊發現

了 100 多個金伯利管，但其中 6 個管道最有經濟效益，於 1998 年優先正式進行開採，2001 年「Dia Met Minerals」出售給「必和必拓 (BHP Minerals)」，使得「必和必拓 (BHP Minerals)」持股變成 80%，鑽礦初期的年產量大約為 130 萬克，隨著陸續的開發不斷提升，2012 年「必和必拓 比利頓 (BHP Billiton)」將礦權以 5 億美元的價格出售給「主權鑽石礦業公司 (Dominion Diamond Mines)」，2014 年時「查爾斯 E 芬奇 (Charles E Fipke)」又將自己的 10% 股權，以 6700 萬美元出售給「主權鑽石礦業公司 (Dominion Diamond Mines)」，合計持有 90% 礦區股權，直到 2017 年 1 月為止，該礦以開採出 6780 萬克拉的鑽石，年產量為 670 萬克拉，每克拉利潤排行世界第十，目前開發的礦源壽命預估可達 2034 年，加上預計開發的礦藏預計可延長到 2042 年。

b. 戴維克礦 (Diavik)

隨著「艾卡提 (Ekati)」的發現，各大礦業公司也對加拿大的鑽石探勘投入極高的興趣，「戴維克礦 (Diavik)」是由「主權鑽石礦業公司 (Dominion Diamond Mines)」的前身「阿伯資源有限公司 (Aber Resources Ltd)」及其夥伴事業夥伴「力拓 (Rio Tinto)」旗下的探勘部門「肯尼柯特加拿大 (Kennecott Canada)」

▶ 艾卡提礦區發現最大的原礦重達 186 克拉，於 2016 年開採出。版權所有 ©Dominion Diamond Mines

▶ 戴維克礦區鳥勘圖。版權所有 ©Dominion Diamond Mines

於 1994~1995 年間，進行遙測探勘發現了四個金伯利管，由於礦脈都在「鵝肝湖 (Lac de Gras)」底下，使得開採礦區還需要建造堤防水壩排解水源問題及為處於北極圈聯外道路一年僅有八週可以通行，其餘時刻都需以空運的方式送出，開採的不易與交通問題，需要大量的資金挹注，因此兩方以「力拓 (Rio Tinto)」出資 60%、「阿伯鑽石公司 (Aber Diamond Corporation)」40%，成立「戴維克鑽石礦公司 (Diavik Diamond Mines Inc)」全力進行開發排除問題，投資了 13 億美元建造礦場，並於 2003 年正式開採，而營銷面兩方事業體也不同的做法，「力拓

(Rio Tinto)」將高品質的原礦多數送達安特衛普進行銷售切磨，「阿伯鑽石公司 (Aber Diamond Corporation)」則與知名珠寶品牌「蒂芬妮 (Tiffany & Co)」簽訂協議數年合約收購，並試圖在加拿大西北地區的「黃刀鎮 (Yellow Knif)」設立切磨場，但最終無法與印度和中國競爭造成虧損，後來「阿伯鑽石公司 (Aber Diamond Corporation)」併購其他集團，成立「主權鑽石礦業公司 (Dominion Diamond Mines)」，目前致力於推廣自銷品牌 CanadaMarkTM，「戴維克礦 (Diavik)」的初期年產量為 230 萬克拉，直到 2017 年年產量為 748.7 萬克拉為加拿大境內第

一，每克拉利潤排行世界第六，礦源壽命預估可達 2025 年，2015 年於礦區發現一顆重達 187.7 克拉的鑽石原礦被命名為「戴維克狐火 (Diavik Foxfire)」，2018 年 12 月紐約佳士得拍賣會推出了一對從「戴維克狐火 (Diavik Foxfire)」切割下來的梨形鑽石，分別是 37.87、36.80 克拉，成色為 U~V，淨度 VS1，以……成交，得標者還可獲得礦區之旅，2018 年 10 月礦區又挖掘到了一顆重達 552.7 克拉的黃鑽原礦，近「戴維克狐火」的三倍大，是目前北美洲開採史上最大的鑽石。

▶ 從戴維克礦開採出重達 552.7 克拉的原礦。版權所有 ©Dominion Diamond Mines

▶ 「戴維克狐火 (Diavik Foxfire)」鑽石，重達 187.7 克拉。版權所有 ©Dominion Diamond Mines

▶ 「戴維克狐火耳環」分別是 37.87、36.80 克拉，成色為 U~V，淨度 VS1，以 157.2 萬美元成交。圖片來源：christies。

c. Gahcho Kué 礦

Gahcho Kué 在加拿大原住名奇佩瓦族語意思為「大野兔之地」，最早於 1995 年由「山省鑽石 (Mountain Province Diamonds)」在加拿大西北地區的「肯尼迪湖 (Kennady Lake)」發現了金伯利管，1997 年「戴比爾斯 (De Beers)」以 51% 股權與「山省鑽石 (Mountain Province Diamonds)」49% 股權合資對礦區進行開發，隔年「戴比爾斯 (De Beers)」對礦區進行取樣評估，發現了三個有經濟價值的金伯利管，進一步開始對礦區進行全面的檢視，但由於礦源在湖面之下，環境的評估需十分謹慎，2007 年兩方合資公司所提供的環評報告遭到當地的環境評估委員會認為，需要提供更詳細的環境影響報告，使得礦區暫時無法推展，爾後又遇到 2008 年的金融風暴，使得礦區的進展推遲，直到 2011 才通過評估，並於 2014 年開始投入建設礦區，礦區於 2016 年正式營運露天開採的礦源壽命預估為 12 年，總體蘊含量約為 5500 萬克拉，待更多的金伯利管開發及地下開採還能再提升，2017 年年產量 593.4 萬克拉，每克拉利潤排行世界第九，2018 年 5 月礦區開採出一顆 95.21 克拉的寶石級原礦，是礦區開採以來最大的原礦。

d. 勝利礦 (Victor)

位於加拿大安大略省境內，於 1987 年發現，當時是在戴比爾斯探鑽隊中的成員，萊克黑德大學學生「布拉德・伍德 (Brad Wood)」跟他的父親在「安特瓦斯坎河 (Attawapiskat River)」釣魚時偶然發現金伯利岩塊，之後幾年進一步探勘確認當地的金伯利岩中含有鑽石，爾後進行一連串的環境評估與當地政府及民族契約，在 2006 年投注 10 億美元開始建立礦脈及當地社區，並於 2008 年正式量產，除了高質量的鑽石外，自 2009 獲得年度最佳礦山後，礦區因為公共安全優異屢次獲

▶ Gahcho Kué 礦區目前開採出最大的寶石級原礦，重達 95.21 克拉。
圖片來源：Mountain Province Diamonds

獎，目前礦山產能即將耗盡，預計於 2019 年結束生產，2017 年年產量 72.4 萬克拉，每克拉利潤排行世界第十六名。

e. 雷納德礦 (Renard)

位於加拿大魁北克省境內，最早在 1996 年由加拿大的「阿什頓 (Ashton)」跟「魁北克省政府法國興業銀行 (Société générale de financement du Québec)」旗下礦業子公司「SOQUEM」兩者合資公司進行探勘，2000 年時礦業巨頭「力拓 (Rio Tinto)」收購了「阿什頓 (Ashton)」68% 股權成為最大股東，於 2001 年發現了金伯利岩，並在隨後的幾年進行鑽孔探勘確定鑽石含量，2006 年「力拓 (Rio Tinto)」將「阿什頓 (Ashton)」的股權已 3500 萬美元的價格賣給「斯托諾韋 (Stornoway)」，2011 年「斯托諾韋 (Stornoway)」又將「SOQUEM」收購，擁有雷納德礦區所有股權，並獲得省政府的支援取得開採

▶ 雷納德露天礦脈空拍圖。(圖片來源：Stornoway)

權，並建造一條 167 省道衍伸道路「雷納德之路 (Road to Renard)」，礦區的運送成本因此受惠，礦山也於 2014 年開始建造，並在 2016 年正式開始生產，2017 年年產量 164 萬克拉，每克拉利潤排行世界第 25 名，礦源壽命預估為 14 年，總體蘊含量約為 2230 萬克拉。

除了上敘介紹的五個主要礦脈，加拿大境內豐富的鑽石資源，使得各大礦業巨頭紛紛到加拿大攤勘，還有無數個金伯利管尚待開發，隨著 2016 年幾個大型礦場的投入，2017 年加拿大全國的鑽石年產量大幅的提升至約 2300 萬克拉，名列世界第二，佔世界產量的 15.4%。

B. 美國

美國購買鑽石的需求在世界上名列前茅，雖與鄰近的加拿大同樣位於北美洲，但兩國的鑽石產量卻是天差地遠，雖然曾經有過開採礦的紀錄但已停產，直到至今美國境內未發現具世界規模性的鑽石礦，境內最早在 1906 年於「阿肯色州 (Arkansan)」發現了鑽石，但產量稀少不具大型開採規模的關係，這裡被建立成「阿肯色州鑽石公園 (Arkansan crater of diamonds stata park)」，開放民眾購票入場挖寶，另外在「科羅拉多州 (Colorado)」的「凱西湖 (Kelsey Lake)」

曾經有過商業的開採，但僅僅也只能提供給當地的珠寶商小量銷售，以下是美國境內成被發掘的鑽石礦：

a. 阿肯色州鑽石公園
(Arkansas CRATER OF DIAMONDS STATE PARK)

1889 年「阿肯色州 (Arkansas)」當地一位地質學家「約翰·布蘭納 (John Branner)」對境內一個小鎮「默弗里斯伯勒 (Murfreesboro)」周邊的橄欖岩進行攤勘，但沒有找到任何鑽石的蹤跡，幾年後一位名叫「約翰·威斯里·哈德斯頓 (John Wesley Huddleston)」的農民買下了這片地，並在 1906 年 8 月自家農地中發現了兩顆鑽石，這樣的消息透過報

▶ 2012 年筆者至阿肯色鑽石公園體驗挖鑽石的樂趣。

紙傳遞開來，使得大量想要挖鑽致富的人群湧入了這個小鎮，據傳當地的旅館在一年內因客房不足，拒絕了 1 萬位想要住宿的民眾，這些人索性就在空地搭起帳篷居住，當地也因為鑽石熱帶來了一些投資客想在這個小鎮進行開發市集及投資房地產，沒多久「約翰」將他的農地以 36 萬美元的價格出售給「阿肯色鑽石公司 (Arkansas Diamond Company)」，不幸的是……經過多次的探勘發現這片土地的鑽石蘊藏量不具商業價值，使得「阿肯色鑽石公司 (Arkansas Diamond Company)」想要購買鄰近隔壁的農地是一位叫做「MM 曼尼 (MM Mauney)」擁有，但他拒絕出售土地並自行挖掘，甚至售票開放想挖寶的人進來挖鑽，但沒有鑽礦開採知識及資金的「曼尼」始終沒有突破性的進展，幾年後「曼尼」將農地的 3/4 股權出售給「奧索卡鑽石公

▶ 先將富含鑽石的礦土收集，再到水池細篩掏洗尋找鑽石。

▶ 辛苦了一天找到了一顆 0.05 克拉的鑽石，在顯微鏡下進行確認。

司 (Ozark Diamond Corporation)」的「霍勒斯·比米斯 (Horace Bemis)」，然而「比米斯」卻意外逝世，他的後繼繼承人對鑽石產業毫無興趣，因此將股權出售給「奧斯丁·米勒 (Austin Millar)」，「米勒」在這裡建造了一個礦廠，但在 1919 年時因為一場大火使得礦場付之一炬，之後也無力重建，而苦苦支撐著的「阿肯色鑽石公司 (Arkansas Diamond Company)」即便後來在 1924 年發現了「山姆大叔 (Uncle Sam)」鑽石，還是不堪虧損售出，礦場幾乎停擺到 1932 年後的大蕭條時期結束，才有一些小型的開採活動，但收穫始終不理想，決定要改變模式，1949 年開始正式將鑽石礦對外開放，並在周邊建造禮品店及餐館，供人旅遊參訪，1956 年時發現了「阿肯色之星 (Star of Arkansas)」鑽石帶動起第二波風潮，到了 1969 年德州的

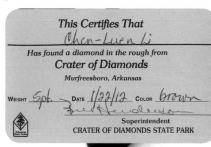

▶ 發現者可以自己替鑽石取名。

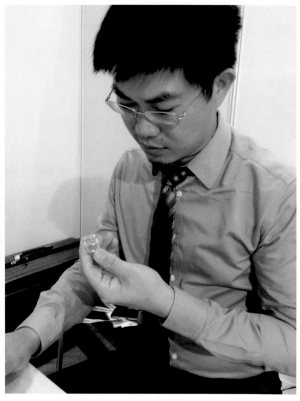

▶ 筆者正在檢視 86 克拉的黃鑽 (vivid yellow)

一家公司將兩處的礦場購買當作私人招待景點，1972 年時阿肯色州政府以 75 萬美元的價格購買作為州立公園，只要收取 10 美元的入場費，就可以在公園內挖鑽石，幾十年來吸引許多尋寶者至此挖掘鑽石，據說夏天時平均每日有超過 2000 人到訪，但筆者在 2012 年 1 月造訪阿肯色鑽石公園，園區僅有數十人到訪，因為冬季天氣冷的讓人直打哆嗦，在公園當中飽受風寒，猶如大海撈針的事願意做的人很少，也因此大幅提高了我們能找到鑽石的機會，果不其然我幸運的找到了一顆 5 分大小的棕色鑽石，當然相較於歷往的其他挖寶者，我的收穫不大但卻乘載著滿滿的回憶……

由於公園屢屢傳出挖掘到鑽石的消息，使得在 1996 年時多家地質探勘公司，再度對礦區進行評估，結果依舊是這裡的鑽石含量遠低於商業開採價值，因此直到自今礦區還是做為公園售票的形式進行，接下來介紹幾顆這裡挖掘出的知名鑽石：

＊ 山姆大叔 (Uncle Sam)

於 1924 年被發現，是美國境內發現最大的鑽石原礦，重達 40.23 克拉，命名的由來有兩種說法，一是因為發現者「威斯里‧歐里‧巴沙姆 (Wesley Oley Basham)」的綽號叫做「山姆大叔」因此得名，二是由美國的國家擬人象徵「山姆大叔」而來，「山姆大叔」鑽石後來經由

▶ 發現山姆大叔鑽石的位置，是熱門的探索地點。
圖片來源：Erin/flickr。

▶ 山姆大叔鑽石是歷史以來美國境內發現最
大的鑽石，重達 40.23 克拉。
圖片來源：John Cubitto / GIA

紐約的「申克和梵海倫 (Schenck & Van
Haelen)」進行切磨，由於阿肯色州的鑽
石礦類型也與澳洲阿蓋爾礦區同為「鉀鎂
煌斑岩 (Lamproite)」，非常難加工切磨，
使得「山姆大叔」經過了兩次的加工才切
磨成一顆 12.42 克拉的祖母綠形切割鑽
石，顏色等級為 M 色，淨度為 VVS1，曾
經在美國自然歷史博物館展出，後來由一
位私人收藏家以 15 萬美元的價值購買。

✳ 斯特朗 - 瓦格納
(Strawn-Wagner)

於 1990 年被發現，命名來自發現者
「雪莉·斯特朗 (Shirley Strawn)」及其曾
祖父「李·瓦格納 (Lee Wagner)」合併而
成，原礦重量 3.03 克拉，原礦的水準極
高，因此特意送去國際知名的「麗澤美鑽
(Lazare diamonds)」切磨成 1.09 克拉，

經由「美國寶石學會 (AGS)」評價為 D 色
IF 的淨度，車工為理想車工的三個 0 最
高水準，這樣的品質在非商業開採的礦區
中都是極為罕見的，阿肯色公園以 34700
美元購買，目前鑽石在公園展覽室展出。

✳ 卡恩·金絲雀
(The Kahn Canary)

於 1977 年被發現，重量為 4.25 克
拉，發現者「喬治·斯特普 (George
Stepp)」將鑽石出售給珠寶商「斯坦利·
卡恩 (Stanley Kahn)」，「卡恩」非常喜

▶ 卡恩·金絲雀鑽石維持原礦的形式進行鑲嵌，
主石重 4.25 克拉。(圖片來源：GIA)

歡原礦本身的十二面體樣式，因此並沒有做任何的加工切磨，以原礦的形式鑲嵌成戒指，除此之外「卡恩·金絲雀」鑽石的顏色為金黃色，在商業上被稱呼為金絲雀色，總類為罕見的 Type Ib，如此獨特的鑽石曾在許多博物館及重要場合中展出，其中最具知名的事件為，出生於阿肯色州的「比爾·柯林頓 (Bill Clinton)」，在1993及1997年總統就職典禮上，他的夫人「希拉蕊·柯林頓 (Hillary Clinton)」，配戴「卡恩·金絲雀」鑽石出席，彰顯家鄉特產。

＊ 埃斯佩蘭薩
(The Esperanza Diamond)

於 2015 年 6 月由「波比·歐斯卡森 (Bobbie Oskarson)」發現，重量為 8.52 克拉，命名來自西班牙語「希望」的意思，這顆鑽石交付到「安比鑽石 (Embee Diamonds)」公司的鑽石切割大師「麥克·博塔 (Mike Botha)」手上，「麥克」受邀在阿肯色州的小石鎮當地一間珠寶店進行切磨，吸引各國媒體及人潮湧入，甚至在 youtube 上有直播活動。

「麥克」費時 180 小時，打造一種新型的切割被稱呼為「三重奏切割 (the triolette)」共 147 個刻面重量為 4.60 克拉，經過「美國寶石學會 (AGS)」鑑定後為 D 色 IF 淨度，並且種類為罕見的 Type

▶ 埃斯佩蘭薩鑽石墜，被設計為浮動式，主石重 4.60 克拉。
圖片來源：The Inspired Collection

IIa 型鑽石，之後又交付到「靈感珠寶公司 (inspired jewellery)」進行設計鑲嵌，經由 CAD 打草圖後用 3D 列印技術製成臘膜，最終製作成一個浮動式的墜子設計，成品還在美國境內幾個城市巡迴展出，並且開放招標，預估成交價落在 100~150 萬美元，但至今尚未售出。

b. 凱西湖 (Kelsey Lake)

凱西湖鑽石礦是美國歷史上唯一個商業開採的鑽石礦，礦區位於科羅拉多州及懷俄明州交接處的「凱西湖礦」，最早是在 1975 年時，美國地質調查隊在當地攤勘石灰岩，採集樣本回去打磨時砂輪機磨盤損壞，進而發現內含有鑽石，消息傳出後吸引許多企業挹注資金，請當地知名地質學家「霍華德·庫伯史密斯 (Howard Coopersmith)」進行一系列的地質調查，探索到 1977 年為止成果並不理想，僅發現非常少的微小鑽石，使得企業資金紛紛抽離，「霍華德」鍥而不捨找到資金，

在 1987 年成立了「Diamond Company NL」對當地進行探勘，隨後找到兩個金伯利鑽石管，並在 1993 年開採出 10 萬顆鑽石原礦，得到良好的成績，1994 年底「紅金公司 (Redaurum ltd)」收購「Diamond Company NL」股權，將其納入旗下子公司，1995 年投入 200 萬美元建造工廠，並於 1996 年正式量產，首批產量為 2500 克拉的鑽石原礦，期間還發現了一顆重達 28.3 克拉的黃彩鑽石，並註冊「凱西湖 (Kelsey Lake Diamonds)」和「科羅拉多鑽石 (Colorado Diamonds)」商標來銷售礦區產的鑽石，主要銷售形式以當地珠寶店來進行私下標售，首年的年產量達到 12000 克拉，在 1997 年又挖掘出 28.2 及 16.86 克拉的鑽石。

眼看前途一片光景，但卻發生了兩件大問題，一是「聯合太平洋鐵路 (Union Pacific Railroad)」對「紅金公司」提告，「聯合太平洋」聲稱該地區雖然他們在 1896 年時出售該片土地，但保留了礦產權，因此「聯合太平洋」認為他們也擁有部分「凱西湖」的礦產權，二是當初建造礦場設計有重大瑕疵，使得鑽石沒辦法良好的採集，雖然訴訟的案件最後由「紅金公司」勝訴，但最終「紅金公司」還是在 1997 年暫停了「凱西湖」的開採，將庫存的鑽石銷售結算，並出售採礦部門，直到 2000 年「麥肯齊灣國際公司 (McKenzie Bay International Ltd)」將「Diamond Company NL」的債權收購，並投入 200 萬美元升級採礦場，重新評估兩個金伯利管礦藏各自約有 34 萬克拉左右，開採壽命預估為 10 年。

2000 年 9 月礦區重新開始開採，但僅維持短短的幾個月，2001 年隨即又關閉，因「麥肯齊灣國際公司」的策略改變，將資金調動到加拿大魁北克的釩礦採集，關閉的幾年都沒有新的公司接手繼續經營，使得礦區在 2003 年復墾關閉。

4. 南美洲

A. 巴西

巴西是世界上第三個發現鑽石礦藏的地方，最早在西元 1500 年，葡萄牙貴族「佩德羅・阿爾瓦雷斯・卡布拉爾 (Pedro Álvares Cabral)」的船隊原定要前往印度，但為了躲避赤道無風帶而修改航線，無意間到達了巴西，進而發現新的大陸，之後葡萄牙佔領了巴西，起初葡萄牙人在巴西進行紅木的採伐及種植甘蔗，1693 年在「米納斯吉拉斯洲 (Minas Gerais)」發現了金礦，葡萄牙從非洲運入了大量的黑人奴役到巴西採礦。

1721 年時在 "Arraial do Tijuco" 掏金的礦工在河床發現了一些透明的晶體，起初並沒有太在意，拿來當作紙牌遊戲的

▶ 巴西礦區 courtesy by Tirso

標記，後來被曾經在印度看過鑽石的送到「戈爾康達」確認是鑽石，"Arraial do Tijuco" 後來發展成「迪亞曼蒂納 (Diamantina)」也就是知名的巴西鑽石城，當地產鑽石的消息傳遞開來，使得大量的礦工湧入盜採，葡萄牙皇室試圖管制當地，但始終沒辦法嚴防走私，使得大量的鑽石湧入歐洲，據傳在 1732~1771 年間，平均每年約有 42,000 克拉的鑽石運入歐洲，在當時是非常高的數量，使得鑽石在歐洲價格崩盤，當地珠寶商人為了自身利益刻意貶低巴西產的鑽石，以維持手上擁有的「戈爾康達」鑽石的價值，直到 1739 年「戈爾康達」鑽石的幾乎停產。

巴西鑽石支撐起世界鑽石的需求，18~19 世紀間做為世界主要的鑽石礦脈，巴西的鑽石礦遍部各地，主要位於「朗多尼亞州 (Rondônia)」、「馬托格羅索州 (Mato Grosso)」、「米納斯吉拉斯洲 (Minas Gerais)」、「巴伊亞洲 (Bahia)」等地，大大小小的礦區累計至少有 40 個以上，實在難以一一敘述，礦脈的類型從沖積、岩石圈類型 (沉積、冰川、金伯利管、變質岩)、超深層鑽石、黑鑽石礦等……都有，以下我們挑選幾個重要的礦區進行簡介：

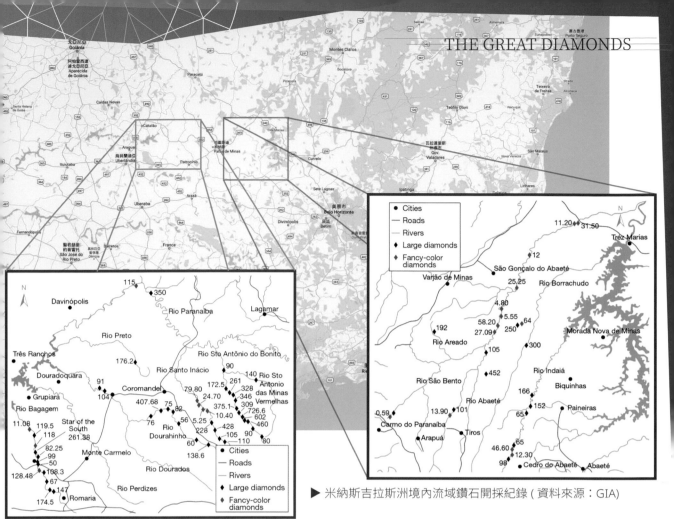

▶ 米納斯吉拉斯洲境內流域鑽石開採紀錄 (資料來源：GIA)

a. 米納斯吉拉斯洲礦區三角洲 (Minas GeraisMining Triangle)

位於「米納斯吉拉斯洲 (Minas Gerais)」靠近「哥亞斯州 (Goiás)」交界的「巴拉那巴河 (Rio Paranaíba)」以東，「格蘭德河 (Rio Grande)」以北，所形成的三角形地帶，區域內部的河床及河岸邊出產許多鑽石，據傳 1732 年在三角區內的「阿巴埃特河 (Rio Abaeté)」中，發現了一顆重達 215 克拉的「葡萄牙攝政王 (Regente de Portugal)」，不過也有說法說這是一顆黃色拓帕石，後來在 19~20 世紀之間，三角區內發現數個破百克拉的大鑽石，諸如：261.4 克拉的「南方之星 (star of the south)」、726.6 克拉的「瓦

爾加斯總統 (President Vargas)」等……甚至黃、綠、粉、紅等各色彩鑽的蹤跡，其中最知名的鑽石莫過於穆薩耶夫紅鑽 (Moussaieff red diamond)，境內鑽石產能驚人，在近代礦業公司及政府機關評估區域內也富有大量的金伯利管待開發。

▶ 米納斯吉拉斯洲境內流域鑽石開採紀錄。

b. 布拉納 (Brauna)：

雖然直到今日巴西的礦源多半還是來自沖積礦開採，但其實境內不乏金伯利管原生礦床，最早在 1965 就曾經發現巴西金伯利管的蹤跡，2009 年巴西的地質調查局對全國進行探勘，表明了巴西境內至少有1320 個金伯利管，其中大約 70 多個具商業開發價值，而「布拉納 (Brauna)

▶ 布拉納鑽石礦是南美洲第一個金伯利露
天礦場。(圖片來源：Lipari)

▶ 巴西境內金伯利管坐落的位置。
圖片來源 巴西地質調查局 CPRM

」礦正是其中之一，礦區位於巴伊亞洲的
「諾爾德斯蒂納市 (Nordestina)」附近，
最早在 1990 年代被「戴比爾斯」攤勘發
現，2004 年 Valdiam Resources Ltd 收購
開採權，2009 年公司更名「利帕里礦業
公司 (LipariMineraçãoLtda)」經營「布拉
納 (Brauna)」礦，礦區在 2016 年 7 月開
始正式商業生產，為南美洲第一個商業開
採的金伯利露天鑽石礦，礦源壽命預計為
七年，預估年產量為 34 萬克拉，未來經
開發轉型為地下開採還可延長礦源壽命。

　　直到今日巴西還持續在生產鑽石已
達三個世紀之久，就 2017 年金伯利進程
資料的統計，年度產量約為 25.5 萬克拉，
事實上可能遠被低估，巴西的蘊藏潛力不
僅如此，因為遍部各地的沖積礦床私下採
集及走私難以經由金伯利進程的約束，目
前巴西境內主要是小規模的私人礦業開
採，因此缺乏專業的相關勞動人力，如這
些問題能一一改善，相信巴西鑽礦能再重
回 18 世紀時的光景！

5. 大洋洲

A. 澳大利亞

　　澳大利亞為世界上最重要的粉紅鑽
產地，最早在 1851 年掏金熱潮時，就
曾經有掏金客在新南威爾斯洲發現鑽石
的蹤跡，但尚未探勘到原生礦床，直到
1969 年起，才有規模組織性的對西澳大
利亞進行探勘，並在 1976 年發現了「艾
倫戴爾 (Ellendale)」礦床及 1979 年的
「阿蓋爾 (Argyle)」礦床，兩處礦床是以
「鉀鎂煌斑岩」的形式生成鑽石，顛覆了
以往認為在「金伯利岩」才有產鑽石的認

▶ 阿蓋爾鑽石礦

▶ 阿蓋爾礦區產能雖然很高，但多數都為此類的
棕色或是工業級鑽石。

知，目前境內全礦區年度總產量 1,713.4 萬克拉，佔世界總產量的 11.3%（以 2017 年產量推算），境內主要的三個礦區如下：

a. 阿蓋爾 (Argyle)：

傳奇的「阿蓋爾 (Argyle)」鑽石礦，位於西澳大利亞洲的「阿蓋爾湖 (Lake Argyle)」附近，最早在 1976 年由五家企業合資的探勘公司「阿什頓合資企業 (Ashton Joint Venture)」發現了初級礦物，並在 1979 年於「阿蓋爾湖 (Lake Argyle)」周邊流域發現了鑽石，朔源後找到了 AK-1 鑽石管道，經過數年的評估，在

1983 開始營運，1985 年開啟商業開採，為全球第一個商業化的「鉀鎂煌班岩」原生礦，但由於地處偏遠且未開拓，早期礦工要從距離 3000 公里外的「伯斯 (Perth)」通勤，消耗大量的運輸及人力成本，因此後來礦區內有設立住宅區供礦工居住，然而礦區的挑戰不僅這些，第一個是鑽石多半為棕色鑽石，礦物水平遠低於其他礦區，具資料統計阿蓋爾礦區 80% 都是棕色及工業鑽石，使得這些鑽石不適合經由戴比爾斯的 DTC 銷售模式，而 1990 年代事逢全球景氣不佳，大量的俄羅斯鑽石湧入市場，使得原本就不吃香的棕色鑽石，更是滯銷，力拓得自行規劃銷售管道突破難關。第二是因為鑽石礦源成因不同，

▶ 西澳大利亞乾旱燥熱,人煙稀少,前往礦區唯一的道路是後來才開拓出來,地面的柏油都被日曬的乾裂。

▶ 運輸礦物的輸送帶

▶ 澳洲猴麵包樹，當地人稱 "boab", 分布於西澳大利亞及北領地，礦區週遭也時常能看見。

「鉀鎂煌斑岩筒」出產的鑽石相對比「金伯利岩筒」年輕，使得鑽石多半是破碎或是不定形且富有大量的夾雜物的小克拉原礦，加工上有極高的難度，並不適合送至人力成本較高的比利時進行加工，力拓分別對兩大問題進行改善。

第一是針對這些非市場主流的棕色鑽石，以「干邑色」及「香檳色」或「巧克力色」行銷，在藉由設計師操刀設計，得到市場的青睞。

第二是力拓在印度拓展據點，並與在「蘇拉特 (Surat)」的切磨工廠合作，力拓提供技術及原料，近 2/3 的阿蓋爾鑽石都在「印度蘇拉特」切磨，創造了 30 萬

個工作機會，帶動當地鑽石產業的提升，兩者的合作取得巨大的成功，克服了難以加工的阿蓋爾鑽石，甚至扭轉了多年來被「戴比爾斯」控制的鑽石市場，提供給各國生產商不一樣的新選擇。

排除兩大問題後，礦區的產能節節攀升，直到 1994 年達到峰值，年產量 4,230 萬克拉，占全球鑽石產量的 1/3 以上，

隨著阿蓋爾礦的龐大利益的逐年攀升，各大礦業公司對於阿蓋爾礦區的股權都有極大的興趣，2000 年時「力拓」與「戴比爾斯」開啟了收購「阿什頓合資企業 (Ashton Joint Venture)」股權的商業戰爭，雖然「戴比爾斯」提出更佳的收購條件，但卻在行政流程上出現了延遲，進展緩慢，導致交易主失去耐心，最終「力拓」以 7.12 億澳幣的金額勝過競爭對手「戴比爾斯」收購了「阿什頓合資企業 (Ashton Joint Venture)」40% 股權，使得阿蓋爾鑽石礦成為力拓旗下全資獨立擁有。

而阿蓋爾最為人津津樂道的莫過於高品質的粉紅鑽石，據資料指出，世界上 90% 的粉紅鑽來源，都來自阿蓋爾礦區，但阿蓋爾粉紅鑽的產量卻僅占礦區總產量不到 1%，珍貴稀少的優質粉紅鑽，為阿蓋爾創造出極高的風評，自 2005 年開始，每一顆出產自阿蓋爾礦區大於 20 分

C1　C2　C3　C4　C5　C6　C7　C8

▶ 棕色系鑽石的比色卡，一般 C1~C6 的顏色稱為香檳色，C7 稱為干邑，C8 則稱為巧克力色。

▶ 銷售棕色鑽石，是阿蓋爾成功的關鍵。
圖片來源：riotinto

▶ 知名女歌手 珍妮佛•洛佩茲 (JenniferLopez) 於 2007 年出席奧斯卡影展石時，配戴棕色鑽石，掀起話題。（圖片來源：Mark Mainz / Getty Images Entertainment）

▶ 阿蓋爾與丹麥高級珠寶品牌 HARTMANNI 推出阿蓋爾香檳鑽系列主題。（圖片來源：.riotinto）

▶ 阿蓋爾礦造就了印度切磨場的興盛,帶來許多工作機會,據傳每 200 個印度人當中就有一人在從事鑽石切割師。

▶ 這樣小規模的切磨場,在印度十分常見。

以上的鑽石在腰圍上有一組系列編號,證明其獨特性,並可以在官方查詢石頭的身分,直到今日只要大於 8 分以上的鑽石都有身分證明,有趣的是早年阿蓋爾尚未風靡全球前,在「伯斯 (Perth)」的加工廠切磨出來的鑽石不甚理想,使得鑽石顏色不佳,導致藏家都有耳聞,看到阿蓋爾反而退避三舍,因此業界會將雷射腰圍磨除,視情況重新切割販售,現在回顧這段軼事,實在難以想像今日的阿蓋爾已非昔日的吳下阿蒙。

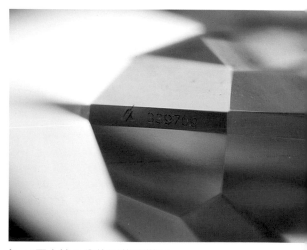

▶ 只要大於 8 分的阿蓋爾鑽石,腰圍都標註著商標及編號。

而阿蓋爾粉紅鑽的分級也不同於常態的彩鑽分級評價詞，而是有一套阿蓋爾團隊專屬的評價詞，顏色分別有「帶紫的粉色 (PURPLISH PINK) /PP」、「粉色 (PINK) /P」、「粉玫瑰色 (PINK ROSE) /PR」、「粉香檳色 (PINK CHAMPAGNE) /PC」、「紫羅蘭色 (BLUE VIOLET) /BL」、以及最為稀少的「紫紅色 (PURPLISH RED) 」和「紅色 (RED) 」，「粉色系」的鑽石從數字 1 代表最濃郁，數字 9 最淺，「香檳色」及「紫羅蘭色」則是數字 3 最濃郁，數字 1 最淺，紅色則只有單一等級。

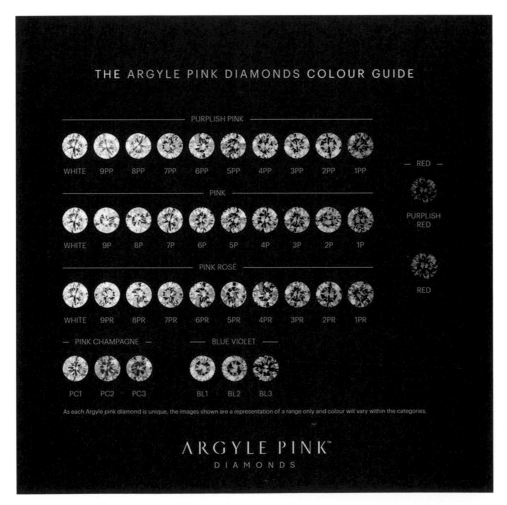

▶ 阿蓋爾彩鑽的分級表。(圖片來源：riotinto)

160

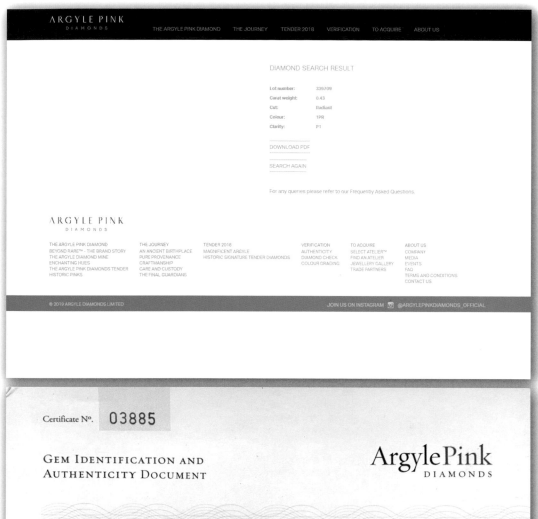

▶ 線上查詢的資料，比對實際證書資料確認無誤。

▶ 證書每經過幾年都會改版

與 GIA 分級常見的評價用詞對照大約如表：

GIA	Argyle
Fancy Red	RED、1
Fancy Vivid~Fancy Deep	1~2（有些範例甚至衍伸到 5）
Fancy Intense	3~5（有些範例甚至衍伸到 7）
Fancy	6~7
Fancy Light	8~9

可以發現其實在 GIA 與 Argyle 的顏色分級上是有落差的，有時候 GIA 認為帶有紫的粉色，反而在 Argyle 分級中是純色，有時候則相反，或是顏色飽和度的認知也都有落差。

▶ 0.34CT 5P/SI1
Courtesy of Jurassic museum

Certificate Nº. 04246

GEM IDENTIFICATION AND
AUTHENTICITY DOCUMENT

Argyle Pink
DIAMONDS

ID No.	20308
Carat Weight	0.15ct
Shape	Oval
Clarity	SI2
Colour	3PR
Origin	This diamond has been unearthed from Rio Tinto's Argyle Diamond Mine in the east Kimberley region of Western Australia.

Josephine Anh
SIGNATURE OF AUTHORITY

17/03/11
DATE OF ISSUE

INFORMATION IS NOT A GUARANTEE, VALUATION OR APPRAISAL. IT DESCRIBES IDENTIFYING CHARACTERISTICS OF YOUR DIAMOND(S) BASED ON GRADING TECHNIQUES AND TECHNOLOGY AVAILABLE TO AND USED BY ARGYLE DIAMONDS AT THE TIME OF ITS EVALUATION.
ARGYLE PINK DIAMONDS: 2 KINGS PARK ROAD, WEST PERTH, WA, 6005, AUSTRALIA.

▶ 阿蓋爾證書給「粉玫瑰色 (PR)」，但在 GIA 系統卻只有評定為「粉色 (Pink)」。

GIA
GEMOLOGICAL INSTITUTE OF AMERICA®

COLORED DIAMOND GRADING REPORT

Facsimile

5355 Armada Drive | Carlsbad, CA 92008-4602
T: 760-603-4500 | F: 760-603-1814

GIA Laboratories
Bangkok Carlsbad Gaborone
Johannesburg Mumbai New York

www.gia.edu

February 10, 2012

Shape and Cutting Style .... **Oval Brilliant**
Measurements .... 4.08 x 3.14 x 1.83 mm

GIA REPORT 5141410551

GRADING RESULTS

Carat Weight .... **0.15 carat**
Color
  Origin .... **NATURAL**
  Grade .... **FANCY INTENSE**
  .... **PINK**
  Distribution .... **Even**
Clarity Grade **SI2**

ADDITIONAL GRADING INFORMATION

Finish
  Polish .... Very Good
  Symmetry .... Good
Fluorescence .... None
Comments:
Internal graining, pinpoints and an indented inscription,
"A symbol 20308", are not shown.

GIA
CLARITY
SCALE

FLAWLESS

INTERNALLY
FLAWLESS

VVS₁
VVS₂
VS₁
VS₂
SI₁
SI₂
I₁
I₂
I₃

GIA
COLORED
DIAMOND
SCALE

LIGHTER TONE
HUE
HIGHER SATURATION
LOWER SATURATION
DARKER TONE
HUE

210515386528

REFERENCE DIAGRAMS

thick - very thick (faceted)
60%
58.2%
none

Profile not to actual proportions

KEY TO SYMBOLS

  Feather   Indented Natural
  Crystal
  Cloud
  Needle

Red symbols denote internal characteristics (inclusions). Green or black symbols denote external characteristics (blemishes). Diagram is an approximate representation of the diamond, and symbols shown indicate type, position, and approximate size of clarity characteristics. All clarity characteristics may not be shown. Details of finish are not shown.

This is a digital representation of the original GIA Report. To verify the information herein, please refer to reportcheck.gia.edu. This Report is not a guarantee, valuation or appraisal and contains only the characteristics of the diamond described herein after it has been graded, tested, examined and analyzed by the laboratory preceding this Report ("GIA") and/or has been inscribed using the techniques and equipment used by GIA at the time of the examination and/or inscription. Inscriptions reported in this document are not a guarantee, validation or warranty of a diamond's quality, country of origin or source, or that the diamond will be identifiable by the inscription in the future (since inscriptions can be removed). GIA makes no representation concerning any trademark, word or symbol which is inscribed by GIA or which is identified on this Report. The recipient of this Report may wish to consult a credentialed jeweler or gemologist about the information contained herein.

For terms, conditions, and limitations, see www.gia.edu/forms or call 800-421-7250 or 760-603-4500.

The security features in this document exceed document security industry guidelines.

© 2010 GEMOLOGICAL INSTITUTE OF AMERICA, INC.

GIA

GIA REPORT
6177233352

Verify this report at gia.edu

GIA COLORED DIAMOND REPORT

July 17, 2015

Report Type ....Identification and Origin Report
GIA Report Number 6177233352
Shape and Cutting Style .... Square Modified Brilliant
Measurements .... 3.62 x 3.50 x 2.56 mm

Carat Weight .... 0.28 carat
Color Grade .... Fancy Purplish Pink
Color Origin .... Natural
Color Distribution .... Even

Inscription(s): ⚒ 2656

ADDITIONAL INFORMATION

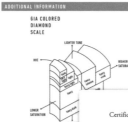

GIA COLORED
DIAMOND
SCALE

LIGHTER TONE

HUE

HIGHER SATURATION

LOWER SATURATION

DARKER

Illustration of
grade inter...

www.gia.edu

▶ 阿蓋爾證書給「粉色 (Pink)」，但在 GIA 系統評定為「帶紫的粉色 (Purplish Pink)」。

Argyle Pink
DIAMONDS

Certificate N°.   03827

GEM IDENTIFICATION AND AUTHENTICITY DOCUMENT

ID No.	2656
Carat Weight	0.29ct
Shape	Princess
Clarity	P2
Colour	7P
Origin	This diamond has been unearthed from Rio Tinto's Argyle Diamond Mine in the east Kimberley region of Western Australia.

Josephine Anh
SIGNATURE OF AUTHORITY

22/11/10
DATE OF ISSUE

GIA

GIA REPORT
1112991709

Verify this report at gia.edu

GIA COLORED DIAMOND REPORT

April 7, 2016

Report Type ....Identification and Origin Report
GIA Report Number 1112991709
Shape and Cutting Style .... Emerald Cut
Measurements .... 6.45 x 5.34 x 3.59 mm

Carat Weight .... 1.07 carat
Color Grade .... Fancy Intense Orangy Pink
Color Origin .... Natural
Color Distribution .... Even

Inscription(s): GIA 1112991709, ⚒ 9946

ADDITIONAL INFORMATION

GIA COLORED
DIAMOND
SCALE

LIGHTER TONE

HUE

HIGHER SATURATION

HUE

LOWER SATURATION

DARKER

Illustration of
grade inter...

www.gia.edu

▶ 阿蓋爾證書給「粉玫瑰色 (PR)」，但在 GIA 系統評定為「帶橘的粉色 (OrangyPink)」。

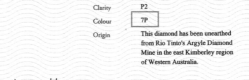

ARGYLE PINK
DIAMONDS

DUPLICATE

GEM IDENTIFICATION AND AUTHENTICITY DOCUMENT

ID No.	9946
Carat Weight	1.08ct
Shape	Emerald
Clarity	PI
Colour	5PR
Origin	Argyle Diamond Mine, Western Australia

DATE OF ISSUE | 04 December 2015   SIGNATURE OF AUTHORITY

GIA
GEMOLOGICAL INSTITUTE OF AMERICA® | Facsimile

5355 Armada Drive | Carlsbad, CA 92008-4602
T: 760-603-4500 | F: 760-603-1814
GIA Laboratories
Bangkok   Carlsbad   Gaborone
Johannesburg   Mumbai   New York
www.gia.edu

COLORED DIAMOND IDENTIFICATION AND ORIGIN REPORT

GIA REPORT 2155828920

December 16, 2013

Shape and Cutting Style .... **Cut-Cornered Rectangular Mixed Cut**
Measurements .... **5.47 x 3.76 x 2.66 mm**
Weight .... **0.51 carat**
Color Grade
    Origin .... **NATURAL**
    Grade .... **FANCY**
                                                                RED
    Distribution .... **EVEN**

Comments:
None
Inscription:
⚒ 313511

▶ 阿蓋爾證書給「2P 色」，但在 GIA 系統評定為「紅色 (RED)」。

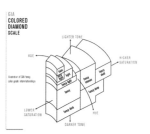

GIA
COLORED
DIAMOND
SCALE

210520589178

ARGYLE PINK
DIAMONDS

DIAMOND CHECK RESULT

FOR REFERENCE ONLY

LOT NUMBER: 313511
CARAT WEIGHT: 0.63
CUT: Emerald
COLOUR: 2P
CLARITY: P1

This information has been generated against the inserted number from historical records held by Argyle Diamonds Limited. It does not constitute a representation as to origin or authenticity of the referenced diamond.

Search generated on 29 January 2019.

▶ Argyle ：2.07CT PC2 /SI2
GIA：Fancy Intense Orangy Pink/SI2
Courtesy of Jurassic museum

▶ Argyle：1.03CT 4P/P1
GIA：Fancy Vivid Purplish Pink/I1
Courtesy of Jurassic museum

此外其實官方公告的主要顏色表外，還有一些其他顏色的分級未顯示，下表是業界才知道完整顏色分級表及縮寫，僅有在市場打滾多年的行家才能得到的訊息。

Old to new colours - melee 0.005, 1-3's and 4-7's only @ June 2014 Sale

MP	1P	Tender Colours	MC	8P	Fancy Light Pink FLP	
MP	1PP		MC	8PP		
MP	1PR		MC	8PR		
MP	2P		MC	9P		
MP	2PP		MC	9PP		
MP	2PR		MC	9PR		
MP	3P		MC	PC1	Light Pink Champange LPC	
MP	3PP		MC	CP1		
MP	3PR		MC	PCE		
MP	4P		MC	PC2	Intense Pink Champagne IPC	
MP	4PP		MC	PC3		
MP	4PR		MC	CP2		
MP	5P	Fancy Intense Purplish Pink FIPP	MC	CP3		
MP	5PP		MC	C1-C7	Champange & Cognac - CC	
MP	5PR	Fancy Intense Pink - FIP	MC	NCP	Near Colourless Pink - NCP	
MP	6P	Fancy Purplish Pink FPP	MC	NCL	Near Colourless - NCL	
MP	6PP		MC	NP	Non Pink - NP	
MP	7P		MC	CL	Eliminated - NCP & NCL	
MP	7PP		MC	Light Rejections		LGT
MP	6PR	Fancy Pink FP	MC	Intense Rejections		INT
MP	7PR					

▶ 2016 年的 "Argyle tender hero" 一號拍品，"THE ARGYLE VIOLETTM" 是極為罕見的氫致色的紫羅蘭色彩鑽，原礦 9.17 克拉切磨成 2.83 克拉，筆者有幸參加招標看過實品，事實上顏色比官方圖片還深，最後由我一位好友拍得，購買贈送給他新生的小孩。（圖片來源：Rio Tinto）

▶ 依照金伯利進程的資料顯示，可以得知 "TENDER Stones" 的稀有性。

Annual Rough Diamond Summary: 2017

	Volume (cts)	Value (USD)	USD /ct
Production:	17,134,730.00	$199,695,128.00	$11.65
Import:	26,370.39	$4,983,373.32	$188.98
Export:	16,212,893.29	$199,699,508.67	$12.32

	KPC Counts
Import:	37
Export:	91

Australia
Date of entry: 2003

另外除了一般的阿蓋爾粉紅鑽外，阿蓋爾自 1984 年起，每年舉辦私人的招標會 "Argyle pink diamonds TENDER" 網羅了礦區中年度精選最佳的 50~60 顆鑽石，其中再精選出 5~6 件特殊的鑽石被稱為 "Argyle tender hero"，並個別給予名稱，像是迄今產量不到 1 茶匙的罕見氫致色的紫羅蘭鑽石、招標歷史上累計不到 30 顆紅色鑽石等……

這些入選的 "TENDER Stones"，據官方公告僅佔阿蓋爾總產量的 0.01% 以內，實際上據金伯利進程的資料顯示，2017 年澳洲礦區全年產量為 17,134,730 克拉，

當年入選的 "TENDER Stones" 共 63 顆，合計總克拉數 51.48 克拉，僅佔澳洲年產量的 1/330,000，珍貴數量稀少的猶如鳳毛麟角般讓人趨之若鶩，這些珍貴的

▶ 珍藏逸品拍賣公司於 2016 年春季拍賣會上的拍品 LOT 1863 號，為產自阿蓋爾礦區的紅色鑽石。

▶ 0.34CT 6PR/VVS1
Courtesy of Jurassic museum

BEYOND RARET

THE ARGYLE PINK DIAMONDS
TENDER 2016

ARGYLE PINK
DIAMONDS

OCT 12. 5PM Perth
Perth → HK → New York   London → Perth
ARGYLE PINK DIAMONDS

No Florecent
4 Stones only

LOT NO.	WEIGHT · SHAPE		GRADE	NOTES
✓ 1	THE ARGYLE VIOLET™ 2.83 CARAT OVAL	APD GIA	BL3 / SI1 FANCY DEEP GRAYISH BLUISH VIOLET / SI1	原礦 9ct 每克達成 · 不良研明
✓ 2	ARGYLE ULTRA™ 1.11 CARAT PEAR	APD GIA	BL3 / VS2 FANCY DARK GRAY-VIOLET / VS2	
3	ARGYLE VIVA™ 1.21 CARAT PEAR	APD GIA	4PP / VS2 FANCY VIVID PURPLE-PINK / VS2	
4	ARGYLE THEA™ 2.24 CARAT RADIANT	APD GIA	3P / VS2 FANCY VIVID PURPLISH PINK / VS2	
5	ARGYLE ARIA™ 1.09 CARAT MODIFIED OVAL	APD GIA	RED / PI FANCY RED / I1	
6	0.48 CARAT RADIANT	APD GIA	RED / VS2 FANCY RED / VS2	
✓ 7	0.62 CARAT RADIANT	APD GIA	RED / PI FANCY RED / I1	高山 預色較弱 200,000
✓ 8	0.56 CARAT RADIANT	APD GIA	PURPLISH RED / PI FANCY PURPLISH RED / I1	2155 844 295
9	0.53 CARAT RADIANT	APD GIA	PURPLISH RED / SI2 FANCY VIVID PURPLISH PINK / SI2	漂亮的 Red 500,000 217/32990
10	0.95 CARAT MODIFIED RADIANT	APD GIA	PURPLISH RED / SI1 FANCY VIVID PURPLISH PINK / SI1	
11	0.42 CARAT EMERALD	APD GIA	1PP / VS1 FANCY VIVID PURPLISH PINK / VS1	
12	0.82 CARAT SQUARE EMERALD	APD GIA	1PP / VS2 FANCY VIVID PURPLISH PINK / VS2	
13	0.53 CARAT ROUND BRILLIANT	APD GIA	2PP / VS2 FANCY VIVID PURPLE-PINK / SI1	
14	0.66 CARAT EMERALD	APD GIA	2PP / VS2 FANCY VIVID PURPLISH PINK / VS2	
15	1.52 CARAT RADIANT	APD GIA	3PP / PI FANCY VIVID PURPLISH PINK / I1	
16	1.14 CARAT PEAR	APD GIA	3PP / SI2 FANCY VIVID PURPLISH PINK / SI1	
17	0.45 CARAT EMERALD	APD GIA	3PP / VVS1 FANCY VIVID PURPLISH PINK / VVS1	
18	1.37 CARAT EMERALD	APD GIA	3P / VS2 FANCY VIVID PURPLISH PINK / VS2	
19	0.54 CARAT OVAL	APD GIA	4PP / VS2 FANCY VIVID PURPLISH PINK / VS2	
20	0.76 CARAT SQUARE RADIANT	APD GIA	4PP / SI1 FANCY VIVID PURPLISH PINK / SI1	
21	0.91 CARAT OVAL	APD GIA	4P / PI FANCY VIVID PURPLISH PINK / I1	

▶ 筆者有幸也參與過數次的 "Argyle pink diamonds TENDER"，留下了記載的手稿，招標會的形式當天僅能觀賞後，填妥自己願意收購的數字遞交給主辦單位，最終在全部巡展結束後，再用轉播的形式公開最高投標價者得標，得標者會取得年度招標會鑽石的專屬型錄，以供珍藏。

"TENDER Stones" 會到世界各地進行巡展，僅有少數的藏家才得以一睹風采，是全球首富競相爭取的逸品，難怪連知名珠寶品牌「葛拉夫 (Graff)」總裁 Henri Barguirdjian 寧可放棄投資股票，也要把金錢投資在這種稀有粉紅鑽。

直到今日阿蓋爾礦區累積總產量高達 8 億克拉，為了延續礦源壽命，早在 2001 年就進行地下開採的可行性評估，並在 2005 年開始計畫，但因為 2008 年金融風暴，使得計畫暫緩，地下開採的計畫直到 2013 年才完工，礦源壽命預估可延長至 2020 年。

ARGYLE PINK™
DIAMONDS

NO.	WEIGHT - SHAPE	GRADE		NOTES
	0.54 CARAT ROUND BRILLIANT	APD	5PP / VS1	
		GIA	FANCY VIVID PURPLISH PINK / VS1	
	0.71 CARAT MODIFIED RADIANT	APD	5PP / P1	200~300
		GIA	FANCY VIVID PURPLE-PINK / I1	GIA 2165860849
	0.70 CARAT SQUARE RADIANT	APD	5P / VS2	
		GIA	FANCY VIVID PURPLISH PINK / VS1	
	0.80 CARAT MODIFIED PEAR	APD	1P / SI2	200
		GIA	FANCY VIVID PINK / SI2	GIA 5171569511
	0.97 CARAT SQUARE RADIANT	APD	3P / VS2	
		GIA	FANCY VIVID PINK / VS2	
	0.59 CARAT RADIANT	APD	3P / VS2	
		GIA	FANCY VIVID PINK / VS2	
	0.62 CARAT MODIFIED EMERALD	APD	4P / SI1	
		GIA	FANCY VIVID PINK / VS2	
	0.68 CARAT SQUARE RADIANT	APD	5P / VS2	
		GIA	FANCY VIVID PINK / VS2	
	0.76 CARAT EMERALD	APD	3P / VVS1	
		GIA	FANCY DEEP PURPLISH PINK / VVS1	
	0.66 CARAT ROUND BRILLIANT	APD	1P / VVS1	
		GIA	FANCY DEEP PINK / VVS1	
	0.41 CARAT ROUND BRILLIANT	APD	1P / VVS2	
		GIA	FANCY DEEP PINK / VVS2	
	1.16 CARAT RADIANT	APD	1PR / VS1	
		GIA	FANCY DEEP PINK / VS2	
	0.48 CARAT ROUND BRILLIANT	APD	2P / VS2	
		GIA	FANCY DEEP PINK / VS2	
	0.55 CARAT EMERALD	APD	2P / VVS1	
		GIA	FANCY DEEP PINK / VVS1	
	0.84 CARAT OVAL	APD	2P / P1	250~300 GIA 2175563358
		GIA	FANCY DEEP PINK / I1	
	1.56 CARAT EMERALD	APD	2PR / SI1	
		GIA	FANCY DEEP PINK / SI1	
	1.33 CARAT RADIANT	APD	2PR / VVS2	
		GIA	FANCY DEEP PINK / VVS2	
	0.76 CARAT SQUARE RADIANT	APD	2PR / SI1	
		GIA	FANCY DEEP PINK / VS2	
	0.70 CARAT PEAR	APD	3P / SI2	
		GIA	FANCY DEEP PINK / SI2	
	0.52 CARAT ROUND BRILLIANT	APD	2PP / SI2	
		GIA	FANCY INTENSE PURPLISH PINK / SI2	
	1.10 CARAT ROUND BRILLIANT	APD	2P / SI2	
		GIA	FANCY INTENSE PURPLISH PINK / SI2	
	0.48 CARAT EMERALD	APD	3PP / VS2	
		GIA	FANCY INTENSE PURPLISH PINK / VS2	
	0.84 CARAT PEAR	APD	3PP / SI2	
		GIA	FANCY INTENSE PURPLISH PINK / SI2	

ARGYLE PINK™
DIAMONDS

LOT NO.	WEIGHT - SHAPE	GRADE		NOTES
45	1.35 CARAT CUSHION	APD	3P / SI2	
		GIA	FANCY INTENSE PURPLISH PINK / SI1	
46	0.70 CARAT PRINCESS	APD	4P / SI1	
		GIA	FANCY INTENSE PURPLISH PINK / SI1	
47	1.02 CARAT ROUND BRILLIANT	APD	4P / P1	150,000
		GIA	FANCY INTENSE PURPLISH PINK / I1	GIA 5771253163
48	0.75 CARAT TRILLIANT	APD	5PP / P1	
		GIA	FANCY INTENSE PURPLISH PINK / I1	200,002
49	0.99 CARAT HEART	APD	5PP / VVS2	180 700,000 GIA 2175570170
		GIA	FANCY INTENSE PURPLISH PINK / VVS2	
50	0.88 CARAT SQUARE RADIANT	APD	5P / VS2	
		GIA	FANCY INTENSE PURPLISH PINK / VS2	
51	1.06 CARAT CUSHION	APD	5P / SI2	
		GIA	FANCY INTENSE PURPLISH PINK / VS2	
52	1.01 CARAT SQUARE RADIANT	APD	5P / P1	
		GIA	FANCY INTENSE PURPLISH PINK / I1	
53	1.30 CARAT HEART	APD	3P / VS2	
		GIA	FANCY INTENSE PINK / VS1	
54	0.68 CARAT PEAR	APD	3PR / SI1	
		GIA	FANCY INTENSE PINK / SI1	
55	1.28 CARAT ROUND BRILLIANT	APD	3PR / VS2	
		GIA	FANCY INTENSE PINK / VS2	
56	0.59 CARAT FIRE ROSE	APD	3PR / SI1	Round
		GIA	FANCY INTENSE PINK / SI1	
57	0.77 CARAT ROUND BRILLIANT	APD	4P / VS2	100,000
		GIA	FANCY INTENSE PINK / VS2	GIA 1176432833
58	0.82 CARAT RADIANT	APD	4PR / SI2	
		GIA	FANCY INTENSE PINK / SI2	
59	0.92 CARAT RADIANT	APD	4PR / SI1	
		GIA	FANCY INTENSE PINK / VS2	
60	2.48 CARAT RADIANT	APD	4PR / SI2	
		GIA	FANCY INTENSE PINK / SI2	
61	1.18 CARAT CUSHION	APD	4PR / VS2	
		GIA	FANCY INTENSE PINK / VS2	
62	1.55 CARAT SQUARE RADIANT	APD	5P / SI2	385,000
		GIA	FANCY INTENSE PINK / SI1	200,000
63	0.71 CARAT EMERALD	APD	5PR / IF	GIA 2171329891
		GIA	FANCY INTENSE PINK / IF	

Electronic bids close on Wednesday 12th October, 2016 at 5pm Perth Time (GMT +8)

LOT 17
0.54 CARAT / HEART

Argyle Pink Diamonds Grade: 4PP / SI1
GIA Grade: Fancy Vivid Purplish Pink / SI1

ARGYLE PINK DIAMONDS TENDER 2015
- 31 -

▶ 特殊的 TENDER STONE，得標者還可取
得年度精裝型錄。

▶ 艾倫戴爾礦區空拍圖。(圖片來源 : jewellermagazine)

b. 艾倫戴爾 (Ellendale)：

　　為澳洲最早被攤勘發現的鑽石礦,於 1976 年被五家企業合資的攤勘公司「阿什頓合資企業 (Ashton Joint Venture)」發現,礦區位於阿蓋爾礦西南方約 400 公里處,但初步評估礦源藏量不多,礦區直到了 2002 年才開始進行開採,由「古德里奇資源 (Goodrich Resources)」旗下全資子公司「金伯利鑽石公司 (Kimberley Diamond Company)」擁有開發,礦體資源與阿蓋爾同為「鉀鎂煌斑岩」形式,主要由 E4 及 E9 鑽石管道具經濟價值,為重要的黃彩鑽石的來源,高峰生產期間「艾倫戴爾」礦供應了黃鑽世界產量的一半,其高品質的黃彩鑽吸引了國際珠寶品牌「蒂芬妮 (Tiffany&Co)」的目光,與礦區簽訂合約,優先取得前 10% 最優質的黃彩鑽,這些黃鑽的收益就佔了全礦區 80%,優異的黃鑽價值使得礦區在 2007 年時以 3 億美元的價格,易主給英國礦業公司「Gem Diamonds」,隨後年度產量大幅提升,不過在 2009 年 E4 管道進行維護使得產能下降,且世界景氣不佳及預期礦源壽命也將結束,「Gem Diamonds」

▶ 艾倫戴爾礦生產高品質的黃彩鑽,受到 Tiffany&Co 賞識。
圖片來源 : idexonline

▶ Argyle：0.18CT 5P/P1
0.20CT 4P/SI2
0.18CT 5P/P1
GIA：Fancy Intense Pink/SI2
Courtesy of Jurassic museum

考慮將礦區轉手，將重心轉移到賴索托及南非的鑽石礦計畫，2012 年「古德里奇資源」又以大約 1,400 萬美元買回礦區所有權，當時礦源預估僅剩 18 個月，如果主要的黃鑽產能收益能提升，尚能得到利潤，使得「金伯利鑽石公司」與「蒂芬妮 (Tiffany&Co)」談判，欲調整黃彩鑽售價，但最終談判破局，礦區最終陷入資金絕境，且礦源品質下滑及市場衝擊，導致 2015 年礦區停止開採，「金伯利鑽石公司」留下了大量的債權，目前礦區處於停擺狀態，當地州政府暫為接管，並招標願意接管的公司，目前已有多家礦業公司有興趣進行招標，其中以澳大利亞當地的「POZ 礦業公司 (POZ Minerals)」呼聲最高，使得「艾倫戴爾」礦有望在 2019 年重啟。

c. 梅林 (Merlin)：

礦區位於澳大利亞北領地，距離「博羅盧拉 (Borroloola)」以南約 80 公里處，1993 年被「阿什頓合資企業 (Ashton Joint Venture)」發現，隔年開始大規模探勘，合計發現 4 區 14 個鑽石管，不同於澳大利亞另外兩個主要礦脈為「鉀鎂煌斑岩」，「梅林礦」為金伯利岩類型礦脈，於 1998 年開始進行商業開採，2000 年因「力拓」併購「阿什頓」，使得礦權納入「力拓」旗下，「梅林礦」產質極高，資料顯示高達 65% 都為寶石級原礦，更在礦區發現了澳大利亞鑽石開採史上最大的鑽石原礦，重達 104.73 克拉，但總蘊藏量較為稀少，僅有短短的 5 年商業開採，因「力拓」認為「梅林礦」已不符合營運

▶ 梅林礦 (圖片來源：miningmonthly)

成本，將其於 2003 年關閉，五年間合計產量為 50.7 萬克拉，2004 年「力拓」將礦區轉售給「前鋒資源公司 (Striker Resources)」，「前鋒資源公司」初步重新評估可能礦源蘊藏量尚有 290 萬克拉，2005 年開始從先前關閉的尾礦中成功篩選出鑽石，並逐年增加資金逐步探勘礦區的可能性，最終在 2013 年正式重新商業生產，預估整體可開採資源為 720 萬克拉，「前鋒資源公司」經過兩次的公司改名，目前為「梅林鑽石公司 (Merlin Diamonds)」，2016、2017 年間，還發現了粉、綠及藍色彩鑽，目前為止都尚在小規模的開採，2017 年產量為 3.5 萬克拉。

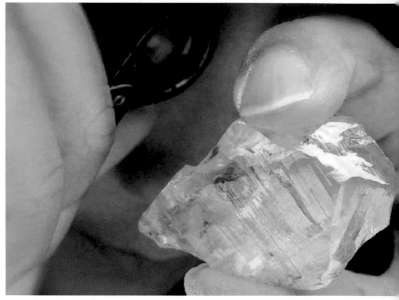

▶ 澳大利亞最大的鑽石原礦，重達 104.73CT。
圖片來源：miningcapital

1.42 carat   0.21 carat

▶ 梅林礦也產出各色彩鑽，在 2017 也挖掘出顏色濃綠的鑽石原礦。 圖片來源：Merlin Diamonds

▶ 0.53CT 5PR/P1
Courtesy of Jurassic museum

Chapter 7

鑽石的 4C

2.01CT 黃橘鑽 / FANCY VIVID YELOW-ORANGE / PEAR
Jurassic Museum Collection

鑽石 4C 演進史

在使用目前的鑽石分級系統之前，珠寶業界有多種標準來訂定鑽石質量。在 19 世紀，有時使用字母 A，B 和 C 來衡量鑽石價值。到了 19 世紀後期，像 I、II、III 和 IV 以及 AAA、AA 和 A。這樣的數字也被用來表示鑽石的質量，一些還有一些分級術語，例如：無色鑽石稱為 River (如水一般透明)、Finest White (最好的白色) 和 Jager (南非 Jagersfontein 礦的一個綽號，此礦以其卓越的品質和高淨度的鑽石而聞名)。但是這些描述因地區而異，在國際間銷售時並無一致性的指標進行品質質量控制，導致鑽石交易非常困難。

戴比爾斯 (De Beers) 在 1927 年設立中央統售組織 (CSO，Central Selling Organization)，嚴格控管開採出來的鑽石原石，由專業鑽石分級人員依照鑽石的顏色、形狀、大小、淨度等品質做分類管理，將鑽石細分出 14,000 以上不同鑽石品質的級別，此為將鑽石分級銷售的始祖，而後 GIA 及其他寶石相關單位根據此制度將切割鑽石做分級，結合業界需求，慢慢發展出現今使用的 4C 分級制度。

1931 年，希普利先生 (Robert M. Shipley) 作為珠寶商多年後，注意到珠寶商行業缺乏其他行業所具有的標準化和科學背景，然而創立的非營利組織—美國寶石學院 (Gemological Institute Of America，GIA)，一開始以郵購課程及寶石學初級課程為主，創建了美國第一所寶石學學校、第一間寶石學研究中心及北美第一本專業寶石學期刊 (Gem & Gemology，G & G)，期望「透過教育、研究、鑑定服務和儀器開發，堅持誠信，學術，科學和專業的最高標準，確保公眾對寶石和珠寶的信任」，希望透過教育將珠寶業專業化。

1934 年，希普利先生與一群高級珠寶專業人士所組成非營利性貿易協會——美國寶石協會 (American Gem Society，AGS) 成立，在 1940 年代，希普利先生開始非正式地教導鑽石的 3C (重量、顏色、淨度)。珠寶商開始使用這些條款，並在這段時間出現在各種珠寶業文獻中。1953 年，人稱 "Mr. GIA" 的李迪克先生 (Richard T. Liddicoat)，制度化了當今國際通用的 GIA 鑽石分級制度 4C 中的 3C。1955 年，GIA 發布了第一份鑽石分級報告，成為鑽石行業分級報告的標誌。早期的 GIA 鑑定報告書並無針對鑽石切工作分級，美國寶石協會 (American Gem Society，AGS) 最早對切磨進行評級，因其注重於鑽石切工評級，促進現代鑽石證書 4C 的發展。GIA 隨後跟進此制度，

新式的鑑定報告書增加了鑽石切工的評級，成為目前大眾所熟悉的鑽石 4C 分級制度。戴比爾斯 (De Beers) 也採用 4C 的分級系統的於他們的廣告活動中，使得鑽石 4C 的分級系統更為普及化至一般消費大眾，帶動全世界鑽石市場有秩序且有效率的交易，解決在此之前的鑽石市場分級混亂且良秀不齊的狀況，也以此為基礎，因應各地鑽石貿易需求，國際間發展出各個不同的鑽石鑑定機構：歐洲寶石鑑定所，EGL Platinum (European Gemological Laboratory)，總部位於以色列鑽石交易所內，方便鑽石交易的各項檢測，在歐洲流通性相當高，此鑑定機構與 GIA 最大不同是，針對淨度等級做更詳盡的分類，在 SI2 與 I1 中間增加 SI3 的分級；鑽石高等評議會，HRD (Hoge Road voor Diamant) 與國際寶石學院，IGI (International Gemological Institute) 則在比利時安特衛普扮演著重要的角色，而近年來，大型的礦業公司也開始有自己的鑑定所，在鑽石通路上發行自己公司的證書，未來即將是百家爭鳴的榮景。

一 . 何謂 4C

1. 克拉重 (Carat)

寶石的重量百分比是用克拉來計算。克拉的英文 carat，縮寫成 ct，從 1907 年國際商定為寶石計量單位開始沿用至今，一克拉等於 200 毫克 (milligram)。

作為質量單位，一克拉又可分為 100 分 (point)，做為更小的的計量單位，例如：30 分的鑽石 =0.3 克拉。

2. 淨度 (Clarity)

鑽石淨度是指評估鑽石表面瑕疵或鑽石內部特徵，在鑽石形成時被包含在原礦中的異物晶體或鑽石晶體、生長過程中產生的結構缺陷、或是在人工切磨時所產生的外部缺陷皆稱之；一般寶石級鑽石的淨度特徵肉眼不可見，在 10 倍放大觀察下，依照大小 (size)、數量 (number)、位置 (position)、種類 (nature) 及明顯度 (relief) 來決定鑽石之淨度等級，並於 Rapaport（註 1）中有相對應鑽石等級、顏色、克拉數有制定的價格。

---

1. Rapaport 價格表是國際經銷商在所有主要市場建立在 10 克拉以下已切磨鑽石價格的國際標準，價格單位為一百美元，為浮動報價，反應即時國際鑽石供需，更新時間為每周四美國東部時間的晚上 11：59，可根據每顆鑽石的大小、淨度、顏色查詢國際定價。Rapaport Diamond Report 價格表，不是提供一個交易價格，而是可以做為廠商進價的參考依據。實際交易價格是買方和賣方做價格協商後確定的價格。

3. 顏色 (Color)

鑽石為純碳物質，應為透明無色，但鑽石漫長生長過程中，氮 (N) 元素經過一段時間進行聚集，以成對或成群出現，碳元素容易被氮元素置換，使得目前大自然中含氮的鑽石約佔總鑽石量的 98%，含氮會致使鑽石顏色帶黃，所以無色鑽石更顯珍貴，無色鑽石顏色是以 D 到 Z 來區分顏色等級，必須在合適的光源及比色環境下，以標準比色石 (Master stones) 來做為評判標準；而彩鑽的的分級則依照顏色有不同規範，後面篇章會詳加介紹。

4. 切工 (Cut)

車工評級在於評判人工切磨後鑽石反射光線的亮度，其中對稱性 (symmetry) 及整體比例有很大的關係，其中包括刻面角度、冠部高度、桌面百分比、亭部深度等，決定光線在鑽石表面反射和內部折射出的亮光和火光；拋光 (polish) 則是可以反應人工拋磨過程中是否有適當的拋磨鑽石表面，以上總總因素都會影響鑽石反射光線的能力。

綜觀以上 4C，一顆好的鑽石需要結合 4 個面向的評比，不能只看單一評級購買鑽石，早期電視廣告推出八心八箭鑽石，以至於消費者走進店裡面只要購買八心八箭，殊不知只要切磨對稱性佳的鑽石都會有八心八箭，並非是特殊切割，也非購買鑽石唯一考量。

▶ 1.02 克拉 Fancy Intense Purplish Pink / SI2

▶ 0.23 克拉 Fancy Dark Gray Blue / VS2

nd

▶ 1.00 克拉 Fancy Vivid
Yellowish Green / I1

▶ 1.03 克拉 Fancy Gray-Blue

▶ 0.28 克拉 Fancy Vivid
Purplish Pink

▶ 0.70 克拉 Fancy
Vivid Orange

鑽石的顏色

您可曾經想像過，未來您的婚禮上，自己或是妻子配戴的鑽石是什麼顏色呢？是嬌貴粉嫩的粉彩鑽石？還是深邃如海的藍彩鑽石？又或許你可能從未想過，鑽石會有各種繽紛的色彩讓自己挑選，認為：「鑽石不是只有純淨無瑕的無色鑽石嗎？那些有顏色的應該是彩色寶石吧？」，相信很多人都有這樣的疑問，其實彩色的鑽石也是到近代才被廣為接受，早期甚至是沒有人要的「廢料」，至今卻是眾多富豪追求的夢幻逸品，你可能會有以下的疑問：鑽石的顏色到底是怎麼分級的？、顏色如何訂定出來？………等一些問題，我們都會在本章節做介紹，首先我們要先解釋「顏色」的概念。

▶ 0.86 克拉 Fancy Deep
Grayish Green / SI2

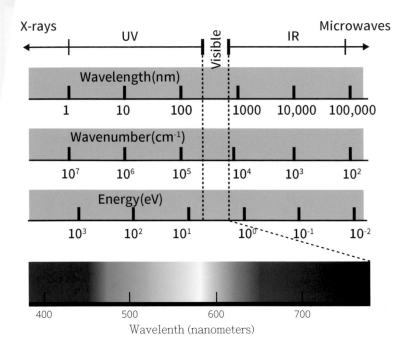

一. 顏色分級概論

顏色是指一定波長的電磁波輻射,當這種電磁波進入人眼刺激視神經時,產生了顏色的的視覺效果。電磁波譜是一個包括了全部波長,即從最長的無線電波到最短的宇宙射線的完整波譜。而可見光光譜是整個電磁波譜當中,人們能用肉眼所能感到的一段光譜,即 380~780nm 範圍,也就是人們常說的紅、橙、黃、綠、藍、靛、紫。而多數的鑽石其實本身無色,是因為內部有微量元素或是結構缺陷的原因才產生出各種色彩。

顏色是左右人們挑選鑽石時重要的一項指標,顏色造就了鑽石的主觀美感,但多數人對色彩的認知並沒有一致的概念,人們會試著用「金絲雀黃」、「海水藍」、「蓮花粉」去形容顏色,或是用產區內多數產出這種顏色,就用產區的名字當作顏色的命名,比方說開普色 (cape),就代表南非好望角產出的鑽石顏色,但事實上世界上的其他產區也有可能產出這樣的顏色,這樣的顏色分級抽象且不客觀,且每個人記憶中認知的顏色可能都不同。

直到了 1934 年,戴比爾斯成立了「中央統售機構 CSO (Central Selling Organization)」,CSO 將戴比爾斯自家礦場及收購過來的鑽石統一分類篩選,依照大小、外型、顏色、淨度等………區分出 14000 多種類等級,早期的鑽石 4C 雛形也是從這裡開始發展,但這樣的分級方式並未制度化和普及,1953 年由「美國寶石研究院 (GIA)」提出了鑽石分級制度,至此人們才開始用一定的制度去評價出無色鑽石的顏色分級。

二. 無色鑽石的顏色分級

其實商業市場上大家習慣稱呼為「白鑽」，事實上指的是無色的鑽石，而最好的無色鑽石是什麼顏色？我相信您一定都知道是 D 色，但你有曾經想過為什麼是 D 色，而不是 A、B、C 色呢？早期在尚未制度化以前，商業的市場習慣使用 A、B、C 或是 I、II、III 分級，但是這些分級並未明確定義出標準前鑽石的成色都是隨人喊，兩個互相競爭的交易商，很可能會為了做到客人的生意，隨意地拉抬自己的鑽石成色，導致一樣是 A 級的鑽石，等級卻落差很大，因此 1953 年 GIA 要將鑽石顏色分級制度化時，決定捨棄掉 A、B、C 三個已經被市場混淆已久的等級，並從 D 開始列為無色鑽石成色最佳等級。

1. 無色鑽石分級評定詞

無色鑽石從 D 開始一直到 Z 色，鑑別其中的等級差異是藉由「色度」，所謂色度指得是顏色的淺深，簡單來說就是「飽和度」，越靠近 D 色顏色則為無色，反之靠近 Z 色顏色則偏黃或棕色，並搭配比色石 (Master stone) 明確鑑別出鑽石的顏色等級，無色的鑽石主要被區分出五個等級：

鑽石顏色	鑽石等級區間
D、E、F	Colorless（無色）
G、H、I、J	Near Colorless（近無色）
K、L、M	Faint（微黃、棕）
N~R	Very light（很淡黃、棕）
S~Z	Light（淡黃、棕）

▶ 1.01 克拉 藍彩鑽鑽石戒 Fancy Blue SI2 MARQUISE
Jurassic Museum Collection

我們會藉由觀察鑽石的桌面及亭部朝向自己，可以看到得顏色量差異如下：

E.G.L.. color ccale	
colorless	D (+0) E (0) F (+1)
near colorless	G (1) H (2) I (3) J (4)
faint	K (5) L (6) M (7)
very light	(8)
light	(9-10)

＊ **無色** (Colorless)

D、E、F 色的鑽石從鑽石的桌面、亭部都難以觀察到顏色的存在。

＊ **近無色** (Near Colorless) –

G、H、I、J 色的鑽石 從桌面觀察近乎無色，亭部觀察則會發現略帶一點黃或棕色，如果鑲嵌在金屬台上後，未經過專業的訓練可能難以發現顏色的存在。

＊ **微黃、棕** (Faint)

K、L、M 色的鑽石，從桌面已經可以觀察到略帶黃色或棕色，亭部則有很淡的黃色或棕色。

＊ **極淡黃、棕** (Very light)

N~R 色的鑽石，從桌面及亭部都可以看到很淡的黃色或棕色。

＊ **淡黃、棕** (Light)

S~Z 色的鑽石，從桌面及亭部都能明顯看出淡黃色或棕色，鑲嵌在金屬台上也是如此。

　　超過 Z 成色以上的鑽石分級會歸類於彩色鑽石，往後的章節會再詳細說明。

雖然鑽石顏色的標準以主流來說多是用 D~Z 成色，但在各地的組織當中評定鑽石等級的評定詞可能會不同，甚至偶而您還是會聽到用產地形容鑽石的顏色，您可以參照圖表了解各組織用詞的差異。

GIA	EGL	香港	AGS	CIBJO		HRD		Old Term
D	D	100	0.0	Exceptional White	+	Exceptional White	+	River
E	E	99	0.5	Exceptional White		Exceptional White		River
F	F	98	1.0	Rare White	+	Rare White	+	Top Wesslton
G	G	97	1.5	Rare White		Rare White		Top Wesslton
H	H	96	2.0	White		White		Wesslton
I	I	95	2.5	Slightly Tineted White	+	Slightly Tineted White		Top Crystal
J	J	94	3.0	Slightly Tineted White		Slightly Tineted White		Top Crystal
K	K	93	3.5	Tinted White	+	Tinted White		Top Cape
L	L	92	4.0	Tinted White		Tinted White		Cape
M	M	91	4.5					
N	N	90	5.0					
O	O	89	5.5					
P	P		6.0					
Q	Q		6.5					
R	R		7.0					
S	S		7.5	Tinted 帶色調		Tinted 帶色調		Cape-Yellow
T	T		8.0					
U	U		8.5					
V	V		9.0					
W	W		9.5					
X	X							
Y	Y		10.0					
Z	Z							

2. 比色石鑑定顏色分級的方法

比色石的出現造就了明確的鑽石分級方法系統化，要取得正統的真鑽比色石十分不易，需要送交國際鑑定單位檢測是否可以成為比色石資格，購買一套真鑽的比色石需要花上大把的鈔票才行，一般會高過於國際鑽石報表 RAPAPORT 數倍，所以一般常見到的比色石材質會使用「人造立方氧化鋯石 (cubic zirconia)」取代真鑽，但人造立方氧化鋯石使用久了會有顏色衰退的問題，以及本身物理性質還是跟真鑽有差距，但是 CZ 比色石依舊還是市場上的主流。

市面上看到的 CZ 比色石一般只會使用到 E~N，而各字母等級代表著各自顏色的最佳代表色，因此並不需要D色的比色石，因為比 E 色還淺就代表是 D 色了，而比色跟比色石之間是有一定的範圍值，並

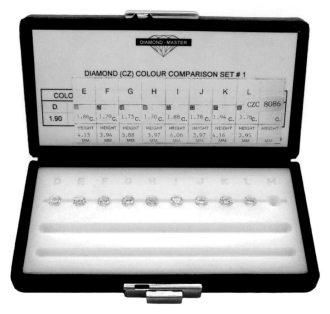

▶ 人造立方氧化鋯石的比色石

非絕對值，例如：受測鑽石的顏色比 G 色比色石還要淺，代表著該受測鑽石的顏色至少是 F 色以上等級，如果本受測鑽石的顏色色度是坐落在 F~G 色之間，代表該受測鑽石是 F 色。

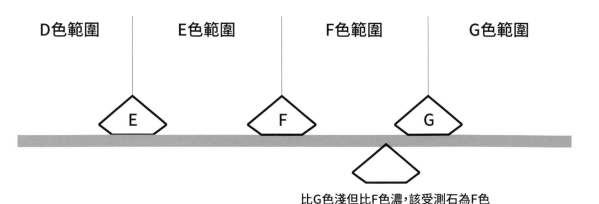

比G色淺但比F色濃，該受測石為F色

▶ 珠寶櫃中的光源,會讓寶石看起來更加閃耀。

▷ 日光在不同的時段,色溫都有所不同,越靠近傍晚,色溫則越暖。

3. 比色環境及服裝

相信你一定也有這樣的經驗,在服飾店試穿的衣服,當下覺得顏色漂亮、款式好看,但購買回去後再次穿上去,發現衣服的顏色似乎沒有在店裡的鮮豔或是顏色跟當時看的感覺不一樣,諸如此類的狀況在各種配件飾品都發生過,到底是什麼樣的魔法造就的呢?主要是因為環境光源的不同,而造成的差異,時尚精品店的燈光配置都是經過細細考慮,為了讓商品看起來更加吸引人,當然鑽石也是如此,

你在珠寶店內的櫃子看到得,跟在日光下看到的感覺也會不同,因此在鑽石鑑定分級也必須要考量適合的環境光源進行。

前面我們提到環境光源的落差造就視覺上的顏色及感官差距,而環境光源指的就是色溫,最理想的比色環境是用日光,但日光隨時都會一樣嗎?從清晨、中午及傍晚,日光的波長並不相同,因此早期在制定正確的比色環境時,規定需要在北半球 AM10:00~PM14:00 之間的午時日光,但這樣模糊的定義無法克服天氣是陰天或是雨天,抑或是緯度造成的差

是陰天或是雨天，抑或是緯度造成的差距，因此目前國際公定的比色光源環境為 6000~6500°K 的正白光色溫，大約就是北半球午時的日光色溫，用這樣的比色燈就可以克服時間、地點及環境的因素。

除此之外比色燈的演色性也是一個重點，一般演色性會使用「平均演色指數 (Ra 或 CRI)」來評估，平均演色指數越高，色彩的呈現就越趨近於真實，以日光來說平均演色指數是 100，而一般使用在顏色檢查、博物館展覽照明或是珠寶鑑定的燈源，平均演色指數至少需要用到 90 以上才能正確地判別寶石的顏色。

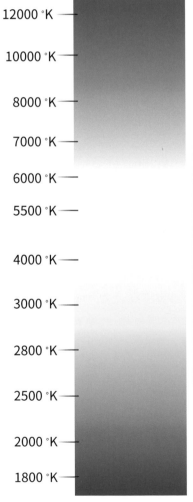

▼ 常見的環境色溫

環境	色溫
晴朗藍天	10000 ~ 1200 °K
多雲有雨	8000 ~ 10000 °K
薄雲	6500 ~ 8000 °K
日光型螢光燈	6500 °K
正午日光	5500 °K
電子閃光燈	5500 °K
早晨或下午陽光	4000 ~ 5000 °K
攝影棚燈光	3000 ~ 4000 °K
石英燈	3500 °K
鎢絲燈泡	2700 ~ 3200 °K
黎明、黃昏	2000 ~ 3000 °K
燭光	1800 ~ 2000 °K

12000 °K
10000 °K
8000 °K
7000 °K
6000 °K
5500 °K
4000 °K
3000 °K
2800 °K
2500 °K
2000 °K
1800 °K

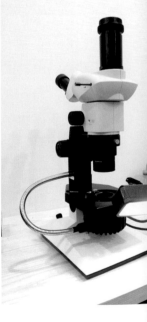

▶ CRI=90

▶ CRI=80

▶ CRI=60

▶ 演色性的好壞大幅影響顏色的呈現

　　克服了以上的問題，比色的準備就萬無一失了嗎？其實除了燈光的影響外，還有鑑定時的空間環境、燈光以及鑑定師穿著的服裝，鑑定比色的環境盡可能的要為白色、灰階或是中性色的空間，穿著的服飾抑是如此，降低環境或是服裝對受測石的影響，當然如果為了將環境影響因素降到最低，甚至可以直接在暗房中進行分級。

▶ 珠寶鑑定用的比色檯燈，實體顯微鏡上附的燈光，一般也可以用來比色。

▶ 顏色檢查用的高演色性燈管

▶ 在暗房當中鑑定，盡可能隔絕干擾因素。

4. 無色鑽石顏色分級的操作

　　無色鑽石的分級操作我們需要分為幾個步驟依序為：

A. 檢測重量。

B. 清潔鑽石。

C. 初步判斷成色區間，挑選適宜比色石。

D. 使用比色石對鑽石進行分級。

E. 確認比色石和受測石無混淆。

F. 紀錄分級結果。

　　我們依序來解釋操作過程：

A. 檢測重量

　　比色開始前先對鑽石進行秤重並記錄起來，避免操作過程混淆。

B. 清潔鑽石

　　鑽石本身容易吸附油脂及髒污，沒有事先清潔乾淨就鑑定可能會造成鑑定結果的誤差，一般可以使用珠寶布或是超音波機清洗鑽石，使鑑定鑽石的誤差結果降到最低，珠寶布在使用上需要遵守以下的一些步驟：

a. 將珠寶布全攤開後分成三分之一或四分之一折，內折處保持清潔乾淨。

b. 使用鑷子將鑽石放入珠寶布的內折處用手隔著珠寶布捏著進行擦拭。

▶ 訪間買得到的珠寶擦拭布有各種類型。

▶ 保留珠寶布內的三分之一，對鑽石進行擦拭。

▶ 超音波清洗機固然方便，但須注意石頭本身狀況斟酌使用。

c. 擦拭完成後使用鑷子夾取出來進行鑑定。

　　珠寶布本身切勿拿去擦拭手機或是眼鏡等……完全只使用在珠寶擦拭上，儘管如此珠寶布本身亦是消耗品，當發現髒汙時建議就直接替換，此外也可以使用超音波清洗機對鑽石進行清潔，不過需特別注意，如果解理或與裂紋面積廣且明顯的

▶ 選擇合適的比色石區間，
加快作業速度。

	面朝下	面朝上

成色等級
D、E或F

無色　　　　　　　　　無色

成色等級
G、H、I或J

很淡體色　　　　　　　無色

成色等級
K、L或M

顯著體色　　　　　　很淡體色

成色等級
N或Z

顯著體色　　　　　　顯著體色

鑽石則盡量不要使用超音波清洗機清潔，另外您也可以選擇使用拋棄式酒精棉片進行清潔。

C. 初步判斷成色區間，挑選適宜比色石。

清潔完鑽石後，接著要對鑽石比色前，我們先將鑽石在珠寶檯燈下 10~15 公分的位置，觀察鑽石的成色區間約略落在什麼等級，進而挑選合適的比色石開始進行分級，加快作業速度，我們可以藉由參考上圖去選取合適的比色石區間：

D. 使用比色石對鑽石進行分級。

　　挑選正確的比色石區間後，我們開始進行鑽石分級作業，操作步驟如下：

a：使用比色版或是比色卡紙，然後使用鑷子夾取上一步驟大約推測的比色石區間，如推
　　測為無色區間的鑽石，您需要先夾取 E 及 F 色的比色石，將比色石桌面朝下，亭部朝
　　上的方式置放在比色板或是比色卡紙上，兩者間距需要能讓受測石有空間置入。

▶ 從鑽石桌面觀察其實難以發現顏色的存在，但只要將桌面朝下就會明顯看出顏色的差別。

b：將受測石桌面朝下、亭部朝上的方式，置入兩顆比色石之間，每顆石頭的間距約略為
　　1.5 公分，避免太過靠近導致彼此間顏色干擾。

▶ 比色石與受測石各自距離
需要至少 1.5 公分，避免
顏色互相干擾。

c：觀察鑽石的顏色會坐落在腰圍兩側及底尖三個位置，觀察這些位置對鑽石進行顏色分
　　級。

▶ 當桌面朝下時，鑽石顏色會在
腰圍兩側及底尖三個位置較為
明顯。

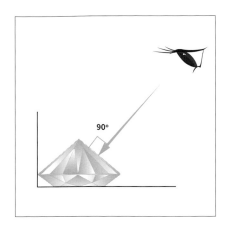

▶ 可藉由轉動比色版，調
整觀看鑽石的方向。

d：觀察鑽石的顏色使用兩個方向

1. 視線與鑽石腰圍保持水平，平視鑽石三
   個顏色明顯的位置。

2. 視線與鑽石亭部垂直，斜視觀察鑽石中
   心位置的顏色。

e：移動鑽石至比色石兩側確認顏色是否
   坐落在一開始推測的區間，如果差異
   大，須重新回到第一步驟，挑選到
   正確的比色石，如果正確還需要注意
   「主眼效應」的影響。

E. 確認比色石和受測石無混淆。

比色過程當中，會不斷的移動鑽石的
位置，可能會與比色石混淆在一起，需要
在秤一次重量，確認受測石並無混入。

F. 紀錄分級結果。

記錄下顏色分級鑑定的結果

5. 主眼效應

主眼效應指的是，每個人慣用的主視
眼不同，就如同每個人的慣用手不同，有

些人是左撇子有些人是右撇子，眼睛也是
如此，慣用眼對顏色的敏銳度較高，非慣
用眼的敏銳度較低，使得如果將檢測的石
頭顏色很接近比色石的時候，放在比色石
左或是右邊，都會稍稍被主眼效應影響，
那要如何知道自己的主視眼可以依照下
面的方式測驗：

1. 將雙手交疊，使得兩手虎口處成三角
   形。

▶ 雙手交疊成三角形，藉由這樣的方式找出自己
的主視眼。

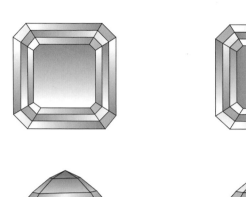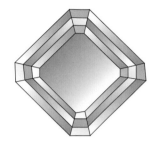

▶ 花式車工的長短邊顏色會有落差,分級時應該由斜對角的方式進行評價。

2. 雙眼打開透過雙手交疊的三角形,觀察前方物體,感覺位置物體至於三角形正中央。

3. 先閉左眼單用右眼看物體,再閉右眼單用左眼看物體,你會發覺某一隻眼的物體偏移較多,另一眼偏移較少,偏移少的那眼就視你的主視眼。

而多數的人主視眼是右眼,所以當你在鑑定顏色分級時可能需要注意下面的狀況:

1. 如果感覺鑽石在比色石左側顏色較多,在比色石右側時較少,鑽石的顏色等級和比色石相同。

2. 如果感覺鑽石在比色石左側顏色較多,在比色石右側顏色相同,鑽石的顏色等級低於比色石。

3. 如果感覺鑽石在比色石左側顏色相同,在比色石右側顏色較少,鑽石的顏色等級高過比色石。

而相反的,如果你的主視眼視左眼,遇到的情況則會與上述情況相反。

6. 花式車工無色鑽石顏色評價

我們都知道圓鑽的直徑都是用平均直徑,一般如果是正規的圓鑽,平均直徑不會有太大的落差,但是花式車工的鑽石並不同於圓鑽,花式車工可能會在一側較長,一側較短,使的成色會有落差,在長向觀察時,顏色較淡,在短向觀察時,顏色看起來較濃,所以應該由斜對角的方式觀察兩邊的顏色給予評價,再轉成正面,評價進行微調,但最多不超過一個等級。

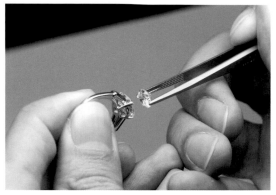

▶ 鑑定鑲嵌成台的鑽石需要利用比色石，桌面對桌面的方式去鑑別。

7. 成台鑽石鑑定

　　正規來說，鑑定所通常不會收鑲嵌成台的無色鑽石的進行鑑定評級，因為鑲嵌後的鑽石顏色會受到 K 金的影響，使得成色評價並不客觀，諸如問題如下列幾項：

▶ 藉由黃 K 金包鑲的鑽石，顏色會顯得更黃。原始等級 13.65 克拉 Fancy light Yellow Jurassic Museum Collection

1. 微黃色區間的鑽石藉由鑲嵌在白 K 金上，會使的黃色減少，看起來會像是近無色。

2. 淡黃色區間的鑽石如果鑲嵌在黃 K 金上，會使顏色看起來達到彩色鑽石。

3. 包鑲的鑽石，只有冠部可以觀察到顏色，鑑定容易有大幅落差。

4. 成台的鑽石因為清潔不易，上面的汙垢也會影響鑽石顏色評定。

5. 受測石周圍的配石影響鑽石的顏色評價。

6. 鑲嵌的 K 金經過特殊的塗料處理，導致鑑定等級不正確。

　　因此一般鑑定鑲嵌成台的鑽石等級，要用相對保守的方式給予區間評價較為安全，在鑑定的時候由於不像裸石有辦法將桌面朝下冠部朝上的方式置放在比色板，因此我們會利用鑷子將比色石夾取起來，使受測石及比色石桌面隔一點距離，面對面的方式去評價顏色，並視情況微調鑑定的等級。

三．彩色鑽石分級

　　繽紛的彩色鑽石在現今珠寶市場當中最重要的角色，珍稀的彩色鑽石往往在世界上得到眾多富豪的追求，但你知道嗎？其實早期的鑽石銷售市場認為彩色鑽石是「廢料」，並沒有收藏的價值，但到了近代研究的發現，彩色鑽石的產量遠少於無色鑽石，稀有的顏色甚至價格高達數十億元，也難怪知名的彩鑽教父 "Eddy Elzas" 說道：「彩色鑽石稀有程度只能 I WISH，卻不能 I WANT」，而彩色鑽石顏色的分級進而造成的差異也是最驚人的，但彩色鑽石的分級並不相同於無色鑽石，可以藉由比色石進行操作，彩色鑽石的分級相對是困難且不易的，必須經過一定長時間的特殊訓練，才有辦法對彩色鑽石進行分級，在我們進行分級理論的解釋前，先要讓大家了解，顏色的基本概念。

1. 彩色鑽石的顏色基本概念

　　誠如前面的章節提到，多數人對色彩的認知並沒有一致的概念，人們會試著用「金絲雀黃」、「貝殼白」、「蓮花粉」去形容顏色或是該產區多出此類型的顏色，就被用產區代表顏色的意思，例如南非開普多產出微黃色區間的鑽石，這樣的顏色進而被稱為「開普色 (Cape Color)」，但這樣抽象得命名方式，難以定義出一套標準，以及確認顏色的明、暗、深、淺。所以需要一套更具明確的鑑別方式定義出色彩，因此歸類出以下三點方向去評價顏色：A. 色相 (Hue)；B. 色調 (Tone)；C. 色度 (Saturation)

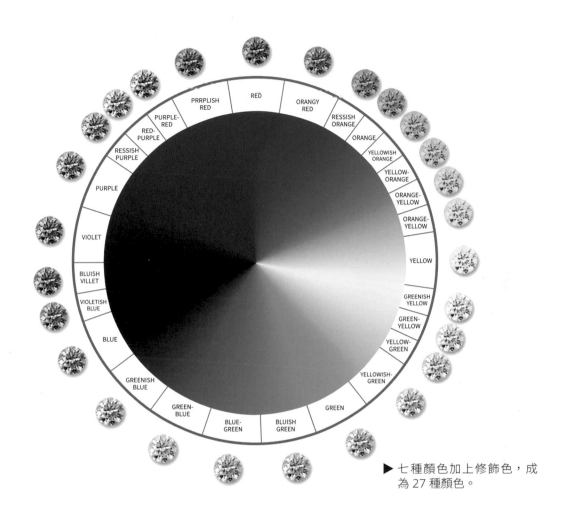

PRRPLISH RED
RED
ORANGY RED
PURPLE-RED
RESSISH ORANGE
RED-PURPLE
ORANGE
RESSISH PURPLE
YELLOWISH ORANGE
PURPLE
YELLOW-ORANGE
ORANGE-YELLOW
ORANGE-YELLOW
VIOLET
YELLOW
BLUISH VILLET
GREENISH YELLOW
VIOLETISH BLUE
GREEN-YELLOW
BLUE
YELLOW-GREEN
YELLOWISH-GREEN
GREENISH BLUE
GREEN-BLUE
GREEN
BLUE-GREEN
BLUISH GREEN

▶ 七種顏色加上修飾色，成為 27 種顏色。

A. 色相 (Hue)：

指的就是什麼「顏色」，先前提到人們肉眼可見的顏色種類為紅、橙、黃、綠、藍、靛、紫共七色，實質上一樣是紅色可能偏橙紅色或紫紅色，所以難以僅用七種顏色去定義，以色彩學的觀念會再細分為「主色」及「修飾色」，進而讓原本的 7 色衍伸出 27 或 31 種顏色，而主色在英文表達上會用大寫字母，如果一個顏色為雙主色彩則兩者都會用上大寫，修飾色則使用小寫字母，舉例來說：

* Purple-Red (PR) 紫紅色：

為紫色與紅色間的中間色，但紅色比重還是大於紫色，差不多比例約為紫色 45%~ 紅色 55%。

* purplish Red (pR) 帶紫的紅色：

略帶一些紫色的紅色，比例約為紫色 30%~ 紅色 70%。

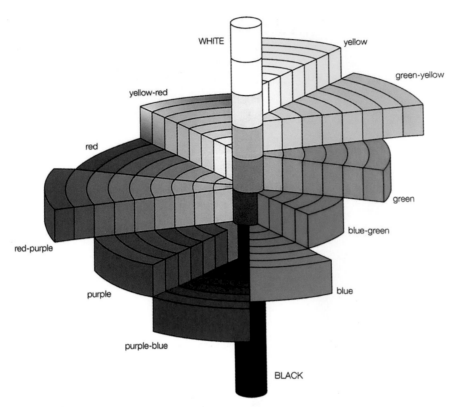

WHITE

yellow

green-yellow

yellow-red

red

green

blue-green

red-purple

purple

blue

purple-blue

BLACK

▶ 此為孟賽爾顏色的色度與色調表示圖。

B. 色調 (Tone)：

　　指的就是顏色的明暗度，除了剛剛介紹的顏色的種類（色相），每個顏色都會有「明亮」或是「黯淡」，每種顏色的亮度偏亮就會如同淺灰色或是無色，相反的如果偏暗就會如同深灰色或是黑色，一般而言色調分為十個等級而在彩色鑽石的評及當中，通常僅會使用 2~8 區域的色調，因為 10、9 幾乎為無色鑽石，1、0 幾乎為黑色鑽石了。

C. 色度 (Saturation)：

　　指的是顏色的飽和度，也可以形容為顏色的彩度，色度高的顏色會相當豔麗漂亮，反之色度低的顏色會偏灰階色且帶棕或是灰，以暖色系的紅、橙、黃在色度低的時候會偏棕，冷色系的綠、藍、靛、紫在色度低的時候會偏灰。

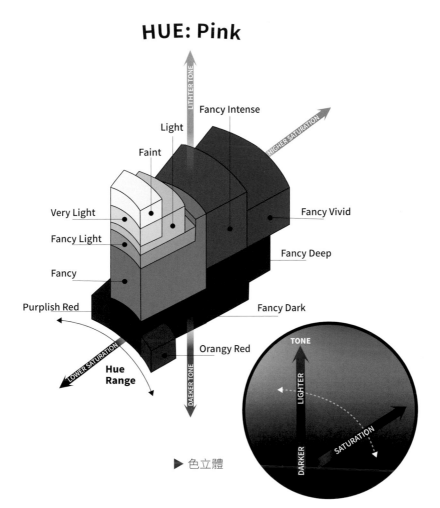

▶ 色立體

經由以上顏色的定義架構，人們在經由這套概念衍伸出 9 個評定等級：

Faint	微
Very Light	非常淡
Light	淡
Fancy Light	淡彩
Fancy	中彩
Fancy Dark	暗彩

Fancy Intense	濃彩
Fancy Deep	深彩
Fancy Vivid	艷彩

要特別注意的是，上列的順序並不是顏色等級好壞的次序，而是代表著 9 個評定等級代表的顏色做坐落在色調、色度之間的哪個區域範圍，藉由這樣的顏色系統架構出色立體的概念，下列提供藍、粉、綠、黃鑽的分級圖給各位參考。

鑽石位於色立體（藍）的區域

Courtesy of Jurassic museum

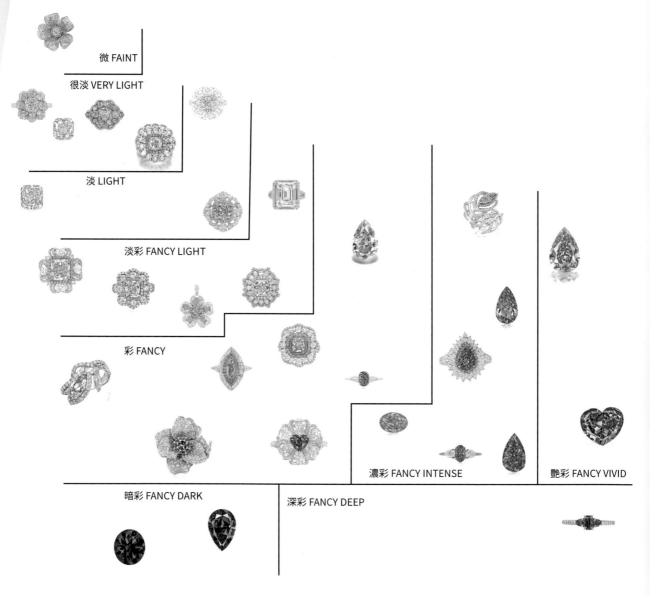

微 FAINT

很淡 VERY LIGHT

淡 LIGHT

淡彩 FANCY LIGHT

彩 FANCY

濃彩 FANCY INTENSE

艷彩 FANCY VIVID

暗彩 FANCY DARK

深彩 FANCY DEEP

鑽石位於色立體 (紅) 的區域

Courtesy of Jurassic museum

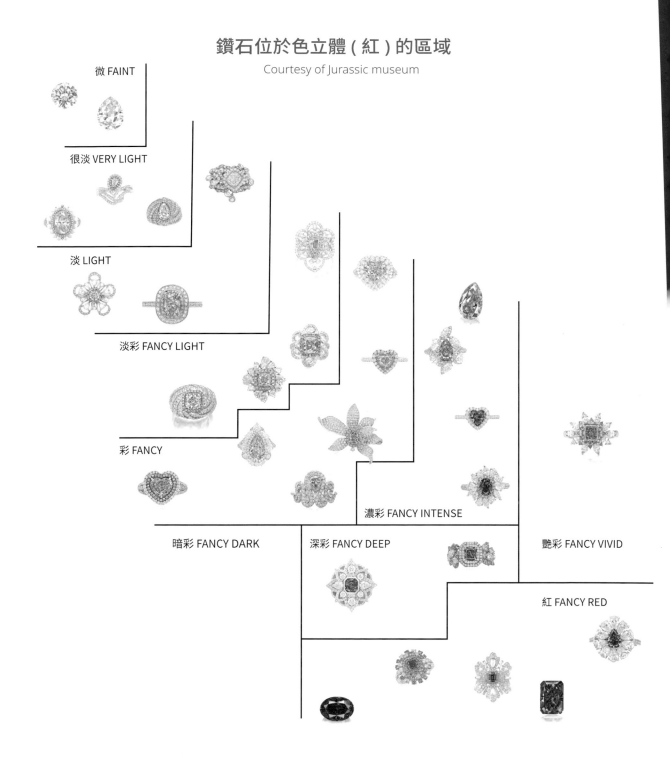

微 FAINT

很淡 VERY LIGHT

淡 LIGHT

淡彩 FANCY LIGHT

彩 FANCY

濃彩 FANCY INTENSE

暗彩 FANCY DARK

深彩 FANCY DEEP

艷彩 FANCY VIVID

紅 FANCY RED

鑽石位於色立體（綠）的區域

Courtesy of Jurassic museum

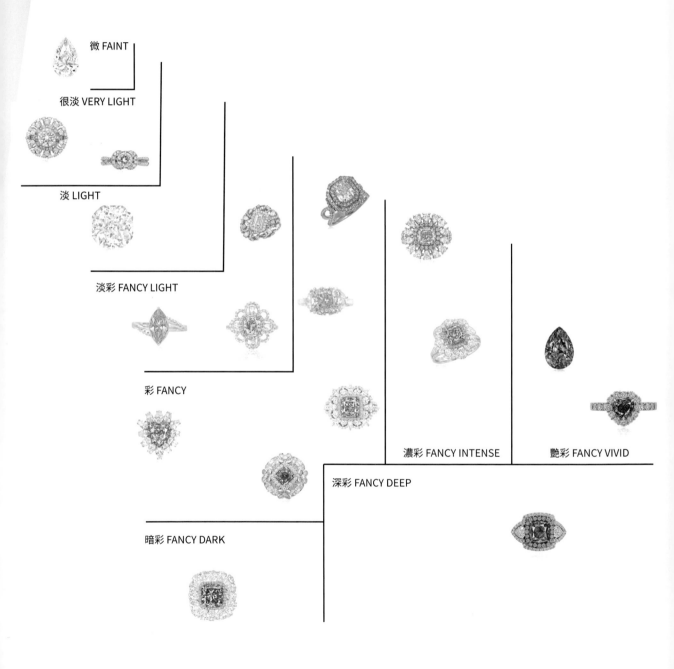

微 FAINT

很淡 VERY LIGHT

淡 LIGHT

淡彩 FANCY LIGHT

彩 FANCY

濃彩 FANCY INTENSE

艷彩 FANCY VIVID

深彩 FANCY DEEP

暗彩 FANCY DARK

鑽石位於色立體（黃）的區域

Courtesy of Jurassic museum

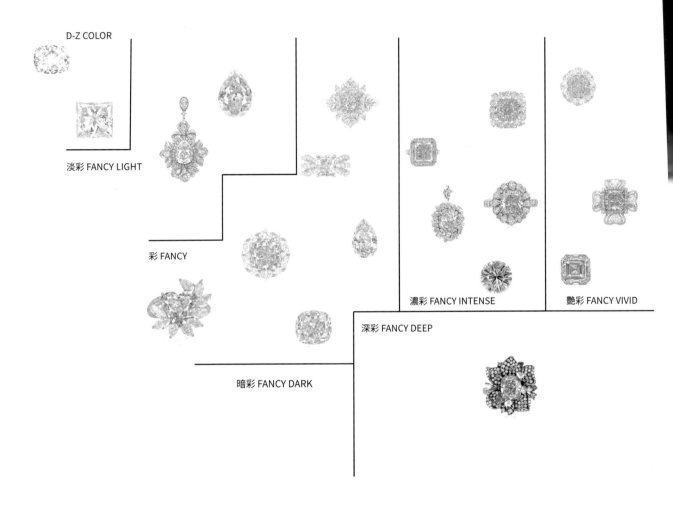

D-Z COLOR

淡彩 FANCY LIGHT

彩 FANCY

濃彩 FANCY INTENSE

艷彩 FANCY VIVID

深彩 FANCY DEEP

暗彩 FANCY DARK

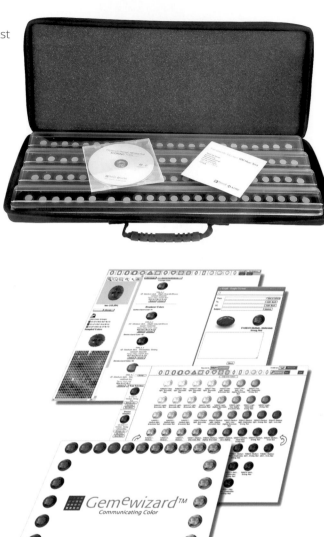

2. 彩色鑽石鑑定分級的資格

彩色鑽石的複雜性且多元性，導致彩色鑽石的分級沒有辦法像無色鑽石，藉由比色石的方式進行顏色分級，因此彩色鑽石的鑑定訓練相對是困難的，一般無色鑽石的分級鑑定僅須由一位鑑定師就可以完成，而彩色鑽石鑑定才需要 2~3 位鑽石鑑定師，先各自對鑽石進行分級後討論出彼此的共識，作為評定等級。

無色鑽石的鑑定師即便是色盲人士依舊可以勝任，因為無色鑽石鑑定是藉由顏色的濃度去做出分級，不是對顏色的色相進行分級，但彩色鑽石鑑定師就不同，彩色鑽石鑑定師對顏色的敏銳度需要達到一定的程度，並且後天藉由顏色敏銳度的訓練，例如訪間的孟賽爾色彩測試等……

▶ E.G.L. 出品的 GemeWizard 比色系統

3. 彩色鑽石分級的方法

彩色鑽石分級的比色環境及操作方式大致相同，不同點在於彩色鑽石沒有真鑽比色石可以進行分級，彩色鑽石的比色石收集幾乎是不可能的任務，因此坊間的鑑定單位可能會藉由 E.G.L. 出品的 GemeWizard 比色系統或是國際色票大廠 Pantonem 與 GIA 合作出品過的 Gem Set 進行比色分級，但兩者在都有一定的不可克服因素，GemeWizard 會遇到螢幕顏

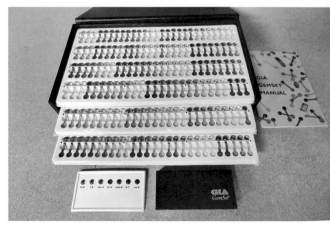

▶ GIA Gem Set 是由塑膠製成的比色石套組。

▶ 將彩色鑽石正面至於比色卡版上,藉由觀察特徵色鑑定評級。

色的色差,而 Gem Set 會遇到材質是塑膠射出,使用一定的年限後顏色會有色差,所以還是需要由鑑定師的經驗進行評斷。

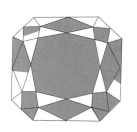 

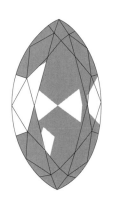 

▶ 由於正面觀察鑽石,可能會受到車工的形式或是受到光澤的影響,因此需要晃動比色板尋找特徵色。

另外,彩色鑽石的分級方式不同於無色鑽石,是將桌面朝下,冠部朝上的方式觀察顏色,彩色鑽石是直接置放於比色板上就正面觀察特徵色,也就是彩色鑽石上顏色最為強烈且明顯的區域,由於正面觀察鑽石可能會受到車工的形式或是鑽石的閃光、閃光的影響導致無法明確找出特徵色,因此過程中可能需要晃動比色板,藉由不同的角度去找出特徵色,對特徵色的部位進行顏色評級。

4. 彩色鑽石鑲嵌成台鑑定

彩色鑽石的成台鑲嵌鑑定也同於無色鑽石會受到鑲嵌的影響,最常看到的處理方式是藉由電鍍不同的 K 金色在鑲嵌的主石托中,加強彩鑽的顏色,一般來說處理的方式會如下:

▶ 黃鑽鑲嵌的戒台主石託,通常會鍍黃色 K 金,強化顏色。

1. 黃色系彩鑽 - 鍍黃金色

2. 粉色系彩鑽 - 鍍玫瑰金色

3. 藍色系彩鑽 - 鍍灰色

這樣的做法十分普遍，但更多的時候你可能會發現有些鑲台成品，除了鍍 K 金外，還會使用顏料塗色的手法，甚至有時候您會看到從無色鑽石墊色到彩色鑽石的等級。

因此鑑定鑲嵌成台的彩色鑽石通常會給予區間的評價，例如：Light to Fancy Light Pink，並且註記上鑑定是基於成台鑲嵌的情況下進行分級，如果有 K 金鍍色或是塗料也會進行標註，另外塗色的處理

▶ 肉眼觀察並無發現其他異狀，成色等級大約會被鑑定為 Fancy Pink。

▶ 放大檢視發現內部塗滿粉色顏料。
Courtesy of EGL Taiwan

▶ 檢視腰圍發現已有 GIA 鑑定。
Courtesy of EGL Taiwan

GIA®   Q   ≡ MENU

GIA REPORT NUMBER   DATE OF ISSUE
219▮▮▮   19, 2018

DIAMOND GRADING REPORT

FOR NATURAL DIAMOND

CUSHION MODIFIED BRILLIANT

Measurements	
Carat Weight	1.00 carat
Color Grade	M, Faint Brown
Clarity Grade	I1

▶ 上 GIA 查詢卻發現這顆鑽石根本是無色鑽石的 M 色等級。

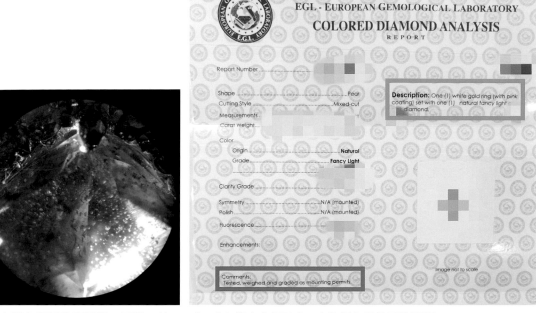

▶ 塗上藍色顏料後再覆蓋一層膠,使
得放大檢視觀察到膠體的氣泡。
Courtesy of EGL Taiwan

▶ 成台鑑定會標示出 K 金的顏色及塗層的資訊。

▶ 經過塗料處理的鑽石可以觀察到,腰圍和冠部顏色明顯落差,甚至肉眼可以見到戒台和鑽石間的縫隙有滿
滿的塗料。Courtesy of EGL Taiwan

方式可能會因為日常配戴水洗,進而顏色剝落,因此近期甚至還看到除了塗料外,還會再加上一層膠。

碳原子被其他元素所取代,抑或晶格扭曲、受輻射影響、大量內含物致色,而改變鑽石目測之顏色。

5. 天然彩色鑽石的致色成因

鑽石組成元素為碳 (C) ,若由純碳組成的鑽石為無色,若鑽石在生長過程中,

一般而言,無色鑽石最為罕見,而正常色彩之外的彩色鑽石,也依照其稀有性,顏色飽和度和明暗度來決定其價值。

A. 天然黃彩鑽
Natural Fancy Yellow Diamond

▶ 78.37 克拉，淨度 VS2 之深彩黃彩鑽 (Fancy Deep Yellow) 出現於珍藏逸品 2017 年春季拍賣會。

　　天然鑽石中，大部分皆含氮，略帶黃色，所以對黃彩鑽有較嚴格之規範，正常顏色 D 至 Z 之後的黃色鑽石，才能稱為黃彩鑽，在 EGL 鑽石顏色分級制度中，KLM 稱為微黃 (Faint Yellow)，N-R 稱為非常淡黃 (Very Light Yellow)，S-Z 稱為淡黃 (Light Yellow)，皆不能稱為彩鑽等級之黃鑽，而後面 2 組 N-R 及 S-Z 顏色之鑽石也被稱為開普鑽石 (Cape diamond)，起因於 1860 年代在南非的開普省首次發現淡黃色鑽石，之後淡黃色之鑽石在業界被稱為開普鑽石。

形成原因：氮原子取代鑽石中某些碳原子，使鑽石會吸收藍、靛光，目視顏色呈現黃色，Type I 型鑽石屬於此類。

主要產地：印度、南非、俄羅斯及巴西。

▶ 蘇富比日內瓦於 2014 在珠寶拍賣會上拍賣 100.90 克拉的豔黃彩鑽 (Fancy vivid yellow)，是世界上最大的鮮豔黃色鑽石之一。

　　珍藏逸品拍賣公司於 2017 年春拍出現一顆名為光之神跡 (The magician of light) 的 78.37 克拉深彩黃彩鑽 (Fancy Deep Yellow/VS2)，因其顏色飽和鮮豔，克拉數罕見，受到買家爭相競標。

著名的黃色鑽

✳ 蒂凡尼黃鑽 (Tiffany Yellow)：

　　1877 年在南非的金伯利礦山發現，原石重量為 287.42 克拉，由 Tiffany 創始人 Charles Tiffany 用以 18,000 美元購得並切割成 128.54 克拉的枕型鑽石，是世界第二大金絲雀黃色鑽石 (Canary Yellow diamond)。並由奧黛麗赫本 (Audrey Hepburn) 在 1961 年的電影蒂凡尼早餐 (Tiffany's Breakfast) 的宣傳照片中配戴，並於紐約市的旗艦店展出。2012 年，為紀念 Tiffany 175 週年，重新鑲嵌此顆

▶ 資料來源：usmagazine.com

鑽石於白鑽套鍊上，製作過程耗時一年，並到世界各地巡迴展出，2019 年由 Lady Gaga 配戴出席奧斯卡頒獎典禮，也是蒂凡尼黃鑽首次在紅毯亮相。

▶ Bird on a Rock
Courtesy by Tiffany

＊ 科拉太陽水滴狀鑽石
　 (Cora Sun Drop)：

　　世界上最大的梨形天然黃色鑽石，於 2010 年在南非金伯利岩管被發現。在倫敦的自然歷史博物館展出了六個月後，這件 110.3 克拉的艷彩黃鑽 (Fancy Vivid Yellow)，淨度 VVS1 的黃鑽於 2011 年被蘇富比拍賣行以 1230 萬美元的價格出售，這是黃鑽有史以來拍賣的最高價格。

＊ 佛羅倫薩 *(The Florentine)*：

　　此顆鑽石的起源是有爭議的，據說來自於印度，自 1467 年轉手多次後，也曾鑲在維也納霍夫堡的哈布斯堡王冠上，又經第一次世界大戰被帶往瑞士，1918 年維

也納藝術史博物館展示一件鑲著佛羅倫薩鑽石的帽飾。此顆擁有 137.27 克拉，盾形双面玫瑰式切工的帶綠黃鑽，有 9 個基本面，共 126 個刻面，可惜的是，此鑽石已於 20 世紀不知去向，只能從後人仿品或是照片中感受此鑽石的美麗。

B. 天然綠彩鑽
Natural Fancy Green Diamond

形成原因：生長過程中，在地層下經過長時間暴露於放射源（鈾或釷）附近，其同位素衰變產生的輻射去除鑽石中的碳原子而產生空位，損害鑽石晶體結構，使得鑽石收入射光的紅、藍色，目視下鑽石呈現綠色，此種會產生純綠或藍綠色調鑽石；另外也有可能因氮、氫、鎳元素等產生晶格缺陷，而使鑽石呈現綠色，常見黃綠色調或帶棕、灰等修飾色。綠鑽若帶有藍色修飾色時，會使其顏色更為濃郁鮮明，例如 Fancy Blue-Green 或 Fancy Bluish Green，會增加其價值。

主要產地：南非、巴西、印度、澳大利亞、剛果、迦納、西伯利亞、辛巴威和中非共和國。

▶ 5.03 克拉綠彩鑽 (Fancy Green)，淨度 VS1 的綠彩鑽，出現於珍藏逸品 2017 年秋季拍賣會。

著名的綠色鑽石

* 德勒斯登綠鑽 (Dresden Green)：

最早出現於 1700 年左右，由印度珠寶商攜帶至英國喬治一世的王宮內，喬治一世為之驚艷並表示從未在歐洲其他地區看過如此美麗的鑽石。此鑽石重達 40.70 克拉，是目前最大最美的天然綠色彩鑽，1988 年 GIA 鑑定其淨度為 VS 等級，且為非常罕見的 IIa 型鑽石，目前收藏在德國德勒斯登的博物館。

▶ 全球最大豔彩綠鑽 (Fancy vivid green)，5.03 克拉，周大福於 2017 年香港佳士得得標，當時創下綠鑽拍賣最高價格。

珍藏逸品拍賣公司在國際間徵件，較常見帶黃色調修飾色的綠彩鑽，純綠色彩鑽非常稀有，繼 2014 年拍賣會拍出一顆 14.03 克拉的帶灰色及黃色調的綠彩鑽 (Fancy Grayish Yellowish Green) 後，再見到大克拉數的綠彩鑽出現在拍賣會已經是 3 年後，2017 年秋拍朱出現一顆 5.03 克拉，淨度 VS1 的綠彩鑽 (Fancy Green)，吸引眾多國際買家的目光，特地前來台灣參加此場拍賣會競標。

＊ 格洛斯綠鑽 (Gruosi Green)：

產地為南非，重量為 25 克拉的 Type IIa 綠鑽，Gruosi Green 鑽石是已知是僅次於德勒斯登綠色鑽石的第二大天然綠色鑽石。瑞士高級珠寶公司 De Grisogono 的創始人 Fawaz Gruosi 於 1998 年購買了 100 克拉原石，在切割和拋光過程中損失了近 75% 的重量，切為枕形。現今 Gruosi Green 鑽石鑲於由 382 顆小黑鑽石密釘的戒指上。

＊ 海洋之夢 (The Ocean Dream)：

關於它的起源知道的細節很少，只了解此顆鑽石在中非發現，而 GIA 評定此鑽石顏色為深彩藍綠鑽 (Fancy Deep Blue-Green)，5.51 克拉的盾形鑽石。

＊ 奧爾洛夫綠鑽 (The Orlov)：

Orlov diamond 源於印度的 Kollur 礦山，切割後重量為 189.62 克拉，形狀被稱為「半個雞蛋」 (half a chicken's egg)。它保留了原有的印度玫瑰式切割，帶有淡淡的藍綠色調，在歷史悠久的鑽石中是罕見的。

1774 年，它被鑲嵌在俄羅斯皇后凱瑟琳大帝的帝國權杖上，目前是莫斯科克里姆林宮鑽石收藏的一部分。

C. 天然粉紅鑽
Natural Fancy Pink Diamond

粉紅鑽石來自世界各地的礦區,供應非常有限。在十七世紀和十八世紀,印度的戈爾康達 (Golconda) 地區和巴西的米納斯吉拉斯 (Minas Gerais) 地區都有發現。1980 年代以來,澳大利亞西北部的阿蓋爾礦 (Argyle) 已成為全球粉紅鑽的主要生產國,超過全球 90% 的供應量。Argyle 今天在市場上出售了超過 90% 的粉色鑽石,並且是當今最罕見和最重要的粉紅色鑽石的唯一來源。粉紅鑽常會帶有修飾色,例如:紫色或棕色,帶紫色會增加粉鑽的飽和度。

形成原因:原子晶格扭曲或因含有錳元素所造成。

主要產地:澳大利亞 Argyle、印度、巴西、南非。

▶ 2017 年 11 月被國際竊盜集團偷走之 14.67 克拉,淨度 VVS2 的粉彩鑽,目前仍積極尋找中。

▶ 3.01 克拉,TYPE 2A 橘粉彩鑽 (Fancy Orange Pink) Jurassic Museum collection

珍藏逸品拍賣公司於 2017 年秋拍出現一顆 14.67 克拉,淨度 VVS2,非常稀有的粉彩鑽 (Fancy Brownish Pink),因其顏色成因會使得粉鑽淨度通常不佳,但此顆彩鑽除了大克拉數且顏色純正外,淨度也非常好,在拍賣會預展造成轟動,但因其鋒芒太露,國際媒體報導後,被國際珠寶竊盜集團盯上,於拍賣會預展期間被盜,

國際刑警全力緝捕竊盜集團成員,但粉彩鑽至今尚未尋獲。

在此之前稍早的 2017 年春拍,也有 2 顆受到矚目的粉色系彩鑽,帶有修飾色罕見的粉鑽,一顆為 Type IIa 的 3.01 克拉的橘粉彩鑽 (Fancy Orange Pink),淨度為 IF,另一顆為 1.12 克拉的紫粉彩鑽 (Fancy Purplish Pink),淨度為 VS2,受到各界買家的大力追捧。

著名的粉色鑽石

✲ 格拉夫粉鑽 (The Graff Pink)：

此鑽為稀有的濃彩粉鑽 (FANCY INTENSE PINK)，淨度為 VVS2，24.78 克拉，TYPE IIa，鑽石來源已不可考，1950 年 HARRY WINSTON 賣給私人收藏家，2010 年，Laurence Graff 用超過 4600 萬美元購買此鑽石，創造了當時的拍賣紀錄（直到 2013 年的粉紅之夢超過此拍賣紀錄）。

✲ 周大福粉紅之星 (CTF Pink Star)：

此鑽石於 1999 年戴比爾斯集團在波茲瓦納開採出來，原石重量為 132.5 克拉，Type IIa，戴比爾斯委託「史坦梅茲鑽石集團 (Steinmetz Diamond Group)」切磨，團隊費時 20 個月，利用翻模模型練習 50 多次，才進行切割，最後切磨成橢圓型 59.60 克拉，顏色為艷彩粉鑽 (Fancy vivid pink)，淨度 IF，是迄今最大的艷彩粉鑽，

被命名為「史坦梅茲粉紅 (The Steinmetz Pink)」，2003 年正式對外亮相，於美國史密森尼博物館展出，2007 年被私人買家買走更名為「粉紅之星 (The Pink Star)」，2013 年再度現身，以超過 8300 萬美元的價格在日內瓦蘇富比拍賣會上出售給切割師「艾薩克沃夫 (Isaac Wolf)」，並改名為「粉紅之夢 (The Pink Dream)」，但最後「艾薩克·沃夫 (Isaac Wolf)」毀約，並無將鑽石買回，使得原本的成交紀錄及名稱失效，直到了 2017 年 4 月，香港蘇富比拍賣會上以 7120 萬美元的成交價，賣給了「周大福集團」，打破「奧本海默之藍 (The OppenheimerBlue)」的 5060 萬美元紀錄，創下了目前珠寶類最高成交價，周大福集團為了慶祝品牌 88 周年慶，因此將鑽石命名為「周大福粉紅之星 (CTF Pink Star)」。

▶ 「周大福粉紅之星 (CTF Pink Star)」為當今珠寶類成交價世界紀錄。（圖片來源：Sotheby's）

* **粉紅遺產** *(The Pink Legacy):*

　　2018 年佳士得日內瓦秋拍拍出一顆 18.96 克拉，Type IIa，淨度 VS1 的艷彩粉彩鑽 (Fancy Vivid Pink)，此顆鑽石原礦大約在一個世紀之前在南非開採出來，於 1920 年代切割成祖母綠切割，一直為奧本海默鑽石家族 (Oppenheimer) 所擁有，直到 2018 年出現在拍賣會上，以每克拉平均單價高達 8000 萬台幣售出，打破彩鑽每克拉單價的最高紀錄，由海瑞溫士頓鑽石公司 (Harry Winston) 競投勝出，並改名為 The Winston Pink Legacy。

D. 天然紅彩鑽
Natural Fancy Red Diamond

　　天然紅彩鑽在 GIA 的分類中，只有一個等級 -Fancy Red，若顏色飽和度不足，則評為粉紅鑽。呈現紅色且色調較暗的鑽石會落入「棕色」紅色類別。天然紅色鑽石常伴有紫色、橙色和棕色等修飾色。

形成原因：原子中發生微小運動而產生的結構性缺陷，稱為「塑性變形」或晶格結構扭曲。

主要產地：南非、巴西、澳大利亞。

　　珍藏逸品拍賣會曾於 2016 年秋拍出現一顆 0.83 克拉及 2017 年秋拍出現 1.00 克拉罕見的紅彩鑽，1.00 克拉的紅鑽命名為金伯利紅鑽 (KIMBERLEY RED)，因國際媒體曝光後，被國際珠寶竊盜集團盯上，於拍賣會預展期間被盜，國際刑警全力緝捕竊盜集團成員，但紅彩鑽至今尚未尋獲，而此顆鑽石的證書仍然收藏在侏儸紀博物館中。

▶ 0.35 克拉 紅彩鑽鑽石戒指 (Fancy Red SI2)，出現於 2019 年珍藏逸品春季拍賣會。

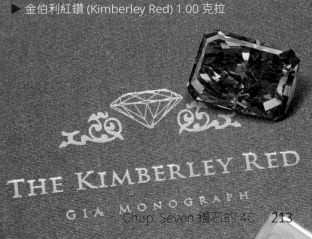

▶ 金伯利紅鑽 (Kimberley Red) 1.00 克拉

THE KIMBERLEY RED

GIA MONOGRAPH

著名的紅色鑽石

✴ 漢考克紅鑽 (Hancock Red diamond)：

此鑽石起源於巴西，紫紅色圓形明亮式切割，0.95 克拉，淨度 I1，1950 年此鑽石擁有者用了 $13,500 美金在美國當地珠寶店購入。1987 年佳士得拍賣場

場上，每克拉售價為 926,315 美元，是其預售價格的 8 倍，以 $880,000 美金賣出，震撼當時的拍賣市場，從此之後彩鑽的價格扶搖直上。

✴ 穆薩耶夫紅鑽 (Moussaieff red diamond)：

1990 年一位巴西農民在巴西的阿巴泰西尼奧河上發現，原石重達 13.90 克拉，賣給威廉戈德堡鑽石公司後，切磨為 5.11 克拉盾形，並將其命名為「紅盾」。隨後於 2000 年初賣給了倫敦珠寶商 Shlomo Moussaieff。GIA 評等此顆紅鑽為的已知存在的最大的紅色鑽石。

✴ 羅布紅 (Rob Red Diamond)：

Rob Red 是一顆梨形 0.59 克拉，淨度 VS1 鑽石，有可能是在巴西發現。雖然此鑽石只有 0.59 克拉，但其顏色飽和度被色彩專家斯蒂芬霍夫爾評為「迄今為止在視覺和儀器上測量的最飽和和最純淨的紅色鑽石。」

✴ 德揚紅鑽 (De Young Red diamond)：

是一顆明亮式切割，5.03 克拉，帶棕的深紅色鑽石。它是世界上第三大紅鑽，由於這顆紅色鑽石略呈褐色，看起來更像是一顆優質的石榴石。鑽石由波士頓珠寶銷售商德揚先生 (Sydney DeYoung) 在跳蚤市場購得，此顆鑽石被當作莊園珠寶收藏的一部分出售，當時德揚先生以為他是一顆優質石榴石，到寶石檢測實驗室進行了測試，發現這塊石頭實際上是一顆紅色的鑽石。

▶ 2.01 克拉濃彩紫粉鑽 (Fancy Intense Pinkish Purple) Jurassic Museum collection

✳ 卡讚建紅鑽
(Kazanjian Red Diamond)：

　　1926 年左右發現於南非，原石重達 35 克拉，被認為是黑色的，用於工業切割和磨損的結晶不好的鑽石材料，售價僅為每克拉 8 英鎊。石頭被送到阿姆斯特丹切割，最後鑽石切割成重達 5.05 克拉的祖母綠切割深紅色鑽石。

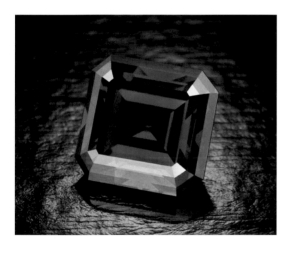

E. 天然紫彩鑽
Natural Fancy Purple Diamond

　　與其他著名的彩鑽顏色不同，紫色鑽石很少大於 5 克拉以上，一般會伴有其他修飾色，例如粉色、灰色等。

形成原因：激烈的晶格扭曲 / 晶格扭曲和含氫元素 (H) 共同作用，硼和氫的組合是其中的一部分。如果一塊石頭在其特徵中僅僅具有硼缺陷，則它將呈現為藍色。在這些鑽石中加入氫氣可以帶出紫色。毛坯鑽石礦必須在形成時暴露於高濃度的氫氣中。氫原子在原鑽石附近存在的時間越長，氫濃度越高，其紫色色調就越深。

主要產地：澳大利亞 Argyle、西伯利亞 (俄羅斯)、加拿大魁北克省開採。西伯利亞的產量主要是產生淡紫色的鑽石，但有時會發現飽和度更高的鑽石。為了說明天然紫色鑽石的真正稀有性，在西伯利亞礦區，這種鑽石通常只佔鑽石總產量的 1％。

　　2018 年，有 2 顆罕見的粉紫色彩鑽出現於珍藏藝品拍賣會，一顆為 2.01 克拉濃彩紫粉鑽 (Fancy Intense Pinkish Purple)，與另一顆 2.01 克拉紫彩鑽

▶ 2.01 克拉紫彩鑽 (Fancy Purple)
Jurassic Museum collection

(Fancy Purple)，雖然皆為紫色彩鑽，若帶有粉色修飾色，會使得紫色較亮眼，而純紫色彩鑽則是國際買家爭相競標的重點之一。

著名的紫色鑽石

✳ 皇家紫心勳章 (The Royal Purple Heart)：

產於俄羅斯，朱利葉斯克萊因集團 (Julius Klein Group) 將鑽石切割成心形，是目前已知最大的艷彩紫色鑽石 (fancy vivid purple)，這款完美的心形鑽石重量為 7.34 克拉，淨度為 I1。

✳ 至尊紫星 (The Supreme purple Star)：

此鑽石由一位收藏家帶至倫敦英國寶石學會 (British Gemological Institute in London) 鑑定，圓形的明亮切割，顏色可能為深彩紫色 Fancy deep purple 至艷彩紫紅色 Fancy vivid purplish red，稱為稀有的蔓越莓色鑽石，淨度等級以及它的確切重量是未知的。

✳ 紫蘭花 (The Purple Orchid)：

2014 年在香港珠寶首飾展覽會上的一場拍賣會上首次亮相紫色的 3.37 克拉鑽石，起源於南非一個未公開的礦山，以色列公司購買原石進行切磨，投入超過四個月的時間將其從 4 克拉拋光至 3.37 克拉，顏色為艷彩粉紫色 (Fancy Intense Pink Purple)，淨度 VS2。

＊ 阿蓋爾紫羅蘭
(The Argyle Violet)：

　　Argyle Violet 是從西澳力拓集團阿蓋爾 (Rio Tinto Argyle) 礦山發現的最大的紫色鑽石，顏色為 Fancy Deep Greyish Bluish Violet。該礦床 32 年中僅產出 12 克拉的拋光紫鑽。原石於 2015 年被發現，重達 9.17 克拉。切割後為 2.83 克拉，為了呈現最美的顏色，原石重量損失 69%，遠高於 40% -60% 的典型損失。

F. 天然藍彩鑽
Natural Fancy Blue Diamond

　　17 世紀時，藍鑽石最早源於印度的海得拉巴地區 (Hyderabad region)。當時，印度是寶石級鑽石的大供應國。四百年後的現今，印度鑽石礦幾乎挖掘殆盡。目前，世界上大多數藍色鑽石現在來自南非的庫利南礦 (Cullinan)。為了強調藍鑽罕見程度，迄今為止，它們佔南非庫利南礦 (Cullinan) 的總鑽石產量的不到 0.1%，此礦脈的藍鑽產量為世界之最。

　　大部分被開採的天然藍色鑽石被認定為 IIb 型。與 I 型鑽石不同，II 型鑽石的氮含量很稀少。特別是 IIb 型藍色鑽石含有硼元素，一種能夠賦予這些鑽石獨特藍色色彩的微量元素，硼的存在也賦予藍色鑽石半導體性質，與其他通常不導電的鑽石相比，這是獨特的。南非的戴比爾斯 (De Beers) 礦山每年只產出一顆主要的藍色鑽石，可見藍色鑽石的稀少性。

形成原因：天然藍鑽為 Type IIb 型鑽石，因含有微量元素硼的關係，硼含量越多，顏色則越深，一般會帶灰色調；若有帶綠色，則形成原因則有可能為天然或人為輻照所引起。

主要產地：南非庫利南礦 (Cullinan)、印度、巴西、澳大利亞、獅子山國。

　　珍藏藝品拍賣會於 2012 年秋拍以 4100 萬拍出一顆 1.88 克拉艷彩藍彩鑽 (Fancy Vivid Blue) 拍出價格

▶ 1.88 克拉艷彩藍彩鑽 (Fancy Vivid Blue) Sold by 珍藏藝品拍賣會

▶ 10.02 克拉全美藍彩鑽 (Fancy Light Blue /IF
Sold by 珍藏藝品拍賣會

▶ 1.00 克拉全美濃彩藍鑽 (Fancy Intense Blue)
Sold by 珍藏藝品拍賣會

為 4100 萬，預估現今價格已逾 2 億台幣。2015 年秋季拍賣會及 2017 年拍賣會分別拍出的 10.02 克拉藍鑽 (Fancy Light Blue)，淨度 IF，及 1.00 克拉濃彩藍鑽 (Fancy Intense Blue)，淨度 IF，在國際間實為罕見。這幾顆藍色彩鑽之稀有性在於淨度高且顏色飽和度夠並不帶任何其他修飾色，令收藏家趨之若鶩。

著名的藍色鑽石

✱ 希望鑽石 (Hope Diamond)：

產出於印度，此鑽石有悠久歷史，而世人賦予此顆鑽石的傳說增添了此鑽石的神祕色彩。此 45.52 克拉的枕型切割鑽石，顏色為暗彩灰藍色 (Fancy Dark Greyish Blue)，淨度 VS1。

傳說，這顆鑽石的前身是印度一座神廟的聖物，是大神羅摩之妻悉多神像的雙眼之一，重達 112 克拉。1642 年法國冒險家塔韋尼埃連夜將其偷出。神廟祭司第

二天發現之後，就下了詛咒，詛咒所有起於私心而擁有寶石的人。

塔韋尼埃將其獻給了路易十四之後，窮困潦倒，在流落俄國時被野狗咬死。

路易十四將其切割成 69.03 克拉，贈給情婦蒙泰斯達夫人，隨即，蒙泰斯達即失寵。其後路易十六繼承了這顆寶石，非常喜愛，並將其贈與王后瑪麗·安東尼特，結果兩人雙雙死於斷頭台。

1792 年，該鑽石被盜走，盜賊將其帶到英國，由於該鑽石名聲響亮而無法售出，結果被迫將此顆鑽石拿去抵債，最後餓死街頭。新主人將其切割成 45.52 克拉，將其出手給了英王喬治四世，不久後，這個賣主就自殺了，而喬治四世也陷入財政危機，只好秘密賣出鑽石。

1824 年，著名銀行家亨利·菲利普·霍普買下了該鑽石，並用自己的姓氏 Hope 為其命名。由於 Hope 意即希望，故此鑽石得名希望鑽石。從此開始霍普家族的生意開始走下坡路，其孫被迫將其拍賣抵債。

傳說該鑽石之後落入俄國王子卡尼托斯基之手，隨即他在十月革命中被處決。下一個倒霉鬼是土耳其蘇丹阿卜杜勒・哈米德二世，他被凱末爾廢黜。

接下來華盛頓郵報的繼承者艾弗琳・沃爾什・麥克林買下了這顆鑽石，結果她的兒子隨即在車禍中喪生，丈夫精神崩潰，死於精神病院，女兒也服安眠藥身亡。1933 年，華盛頓郵報也因為經營不善而被迫轉手。

1949 年，珠寶商哈里・溫斯頓買下了該鑽石，奇怪的是，詛咒好像從此停止了。1958 年，溫斯頓將該鑽石捐獻給了國立自然博物館展出至今。

實際上，該鑽石是 1660 年左右塔韋尼埃在印度戈爾康達著名的科魯爾礦山買到的，時稱塔韋尼埃之藍 (Tavernier Blue)。當時該鑽石只是粗糙地刻成三角形狀，因此不可能被當成是女神的眼睛。

1668 年，塔韋尼埃回到法國，在凡爾賽宮向法王路易十四展示了他在印度的收穫，路易十四買下了四十餘顆大鑽石，其中包括這顆藍鑽石。宮廷御用珠寶匠 Sieur Pitau 將其切割成 67.125 克拉，鑲嵌於黃金底座，連上緞帶後作為國王在典禮上使用的項飾。路易十四稱其為王冠藍鑽或者法蘭西之藍。1749 年，路易十五將該鑽切割後鑲於自己的金羊毛勳章上作為掛件。路易十五死後，這顆鑽石就沒有被正式使用過。

法國大革命期間，1792 年 9 月 11 日，六名竊賊闖入皇家寶庫將該鑽偷走。其中一名竊賊 Cadet Guillot 將其攜回勒阿弗爾，又渡海去了倫敦。

1812 年 9 月，一顆類似於法蘭西之藍的鑽石出現在倫敦珠寶商丹尼爾・埃利亞森手裡，這是希望鑽石最早可以確切考證的出處。2005 年 2 月，美國科學家確認了希望鑽石確實是自法蘭西之藍切割而成。

1824 年，這顆鑽石出現在亨利・菲利普・霍普的藏品中，霍普將其鑲在一枚胸針上，他的弟媳經常佩戴著這顆藍鑽出席社交聚會。1839 年，霍普死去，他的三個侄子為了爭奪其遺產打了十年官司，最後亨利・霍普贏得了這顆鑽石。其後，這顆鑽石先後在 1851 年倫敦世界博覽會和 1855 年巴黎世界博覽會上展出。

亨利・霍普死於 1862 年 12 月 4 日，其妻繼承了他的財產。1884 年 3 月 31 日，霍普夫人去世，其外孫亨利・弗朗西斯・霍普・佩爾漢姆 - 柯林頓・霍普、第六世紐卡斯爾公爵，在 1887 年獲得了這顆鑽石。但是根據遺囑，他不能將其出賣。

公爵揮霍無度，陷入破產。1894 年他娶美國女演員 May Yohe 為妻，並在其後靠妻子片酬維生。1896 年，公爵徹底破產，只得申請拍賣希望鑽石。1901 年，英國上議院最終裁決他可以賣出希望鑽石。

倫敦珠寶商 Adolf Weil 以 29,000 英鎊的價格買下了希望鑽石，接下來又轉手給了美國人 Simon Frankel。1908 年，巴黎的 Salomon Habib 以 400,000 美元的價格買下了這顆鑽石。1909 年，深陷債務危機的 Habib 被迫以低價 (80,000 美元) 將該鑽石出售給了巴黎的 Rosenau。1910 年，著名的珠寶商皮耶爾·卡地亞以 550,000 法郎的價格將其購入。

卡地亞重新鑲嵌了這顆寶石，並在 1911 年將其出售給了麥克林。麥克林逝世於 1947 年，1949 年，希望鑽石再次被拍賣，紐約珠寶商溫斯頓買下了它。溫斯頓將這顆鑽石巡迴展出，並在許多公益場合展示，包括 1958 年加拿大國家博覽會。1958 年 11 月 7 日，溫斯頓將希望鑽石捐給了史密森尼博物院。

也許確實這顆鑽石給一些人帶來了霉運，但是對於史密森尼來說，擁有這顆鑽石卻意味著好運。希望鑽石是其珠寶展館的重要展品。1962 年，博物館重修了珠寶展館，在大廳邊專辟一小廳展示該鑽石。該鑽石陳列在一個旋轉底座上，每天吸引大量遊客前來參觀，是整個博物館最有人氣的展品。

這顆鑽石有著獨特的螢光，像其他寶石一樣，在紫外線照射下，它淡淡泛著光，可是當把紫外光源移走之後，這顆鑽石就散發出鮮艷的紅色磷光。

✳ 永恆之心 (THE HEART OF ETERNITY)：

產於南非庫利南鑽石礦 (舊稱為總理鑽石礦 Premier mine)，戴比爾斯 (De Beers) 請 Steinmetz 集團為其切磨成 27.64 克拉，艷彩藍鑽 (Fancy Vivid Blue) 的心型鑽石。

在 2012 年，有傳言稱，拳擊手梅威瑟為他的未婚妻 Shantel Jackson 購買了永恆之心項鍊。戴比爾斯拒絕透露他們將永恆之鑽鑽石賣給誰，因此目前無法得知擁有者資訊。

✳ 維特爾斯巴赫 - 格拉夫 (WITTELSBACH-GRAFF)：

此鑽石產於印度的柯羅礦區(Kollur mine)，最初的 Wittelsbach 鑽石，也被稱為 Der Blaue Wittelsbacher，是一顆重 35.56 克拉的深彩藍灰色鑽石 (fancy deep grayish-blue)，淨度 VS2，相傳此顆鑽石是 1660 年代西班牙公主瑪格莉特與奧地利皇帝結婚時，其父親西班牙國王菲利普四世贈與的禮物，傳承了幾代後，1722 年，成為奧地利公主的嫁妝，嫁給特爾斯巴赫家族，這顆鑽石被命名為維特爾斯巴赫 (The Wittelsbach Diamond)，1806 年時，維特爾家族成為巴伐利亞第一任國王，此顆藍鑽被鑲嵌於琪皇冠上，而後，此顆鑽石一直是奧地利與巴伐利亞

▶ 維特爾斯巴赫 (左)，曾與 Hope diamond (右) 一起展出過。

皇冠上的一部分。此家族沒落後，此顆藍鑽幾度經手，2008 年格拉夫以 2340 萬美元購買，為提高淨度及顏色，鑽石被重新切磨，在此過程中損失 4.45 克拉，重量修正為 31.06 克拉，深彩藍色 (fancy deep blue)，淨度 IF (內部無瑕) 的鑽石，而後此鑽石更名為 Wittelsbach-Graff。

✳ 帝國藍 (THE IMPERIAL BLUE)：

產於幾內亞的沖積礦床，而幾內亞的馬倫卡和蘇松省的 Macenta 和 Areodor 地區出產了一些非常大的鑽石，如 1991 年發現的 Mouawad Magic 鑽石，重達 244.6 克拉。自 1984 年以來，幾內亞的鑽石產量有所增加，而且大部分生產的鑽石都是極好的寶石質量等級。

帝王藍的原石重達 101.50 克拉，並由政府官員保管，政府通過招標方式出售未加工的鑽石，並要求參加拍賣的國際買家進行書面投標。經過一連串投標，GRAFF 並無標到此顆鑽石，但卻積極餐與此鑽石切磨加工的各個步驟，切磨後鑽石為水滴型，39.31 克拉，藍彩鑽 (fancy

blue)，淨度無瑕 internally flawless (IF)，在 1984 年格拉夫終於買到此顆鑽石，目前是世界上最大無瑕藍鑽石。

＊ 藍心 (THE BLUE HEART)：

於 1908 年在南非庫利南鑽石礦（舊稱為總理鑽石礦 Premier mine）發現。重量為 30.82 克拉，顏色為 Fancy Deep Blue，淨度為 VS2。1910 年，卡地亞 (Cartier) 購買鑽石並將其賣給名為 Unzue 的阿根廷女士。1953 年 Van Cleef & Arpels 買下這顆鑽石，而後，易主為 Harry Winston，瑪喬理‧梅里韋瑟‧波斯特 (Marjorie Merriweather Post) 於 1960 年從 Harry Winston 購買了這顆鑽石，並於 1964 年將這塊石頭捐贈給了史密森尼博物館。這顆鑽石有時被稱為 "Eugenie Blue"，但沒有證據表明皇后曾經擁有它。

＊ 約瑟芬的藍月
(The Blue Moon of Josephine)：

藍月鑽石於 2014 年被挖掘出來，原礦重量達 29.6 克拉，為 Type IIb 的鑽石，2014 年以 25,555,555 美元售出給柯拉國際公司 (Cora International NY)，柯拉公

▶ 約瑟芬的藍月 (The Blue Moon of Josephine) 12.03 克拉，豔彩藍鑽 (Fancy Vivid Blue)，曾一度為世界拍賣紀錄。（圖片來源：Sotheby's）

▶ 29.6 克拉的藍月鑽石原礦（圖片來源：petradiamonds）

司的切磨團隊將原礦翻模成塑膠模型，歷經六個月總共練習了 30 次的切磨方式，最終才將成品切磨成 12.03 克拉的「藍月」，藍月的顏色為 Fancy Vivid Blue，且與歷史上的著名藍色鑽石，「希望」一樣為紅色磷光，十分特殊罕見，在售出前曾到美國洛杉磯自然歷史博物館及史密森尼博物館展出，展出期間的參觀民眾提升了 10~15%，最後於 2015 年日內瓦蘇富比拍賣會售出，金額高達 4850 萬美元，為當時的世界成交紀錄，購買者是香港富商 - 劉鑾雄贈送給他的愛女約瑟芬，因此鑽石後來被更名為「約瑟芬的藍月 (The Blue Moon of Josephine)」。

＊ 奧本海默之藍 (The OppenheimerBlue)：

▶ 「奧本海默之藍 (The OppenheimerBlue)」曾經為珠寶類成交價世界紀錄。（圖片來源：christies）

　　命名來自前持有者「菲利普・奧本海默」爵士，也就是領導大名鼎鼎的戴比爾斯集團，奧本海默家族成員之一，「奧本海默之藍 (The OppenheimerBlue)」是一顆重量 14.62 克拉，顏色 Fancy Vivid Blue，淨度 VVS1 的藍彩鑽，於 2016 年 5 月於佳士得拍賣會售出，成交價高達 5060 萬美元，超越「約瑟芬的藍月 (The Blue Moon of Josephine)」成交價，打破當時彩色鑽石最高成交紀錄。

＊ 穆瓦德藍鑽 (MOUAWAD BLUE Diamond)：

　　這顆梨形鑽石最初被稱為 Tereschenko Blue Diamond，42.52 克拉的藍彩鑽 (Fancy Blue) 缺乏歷史紀錄，只知道出現於 1913 年，而 1984 年由私人收藏家拿到拍賣會上拍賣，於 1984 年 11 月在佳士得日內瓦拍賣會上由羅伯特穆瓦德 Robert Mouawad 以 460 萬美元的價格收購，現在被稱為 Mouawad Blue。而 460 萬美元是當時是拍賣鑽石的最高價格。

＊ 偶像之眼 (THE IDOL'S EYE)：

　　據說出現於在 17 世紀初期的戈爾康達地區，三角形老礦式切割，重達 70.21 克拉，Fancy Light Blue，曾為奧斯曼帝國第 34 蘇丹 Abdul Hamid II 所有。而在歷史上第一次被證實是它出現在 1865 年 7 月 14 日在倫敦的佳士得拍賣會上，由 Harry Winston 和 Laurence Graff 購買和出售。

G. 天然橘彩鑽
Natural Fancy Orange Diamond

　　大部分橙色鑽石是 Ib 型鑽石，佔所有鑽石的不到 0.1%，與 IIb 型鑽石大致相當，是最罕見的鑽石類別。一般橘色鑽石常帶有附色：棕色，黃色或粉紅色，皆為常見的橘鑽附色，而不帶有其他附色的純橙色，更是少見。

形成原因：通常是 Ib 型鑽石，它由氮原子以特定的方式組成，吸收藍色和黃色光，產生橙色外觀。也有說法為，因顏色介於黃色及紅色中間，推測為氮原子及晶格扭曲共同作用的結果，但因一般橘鑽帶有粉或棕色，並無法得知晶格扭曲是否造成橘色成因。

主要產地：澳大利亞的 Argyle 礦山和南非的礦山。

Orange) 及 2018 年春拍售出 3.01 克拉艷彩黃橘色彩鑽，此 2 顆艷彩色調橘鑽深受藏家歡迎，也因其特殊色系，使得橘色彩鑽克拉單價居高不下。

＊ *南瓜鑽石*
(The Pumpkin Diamond)：

　　此鑽是 1997 年在中非共和國發現，原石為 11.00 克拉，由威廉戈德伯格 (William Goldberg) 切割和拋光，成品總重為 5.54 克拉，枕型切割，Ib 型的豔彩橘鑽 (Fancy Vivid Orange)，無其他修飾色，是目前最大顆的純色橘鑽。1997 年 Harry Winston 拍賣會上購得，並取名為南瓜鑽石。

　　與其他顏色相比，世界上橘色名鑽非常稀少，且克拉數不大，珍藏藝品拍賣會於 2017 年春拍售出一顆 0.70 克拉艷彩橘色彩鑽 (Fancy Vivid

▶ 0.70 克拉艷彩橘色彩鑽 (Fancy Vivid Orange)
Jurassic Museum collection

▶ 22.74 克拉深彩黃棕鑽 (Fancy Dark Yellowish Brown) Jurassic Museum collection

＊ 橙色 (The Orange)：

是目前已知的最大顆橘色鑽石，重量為 14.82 克拉，顏色為艷彩橘鑽 (Fancy vivid orange)，Type Ia 型，淨度 VS1 的水滴形鑽石，在 2013 年佳士得日內瓦以超過 3550 萬美元的價格售出。

H. 天然棕彩鑽
Natural Fancy Brown Diamond

天然棕色鑽石是最常見的鑽石類型。由於澳大利亞 Argyle 和其他礦山的大部分產量都是棕色鑽石，與所有鑽石相比，它們的含量都很豐富，以前的功能主要是工業用途。阿蓋爾產量的 80％由棕色或香檳鑽石組成，為了改變市場上對棕色鑽石的看法，1990 年代策劃了一場大規模的廣告改變，改進營銷計畫，透過將棕色鑽石色調與香檳和乾邑等同樣顏色的奢侈品相結合，為棕色鑽石帶來榮耀和認可。

Argyle 使用他們自己的分級標準對天然棕色鑽石的色調和飽和度進行分級，從香檳色 (最淺色的棕鑽) C-1 鑽石到深度干邑棕色 (最深色的棕鑽) C-7。Type I 型棕色鑽石的淨度範圍很廣泛從 FL 至 I1，I2 和 I3 都有可能。而 Type II 型棕色鑽石通常具有非常高的透明度，這是 TypeII 型鑽石的特徵。

高壓高溫處理可修復晶格缺陷，並將棕色鑽石轉換成黃色或甚至無色的鑽石。

形成原因：晶格中的分子水平缺陷導致晶格的原子缺乏對準，形成缺口，使得光通過鑽石時呈現棕色，稱為「塑性變形」，而放大觀察則可看到平行的內部或表面孿晶紋。

主要產地：澳大利亞 Argyle、南非、俄羅斯。

著名的棕色鑽石

＊ 金色慶典 (The Golden Jubilee)：

金色慶典的原本的名字為「無名的棕色」，原礦發現於 1986 年，重達 755.5

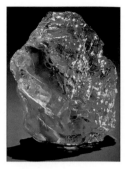

▶「金色慶典 (The Golden Jubilee)」是迄今最大的切割面鑽石。（圖片來源：worthy）

克拉，由於原礦夾雜大量的裂隙與內含物使得切割困難重重，當時戴比爾斯集團雇用了以色列切割大師「加布爾·托高斯奇 (GabrielTolkowsky)」，並且打造了一個沒有振動干擾的地下室，歷時兩年切磨成 545.67 克拉，是迄今最大的刻面鑽石，顏色鑑定為 Fancy Yellow-Brown，1995 年時被泰國的 AIGS 實驗室創辦人「何啟騰 (Henry Ho)」買走，後來這顆鑽石後受到了梵諦岡教皇、泰國佛教主持、伊斯蘭教的伊瑪目等祝福，隨後在 1996 年泰皇加冕 50 周年時致贈給泰皇，並將名字改為「金色慶典 (The Golden Jubilee)」，據說當時體況不佳的泰皇收到此禮後，身體逐漸恢復，目前鑽石仍然鑲於泰皇的黃冠上，保留於泰國皇家的皇宮內。

＊ 無與倫比的鑽石
(The Incomparable Diamond)：

1984 年發現於剛果 (Democratic Republic of Congo)，一位年輕的女孩在叔叔家外面的一堆瓦礫中玩耍時發現，原礦經過幾手交易後，最後由安特衛普的戴比爾斯公司購入此 890 克拉的原礦。而

原礦形狀非常不規則且有孔隙，在切割時並無法按照一般標準鑽石切割方式，令人驚喜的是，鑽石內部幾乎無任何內含物及瑕疵，切割後為 407.48 克拉，盾形階梯切割，棕黃彩鑽 (Fancy Brownish Yellow)，淨度為內部無瑕 (IF)，是世界第三大切割鑽石。

＊ 南方之星
(The Star of the South 或 Estrela do Sul)：

1853 年發現於巴西鑽石礦場，發現此鑽石原礦之女性奴隸獲得終身自由與一筆退休金。這塊原礦重達 261.88 克拉，切割後的枕形鑽石呈現淡彩粉褐色 (Fancy Light Pinkish-Brown)，重 128.48 克拉，是 Type IIa 型，淨度 VS2；卡地亞於 2002 年從印度孟買的 RustomjeeJamsetjee 購入。

I. 天然白色彩鑽
Natural Fancy White Diamond

　　白色鑽石並不屬於任何一般鑽石分級 (D-Z) 的任何一個色階,在色譜學上來說,白色是所有顏色的總和。而白色彩鑽根紅色彩鑽一樣,分類只有一個等級一Fancy White。

形成原因:有多種形成原因

1. 具有強烈的螢光反應

2. 極多的彎晶紋

3. 大量微小白色雲狀內含物,

主要產地:印度的 Panna 礦

J. 天然灰色彩鑽
Natural Fancy Gray Diamond

　　灰色色調的範圍確實相當大。其他顏色也常是灰色鑽石的修飾色。例如:藍灰色 (Fancy Bluish Gray)、靛灰色 (Fancy Violet-Gray)、綠灰色 (Fancy light Greenish Gray) ,而帶有附色的灰色鑽石,也常讓人感受到不同色系的驚喜。

形成原因:含有高含量的氫元素天

主要產地:巴西,印度,俄羅斯和南非,而澳大利亞 Argyle 鑽石礦的總產量的百分之二由灰色鑽石組成,其產量比世界上任何其他礦山都要多。

著名的灰色鑽石

✳ 摩洛哥蘇丹 (Sultan of Morocco) :

　　據說此鑽石源於印度南部,重達35.27 克拉,是一顆灰藍色 grayish-blue 鑽石,為歷史上第四大藍鑽。卡地亞於1922 年跟俄羅斯費利克斯尤蘇波夫二世 (Felix Yousupov II) 購買此鑽石。卡地亞於1969 年將鑽石租借給紐約州博物館參加世界寶石博覽會。三年後,摩洛哥蘇丹鑽石被出售給美國的私人收藏家。

K. 天然黑鑽
Natural Fancy Black Diamond

　　天然花式黑鑽由大量黑或暗色包裹體聚集衍生出其顏色。這些內含物集合使天然黑鑽石具有獨特的黑色,天然黑色鑽石吸收光線,這一獨特屬性賦予它們不透明的外觀。黑彩鑽的分類只有一個等級一Fancy Black。

形成原因：是由無數的黑色或暗色內含物所形成的

主要產地：西伯利亞、印尼、巴西、中非共和國。

＊ **侏儸紀博物館收藏**

此顆名為 Jurassic Black 的 35.74 克拉天然黑色鑽石。是世界最大克拉數黑鑽之一。

▶ 35.75 克拉天然黑鑽
Jurassic Museum collection

著名的黑色彩鑽

＊ **梵天之眼 (The Black Orlov)：**

這 67.50 克拉的黑鑽，起源於早期的 19 世紀的印度。據說，這顆原本重達195 克拉的鑽石在一位印度教神梵天雕像的一隻眼睛，被一名僧侶偷走了，這種褻瀆行為對鑽石造成了詛咒，這將導致其未來擁有者自殺，包括

俄羅斯公主 Nadia Vyegin-Orlov（鑽石名稱的來源），而後其擁有者將其切割成 3塊，確信已經打破了詛咒。Black Orlov 鑽石是由卡地亞設計鑲於柏金吊墜上，吊墜懸掛在鑲嵌有 124 顆小白鑽的白金項鍊上。黑色和白色鑽石之間的顏色對比非常引人注目，並增強了石頭的美感。1951年在美國自然歷史博物館以及 1964 年德克薩斯州博覽會上展出。

＊ *The Spirit of De Grisogono Diamond：*

這顆擁有 312.24 克拉的黑鑽，是世界上最大的黑鑽石，也是世界第五大鑽石。鑽石源礦源於中部非洲西部，重量為 587克拉，然後運往瑞士，由瑞士珠寶商De Grisogono 以

傳統的 Mogul 鑽石切割風格切割。製作成戒指，成品鑽鑲嵌在 702 顆白鑽中，已售給私人收藏家。

L. 天然變色龍鑽
Natural Chameleon Diamond

變色龍鑽石是一種會因為熱源或光源改變體色的鑽石，稱為具有光致變色(photo-chromatic) 或熱致變色 (thermochromatic) 的鑽石。1943 年鑽石切磨師彼得卡普蘭 (Peter Kaplan Inc.) 發現，在拋光過程中，鑽石變成深色，首次記錄變色鑽石。經典的變色龍通常是從穩定帶有灰色、棕色、黃色修飾色的橄欖綠顏色，變色後為不穩定呈現更強烈的褐色或橙黃色至黃色的橄欖綠色或黃色。一些變色龍鑽石是淡黃色，變成更強烈的綠黃色。接觸熱源產生的顏色變化會比光源變色產生更明顯的顏色變化，不過，這種變化通常不會持續很長時間，在溫度回復時變回正常狀態。變色龍鑽石的特點是具有中等強度的黃色螢光。

形成原因：因含有微量元素氫、氮及鎳。

主要產地：中國、非洲和澳大利亞的 Argyle 礦。

✳ 侏儸紀博物館收藏

　　歷史上發現的變色龍鑽石原礦晶體通常不大，目前知名的最大變色龍鑽石也只有 31.32 克拉，而台灣侏儸紀博物館珍藏一顆 15.39 克拉變色龍，顏色為深灰黃綠彩鑽 (Fancy Dark Gray-Yellowish Green)，濃郁的黃綠色系是標準變色龍在一般燈光環境下所呈現的色彩。

著名的變色龍彩鑽

✳ *蕭邦變色龍 Chopard Chameleon：*

　　是目前已知最大的變色龍鑽石，31.32 克拉，淨度幾乎近無暇，鑲於一個彩鑽戒指上。並於 2008 年在巴塞爾國際鐘錶展上展出。

✳ *22.28 克拉變色龍：*

　　22.28 克拉的心形變色龍鑽石曾經是世界上最大的變色鑽石，顏色是由穩定的灰黃色變成幾乎純淨的黃色 (fancy greyish yellow to an almost pure yellow)，直到它被 31.32 克拉蕭邦變色龍超越。

▶ 15.39 克拉變色龍鑽石
Jurassic Museum collection

鑽石淨度特徵

切磨後之鑽石內部或表面留下之特徵稱之為淨度特徵：鑽石晶體在生長的過程中，包覆各式各樣的其他晶體或在鑽石內部及表面產生的生長特徵，以及在切磨或配戴過程中，也會產生一些人為的表面特徵，皆稱為鑽石淨度特徵。

淨度特徵之分類是以外觀作為分類命名，例如：內含晶體並無特別名稱區分是何種晶體或形狀，只要符合特徵性，皆成為內含晶體；而雲狀物也是表示由微小針點聚集所形成之外觀，稱為雲狀物，而不以顏色或外型特別有其他名稱（商業名稱除外）。

一. 淨度特徵評級

在 10 倍放大之條件下，根據內含物之數量 (number)、大小 (size)、位置 (position)、種類 (nature) 及明顯度 (relief) 來決定已切割鑽石之淨度等級，是用以評估鑽石之價值的重要項目之一。按照 GIA 的分級，鑽石淨度可分為 11 級，而 EGL 分為 12 級（多一級 SI3）。

A. 無暇級 (FL，Flawless)：

在 10 倍放大鏡下觀察，鑽石沒有任何內含物及表面瑕疵。但可能會有：

1. 亭部位置有正面不可見的額外刻面

2. 正面朝上，不超過腰圍的小天然面

3. 不影響淨度之雙晶網及孿晶紋

4. 腰圍上的雷射刻字

B. 內部無暇
(IF，Internally Flawless)：

在 10 倍放大鏡下觀察，鑽石內部沒有任何內含物，只能看到不明顯的表面特徵，可藉由拋光去除。

C. 極輕微內含級
(VVS，Very Very Slightly Included)：

在 10 倍放大鏡下觀察，鑽石正面有極困難觀察的內含物，或只能透過鑽石底部觀察到。

VVS1：只能從亭部觀察到極困難察覺得內含物。

VVS2：可從冠部觀察到極細微的針點或小內含物。

D. 輕微內含物
(VS，Very Slightly Included)：

在 10 倍放大鏡下觀察，鑽石的內含物可見，但非常微小。

VS1：困難觀察到之內含物，通常不會出現在桌面。

VS2：較容易觀察到之內含物，但非常微小，有可能出現在桌面。

各國際鑑定所之淨度分級對照表

鑑定所 \ 等級	無瑕	內無瑕	極輕微內含物		輕微內含物		微內含級			內含級		
GIA	FL	IF	VVS1	VVS2	VS1	VS2	SI1	SI2		I1	I2	I3
EGL	FL	IF	VVS1	VVS2	VS1	VS2	SI1	SI2	SI3	I1	I2	I3
AGS	0		1	2	3	4	5	6	7	8	9	10

E. 微內含級 (SI，Slightly Included)：

　　在 10 倍放大鏡下觀察，鑽石有清晰可見的內含物。

SI1：從桌面或冠部，容易看出之內含物。

SI2：從桌面或冠部即可見明顯內含物。

SI3：EGL 與 GIA 淨度分級不同在於 SI3，為具有明顯內含物，但不影響鑽石堅固性及火光，EGL 特此為此類鑽石增加一個等級。

F. 內含級 (I，Imperfect)：

　　在 10 倍放大鏡觀察下有非常明顯內含物，肉眼觀察亦可看見，並且影響了鑽石的堅固度或透明度和火光。

I1：肉眼即可見內含物 (通常為大的或有色內含晶體或大片羽裂紋)。

I2：肉眼可見內含物，並影響鑽石美觀，已不具珠寶價值。

I3：美觀及堅固性大受影響。

二. 鑽石內部特徵

　　由表面延伸至鑽石內部或完全包覆於已切磨鑽石之內部的淨度特徵。一般稱為內含物 (inclusion)，在商業活動中有時會稱為瑕疵，而在鑑定學專業見解為：每顆鑽石都是獨一無二，所有之內含物即為此顆鑽石的身分標誌。

A. 內含晶體 (crystal，Xtl)

　　是鑽石內部相當常見的內含物之一，包覆於鑽石內部的礦物結晶，可能是鑽石晶體或其他礦物晶體，也可能出現各種顏色及外形，例如橄欖石或石榴石，在鑽石內部形成特殊景色，雖然為明顯肉眼可見之內含物，卻因其明顯顏色，極具收藏價值。

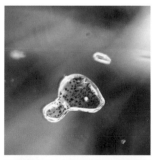

▶ 不同鑽石內含物，在鑽石內部形成特殊景觀。
Courtesy of EGL Taiwan

B. 針狀物 (needles，Ndl)

　　10 倍放大下，包覆於鑽石內部的細長型內含晶體，看起來像針狀物，以此稱之。

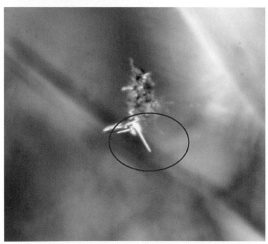

▶ 紅色圈框處及箭頭處即為針狀物之晶體，可能獨立存在或與其他內含物並存。
Courtesy of EGL Taiwan

C. 針點 (pinpoint，Pp)

　　10 倍放大下，在鑽石內部看似小點的微小內含晶體，更高倍數觀察可見晶體的立體角度，可能為白色或灰黑色，若單獨出現，需由有經驗的鑑定師才能觀察到。

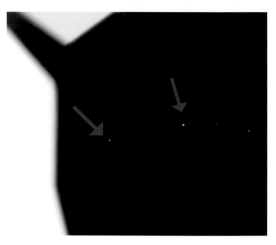

▶ 放大 30 倍後的針點，看起來仍不太明顯，只見到一個白點 Courtesy of EGL Taiwan

D. 雲狀物 (Cloud，Cld)

由細微密集的針點 (pinpoint) 組成不規則外型或特定排列組合造型之內含物，呈現霧狀外觀，有時會影響鑽石反射光線，有特殊排列圖型的雲狀物則及具收藏價值。

E. 內部變晶紋 (internal graining，IntGr)

不同鑽石晶體在生長過程中，交接面或結晶排差所形成之紋理，一般為單條或多條平行直線，可能為無色、白色或其他顏色，形成原因可能為鑽石顆粒構造不規則或晶格錯亂。常在晶格扭曲致色的粉色系鑽石中出現。

▶ 鑽石桌面旁有一圈明顯白霧狀，為密集的雲霧狀內含物。Courtesy of EGL Taiwan

▶ 上圖變晶紋，箭頭指處為透明線條，圈處呈現較白霧狀線條。下圖鑽石變晶紋呈現灰白色線條。Courtesy of EGL Taiwan

侏羅紀博物館館藏

有內涵的鑽石—花鑽 (Asteriated diamond)

擁有特殊排列外型的大量雲狀內含物會影響鑽石淨度，通常肉眼可見，商業上稱為花鑽 (Asteriated diamond)，雲狀物排列而成的圖形通常會呈現放射狀之三線、四線或六線星芒或花瓣圖案，甚至在不同角度觀察可以看到類似萬花筒的多重影像效應。

以前花鑽僅有少量的在巴西和印度發現，通常販售時會保留鑽石原礦晶體，只做簡單拋光或切片，此種鑽石在當時是非常罕見的，所以才將一顆原礦切成數個片狀販售，只有少數的人才懂，直到

▶ 從花鑽的八面體尖點觀察，可見 4 個面都呈現出花鑽圖案，類似萬花筒現象，非常有趣。
Courtesy of EGL Taiwan

▶ 鑽石切磨師利用不同切磨方式，可呈現出最佳花鑽圖案，提升其價值。Courtesy of EGL Taiwan

▶ 花瓣形狀的雲狀物放大 60 倍後，可見密集針點排列。Courtesy of EGL Taiwan

2006 年辛巴威發現新礦藏，花鑽的知名度才在收藏市場上才逐漸曝光。

據文獻指出，這些內含物可能由大量氫元素造成，此種鑽石常見的顏色為淡棕黃色，而內部內含物呈現霧白色或灰色，內含物圖案越明顯、對稱性高，越具收藏價值。

▶ 名為大衛之星之特殊星型內含物，為收藏等級之逸品。

▶ 7.39 克拉花鑽出現於 2009 年蘇富比拍賣會，起拍價約為新台幣 600 萬元。

▶ 不同光源下花鑽呈現出不同極致的美感。左圖：暗場照明下的花鑽圖案；右圖：UV 燈照射下，呈現出特殊的顏色對比。Courtesy of EGL Taiwan

F. 孿晶中心
(grain center，GrCnt)

在鑽石生長過程中，晶體扭曲的小塊集中區域，所產生之角狀紋路，常見方形或三角形。

▶ 上圖孿晶紋交集處形成孿晶中心
Courtesy of EGL Taiwan

G. 羽裂紋 (feather, Ftr)

由鑽石表面延伸至內部之裂紋，常會呈現類似羽毛狀之紋路，霧白色，因此被稱為羽裂紋。

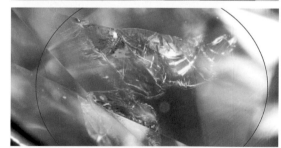

▶ 羽裂紋的外觀與顏色非常多樣化
Courtesy of EGL Taiwan

H. 劈裂紋 (cleavage, Cl)

　　沿著原子間脆弱的解理面,在切磨後的鑽石中產生大面積的裂紋延伸至表面,通常會危害鑽石的堅固性,稱之。

▶ 劈裂紋外觀類似大面積的羽裂紋
Courtesy of EGL Taiwan

I. 洞痕 (cavity, Cv)

　　在鑽石表面所形成之凹洞,通常為羽裂紋或內含晶體一部分的破損掉出所形成的。

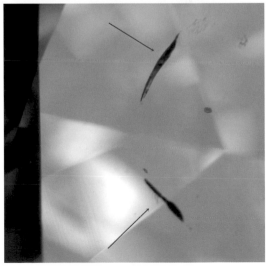

▶ 不同光線照射下,能更明確判斷鑽石表面的洞痕。Courtesy of EGL Taiwan

J. 凹蝕管 (Etch channel)

在鑽石生成時，受化學或某物直侵蝕而產生，在鑽石內部所形成的空心管，有時外觀類似雷射洞，可為直條或彎弧，可能單獨存在為淨度特徵或與其他內含部並存。

▶ 此處的凹蝕管與鑽石表面洞痕並存
Courtesy of EGL Taiwan

K. 缺口 (Chip，Ch)

切磨後鑽石表面受到破壞所形成之淺開口，通常出現於鑽石腰圍、稜線邊緣或底尖，10 倍放大下明顯可見。

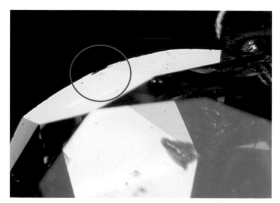

▶ 鑽石左上角可明顯看到有一凹陷缺口
Courtesy of EGL Taiwan

L. 晶結 (Knot，K)

延伸至已切割表面的鑽石內含物（通常此內含物為鑽石晶體），在切磨後留下部分晶體，反光照射下，可見切磨表面有殘餘鑽石晶體的輪廓。

▶ 晶結很容易被誤認為羽裂紋，需轉換不同光源來做判斷。Courtesy of EGL Taiwan

M. 雙晶網 (Twinning Wisp，W)

鑽石生長過程因晶體扭曲所形成之內含物,通常呈現棉絮線型白霧狀,仔細觀察會發現網狀紋路會出現在同一平面上,常可見於切磨後鑽石中央向外成放射狀;;較常出現於三角鑽石或心型鑽石中。

N. 瘀痕 (Bruise, Br)

10 倍放大下,可見受撞擊的小區域有伴隨小羽裂紋,常發生在刻面稜線或腰圍上。

▶ 可在此撞擊區域旁看見細小羽裂紋。
Courtesy of EGL Taiwan

▶ 過多的雙晶網會使鑽石淨度等級降低 Courtesy of EGL Taiwan

O. 內凹天然面
(Indented Nature，IndN)

　　在已切磨鑽石上，仍可見部分原始未切磨晶體的表皮低於刻面以下，延伸入鑽石內，可能伴隨三角生長記號或平行凹槽。

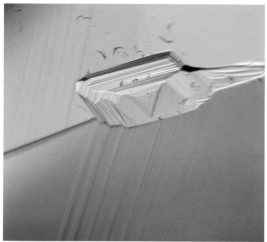

▶ 切磨師會盡量將內凹天然面藏於腰圍或腰圍之下亭部，正面不可見之處。
Courtesy of EGL Taiwan

P. 雷射洞
(Laser drill-hole，LDH)

　　此為人為處理後遺留的痕跡，以雷射光束打入鑽石內部至內含物處，將明顯或深色內含物擊碎、酸洗溶解出，或漂白淡化內含物顏色，用以改善淨度，但會在鑽石表面及內部遺留下一條雷射洞痕。

▶ 雷射可提升鑽石淨度，卻也留下無法消除的淨度特徵。Courtesy of EGL Taiwan

Q. 裂縫填充 (Fracture filled)

在雷射洞或明顯的羽裂紋中填入玻璃物質,使之目視不明顯,但由不同角度觀察,可見不同顏色的片狀閃光,並隨著不同角度會改變顏色。

▶ 因玻璃與鑽石折射率不同,經過充填之鑽石,從不同角度下會顯現藍色、粉色或橘色單一色系閃光。Courtesy of EGL Taiwan

三 . 鑽石表面特徵 (Blemish)

已切磨鑽石表面之淨度特徵,可因配戴磨損或切磨過程中產生,於 10 倍放大下,不具深度。

A. 磨損 (Abrasion,Abr)

常見於已切磨鑽石的刻面稜線或腰圍處,有碰撞的極小缺口所組成,稜線會呈現白霧狀。10 倍放大觀察,可見磨損的表面其實是由許多小缺口連接而成,常起於經常性配戴或是與其他鑽石收納在一起碰撞造成的刻面磨擦痕跡。

▶ 照片中腰圍刻面處有明顯磨損,磨損痕不會造成鑽石耐久性問題,可藉由重新拋光去除。
Courtesy of EGL Taiwan

B. 小缺口 (Nick，Nk)

10 倍放大觀察，可見刻面稜線、腰圍或尖底上有開口狀小凹痕，通常呈現白霧狀，小缺口因不具明顯深度，可在損失很少重量的情況下，藉由重新拋光去除。小缺口與缺口不同之處在於其大小，缺口可由肉眼鑑別，會有降低淨度之可能，而小缺口則無。

▶ 腰圍上緣容易因碰撞而形成小缺口
Courtesy of EGL Taiwan

C. 白點 (Pit，Pit)

可能為很小的內含晶體，因鑽石拋光後掉落，而型成微小凹痕，10 倍放大觀察，可見鑽石表面的微小開口狀凹痕，通常看似白色點狀物，比小缺口更微小。

▶ 亭部刻面交接處稜線及底尖有明顯小連續的白點。Courtesy of EGL Taiwan

D. 刮痕 (Scratch，S)

目視或 10 倍放大觀察，可見鑽石表面無深度之細白色線條，可能為直線或弧線，通常產生於拋磨或配戴過程中。有時可能會與觸及表面的羽裂紋混淆，放大觀察後，可從是否有深入鑽石內部加以區分之。

▶ 此鑽石表面有幾條深淺不同之刮痕，可在完全不會損失克拉重的狀況下，重新拋光去除。
Courtesy of EGL Taiwan

E. 表面變晶紋 (Surface Graining，SGr)

不同晶體的交接面所形成的原理，位於已切磨鑽石的表面。通常會跨越數個刻面，可明顯與拋光紋區分。

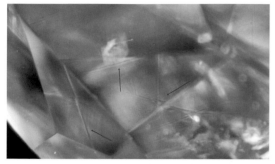

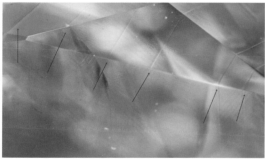

▶ 橫跨不同刻面的表面變晶紋
Courtesy of EGL Taiwan

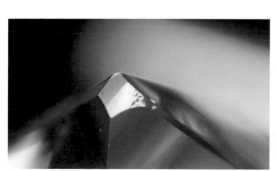

▶ 箭頭處，在額外刻面上仍有小面積之天然面，可由反光看到其凹凸不平整之表面。
Courtesy of EGL Taiwan

F. 天然面 (Natural，N)

在切磨好的鑽石上留有原石的表皮，為原始晶體的一部分，天然面可能帶有生長印記或表面呈現不平整狀，經常出現於彩色鑽石之腰圍或近腰圍之刻面上。

如綠鑽因天然輻照形成，因天然輻照深度只於鑽石表面淺層，常可見在切磨後之鑽石腰圍，保留大面積的天然面，其原因有二：

1. 可協助判斷為天然輻照顏色。

2. 保留天然面於腰圍，可加深綠鑽顏色濃度。

▶ 圓形明亮式切割鑽石保留之小面積天然面於亭部。Courtesy of EGL Taiwan

▶ 已切割綠鑽仍保留大面積天然面於腰圍
Courtesy of EGL Taiwan

G. 拋光紋 (Polish Line，PL)

　　鑽石拋光時，刻面與磨盤摩擦所造成之痕跡，可能呈現透明或霧白色線條。拋光紋不會越過刻面邊線，可能發生於任何刻面，也可見相鄰刻面之拋光紋之角度可能不一樣。

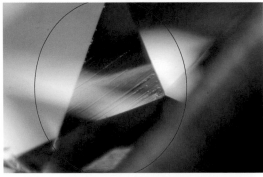

▶ 拋光紋不會標示在淨度特徵上，但會影響切工的評判。Courtesy of EGL Taiwan

H. 蜥蜴皮 (Lizard skin)

　　已切割鑽石表面上呈現透明波浪狀的區域，因拋光時太接近或太平行於鑽石原始八面體所導致 (欲對某一生長紋進行拋光時，必須以垂直該生長紋的方向進行)。

▶ 桌面可見明顯蜥蜴皮痕跡 (曾盛龍提供)

I. 額外刻面 (Extra Facet，EF)

為保留鑽石重量或為了消除某些淨度特徵，所產生的多餘刻面，造成左右刻面不對稱，常見於彩色鑽石。例如：現在圓形明亮式切割有 57、58 個刻面，且兩兩對稱，若有非對稱性或多的平面，則稱為額外刻面。

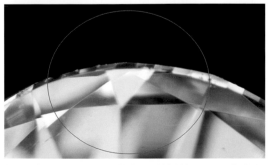

▶ 切磨師會盡量將額外刻面藏於較不明顯的亭部或上腰刻面。Courtesy of EGL Taiwan

J. 燒灼紋 (Burn Mark，Brn)

因拋光過程受熱，溫度過高，致使鑽石表面出現白霧狀區域。看起來會像鑽石沒有擦乾淨，若用尖頭探針來回滑動可以感覺到表面不平滑。

▶ 5 點鐘方向可看見白霧狀燒灼紋
Courtesy of EGL Taiwan

▶ 燒灼紋在鑽石表面所呈現之狀態
Courtesy of EGL Taiwan

K. 粗糙腰圍 (Rough Girdle)

　　已切磨之鑽石的腰圍，佈滿小凹坑或粒狀的表面，有時伴隨著鬚狀羽裂紋出現；在切割鑽石時，會先粗拋腰圍，為一開始定位之處，早期切割鑽石會保留此粗糙腰圍，目前在市面上已較少見。

▶ 粗糙腰圍並不會影響鑽石淨度等級，但也可以從此種腰圍與鑽石類似石作區分。
Courtesy of EGL Taiwan

製圖 (Plotting)

國際鑽石證書上的內含物淨度圖，是為了記錄此鑽石最重要和最明顯的外部及內部特徵近似的位置及大小，作為幫助正確識別鑽石身分並證明其淨度等級的一種方式，也直接協助決定鑽石之價值。為何只記錄重要及明顯之特徵？因為在評斷淨度等級時，也是以最明顯之內含物來做淨度評級之標準。

一 . 檢視鑽石：先定淨度級別再製圖

　　觀察時，先以手持 10 倍珠寶用放大鏡或雙目寶石顯微鏡觀察鑽石正面，並且判斷淨度級別。目的在於，以正面最明顯之內含物來判斷其淨度等級最為適宜，若先製圖在由圖上所示判別，則會有大小比例之誤差，容易會被誤導而判斷錯誤。

1. 清潔鑽石，有需要可使用尖頭探針幫忙清除表面灰塵或確認是否為內含物。

2. 目視觀察是否能看見內含物，若可見內含物，EGL 判定淨度為 SI3 以下，GIA 判定淨度為 I1 以下。

3. 10 倍放大下觀察冠部、亭部及腰圍內含物之位置及大小。

4. 再以高倍率做更清晰的觀察鑽石特徵，但請注意，若在 10 倍放大下看不見之

淨度特徵，便不能用以當作判斷級別依據。例如放大 30 倍後，看見桌面有一針點，並無法改變一顆淨度 IF 的鑽石，將淨度降低為 VVS1。

二. 檢視冠部及亭部

鑷子夾取鑽石腰圍，而檢視腰圍時，鑷子夾取方向轉為桌面及底尖。

▶ 鑷子夾取腰圍檢視桌面、冠部刻面及亭部之淨度特徵。Courtesy of EGL Taiwan

▶ 鑷子夾取桌面及底尖方式，用以檢視腰圍附近之淨度特徵。Courtesy of EGL Taiwan

三. 冠部朝上

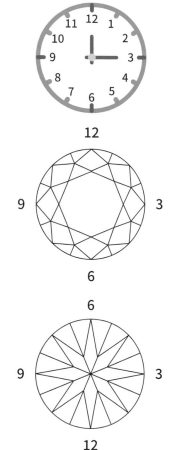

1. 從最明顯可看出內含物之刻面開始檢視，找到一個容易判別的內含物作為標的，並且定位為 12 點鐘方向，例如腰圍天然面或是羽裂紋等，做為順時鐘或逆時鐘旋轉的起點位置。

2. 並記住 3、6、9 點鐘相對應位置，分成 4 等分，方便製圖時辨別內含物方位、比例、大小。

▶ 冠部視圖（頂部）和亭部視圖（底部）

3. 冠部檢視順序為：

桌面→星刻面→風箏刻面→腰上刻面，並注意橫跨 2 個刻面之內含物位置是否繪製正確。

4. 可切換光源或用尖頭探針協助判斷觸及表面之特徵內含物是否有開口，例如：羽裂紋及洞痕、天然面與內凹天然面之區別。

四. 亭部朝上

1. 翻轉鑽石時請注意方位，正面 12 點鐘

方向，翻轉至亭部後變為 6 點鐘方向。

2. 先依序從冠部定位為 12 點鐘方向之標的逐一檢查亭部主刻面，再檢查腰下刻面。

3. 並切換光源檢查表面，亭部常可見額外刻面或靠近腰圍之天然面。

五. 腰圍位置

先找到冠部定位為 12 點鐘方向之標的，並順時鐘或逆時鐘轉動檢視，建議使用尖頭探針幫助轉動。

紅色：表示大部分內含物。

紅色和綠色：一起使用時，表示此一特徵包含觸及鑽石表面及鑽石內部，例如：內凹天然面、洞痕、晶結及雷射鑽孔。

綠色：表示外部特徵。

黑色：表示人為的額外刻面。

六. 製圖注意事項

1. 淨度特徵若從正面清楚可見，應繪製於正面；而羽裂紋則需觀察其表面接觸方向，若是位於亭部，則需繪製在亭部圖示上，正面不需再做繪製。

2. 需繪製額外刻面，其他可人為消除之細微表面特徵不繪製。

3. 一個淨度特徵只繪製一次，冠部延伸至亭部之淨度特徵則須兩邊皆繪製。

4. 需轉動鑽石仔細檢視鑷子夾住處是否為鑷子反射或為其他淨度特徵。

製圖符號及簡稱

INTERMAL CHARACTERISTICS

Bruise	×	(Br)	瘀痕
Cavity	⬭	(Cv)	洞痕
Chip	∧	(Ch)	缺口
Cleavage	\\	(Clv)	劈裂紋
Cloud	⬚	(Cld)	雲狀物
Crystal	○	(Xtl)	內含晶體
Feather	⌣	(Ftr)	羽裂紋
Grain Center	✳	(Gr Cnt)	攣晶中心
Indented Natural	⋀	(Ind N)	內凹天然面
Internal Graining	⋯	(Int Gr)	內部攣晶紋
Knot	⬯	(K)	晶結
Laser Drill-hole	◉	(LDH)	鐳射洞
Needle	\	(Ndl)	針狀物
Pinpoint	·	(Pp)	針點
Twinning Wisp	⋏⋏	(W)	雙晶網
Etch Channel	▭		凹蝕管

EXTERNAL CHARACTERISTICS

Abrasions	﹀﹀	(Abr)	磨損
Natural	∧	(N)	天然面
Nick	∨	(Nk)	小缺口
Pit	·	(Pit)	白點
Polish Lines	////	(PL)	拋光紋
Burn Mark	⌬	(Brn)	燒灼紋
Scratch	⌒	(S)	刮痕
Surface Graining	⋯⋯	(SGr)	表面攣晶紋
Extra Facet	∧	(EF)	額外刻面

DIAMOND GRADING REPORT

August 14 , 2018

Report 185800026030

Shape & Cut....................................Round Brilliant
Measurements .... 8.01 ~ 8.06 x 4.88 mm.

Carat Weight.................................... 2.00 carat
Color Grade ....G
Clarity Grade SI3
Cut Grade ....Very Good

Polish .... Very Good
Symmetry ....Good
Culet.. Very Small
Fluorescence.....................................Medium

Comments:
Surface graining and nicks are not shown.
Clouds are not shown.

E.G.L COLOR SCALE	E.G.L CLARITY SCALE	E.G.L CUT SCALE
COLORLESS D (+0)	FLAWLESS (F)	EXCELLENT
E (0)	INTERNALLY FLAWLESS (IF)	VERY GOOD
F (+1)		GOOD
NEAR COLORLESS G (1)	VERY VERY SLIGHTLY INCLUDED VVS1	
H (2)	VVS2	FAIR
I (3)	VERY SLIGHTLY INCLUDED VS1	POOR
J (4)	VS2	
K (5)	SLIGHTLY INCLUDED SI1	
FAINT L (6)	SI2	
M (7)	SI3	
VERY LIGHT (8)	I1	
	INCLUDED I2	
LIGHT (9-10)	I3	

Verify Report

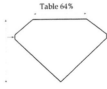

Table 64%

Total Depth 60.7%

MED-VTK
Polished

16.5% Crown

42% Pavilion

CLARITY REPRESENTATION

INTERNAL CHARACTERISTICS SHOWN IN RED. EXTERNAL CHARACTERISTICS AND NATURALS SHOWN IN GREEN. EXTRA FACETS SHOWN IN BLACK. SYMBOLS INDICATE NATURE AND LOCATION OF IDENTIFIED CHARACTERISTICS. NOT THEIR ACTUAL SIZE. HAIRLINE FEATHERS IN GIRDLE, MINOR BEARDING. AND MINOR DETAILS OF POLISH AND FINISH NOT SHOWN.

NOTE: THIS DOCUMENT CONTAINS SECURITY FEATURES TO PREVENT UNAUTHORIZED DUPLICATION.

Online Verification Service at: www.egltw.asia.com
Tel:+886-(3)212-9343 Fax:+886-(3)322-9766

▶ 此顆圓鑽冠部有明顯內含晶體及晶結和表面刮痕，亭部有多處額外刻面。Courtesy of EGL Taiwan

GIA COLORED DIAMOND REPORT

May 23, 2017

Report Type ....Grading Report

GIA Report Number 5181411144

Shape and Cutting Style .... **Cushion Modified Brilliant**

Measurements .... 5.02 x 4.83 x 4.07 mm

Carat Weight .... 1.00 carat

Color Grade .... **Fancy Intense Yellow**

Color Origin .... Natural

Color Distribution .... Even

Clarity Grade I1

Proportions:

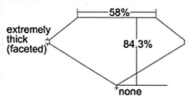

Profile not to actual proportions

Polish .... Excellent

Symmetry .... Good

Fluorescence .... Faint

Inscription(s): GIA 5181411144

Comments: Additional clouds, a manufacturing remnant, pinpoints and surface graining are not shown.

ADDITIONAL INFORMATION

GIA COLORED
DIAMOND
SCALE

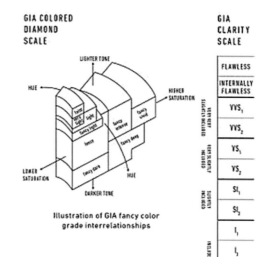

Illustration of GIA fancy color
grade interrelationships

CLARITY CHARACTERISTICS

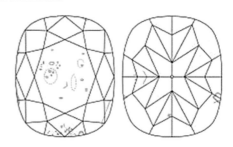

KEY TO SYMBOLS*

○ Crystal   ⬯ Cavity

◌ Cloud   ∧ Natural

⌐ Feather

⌒ Indented Natural

* Red symbols denote internal characteristics (inclusions). Green or black symbols denote external characteristics (blemishes). Diagram is an approximate representation of the diamond, and symbols shown indicate type, position, and approximate size of clarity characteristics. All clarity characteristics may not be shown. Details of finish are not shown.

▶ 此黃鑽在桌面有內含晶體、內凹天然面及雲狀物。

250

鑽石切磨歷史演進

鑽石的最初發現的產地位於印度，其歷史記錄可以追溯到 3000 年前。許多世界上的傳奇鑽石都在那裡被發現，包括：希望鑽石 (The Hope diamond)、光之山鑽石 (The Koh-i-Noor)、維特爾斯巴赫 - 格拉夫 (Wittelsbach-Graff diamond)、桑西鑽石 (The Sancy diamond) 和麗晶鑽石 (The Regent diamond) 最為出名。

英國珠寶歷史學家傑克奧格登 (Jack Ogden) 指出，印度寶石切割最早的記錄之一是由著名的波斯學者比魯尼 (Al-Biruni) 在大約 1020 年訪問印度的時候撰寫的，印度切磨師使用與油混合的金剛砂 (一種黑色顆粒礦物，通常由剛玉粉末、尖晶石、赤鐵礦組成) 放在切割機上來拋磨鑽石。當然金剛砂的莫氏硬度在 7 至 9 之間，無法切割鑽石，因此用它來拋磨粗糙的鑽石表面。切割師推動拋光機並手拉附著在輪子上的一隻弓，來回轉動拋光機，同時用另一隻手抓住鑽石進行拋光。

1490 年代，葡萄牙探險家瓦斯科‧達伽馬 (Vasco da Gama) 領導第一次歐洲探險隊抵達印度，並發現南非好望角附近的水路，縮短歐洲與印度間的航行時間，建立國際間定期聯繫的信譽也建立往後鑽石貿易與切割技術的流通。

接下來的幾個世紀，西方各國與印度之間的貿易日與益增，各國執政的皇室成員成為歐洲主要珠寶商的常客，皇室在歐洲購買了許多切割和拋光的鑽石，這些鑽石是現代明亮式切割的先驅。

因各地取得鑽石原料不同，可從已切割鑽石來判斷其切割年代，且科技日益進步，此項切割技術至今已臻至成熟，大量使用精準高階儀器來輔助人工，以下介紹在世界各地鑽石切割的發展。

一. 鑽石切磨歷史演進

1. 蒙兀兒切 (MUGHAL CUT)

蒙兀兒切割法約在 16-18 世紀期的印度使用。這種切割不具規則和對稱性，遵循原石的外型，盡可能保留最大重量，通常鑽石的底部是一個大平面和頂部有許多小面積切割面的組成。

雖然今天蒙兀兒切割不常見，但一些歷史知名珠寶有這種風格。奧爾洛夫鑽石 (The Orlov diamond) 則是此種切割法的經典，此顆鑽石據說在印度南部曾有數個世紀的時間，到了 17 世紀末，這顆 189.62 克拉的鑽石由奧爾洛夫公爵獻給凱薩琳大帝，保留了其原始的蒙兀兒切割，鑲嵌在俄羅斯帝國的權杖上。而另

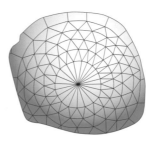

▶ 左圖：鑲嵌奧爾
洛夫鑽石的俄羅
斯帝國權杖；右
圖：奧爾洛夫鑽
石示意圖。

▶ 山之光鑽石原本為蒙兀兒切法 (左) 後因維多利亞女王喜好，
重新切磨成外型橢圓的明亮式切割，提升淨度及顏色。

一顆 105.6 克拉的山之光 (Koh-i noor) 鑽石，最初是為了滿足印度人的口味而被塑造成蒙兀兒切割，但此種切割法的亮度及火光使鑽石看起來黯淡，而 1852 年，英國維多利亞女王 (British Queen Victoria) 為獲得更大的淨度和亮度，這顆鑽石被重新切磨成現今的橢圓明亮式切割。

2. 波里奇切割 (Polki cut)

波里奇鑽石切割法 (Polki cut) 來自印度，是最古的鑽石切割方法之一。切割時，通常遵循原石的外型拋光，且保留一個無拋光、無切割的面，常用於較不規則且扁平的鑽石原礦，所以切割後沒有兩顆鑽石是一樣的，此種切割法賦予了珠寶獨特性，使每件作品獨一無二。也因此缺乏其他鑽石切割的亮度和火光的反射光線，但散發出更柔和的光澤。

到 19 世紀初，印度採用了歐洲的新切割技術。然而，他們仍然忠於切割接近自然形態的鑽石，這些傳統的切割技術已經深深紮根於印度珠寶的風格之中。今天，波里奇鑽石是適用於各種傳統印度切割的名稱，它們常用於印度風格的首飾，並且經常鑲嵌於高純度黃金上，如 24K 的印度婚禮珠寶上。現代人仿波里奇切割法通常是因為鑽石含有大量內含物，淨度特徵也賦予波里奇鑽石一種不同於一般的外觀，且波里奇鑽石通常以銀色或金箔為底，以增加反光亮度。

▶ 喬治王朝時期的古董別針，可看出每顆鑽石切割的外型皆不一樣，經典表現出波里奇切割的獨特風格，珍藏藝品拍賣會售出。

3. 點式切割法 (Point cut)

最初的鑽石切磨約始於 14 世紀，被認為是鑽石切磨的始祖，18 世紀前大部分鑽石仍產自於印度，且印度人認為天然的八面體具有神奇的魔

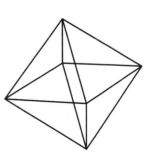

▶ 點式切割法適用於完美八面體鑽石外型，古代印度人認為鑽石尖點可以通達上天。

力，盡可能不要破壞鑽石的原始型態。但當時並無可切割鑽石的工具或知識，而只是遵循鑽石八面體晶體的自然形狀，使用橄欖油與金鋼砂做拋光，拋掉不平整的外型及生長紋，使其具有一定光澤，並鑲嵌於珠寶上供皇室使用，並也成為印度珠寶的一個特點。

▶ 19 世紀俄羅斯古董雕花 rose cut 戒
Courtesy by Jurassic Museum

4. 桌式切割法 (Table cut)

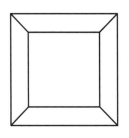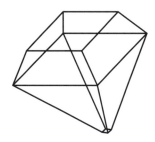

▶ 從此種切割法也可判斷，運送至歐洲的鑽石可能有缺角，才以此方法切磨鑽石。

文藝復興時期的鑽石都來自印度的戈爾康達 (Golconda) 鑽石礦區，印度人自己保留了完美八面體的鑽石供皇室使用，賣到歐洲的鑽石通常是較不規則型的鑽石原礦，這也促使歐洲開始發展鑽石切割技術。

當時切割師發現在鑽石頂部有一個光滑平面可使鑽石正面看起來較閃亮，正面觀察外形像是一大一小正方形體重疊，符合當時文義復興時期歐洲貴族的品味，而此種切割也被認為是祖母綠切割的前身。

5. 玫瑰式切割法 (Rose cut)

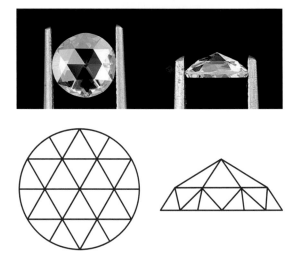

▶ 玫瑰式切割依照鑽石原礦本身條件，做不同切割面的配置，可能為圓形或其他花式切割外型。

在 16 世紀，歐洲發明了切割鑽石的工具。而玫瑰式切割也是以切磨扁平鑽石為主，一開始以追求最大重量為目標，後來慢慢發展出不同的玫瑰式切工，可以有不同的外型輪廓、不同對稱排列方式及刻面數量，主要看鑽石原礦的條件而定。玫瑰切割鑽石的最大特點是它們底部平坦，頂部半圓有很多切割面。此種切割法的微妙之處在於它們賦予了柔和的散射光，如水珠般晶瑩。

▶ 維多利亞時代風格之白鑽珍珠墜，中間主石為約 10 克拉 Rose cut。
Jurassic Museum Collection

7. 馬沙林式切割法 (Mazarin cut)

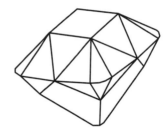

6. 單翻切割法 (single cut)

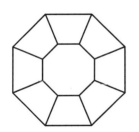
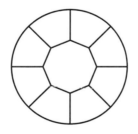

▶ 兩圖示皆為單翻式切割法，左圖為古代將桌式切割法鑽石的直角拋掉成八邊形，右圖為現代使用之單翻切割法，輪廓已經改為圓形。

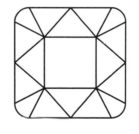
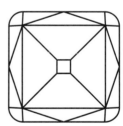

始於 1600 年代中期，切磨桌面式切割法的 4 邊尖角，使其正面呈現八邊型，包括一個桌面，8 個冠部刻面及 8 個底部刻面，有時會再切出一個底尖，共有 17 或 18 個刻面，此種切割法奠定現代明亮式切割的基礎。

而現代仿古的單翻切割法，輪廓已經改為使用圓形明亮式切割法的外觀，可見使用在某些特殊設計的珠寶上，想製造出獨特年代的質感。

17 世紀發展出的馬沙林切割通常被認為是第一個明亮式切割鑽石早期的切割工法，輪廓仍為方形，此名稱據說是來自於法國的紅衣教主馬沙林 (Cardinal Mazarin) 一此種切割法的創始者。馬沙林切割鑽石有 17 個冠部刻面和 17 個亭部刻面，它是舊的單翻切割法進化的下一個階段，也被稱為雙重明亮式切割 (double cut brilliant)，表示在冠部及亭部都已有多個切割面。

9. 老礦式切割 (Old mine cut)

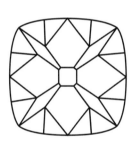

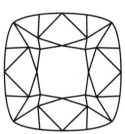

▶ 1890 年代西班牙公主冠飾，5 顆
主石皆為老礦式切割，此件作品可
看出輝煌時代的歷史價值。
Jurassic Museum Collection

8. 佩魯齊式切割法
(Peruzzi cut)

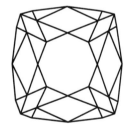

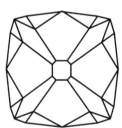

威尼斯人拋光師文森特・佩魯齊
(Vincent Peruzzi) 將馬沙林是切割法的冠
部的數量從 17 個增加到 33 個 (32 個冠部
刻面及一個八角形桌面)，底部有 24 個
刻面，再加一個底尖刻面，也稱為三重切
割 (triple cut)，與馬沙林切割法相比較，
顯著增加了切割鑽石的火焰和光彩。

18 世紀初，巴西的淘金工人在淘選
金沙的河床沙礫中撿到一些透明晶體，拿
來做玩牌的計分籌碼，直到了解鑽石原礦
的官員發現這些小晶體，巴西開始成為鑽
石供應國，到 19 世紀，隨著巴西鑽石產
量增加，已經成為歐洲主要的鑽石切磨中
心。

同時，正值工業革面時期，發展出新
的切磨方式及工具，隨之老礦式切割 (old
mine cut) 氤氳而生；老礦式切割鑽石運
用各種刻面圖案切割而成，正面外觀為枕
型，有一個較小的桌面、高的冠部及深
底，並有一個較大的底尖。隨即成為 18
世紀最受歡迎的鑽石切磨。

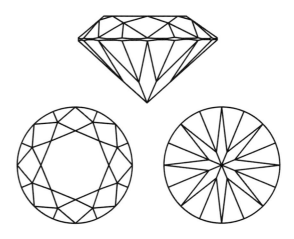

▶ 1900 年代的俄羅斯古董天然珍珠
鑽戒為 Old European cut。
Jurassic Museum Collection

11. 現代明亮式切割
(Madern round brilliant cut)

10. 老歐洲式切工

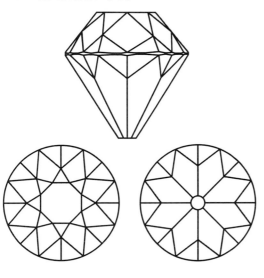

(Old European cut)

老歐洲切割鑽石是 1890 年至 1930 年間 (維多利亞後期、愛德華時期、裝飾藝術時期) 手工切磨的圓形鑽石，是現代明亮型切割鑽石的前身，已經有了圓形的外觀，與現代圓形寶石相比，歐洲古老切割的鑽石通常具有相對較小的桌面、較高的冠部和亭部、一個肉眼可見的底尖，但對稱性並不好。例如：桌面可能是不規則的形狀，並且不能很好對齊。

在裝飾藝術時代，鑽石訂婚戒指越來越受歡迎，而圓形老歐洲式切割鑽石則是最受歡迎的。

現在明亮式切割經過 500 多年的演變，並有一些重要的參與者致力於尋找完美切比例，使得現代明亮式切割臻於成熟。1870 年代，美國切磨師亨利摩斯 (Henry D Morse) 經過不斷實驗，希望能找出最佳比例，能夠使鑽石的光學效應得到最大的發揮，但因為當時社會仍然鍾情於老礦式切割，他的建議並沒有被重視及使用。到了 1919 年，比利時數學家馬歇爾陶可斯基 (Marcel Tolkowsky) 提出理想切割比例 (Ideal Cut proportions) ，對現代明亮式切割有很大的影響，尤其是在切磨大克拉數及高品質的裸石時特別重視。

現代明亮式切割擁有超過腰圍比例 50% 的桌面、對稱分布的三角及風箏刻面、以及一個小尖底或無尖底，共 57 或 58 個刻面。

老礦式切工 / 老歐洲式切工 / 現代明亮式切工比較圖

	Old mine cut	Old European cut	Modern round brilliant cut
Side / Girdle View			
Top / Crown View	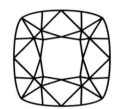		
Buttom / Pavilion View	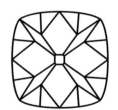	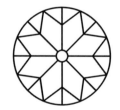	

12. 花式切割鑽石 (Fancy cut diamond)

不論鑽石為何種切割外型，切磨樣式有三種：

A. 明亮式切磨 (brilliant cut)：

由三角及風箏形刻面組成，從鑽石桌面向外成放射性排列的切割方式，常用於圓形、橢圓形、水滴型、馬眼形、心形鑽石。

B. 階梯式切磨 (step cut)：

冠部及亭部皆由平行的長形切割面排列而成，常用於祖母綠外型、長方鑽、T 型鑽。

C. 混和式切磨 (mixed cut)：

結合明亮式切磨及階梯式切磨於同

258

一顆鑽石上，可能冠部用明亮式切磨，亭部使用階梯式切磨或冠部為階梯式切磨，亭部式明亮式切磨。以上三種切磨方式皆可使用於各種外型的切割鑽石上。

▶ 綠色彩鑽常可見在腰圍處留下大大小小的鑽石原礦表皮，稱為天然面。Courtesy of EGL Taiwan

除了標準圓形明亮式切割之外的各種其他外形之切割，稱為花式切割鑽石，花式切割會透過提升保留其最大價值而做不同切磨方式。依照所切割外型，鑽石原礦耗損不同，圓形鑽石大約耗損約在 40~50%，是所有切割鑽石中耗損最多的，公主方切割可保留重量約 80%，因鑽石變晶原礦常會出現三角外型，切磨後三角形鑽石可保留約 90%，會依照其原礦耗損差異，鑽石有不同的售價。

二. 各種外型鑽石原礦可切磨特徵

鑽石原礦因外型不同，需要評估切割成為刻面鑽石後之價值潛力，大至可先區分為寶石級及工業級，若為寶石級原礦，則視其外型，顏色，淨度，左右此顆鑽石切磨後之價值。在決定切磨前必須同時考量保留最大重量及其市場性，並因鑽石內含物會影響原石切磨後形狀及其價值，考量切磨外型時也會以淨度作為評斷標準，

盡量將內含物放置在最低能見度的位置，例如：祖母綠切割之鑽石，因桌面較大，所以不會將淨度差的鑽石切割成祖母綠切割；另外也會講一些特殊印記保留於較看不見的位置或腰圍，例如：在切割後腰圍保留綠鑽的原皮，腰圍的天然面或內凹天然面。

鑽石切磨師也因鑽石原礦外型發展出特殊的敘述語，晶形完整之鑽石提供切磨師較多切割選擇，以創造最大利潤，而外型較扁或不規則，可切磨之選擇較少通常會分割成許多小塊做切磨，整體價值較低。可鋸級和可磨即可切割出較大顆之鑽石，而變晶及扁平級，可創造之利潤較低。

1. 可鋸級 (sawable)：

原石外形完整的八立方體或十二面體、透明度高，可鋸成圓型明亮式切割或公主方。

▶ 此為透明度高且晶體完整的十二面體彩色鑽石原礦。Courtesy of EGL Taiwan

2. 可磨級 (makeable)：

或稱為全石 (whole stone)，表示形狀有點變形的八面體或十二面體，此原礦外型不需經過分割，根據鑽石原礦的外型做切磨。

▶ 此八面體有點變形，但透明度與高為可磨級。Courtesy of EGL Taiwan

▶ 此為透明度高且晶體完整的八面體鑽石原礦
Courtesy of EGL Taiwan

▶ 原礦拍賣密碼：MB 鑽石表示此鑽石晶型完整，不需切割，可直接切磨。Courtesy of EGL Taiwan

eDiamond LOT 9
MB FCY CLD
Av: 0.81   #St: 26
5gr+7   21.1

eDiamond LOT 62
Z MB LT FCY YELL
Av: 2.46   #St: 10

3. 可劈級 (splittable)：

表示此鑽石原礦之外型表面凹凸較不規則，可藉由劈裂或雷射切割成幾個有價值的小克拉鑽石，可能成為圓形明亮式切割或花式切割。

▶ 不規則型糖果般的彩色鑽石原礦
Courtesy of EGL Taiwan

4. 變晶 (macle)：

此種晶型較扁，若要創造較佳利潤，會選擇切割成心形明亮式或三角形明亮式。

▶ 此鑽石原礦可明顯看出為一個心型變晶

5. 扁平級 (flat)：

較無厚度之鑽石原礦，若淨度佳，仍可切割成玫瑰式切割。

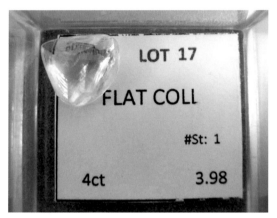

▶ 原礦拍賣密碼：此鑽石原礦雖然較為扁平，但其透明度佳且克拉數大，仍可切磨出高品質鑽石，COLL 為收藏級簡稱。Courtesy of EGL Taiwan

而鑽石之結晶構造也與切磨方向息息相關，切磨最重要的 3 個方向，而有些生長記號是特定晶面獨有的：立方體平面（可能有正方或長方形凹記），八面體平面（會出現三角印記）及十二面體平面（常見在最長的斜角上方有平行記號），相關位置及組成不會改變，切磨師只要找到一個面，則可推測另外 2 個方位所在，此 3 個面是割鋸（立方體平面），劈裂（八面體平面）和磨光（十二面體平面）的最佳方向，因鑽石硬度的關係，切磨師需要了解這些平面哪些位置適合做哪些加工，可以有效率的進行鑽石切磨。

▶ 原礦較為扁平的黃色彩鑽
Courtesy of EGL Taiwan

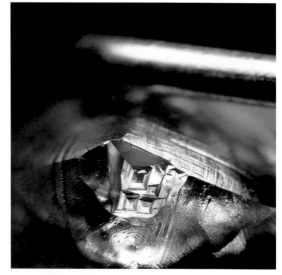

▶ 立方體平面上的長方形凹記
Courtesy of EGL Taiwan

▶ 十二面體平面上的平行記號
Courtesy of EGL Taiwan

▶ 八面體平面上的三角印記
Courtesy of EGL Taiwan

三. 花式切割介紹

1. 上丁方型切割鑽石 (Asscher cut)

阿姆斯特丹的皇家阿斯赫爾鑽石公司 (The Royal Asscher Diamond Company) 的第三代鑽石專家 JosephAsscher 於 1902 年發明 Asscher 切割法，外形為八角形，類似於矩形的祖母綠切割。Asscher 切割法非常獨特，很快受到消費者喜愛，在 1920 年代的裝飾藝術時期開始流行，成為最受歡迎的鑽石切割之一。由於其廣受歡迎，Asscher 鑽石公司迅速獲得專利設計，是第一款獲得專利的鑽石切割法。

許多人會比較 Asscher 切割法與祖母綠切割之不同，除了外型一個為長方一個正方之外，比起現代祖母綠切割，Asscher 切割的桌面較小，冠部切割面較大，冠部高，亭部也較深，標準刻面有 58 面，長寬比例一般介於 1：1.00~1.05 之間，總深度一般會超過 60%。

而此種切割法流行的時間並不長，目前只能在 20 世紀初期的骨董珠寶看到，通常會大於 6 克拉，有部分鑽時也被重新切磨成祖母綠切割，留下 Asscher 切割的珠寶並不常見。

正面

長　寬

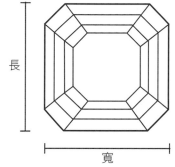

底部

斜角

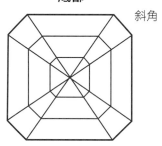

側面

冠部(crown)　桌面(table)

腰圍(girdle)

亭部(pavilion)

尖底(culet)

▶ 上丁方型鑽石的各部位切割面圖示

2. 祖母綠切割法 (Emerald cut)

正面

長

寬

祖母綠切割是延續桌式切割法 (Table cut)，是最早用於珠寶切割的方式之一，在 1940 年代開始標準化，此種切割法的特徵是：外型是有切角的矩形，冠部與亭部是階梯式的切割面，通常由 57 個刻面組成 (冠部 25 個，腰部及亭部 32 個)，它的亮度和火光通常比明亮式切割少，展現出在其他切割中看不到的優雅與經典美感，也因為此種特殊切割法容易看到內含物，通常會是淨度 VS2 或 EGL 淨度 VS1 以上才會使用祖母綠切割，經典的長寬比為 1：1.50~1.75，因其外型接近原石，可以保留較多的原石重量，所以切割成本較低。

底部

斜角

▶ 5.03 克拉 白鑽戒指 D VS1 / EMERALD Jurassic Museum collection

側面

冠部(crown)　桌面(table)

腰圍(girdle)

亭部(pavilion)　尖底(culet)

▶ 祖母綠切割鑽石的各部位切割面圖示

3. 馬眼型鑽石 (Marquise shape)

在 18 世紀石從法國君王路易十五的家族中開始流行,常見於骨董鑽戒中,外型呈現類似拉長的橢圓形,而長邊兩端為尖角,一般冠部有 33 個刻面,亭部有 23~25 個刻面,整體外形由幾個部分組成:腹部、翼部及尖點,理想的馬眼形鑽石長寬比為 1:1.75~2.25,左右對稱且尖點完整。

此種切割法容易在桌面中心及腹部的位置呈現黑色的領結效應 (Bow-tie)(註 1),黑領結效應容易出現在總深度過深或過淺的鑽石上,建議總深度介於 58~65.4% 之間為佳。

▶ 10.11CT 欖尖形白鑽戒 D IF / MARQUISE
Jurassic Museum collection

---

1. 領結效應 (Bow-tie):在水滴形、橢圓形、馬眼形及愛心形的明亮式切割鑽石,容易因總深度不足或過深,從鑽石正面可見中心橫向區域看見黑色反光區域,因切割方式的關係,看起來有如男士的黑色領結,稱之「領結效應」。

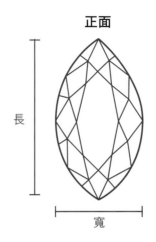

正面

長

寬

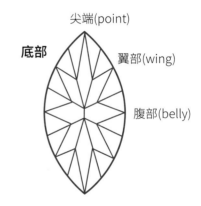

底部

尖端(point)

翼部(wing)

腹部(belly)

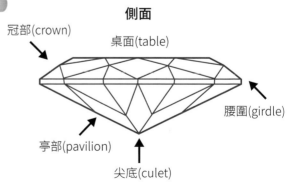

側面

冠部(crown)

桌面(table)

腰圍(girdle)

亭部(pavilion)

尖底(culet)

▶ 馬眼外型鑽石的各部位切割面圖示

▶ 1.02 克拉 濃彩藍彩鑽鑽石戒
Fancy Intense Blue / OVAL
Jurassic Museum collection

　　有時候為了避免尖點容易受損，會將尖點由法式尖端 (French tips)（註1）取代原本的風箏刻面。

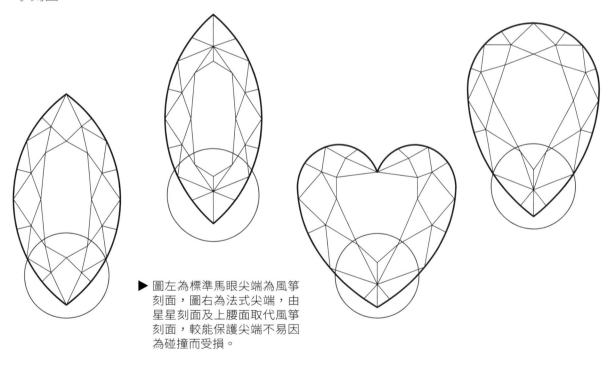

▶ 圖左為標準馬眼尖端為風箏
　刻面，圖右為法式尖端，由
　星星刻面及上腰面取代風箏
　刻面，較能保護尖端不易因
　為碰撞而受損。

1.　有尖點的花式鑽石，例如：馬眼、心型、愛心型，一般尖端標準切割為一個大風箏面，而法式端點是分
　　成星星刻面及上腰面等幾個刻面，取代原本的一個風箏刻面，可以分散尖端因碰撞而受損的風險。

4. 水滴型鑽石 (Pear shape)

　　源於十五世紀的水滴型鑽石，結合圓形明亮式切割及馬眼形切割，顧名思義是像水滴一樣的外型，一邊呈現圓弧形、一邊為尖點，尖點除了傳統型的風箏刻面，有時也會切割成法式端點，一般由 58 個刻面所組成，比例為 1：1.5~1.8 左右，整體外形分為頭部、肩部、腹部、翼部及尖點，每顆切割鑽石會根據原石的比例去調整，外觀可能有所不同，有些肩部很高，會使的鑽石看起來像長型三角，或出現領結效應，理想總深度為 54~65.4% 較佳。

　　水滴型的尖端通常會使鑽石體色較為明顯，建議選購時選擇 H 以上的顏色，目視下鑽石整體顏色會較均勻。

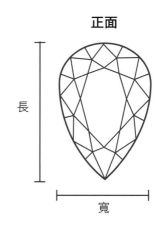

正面

長

寬

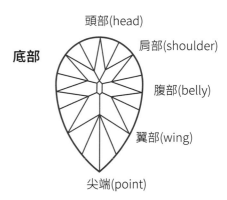

底部

頭部(head)
肩部(shoulder)
腹部(belly)
翼部(wing)
尖端(point)

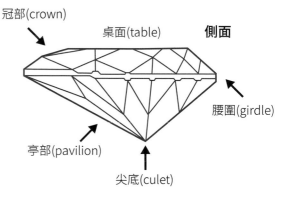

冠部(crown)
桌面(table)
側面
腰圍(girdle)
亭部(pavilion)
尖底(culet)

▶ 水滴外型鑽石的各部位切割面圖示

▶ 10.01 克拉黃彩鑽鑽石戒 Fancy Yellow VS2 / PEAR
Jurassic Museum collection

5. 心型鑽石 (Heart shape)

心型輪廓也非常多樣化，通常會使用孿晶三角鑽石原礦切割，切出來的厚度會較為扁平，且輪廓飽滿度不一，整體外形分為開口、瓣部、腹部、翼部及尖點，尖點除了傳統型的風箏刻面，有時也會切割成法式端點；長寬比測量方式為瓣布至尖點及 2 邊腹部的比例，一般介於 0.9~1.10 之間，通常由 56~59 個刻面所組成，標準的心型需 2 邊瓣部及腹部對稱，總深度為 58~65.4%，且開口與尖端在同一條直線上為佳，深度過淺的心型，會讓整體正面看起來大，但卻犧牲整體火光；而過深的深度，會讓鑽石看起來有良好的光線反射，但相對其重量來說正面會看起來很小。

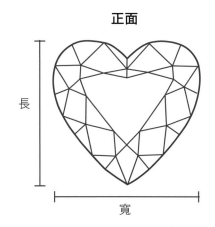

正面

長

寬

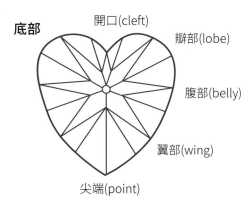

底部

開口(cleft)
瓣部(lobe)
腹部(belly)
翼部(wing)
尖端(point)

▶ 5.01 克拉 黃彩鑽鑽石戒 Fancy Yellow SI2 / HEART Jurassic Museum collection

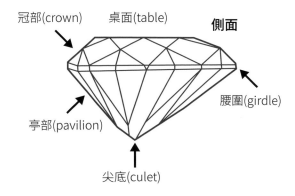

冠部(crown)　桌面(table)
側面
腰圍(girdle)
亭部(pavilion)
尖底(culet)

▶ 心型鑽石的各部位切割面圖示

6. 橢圓型鑽石 (Oval shape)

橢圓外型鑽石一般由 57~58 個刻面組成，整體外形分為頭部、肩部、腹部，對稱性對於橢圓形鑽石說很重要，標準橢圓輪廓左右、上下皆須對稱，兩端圓潤、均勻，且理想的長寬比例為 1：1.30~1.70，因橢圓切割鑽石容易有領結效應，全深為 58~65.4% 尤佳；橢圓形鑽石一直是消費者喜愛的外型，以同樣的克拉數來看，橢圓形的外觀看起來會比圓形更大，且具有拉長手指比例之效果。

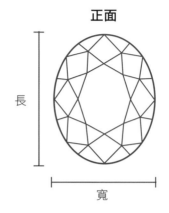

正面

長

寬

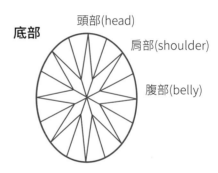

底部

頭部(head)
肩部(shoulder)
腹部(belly)

▶ 1.14 克拉 艷彩橘彩鑽鑽石戒 Fancy Vivid Yellow-Orange SI1 OVAL Jurassic Museum collection

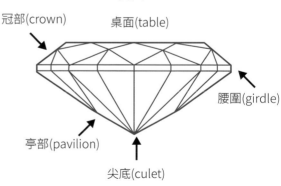

側面

冠部(crown)　桌面(table)

腰圍(girdle)

亭部(pavilion)

尖底(culet)

▶ 橢圓型鑽石的各部位切割面圖示

7. 三角形明亮式切割鑽石 (Triangular shape)

此種切割最初於 1978 年李昂 (Leon Finker) 設計切割，通常具有 3 個直邊或 3 個略微彎曲的，理想型為三邊等長或 1：1.0~1.1，輪廓外型可能不一，切割刻面會依照鑽石大小調整從 31~50 個刻面。由於變晶生長的鑽石為三角外型，非常適合切磨成三角型鑽石，可保留約 90% 的原石重量。

正面　　　　　底部

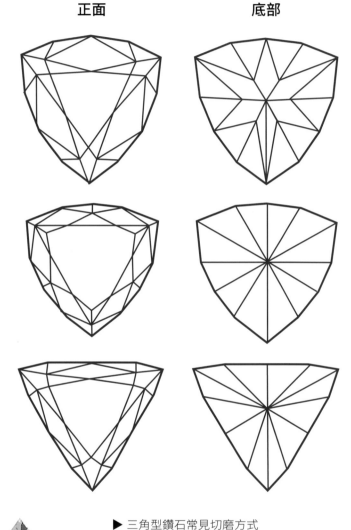

▶ 三角型鑽石常見切磨方式

▶ 白鑽墜 2.47CT / 2P
Jurassic Museum collection

▶ 0.15CT 灰藍鑽 FANCY GRAY-BLUE / TRIANGLE
Jurassic Museum collection

8. 公主方切割鑽石
(Princess shape)

正面

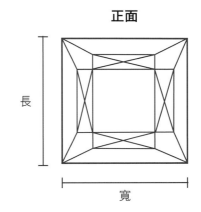

長

寬

　　公主方切割始於 1970 年代末期，由洛杉磯的 Amber diamond 公司所研發的切割方式，外型為正方或長方形，此種切割法可以分散鑽石的火光且使的內含物較不明顯，通常為 57 或 76 個刻面組成，長寬比約為 1：1~1.08，理想總深度為 58~76%，此種切割法保留了大約 80% 的原石重量，因特殊外型及火光與其他種明亮式切割不同，因此受到大眾喜愛。

底部

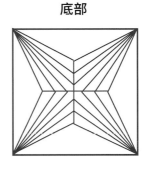

▶ 0.91CT 花鑽 FANCY GRAY / SQUARE
Jurassic Museum collection

側面

冠部(crown)　桌面(table)

腰圍(girdle)

亭部(pavilion)

尖底(culet)

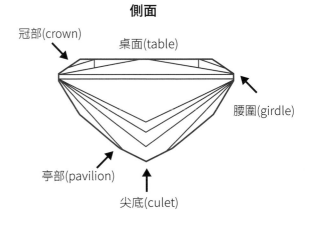

▶ 公主方鑽石的各部位切割面圖示

9. 雷地恩切割鑽石 (Radiant cut diamond)

雷地恩切割的輪廓為具有切角的正方或與矩形,此種切割為1970年代由亨利‧格羅斯巴德 (Henry Grossbard) 獲得專利 (目前已無專利權),改善了以往方型切割都不夠明亮的弱點,此種切割法也保留了約60%的原石重量,通常由62或70個刻面所組成,長寬比例分為方型或矩形:方形長寬比例1:1.00~1.05;矩形長寬比為 1:1.05~1.50 為佳,,因長形雷地恩有可能出現領結效應,理想總深度為 58~69% 尤佳,同時此種切割法也可以凸顯顏色,使鑽石顏色更集中。

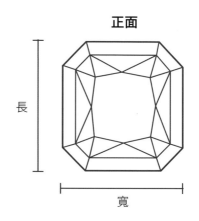

正面

長　寬

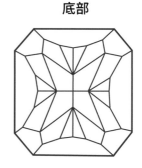

底部

▶ 1.24CT 橘鑽戒 FANCY VIVID YELLOW-ORANGE
Jurassic Museum collection

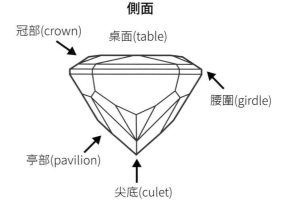

側面

冠部(crown)　桌面(table)

腰圍(girdle)

亭部(pavilion)

尖底(culet)

▶ 雷地恩切割鑽石的各部位切割面圖示

10. 枕型切割鑽石 (Cushion cut)

此種切割法起源於 19 世紀，到現代為止都是最受歡迎的切割之一，名稱來自於它的外型像抱枕的外觀，類似有圓角的正方或長方型輪廓，現代枕型切割通常由 58~64 個刻面所組成，方形長寬比例約為 1：1.00~1.05，而矩形的長寬比就較無標準尺寸；世界上許多著名的鑽石都是枕型切割，包括希望鑽石 (Hope diamond)、128.54 克拉的 Tiffany 黃鑽、545.67 克拉的金禧鑽石 (The Golden Jubilee Diamond) 等。

正面　　　　　底部

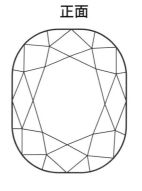
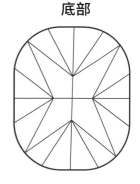

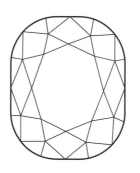
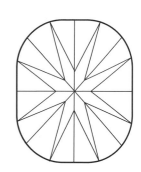

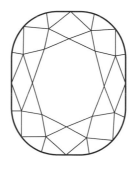
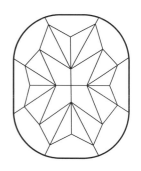

▶ 1.13CT 濃彩綠鑽裸石 FANCY INTENSE GREEN VS1 / CUSHION Jurassic Museum collection

▶ 前兩種切割方式稱為枕型明亮式切割 (Cushion Brilliants)；第三種稱為改良式明亮式切割 (Modified Cushion Brilliant)

11. 長方及梯形切割鑽石 (Baguette Cut & Trapezoid Cut)

　　長方形切割鑽石為4邊型的階梯式切割方式，而梯形切割是由兩個長邊逐漸向內逐漸變細型成的長階梯狀，此兩種切割法鑽石較少運用於主石，通常用於副石或獨特設計使用居多，從 1920 年代的裝飾藝術時期開始有大量需求，其長寬比並無特別標準尺寸，以原石的大小做為切割標準，因其切割方式比明亮式切割更容易看出內含物及顏色，在配對或大量使用時須特別注意。

12. 其他特殊花式切割鑽石

　　除了玫瑰式切工之外，還有滿天星式切工 (Briolette) 也是較為古老的切磨方式，外型為立體水珠狀，切割面以不同的三角刻面為主，常用於維多利亞時期、愛德華時期及裝飾藝術時期的珠寶中。

　　其他現代切割法例如半月形、新月型、風箏、盾牌形狀、或是星星外型……皆為鑽石廠商應用不同形狀的鑽石原礦或為創造新的切磨方式所產生的，較常運用於副石或特殊設計中。

▶ 4.14 克拉 特殊盾牌形切割彩鑽
Fancy Deep Brown-Yellow
Jurassic Museum collection

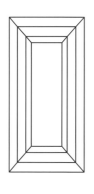 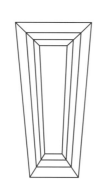

滿天星式切工 (Briolette)

正面

側面

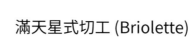

▶ 11.74 克拉 滿天星鑽石
Fancy Intense Orange-Brown
Jurassic Museum collection

鑽石切磨程序

擁有品質佳的鑽石原礦，也需要人類的智慧將其絢麗光芒展露出來，為了將鑽石原礦切磨成各種形狀的切割鑽石，獲取最大利潤，必須在鑽石 4C 間取得最佳平衡值。在切磨鑽石之前，一定會詳加分類評估，從經濟的角度分析鑽石原石，以確定其可能的產值，以獲得最大投資報酬率為目標，然後才開始規劃單顆鑽石的切磨，一般而言，切磨加工鑽石包括以下幾個獨立的步驟，即規劃 (planning)、標記 (marking)、分割 (dividing)、成型 (shaping) 和拋磨 (polishing)。任何一個步驟的失誤，都會對鑽石的 4C 帶來影響，並且影響其商業價值。

▶ 各色彩鑽原礦
Jurassic Museum collection

▶ 香檳色彩鑽切磨前後對照圖
Jurassic Museum collection

一. 規劃 (planning)

　　鑽石在切割之前，切磨師會根據每顆原石不同的形狀特徵，利用表面的生長印記觀察原石結晶方向，找出可劈裂方向。並依照內含物位置考慮鑽石切磨外型及尺寸，需要在鑽石最佳淨度和保留最大重量間做平衡調整，通常在此過程中，切磨師會在原石表面開一個小視窗觀察鑽石晶體內部，確認內含物位置並做切磨計畫。目前世界的大型切磨工廠，會先按照形狀、大小、大約淨度和顏色進行分類，才開始做細部規劃；也有大型企業使用 3D 電腦模擬技術評估鑽石，例如使用 Sarine Galaxy 和 Advisor 儀器來評估。

　　而鑽石規劃的另一項考慮因素則是鑽石的銷售速度，製造商有時會考慮鑽石熱銷程度，可以較快速回收成本，而選擇將鑽石切割成熱賣的克拉數。

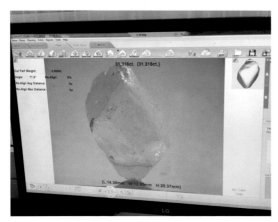

▶ 3D 電腦模擬及評估切割後之各種可能性與重量。

二. 標記 (marking)

　　主要在對鑽石原石作正確評價，即使是 0.05 毫米切割的距離，極有可能對成品重量產生的價值有巨大的差異，例如：切割後成品為 2.01 克拉和 1.96 克拉的價差約 40%。現今使用專門的工具或儀器有效分析，儀器可以以比手工更精確的標記原石切割位置，可避開內含物並在電腦上繪製 3D 成品模型，可減少切磨耗損，例如使用 Helium M Box、Sarine Galaxy 1000、Sarine DiaMark-Z 等儀器。而電子化設備並無法完全精確偵測原石的所有內含物，在保留鑽石重量亦或去除特定的淨度特徵，最終還是需要交由人工判斷為主。

▶ 尚未使用電腦規劃前，都是有經驗的切磨師手工做規劃及標記。Courtesy of EGL Taiwan

三 . 分割 (dividing)

標記好確認之後，即對鑽石原石進行分割，鑽石分割分為以下 2 種方式。

1. 劈裂 (cleaving) ：

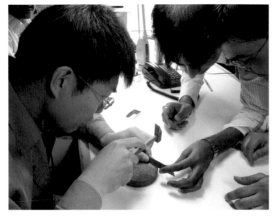

▶ 劈裂鑽石原礦

沿著晶體構造最弱的劈裂面分開鑽石，劈割帥會將劃好線的鑽石原礦黏在套架上，然後以另一顆鑽石沿線削一個凹痕，再把方邊刀放在凹痕上，在鋼刀上以合適的力量手捶，鑽石會沿紋理方向被劈成兩半或多塊。這樣做的目的是使鑽石毛坯獲得適於鋸切或粗磨的外形，同時消除裂紋和雜質等影響鑽石價值的因素。

2. 鋸開 (sawing) ：

此工序是沿非解理方向（立方體平面或十二面體平面），將鑽石原礦一切為二，由於大多數鑽石都不適宜劈開，早期是使用鋸片鋸開。鋸片是邊緣塗有鑽石粉

▶ 未使用雷射切割前，早期使用鋸開鑽石之青銅鋸片及其機器，要花數小時才能鋸開。現在還是有工廠使用，因為可以同時上百台機器同時進行切割。

▶ 雷射切割機根據記號以激光鋸切鑽石

及潤滑劑的磷青銅圓片，鑽石會固定在夾子上，鋸盤高速旋轉，將鑽石鋸開，此過程中引發的熱度有毀壞鑽石的可能性，所以必須非常小心。現今鑽石切磨進步，激光技術引入鑽石切割，大大提高了鑽石原礦的加工效率。先進的激光鋸切結合連續水流，可以保持鑽石表面冷卻，有助於防止高溫損壞鑽石原礦。業界目前最常使用的是綠色激光鋸切鑽石。它們因重量損失較低、斷裂機率小，切磨後表面光滑而受到業界喜愛。

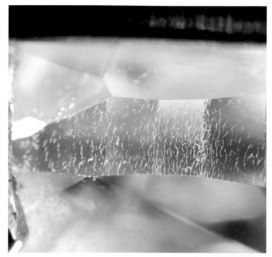

▶ 粗磨時因施力過大所產生的小羽裂紋
Courtesy of EGL Taiwan

四. 成型 (shaping)

　　成型的步驟也會經過粗磨 (Bruting)、刻面 (Faceting)、拋光 (Polishing) 等幾個步驟。

1. 粗磨 (Bruting)

　　鑽石分割後，再來步驟是對分割好的原石進行粗拋。即是將有角度的鑽石原礦，照預期的成品形狀磨出一個大致的輪廓，是切磨鑽石刻面之前的預備階段。早期方法是將鑽石原礦放在高速旋轉的車床上，然後用另一臂桿上的鑽石（用木棒前端黏上另一顆鑽石，手持控制）把轉動中的切割鑽石打圓，切磨師必須持續不斷檢查打磨中的鑽石是否偏離中心，若偏離中心將會耗損鑽石重量，且若壓力過大，鑽石腰圍稜線會產生密集的小羽裂紋。

▶ 鑽石腰部常可見粗磨之後所保留之天然面，是為了確定拋磨方向及保留鑽石最大重量。
Courtesy of EGL Taiwan

　　現今已使用電腦自動化的打圓設備，只要將預定打圓後的直徑大小輸入電腦，將鑽石原礦裝於打磨機上，和裝有鑽石粉和水的表面砂輪旋轉摩擦，人工則可透過

▶ 電腦自動化的打
圓設備

電腦螢幕觀看即可,使用電腦自動化設備可使打磨出來的鑽石更圓,並消除了鬚狀腰圍的問題。而方型切割鑽石,例如祖母綠或公主方切割,則無需經過打圓這道工序。在 1992 年也開始使用雷射定型儀器,可用於各種形狀鑽石,尤其是需要對稱性佳的馬眼形和橢圓形,以雷射切割的方式更能切割出對稱性良好的鑽石。

2. 刻面 (Faceting)

這道工序開始加工鑽石的刻面,會和拋光步驟同時進行。在一個旋轉速度在每分鐘 3 000 到 4 000 轉之間,塗有鑽石

▶ 鑽石磨盤,使用不同粗細的拋光粉,可用來切磨鑽石刻面以及拋光鑽石。

粉和潤滑油的鋼製圓盤上，切磨出所有刻面。

　　一顆明亮型鑽石的切磨會由不同的人按步驟完成：首先是交叉切磨師（負責桌面、8個冠部刻面和8個亭部的主刻面），此時已完成單翻式切磨鑽石，也有可能是 8/8 型切磨師先完成主要刻面（亭部拋磨出 8 個面，然後做 16 個刻面），而後由多面切磨師接手完成餘下的工作（星形刻面，風箏面及腰上、腰下刻面），若為較大顆或特殊等級鑽石，則會所有刻面皆由同一位切磨師完成。。

3. 拋光 (POLISHING)

　　鑽石切磨完成後則進行拋光作業。拋光是刻面鑽石最後的成型的重要步驟，展現鑽石的火光和彩光。目前有自動感知的拋光機及上面有拋光劑的手工鑽石磨盤，目前都有大型工廠使用，各有其優劣。人工拋光可以即時檢查及調整，但耗費人力成本，而自動感知拋光機節省人力成本，但無法及克檢查出是否有微小拋光問題。

▶ 35.84 克 拉 黃 彩 鑽 (Fancy Brownish Yellow/SI1)，出現於珍藏逸品 2017 年春季拍賣會。

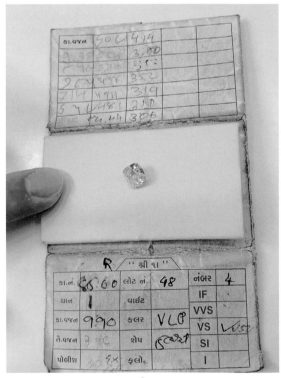

▶ 切磨師副用此紙包紀錄 9.90 克拉鑽石原礦切磨過程的各階段重量，最終結果為 3.06 克拉，VS2 等級。

▶ 有經驗之切磨師使用轉盤切磨鑽石刻面及使用工具。

侏羅紀切磨之鑽石搶先看

侏羅紀引進最新的鑽石切割儀器及有經驗之鑽石切磨師父為珠寶獵人從世界各地帶回之每顆鑽石原礦量身打造專屬的光芒。

　　以下為原礦為 2.7 克拉，切磨完成後為 1.30 克拉暗彩橘棕鑽 (Fancy Dark Orangy Brown) 的詳細過程：

1. 鑽石原礦鋸切

2. 鑽石原礦腰圍粗拋打圓，已可從　側面看出圓形鑽石輪廓

3. 拋磨亭部刻面

▶ 底 4 面

▶ 底 8 面

▶ 底 8 面

▶ 底 16 面

4. 冠部刻面拋磨

▶ 冠 4 面

▶ 冠部細修

▶ 冠 8 面

▶ 冠部細修

▶ 冠 8 面

5. 圓形明亮式切割鑽石拋磨完成

▶ 1.30 克拉暗彩橘棕鑽
Fancy Dark Orangy Brown
Jurassic Museum collection

▶ 冠部細修

ORIGNIS™
DIAMONDS

ROUGH TO POLISHED // ORIGIN REPORT

ORIGNIS ID: 2018A

Date of Issue: 08 February 2018

GIA Report Number: 2195064074

POLISHED DETAILS

Carat Weight: 5.76ct

Shape: CUSHION BRILLIANT

Origin: ARGYLE DIAMOND MINE, WESTERN AUSTRALIA

ROUGH DETAILS

Carat Weight: 12.18ct

Purchase Date: 30 October 2017

The diamond referenced on this report has been acquired from Rio Tinto Diamonds, and subsequently manufactured through a verified chain of custody process.

THIS REPORT IS NOT A GUARANTEE OR VALUATION. IT DESCRIBES THE IDENTIFYING CHARACTERISTICS OF YOUR DIAMOND UTILISING THE TECHNIQUES AND EQUIPMENT AVAILABLE TO ARGYLE DIAMONDS AT THE TIME OF ITS ASSESSMENT. ARGYLE DIAMONDS LIMITED, LEVEL 22, 152-158 ST GEORGES PERTH 6000, WESTERN AUSTRALIA.

▶ 5.76 克拉 ARGYLE 阿蓋爾橘棕彩鑽裸石 Fancy Orange Brown / CUSHION
Jurassic Museum collection

▶ 此顆原礦 12.18 克拉原礦，切磨後為 5.76 顆拉香檳鑽之阿蓋爾原產地證書，上面清楚標示產地來源及原礦編號及重量。

284

▶ 3.04CT 藍鑽戒指　FANCY LIGHT GREENISH BLUE /
CUSHION MODIFIED
Jurassic Museum collection

然而，鑽石切磨也承擔巨大的風險，在切磨過程中可能不慎會出現解理面的劈裂紋，或與預估切磨後顏色有落差，皆直接影響鑽石外觀及價值，以下有兩顆原本預估價值不斐的原礦鑽石，切磨過程中，原礦沿著解裡面裂開造成很大的裂紋，嚴重影響鑽石淨度，而無法銷售。

▶ 此顆重量 9.60 克拉黃鑽，為求改善其淨度 (SI 到 VS 等級)，所以重新切磨。

▶ 切磨後，因溫度及內部變晶關係，內部出現許多裂紋，而無法繼續。

　　而西澳的阿蓋爾礦區 (Argyle) 於
2012 年開採出一顆名為阿蓋爾粉色歡樂
(Argyle Pink Jubilee) 的 12.76 克拉鑽石原
礦，在當時是阿蓋爾礦區挖出最大克拉數
的粉色彩鑽原礦，開始切割此鑽石時發現
了鑽石內部有無法避開的裂痕，如果繼續
切割會碎裂開，所以力拓集團決定保留此
顆鑽石部分拋光及切割的狀態，約 8.01
克拉，並捐贈給墨爾本維多利亞博物館收
藏。

▶ 切磨後捐贈至博物館的狀
　態，可從粗拋的鑽石桌面
　看出內部有嚴重的裂紋。

▶ 粉鑽原礦

鑽石的重新切磨

　　鑽石重新切磨的原因有很多，而大部分是因為碰撞後破損，為求美觀而重新整修，或是將舊有技術切磨之鑽石，為求更好火光或顏色，而重新規劃切磨，然而，若此顆鑽石因傳承而有歷史價值，重新切磨與否則備受爭議。

　　此顆黃色鑽石為舊有切割的老歐洲式切割 (Old European cut)，2.54 克拉，外型明顯不圓，也可從桌面看到尖底有切割一個平面，鑑定後顏色為淡黃彩 (Light Yellow)，經過重新切割後，為 2.20 克拉，圓形明亮式切割的黃彩鑽 (Fancy Yellow)，大大提升了鑽石顏色及光線折射。

▶ 切割前 2.54 克拉

▶ 切割後 2.20 克拉，明顯改善了鑽石顏色及外觀。

▶ 維特爾斯巴赫 (The Wittelsbach Diamond) 切磨前 (左) 與 Graff 切磨後 (右) 的照片，大大改善其顏色及淨度。

歷史上有名的鑽石重新切磨

　　維特爾斯巴赫 - 格拉夫 (Wittelsbach-Graff) 鑽石產於印度，最早的記錄於 1722 年巴伐利亞的維特爾斯家族收藏此顆藍鑽，命名為 (The Wittelsbach Diamond)，到了 1806 年，此家族成員成為巴伐利亞的第一任國王後，在王冠上鑲嵌此顆藍鑽，而後家族沒落，此顆藍鑽幾度經手在 1930 年代的收藏家也想重新切磨此顆鑽石，但被切磨公司以破壞其歷史價值而拒絕接受委託，直到 2008 年在拍賣會上珠寶商格拉夫 (GRAFF) 得標後，為提高此顆鑽石淨度及顏色，重新切磨此顆鑽石，在損失 4.50 克拉後，由 35.56 克拉深灰藍彩鑽 (Fancy Deep Grayish Blue)，淨度 VS1，修正為 31.06 克拉深藍彩鑽 (Fancy Deep Blue)，淨度 IF，並更名為維特爾斯巴赫 - 格拉夫 (Wittelsbach-Graff)。

光的反射與折射

光是電磁能量的一種直線傳播方式，在均勻的介質或真空中會沿著直線前進，但若介質不均勻，則傳播速率會有所改變，其傳播方向就會改變，不會再沿著直線前進。光源所以發出光，是因為束縛於光源原子裡的電子的運動，以波浪的形式行進。

一 . 光的反射現象

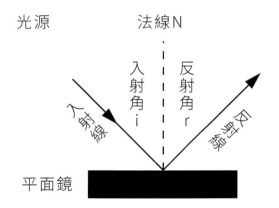

光源　　　　　　法線N

入射角 i　　反射角 r

入射線　　　反射線

平面鏡

光波傳到兩種不同介質的交界面時，有部分的光會從介面射回原介質中的此種現象，稱為光的反射。

物體之所以可見，是因為光線照射在物體上，而產生反射或散射，進入人體眼睛，光線觸及任何透名物質表面時，如一片乾淨的玻璃有時候不可見，表示光線直接穿透玻璃而沒有產生反射，若可見玻璃上自己的倒影，則是產生反射，物體表面越光滑，行進方向很規則，越容易產生反射光線。

當光線進入鑽石或寶石內時，會產生反射和色散，使鑽石或寶石呈現閃爍光芒。光線到達切割後鑽石表面時，有多少光線會反射即看光線與鑽石表面呈現的角度而定。接近鑽石表面的光線角度稱為入射角 (Angle of incidence)，反彈出去的角度稱為反射角 (Angle of reflection)，根據反射原理，入射角等於反射角；若光線垂直進入鑽石，會有最大的穿透光，越不會在鑽石表面產生反射光；光線幾近平行進入鑽石時，則會產生最大的反射。

1. 光的折射定律與折射率 (Refractive Index, RI)

光從一種介質斜射進入另一種不同介質時，光的前進方向會產生改變，這種現象稱為光的折射。物質的光學密度會影響光線通過的速度，在不同介質中行進的速度會不同，以至於光的行進方向發生改變，光學密度越高的物質，光通過的速度越慢，最普遍可見的是吸管或筷子插入水杯中，水杯中的吸管看起來被截成另一段，也是因為光進行到不同物質時，速度和方向發生改變，而產生的視覺效果；兩個介質中，光行進方向與法線所夾的角度稱為入射角及折射角，由折射角與入射角

可以測量在不同介質中每道光偏離法線的角度，稱為折射率 (Refractive Index, RI)，兩物質間的光學密度相差越大，折射率越高。

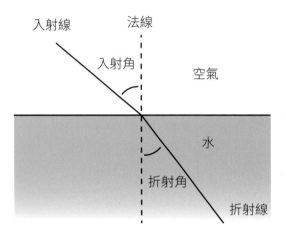

然而因為鑽石是原子結構排列緊密的寶石，使得入射光線進入鑽石的速度大幅減緩，而其他寶石，如剛玉、水晶……等，因組成結構沒有像鑽石般緊密，光通過的速度減緩幅度就沒那麼大，所以折射率較鑽石低。

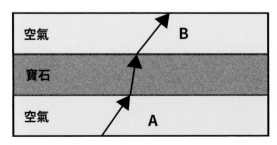

▶ 光從 A 點進入鑽石後，因鑽石內原子緊密度與空氣不一樣，而改變了光的方向，光再回到空氣中時，會恢復原有速度。

2. 全反射與臨界角 (total reflection，critical angle)

全反射或稱為全內反射，是一種光學現象：當光線經過兩個不同折射率的介質時，部份的光線會於介質的界面被反射回去，其餘的則被折射。當光線從折射率較高的介質（光密介質）進入到折射率較低的介質（光疏介質），折射角會大於入射角，當入射光的角度加大到一定的值，會使得折射角 r 等於 90 度，折射光會沿著兩個介面進行傳播，我們把這樣的角度稱為臨界角（法線和最大折射所產生的夾角），以此所圍成的立體圓錐狀，稱為臨界角錐。

而再次把入射光的角度加大，入射光不再產生折射，而全部反射回光密介質，遵循反射定律（入射角＝反射角），故稱之為全內反射。進入鑽石內部的光線唯有在臨界角錐內，才會逸出鑽石

全內反射對於寶石的反射光彩有很大的相關性，數學家及寶石學家精密計算，配合良好的切磨工藝，讓光線由冠部進入寶石，在寶石內部多次全反射後，才在冠部觸及臨界角錐，而逸出寶石外，得以創造出寶石最大的光彩。

對於寶石來說，偏折光線越多，表示

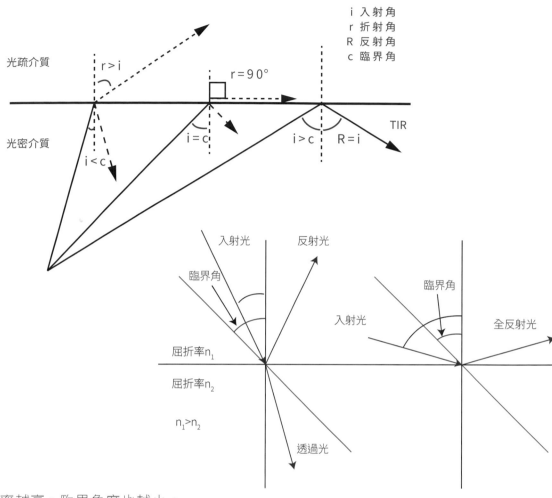

i 入 射 角
r 折 射 角
R 反 射 角
c 臨 界 角

光疏介質

r>i

r = 90°

光密介質

i = c

i > c   R = i

TIR

i < c

入射光   反射光

臨界角   臨界角

屈折率n_1 入射光   全反射光

屈折率n_2

$n_1 > n_2$ 透過光

折射率越高,臨界角度也越小,
鑽石折射率高,其臨界角為 24.5
度,只要有良好的切磨,光線從
底部逸出的機率也小;大部分有
色寶石折射率低於鑽石,表示其
臨界角錐大於鑽石的臨界角錐,
同一方向的光源進入觸及臨界角
錐的機率比鑽石大,光源從底部
逸出的機率就會比鑽石高。例如
光線穿透時,目視石英是可依稀
看到底部,但看不到鑽石底部的
原理在於此。

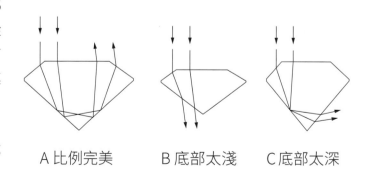

A 比例完美   B 底部太淺   C 底部太深

▶ 切磨比例佳的鑽石,會讓鑽石光線反射回冠部,若
切得太深或太淺,大部分光線落入底部臨界角內而
逸出,會讓鑽石看起來很暗。

3. 色散 (Dispersion)

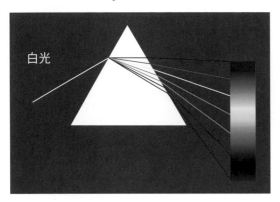

白光

我們知道光是以波動方式行進的,每種光波有不同的能量和波長,由多種波長的光混合組成的自然光,在穿過密度高於空氣的物質時會發生折射現象,自然光中不同波長的光線會分離成其組成的顏色,這種現象稱為光的色散。光的波長越小,折射率越大:在人眼可見的光線中,紫色光折射率最大,紅色光折射率最小;與光線通所三菱鏡時會分散成彩虹光的原理相同:每一光譜顏色都有自己的折射率和入射角度;在透明寶石中,對於不同的波長光會有不同的折射率,因波長不同,在鑽石內部的偏折程度也會有所差異,當從桌面逸出的色散光就會呈現七彩顏色。

在鑽石中,靛色和藍色被減緩及被偏折的程度高於紅色,寶石學家稱兩者的折射率差為鑽石的色散率:靛色光的折射率為 2.451,紅色光折射率為 2.407,兩者相差 0.044。而有其他鑽石仿品的色散率高於天然鑽石,例如:合成碳矽石 (Synthetic Silicon Carbide) 的色散率為 0.104,立方氧化鋯 (Cubic Zirconia,CZ) 的色散率為 0.060,表示這些仿品的火光會比天然鑽石明顯。

二. 鑽石的光學原理

致使切磨好的鑽石擁有美麗的光芒,可分析出三種成因—亮度 (Brightness)、火光 (Fire)、及閃光 (Scintillation)。

亮度是指光線進入鑽石反射出的亮白反射光,火光是指肉眼可見鑽石面上的七彩閃爍光,而閃光則是移動時鑽石呈現的明亮與暗域比例的視覺效果。這些成因都會與鑽石的切磨比例、刻面數量、切工品質、刻面比例等息息相關。

1. 亮度 (Brightness):

＊ 鑽石的內部及外部反射的白光

寶石的折射率越高,表面的反射光會越多,決定切割寶石的表面亮度在於折射率與光線反射時所呈現的外觀,鑽石具有金剛光澤 (adamantine luster) 與高折射率,當光線垂直進入已切割鑽石的表面時,約有 17% 的光線被反射,其餘約 83% 的光線進入鑽石內部,則由鑽石的切工比例來決定鑽石內部進行全反射後,回到冠部的光線百分比。

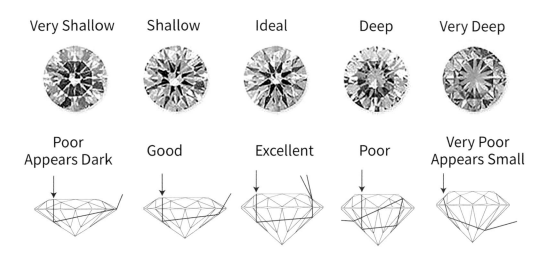

Very Shallow　Shallow　Ideal　Deep　Very Deep

Poor　　　　　　　　　　　　　　　　　　　Very Poor
Appears Dark　Good　Excellent　Poor　Appears Small

▶ 切工比例太深或太淺的鑽石會造成光線無法從冠部逸出，使的鑽石看起來較黯淡。

2. 火光 (Fire)：

＊ 鑽石晃動時所呈現的彩虹顏色

　　何種光源進入鑽石與鑽石刻面的角度即是影響鑽石火光呈現的主要因素：方向性光源會比漫射光源能帶出鑽石的火光，而漫射光源則會增強鑽石的亮光；光線進入鑽石的角度也相對重要，入射角越大（表示光線以較淺的角度進入鑽石），分散成七彩光的範圍越大，與鑽石內部刻面互動次數越多，每道新的光譜顏色會為鑽石帶來更多色散，散開的差距越大，反射回冠部的光譜顏色會越明顯；若光線進入及逸出鑽石的角度相同，則會是白光進入，白光逸出。

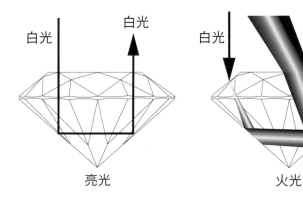

白光　　白光　　　　　　白光　　七彩光

亮光　　　　　　　　　　火光

3. 閃光 (Scintillation)：

＊ 晃動鑽石時，鑽石內部及外部反射光線比例，帶來視覺上的效果。

鑽石在晃動時，肉眼可見鑽石正面光線反射回的明亮與暗色區塊間的對比，暗色區塊的大小、位置極為重要，會影響鑽石帶給目視者的外觀感受差異。而這些差異源自於鑽石切割比例是否恰當，明亮區域來自於鑽石表面及內部反射的效果，而黑色區塊則是光線穿過鑽石後，從底部逸出產生的暗域。

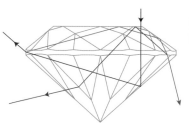

▶ 鑽石亭部切得過淺，所產生的魚眼鑽石（桌面周圍可見一圈灰白色的腰圍反射）。

當鑽石亭部切得太淺，光線進入鑽石冠部後，從腰圍逸出，目視者垂直觀察鑽石冠部時，在鑽石桌面可見一圈淺灰色鑽石腰圍反射，很像魚的眼睛，稱為魚眼 (fish eye)；若鑽石亭部切得太深，鑽石部分光線直接從底部逸出，無法反射至冠部，而在桌面中心出現暗域，則稱為釘頭 (nail head)。

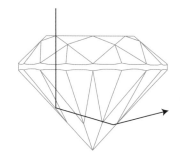

▶ 鑽石亭部切得太深，所產生的釘頭（黑暗區塊集中於桌面下）。

▶ 左為魚眼鑽石，圖中鑽石比例切割適中，圖右為釘頭鑽石。

三 . 圓形明亮式切磨分級 (cut)

鑽石切磨分級制度，適用於 D 至 Z 成色範圍內的標準圓形明亮式切割鑽石，根據光線進入鑽石中反射回的光學效應，帶給目視者的感受，評估其亮度、火光及閃光，分為五個切磨等級：極優 (Excellent)、優良 (Very Good)、良好 (Good)、尚可 (Fair)、不良 (Poor)，而花式切割鑽石則不評級切磨。

1. 極優 (Excellent)：

明亮區域均勻的分佈於整個冠部，無分散的暗域，整體看起來很活，目視桌面，整體及尖底周圍皆明亮。

2. 優良 (Very Good)：

明亮區域均勻的分佈於整個冠部，有一點分散的黑暗小刻面，桌面正下方，底尖周圍明亮。

3. 良好 (Good)：

目視冠部，腰上刻面、冠部下方尖底附近，有些零散分佈的黑暗小刻面。

4. 尚可 (Fair)：

目視冠部，某些區域明亮，約有 50% 的區域呈現暗色，桌面下、腰圍處，或兩者皆有較大面積的黑暗區塊。

5. 不良 (Poor)：

鑽石整體呈現黯淡；冠部只有少數分散的明亮區塊：桌面、冠部刻面、腰上刻面可能暗域較多。

四 . 鑽石比例分級：冠部

1. 平均腰圍直徑 (Average girdle diameter)

鑽石的平均腰圍是從正面目視的鑽石圓周直徑，以毫米 (mm) 為單位，用來評估其他鑽石比例的標準基礎，因鑽石切割時還是有些微誤差值，並非完全為正圓，藉由毫米量尺，測量圓形鑽石，以最大與最小直徑相加除以 2 的平均值，則可得到平均腰圍直徑。

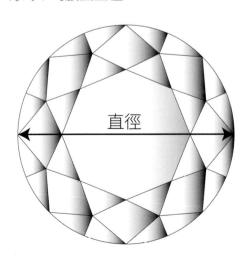

直徑

2. 全深百分比 (Total depth percentage，TDP)

鑽石的全深百分比是從桌面到底部的高度與鑽石平均腰圍直徑，互為對照的百分比，主要協助判斷鑽石是否有重量不足或超重，以百分比來表示，一般鑽石全深百分比約於 55.0%~65.0%，切磨比例良好的鑽石的全深百分比落於 60% 左右，為業界所喜愛，但仍需注意其他部份的切磨比例，整體一併評估，例如：腰圍厚度、冠部和亭部比例是否恰當，厚腰圍或淺冠部、深底部，深冠部、淺底部之鑽石，雖然全深百分比落於 60%，卻因切割比例不佳，對鑽石正面外觀有不良影響。

鑽石全深百分比小於 55.0% 者，稱為重量不足，可能有大桌面、薄腰圍、淺冠部或淺底部。而大於 65.0%，稱為超重，可能具有高冠部、深底部或厚腰圍，不良的比例都會影響鑽石的光線反射。

計算方式：全深百分比 = [全深 (mm) ÷ 平均腰圍直徑 (mm)] ×100

例：全深 =3.98mm，平均腰圍直徑 =6.42mm
全深百分比 = (3.98÷6.42) ×100=61.99，四捨五入後為 62.0%

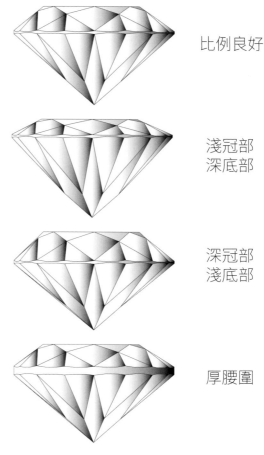

比例良好

淺冠部 深底部

深冠部 淺底部

厚腰圍

▶ 雖同樣在良好的全深百分比例之內，仍需考慮冠部、底部及腰圍對整理比例之影響。

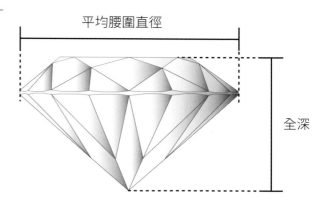

平均腰圍直徑

全深

鑽石切磨等級與全深百分比

可能的切磨等級	全深百分比範圍	全深百分比評論
P	<51.0%	極淺的冠部和/或亭部，薄腰圍
F，P	51.0%-52.9%	非常淺的冠部和/或亭部，薄腰圍
G，F，P	53.0%-55.9%	淺的冠部和/或亭部
VG，G，F，P	56.0%-57.4%	稍淺的冠部和/或亭部
EX，VG，G，F，P	57.5%-63.0%	一般標準的冠部和/或亭部
VG，G，F，P	63.1%-64.5%	稍高的冠部和/或亭部
G，F，P	64.6%-66.5%	高的冠部和/或亭部
F，P	66.6%-70.9%	很高的冠部和/或亭部，厚腰圍
P	>70.9%	極高的冠部和/或亭部，厚腰圍

3. 桌面百分比 (Table percentage，TP)

桌面是切割鑽石最大的刻面，也是目視者第一眼會看到的位置，與冠部其他角度刻面同時提供光線進出，影響著亮光與火光呈現的比例，若桌面較小，冠部其他刻面面積相對較大，則火光會較多；若桌面較大，整體亮光會較明顯，相對來說，從冠部其他刻面逸出的光線面積較少，此顆鑽石的火光則會較少。

桌面百分比以其平均腰圍直徑的百分比來表達，一般圓形明亮式切割的桌面比例會落於 52%~62% 之間；而過小 (<50%) 或過大 (>7%) 的桌面，則會對鑽石外觀產生負面影響。

計算方式：桌面百分比 = [桌面平均直徑 (mm) ÷ 平均腰圍直徑 (mm)] ×100

例：桌面平均直徑 =4.4mm，平均腰圍直徑 =8mm
桌面百分比 = (4.4÷8) ×100=55 (%)

鑽石切磨等級與桌面百分比

可能的切磨等級	桌面百分比範圍	桌面百分比評論
P	<44%	極小
F，P	44%-46%	很小
G，F，P	47%-49%	小
VG，G，F，P	50%-51%	中等小
EX，VG，G，F，P	52%-62%	稍小～稍大
VG，G，F，P	63%-66%	中等大
G，F，P	67%-69%	大
F，P	70%-72%	很大
P	>72%	極大

桌面百分比的評估方法有以下幾種：
A. 直接桌面測量、B. 估計桌面百分比

A. 直接桌面測量

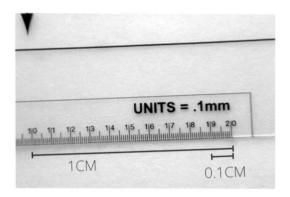

使用鑽石桌面專用的桌面量尺 (table gauge) 的方式皆可用於裸石或已鑲嵌鑽石，使用時，配合良好光源，顯微放大明顯可見至 0.1mm 的刻度，將量尺貼近鑽石桌面，測量桌面 8 個角中相對的 2 個點，讀取 2 點之間的距離，共測量 4 次。測量時，估計至最接近的 0.05mm，4 個測量值加總後再取其平均值，則可用來計算桌面百分比。

例：4 個桌面平均測量值為 4.15、4.20、
4.25、4.20mm
平均桌面直徑 =
(4.15+4.20+4.25+4.20) ÷4=4.2
平均腰圍直徑 =7.3mm
桌面百分比 = (4.2÷7.3) ×100=57.5
(%)，四捨五入至 1% 後 =58 (%)

B. 估計桌面百分比

有 3 種應用方式—閃光法 (flash)、比例目測法 (ratio)、弧度目測法 (bowing)，此 3 種方式為簡易估算方式，若經驗足夠可達到相當準確的程度，建議使用時，可作為相互交替檢查估算是否正確。

a. 閃光法 (flash)：

此種為最簡易迅速判斷的方式，利用反射光源，不借助放大的情況下觀察鑽石正面，晃動鑽石，則可看到桌面反射的白色閃光，依照閃光大小對比鑽石圓周來估計桌面百分比。

若與鑽石圓周比較，小片的桌面閃光表示桌面百分比介於 53%~59% 之間；中等閃光表示桌面百分比介於 60%~64%；大面積桌面閃光則表示桌面大於 65%。

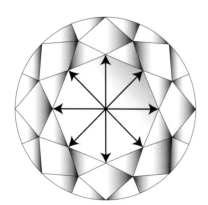

平均腰圍直徑

平均桌面直徑

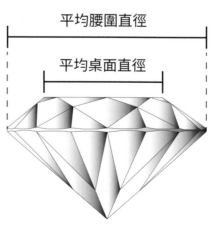

b. *比例目測法 (ratio)*：

　　利用暗場照明光線，放大正面觀察鑽石正面，先確認底尖在桌面正中央，由腰圍邊緣到桌面邊緣的距離 (A)：桌面邊緣到底間的距離 (B) 進行比較，桌面越大，則桌面百分比越大，一般 A：B 的距離會介於 1：1 至 1：2 之間。

有些常用比例估計值為：

＊ 1：1＝54%
＊ 1：1.25＝60%
＊ 1：1.5＝65%
＊ 1：1.75＝69%
＊ 1：2＝72%

　　若桌面邊緣 8 邊不等長，必須調整估計值，輕微偏差時加 1%，明顯偏差加 2%。

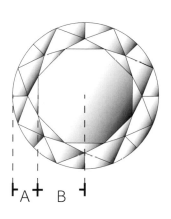
A　B

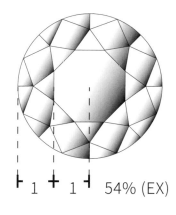
1　1　54% (EX)

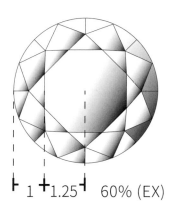
1　1.25　60% (EX)

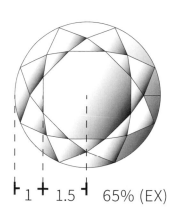
1　1.5　65% (EX)

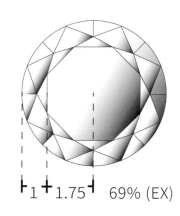
1　1.75　69% (EX)

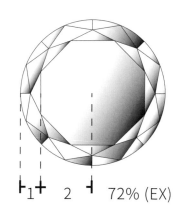
1　2　72% (EX)

c. 弧度目測法 (bowing)：

使用此法時，2 種光源皆可交替使用，由桌面邊緣延伸至星面尖端的刻面邊緣來判斷，檢查此凸起之刻面邊緣呈現狀態，可能為內彎、直線或外彎，來判斷桌面百分比。

依照比例目測法與弧度目測法相互對照，可歸納出以下桌面百分比：

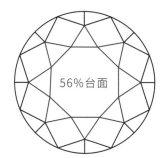
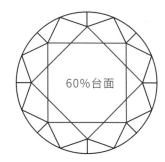
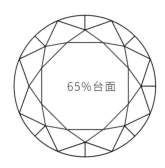

56%台面　　　60%台面　　　65%台面

▶ 圖左為弧形內彎，圖中為直線，圖右為弧形外彎。

＊ 若明顯內彎，桌面百分比約為 53%~56%，等於比例目測法約 1：1
＊ 若輕微內彎，桌面百分比約為 57%~59%
＊ 若為直線，桌面百分比約為 60%~61%，等於比例目測法約 1：1.25
＊ 若輕微外彎，桌面百分比約為 62%~65%，等於比例目測法約 1：1.5
＊ 若明顯外彎，桌面百分比約為 66%~68%，等於比例目測法約 1：1.75

▶ 弧度目測法觀察此鑽石，桌面邊緣的刻面為直線至輕微外彎，比例約 62%。

▶ 弧度目測法觀察此鑽石，桌面邊緣的刻面輕微內彎，比例約 58%。

▶ 弧度目測法觀察此鑽石，桌面邊緣的刻面明顯內彎，比例約 54%。

　　此法除了看弧度彎曲外，仍要注意星面是否為等邊三角形，星面的長度可能會影響估機桌面百分比，較長的星面會使弧形看起來較向內彎，使桌面看起來比實際小；而較扁的星面會使弧形看起來較向外彎，桌面則會看起來較實際大，所以需做桌面百分比的調整。

　　正常的星面與腰上刻面的長度比例為 1：1，若為此比例則桌面百分比無須調整；若星面較長，與腰上刻面長度比例達 1.3：1，表示弧形看起來比實際向內彎，則桌面估計值需加上 6%；若星面較短，與腰上刻面長度比例達 1：1.3，表示弧形看起來比實際向外彎，則桌面估計值需減少 6%。

Table Sizes

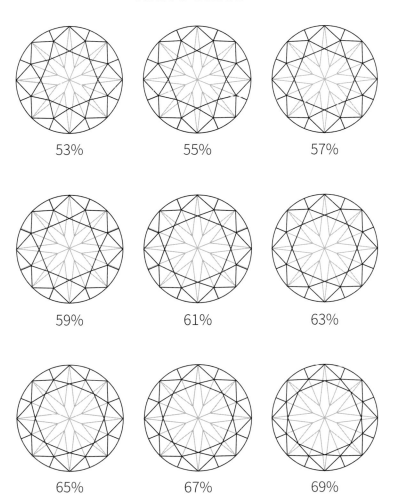

53%　　　　55%　　　　57%

59%　　　　61%　　　　63%

65%　　　　67%　　　　69%

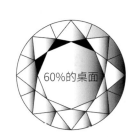

60%的桌面

若星面達到腰圍的1/3處，則依估計值減去6%

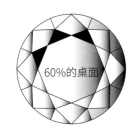

60%的桌面

正常的星面一般達到至腰圍的一半處；無須調整

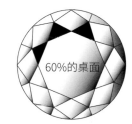

60%的桌面

若星面達到至腰圍的2/3處時，則依估計值加上6%

4. 星形刻面長度百分比 (Star length percentage)

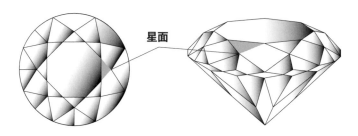
星面

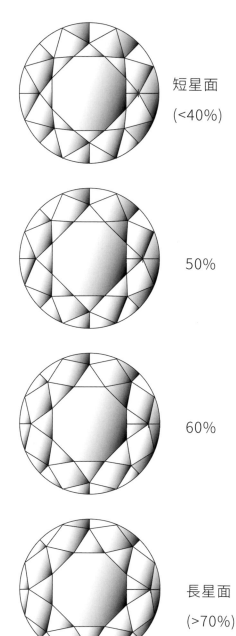

短星面
(<40%)

星形刻面長度除了對桌面百分比有一定影響之外,也對鑽石的亮度及火光皆有影響,星形刻面長度百分比為星形刻面長度佔腰圍至桌面邊緣的百分比。

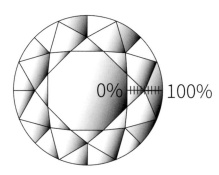

0% ⊦⊦⊦⊦⊦⊦ 100%

50%

60%

請於 10 倍放大下,依序檢查冠部的 8 個星形刻面,並取其平均值,四捨五入至最接近的百分之五 (5%);理想的星形刻面長度百分比一般介於 45%~65% 之間:若至腰圍 1/3,約為 35%,則為過短;若至腰圍 1/2,約為 50%;若至腰圍 2/3,約為 65%;若至腰圍 3/4,約為 75%,則為過長,過長或過短的星形刻面會影響其他冠部刻面整體比例,對於鑽石正面外觀有負面影響。

長星面
(>70%)

5. 冠部角度 (Crown angle)

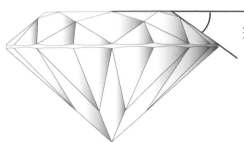

冠部角度

▶ 對比 A 與 B 的寬度，若 2 者差異越大，冠部角度越大 (冠角越陡)。

冠部角度為風箏刻面與腰圍平面的夾角，會影響火光逸出的效果，正確的冠角可以使得鑽石火光逸出效果佳，一般而言 32°~36°的冠部角度最為理想，最標準為 34.5°；若冠部角度太小，進出鑽石的光線色散較小，無法得到最大火光逸出效果；而冠部角度過大，會使的鑽石火光無法正確從冠部逸出。

而鑽石原礦外型也會影響切割後冠部角度，切磨師為保留鑽石鑽大重量，若原石較薄，可能會選擇切磨成冠角淺的大桌面、薄腰圍及淺亭部；亦或者原石較厚，會切成擁有高冠部的鑽石，除了重量較重之外，對鑽石火光沒有任何幫助。

估計冠角一有正面目測法及側面使用角度尺規的方法：

A. 正面目測法

利用暗場照明光線，放大正面觀察鑽石正面 (或使用八星八箭觀察鏡)，將亭部主要刻面分成 2 段，A 為尖底至桌面與風箏刻面的交界處，B 為風箏刻面至腰圍

▶ 此寬度 B 比 A 的寬度約為 2：1，冠角約為 34.5°。

處，由此 2 段對比亭部主要刻面在桌面的寬度及其在風箏刻面下的寬度比。

請於 10 倍放大下，依序檢查冠部的 8 個底部主刻面，並取其平均值。

* 寬度 B 與寬度 A 等長時，冠角約為 25°
* 寬度 B 比 A 稍寬，冠角約為 30°
* 寬度 B 為寬度 A 的兩倍時，冠角約為 34.5°
* 寬度 B 超過寬度 A 的兩倍時，冠角約為 39°
* 若於風箏刻面處已經可以看到整個底部主刻面的反影，冠角為 40°以上

B. 側面角度尺規法

以鑷子夾取鑽石桌面與底尖，觀看鑽石側面的風箏刻面位置，於 10 倍放大，暗場照明光源，將角度尺平行放於鑽石下，依序轉動鑽石檢查冠部的 8 個風箏刻面，紀錄鑽石角度，並取其平均值。若觀察熟練之後，可直接用目視法估計冠角。

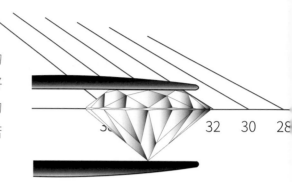

鑽石切磨等級與冠角

可能的切磨等級	冠角範圍	冠角評論
P	<20.0%	極淺
F，P	20.0%-21.5%	很淺
G，F，P	22.0%-26.0%	淺
VG，G，F，P	26.5%-31.0%	中等淺
EX，VG，G，F，P	31.5%-36.5%	稍淺～稍陡
VG，G，F，P	37%-38.5%	中等陡
G，F，P	39.0%-40.0%	陡
F，P	40.5%-41.5%	很陡
P	>41.5%	極陡

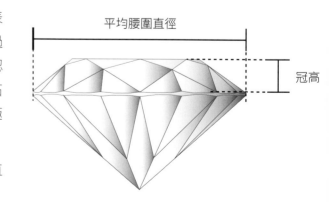

6. 冠高百分比
(Crown height percentage)

冠高是以平均腰圍直徑的百分比來表達，理想的冠部高度為 12.5%~17%，若超過 18.5% 會視為高冠部，若低於 10% 以下，認為是過淺的冠部，過高的冠部只會增加鑽石重量，並無其他益處；而過淺的冠部加上極薄的腰圍，則會影響到鑽石的堅固性。

冠部高度百分比 =（冠部高度 ÷ 平均腰圍直徑）×100

五．鑽石比例分級：
腰圍 (Girdle)

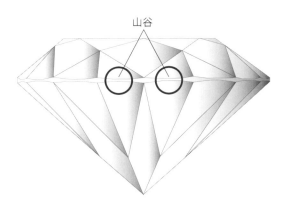

山谷

▶ 此鑽石腰圍厚薄差異較大—薄至稍厚
Courtesy of EGL Taiwan

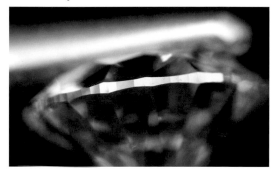

▶ 厚至非常厚腰圍 Courtesy of EGL Taiwan

▶ 極厚腰圍 Courtesy of EGL Taiwan

腰圍是鑽石最寬的地方，用於鑲嵌及保護鑽石邊緣，免於因碰撞而受傷，腰圍也是在切磨鑽石時最初拋光定位處。腰圍應有足夠的厚度以防碰撞時破損及鑲嵌固定之用，但過厚的腰圍則會影響鑽石美觀及增加銷售重量，估計腰圍厚度時，利用暗場照明光線，放大側面觀察鑽石，依序轉動鑽石並判斷腰圍厚薄，不同切割方式鑽石，可能會有單個評級或最薄至最厚的一個範圍。

▶ 腰圍處內凹天然面不記入腰圍評估，僅以剩餘可見的腰圍做評判標準，所以此顆鑽石腰圍為極薄至稍厚。Courtesy of EGL Taiwan

以圓型明亮式切割為例：腰圍並非同樣一個厚度，風箏面和亭部主刻面的交會處較寬，共有16處，稱為山丘 (hill)；而腰上與腰下刻面交會處相對較薄，共有16個，稱為山谷 (valley)，腰圍厚度之評估是以16處山谷作比較，取其最大及最小值作為此顆鑽石腰圍厚度之定義，例如：很薄至中等。

而有許多淨度特徵也會出現在腰圍處，例如：天然面及內凹天然面、額外刻面、洞痕、缺口等，可能會使腰圍處變窄或延伸至冠部或底部，則淨度特徵不計入腰圍評估，僅考慮其他剩餘部分。

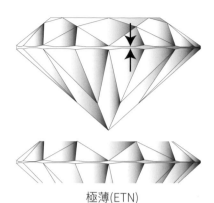

1. 腰圍厚度定義

A. 極薄 (Extremely thin，ETN)：

10 倍放大觀察下，呈現銳利邊緣，無任何厚度，又稱為刀鋒 (knife-edge)，鑲石或碰撞時容易破裂。

極薄(ETN)

B. 非常薄 (Very thin，VTN)：

10 倍放大觀察下，為很細的線，鑲石時需小心。

很薄(VTN)

C. 薄 (Thin， THN)：

10 倍放大觀察下，可見腰圍厚度的細線，是很好的腰圍比例。

薄(THN)

D. 中 (Medium，MED)：

10 倍放大觀察下，可見適當腰圍厚度，是理想的腰圍比例。

中等(MED)

E. 稍厚 (Slightly thick，STK)：

10 倍放大觀察下，可見明顯腰圍厚度，是很好的腰圍比例。

稍厚(STK)

F. 厚 (Thick，STK)：

10 倍放大觀察下，可見明顯腰圍厚度，肉眼可見。

厚(THK)

G. 非常厚 (Very thick，VTK)：

10 倍放大觀察下，影響到鑽石比例的美觀性，肉眼明顯可見。

很厚(VTK)

H. 極厚 (Extremely thick，ETK)：

10 倍放大觀察下，很粗厚，影響到鑽石比例，也易影響鑽石桌面反射的光學效果。

極厚(ETK)

2. 腰圍的切磨

A. 拋磨原型 (Standard)：

　　表示未經過人工拋亮，維持鑽石粗拋厚的樣子，外觀呈現霧面狀，表面應呈現平滑狀態，若有小鬚紋、有坑洞粗糙不平，則稱為粗糙腰圍 (Rough girdle)。

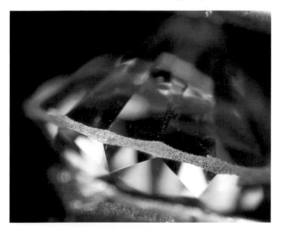

B. 拋光腰圍 (Polished)：

　　表示鑽石腰圍經過拋圓、拋亮處理，但未呈現刻面 (較少見)。

C. 刻面腰圍 (Faceted)：

　　表示鑽石腰圍有較細緻處理，拋成無數個刻面。

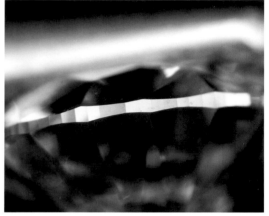

▶ 腰圍的切磨並不影響任何鑽石等級評判。
Courtesy of EGL Taiwan

3. 鑽石的刷磨 (Painting) 與剔磨 (Digging out)

　　正常的鑽石腰圍，刷磨與剔磨為鑽石切磨過程中，為消除腰圍的淨度特徵，且盡量保留原有克拉重，所使用之方式。嚴重的刷磨和剔磨會造成腰為厚度偏差，山丘位置厚度不均勻，影響鑽石閃光，可能會降低切工評級。

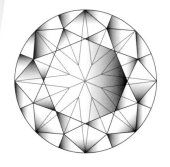

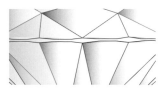

▶ 上圖為正常腰圍

A. 刷磨 (Painting)：

　　若鑽石腰圍有些淨度特徵，切磨中因調整某些刻面角度則可消除，切磨師會使用改變上腰面與風箏面的正常角度，縮小上下腰面的傾角，使部分腰圍加厚，而保留鑽石重量的一種方式，刷磨會致使風箏刻面和上腰面的刻面角度接近，從正面看鑽石，風箏面與 2 個相鄰的上腰面看起來會像一個單的大刻面，稜線會變得不明顯，造成大面積同時閃光，影響鑽石閃爍效果，導致明暗失衡；刷模是個局部現象，可能發生在上下腰部刻面或只在冠部或亭部，嚴重的刷磨可以讓鑽石多保留 3% 的重量。

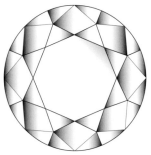

▶ 上圖為冠部的刷磨，上腰圍面與風箏刻面稜線變的不明顯。

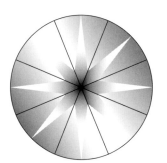

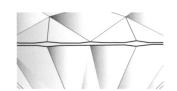

▶ 上圖為底部的刷磨，亭部刻面變的不明顯。

刷磨過的腰圍

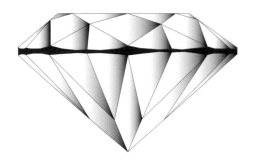

▶ 在上半面與下半面銜接對應的厚度，比風箏刻面與底部主刻面對應處更厚，形成不均勻的扇貝狀。

風箏刻面　　　　　　上半面

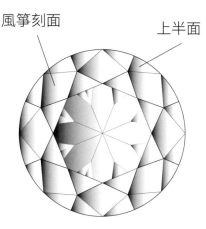

▶ 嚴重的刷磨使得鑽石刻面稜線變得不明顯

B. 剔磨 (Digging out)：

剔磨使用之方式則是增大 2 相鄰面刻面角度來去除腰圍上的天然面或表面特徵，在切磨過程初期會先整圈留較厚腰圍，在後段切磨過程使用加大冠部或亭部刻面角度的方式，將腰圍的淨度特徵移除，被剔磨淨度特徵處的腰圍會看起來較細，在其他位置則留下額外的腰圍厚度。剔磨可能會使寶石的正面看起來較暗，也會改變鑽石的閃光模式。

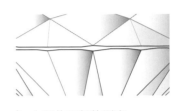

▶ 上圖為冠部的剔磨

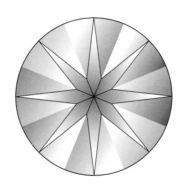
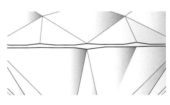

▶ 上圖為底部的剔磨

▶ 剃磨與刷磨的鑽石會使鑽石呈現明顯區塊的暗域

六. 鑽石比例分級：亭部及底尖

1. 亭部

A. 底深百分比 (Pavilion depth percentage)

鑽石的底深會直接影響反射回冠部光線的比例，對亮度及火光極具影響力，底深是腰圍平面至尖底的距離，以平均腰圍直徑來表達，鑽石的底深百分比影響反射影像及桌面本身面積大小，良好的底深百分比為43%~44.5%，其中以 44.5% 的底深最為理想。

計算方式：底深百分比 = (底深 ÷ 平均腰圍值徑) ×100

一般商業使用會使用目測的方法，暗場照明下，從正面放大觀察，根據星型刻面的反射影像，判斷底深百分比。對稱性佳的鑽石，星型刻面反射的輪廓會較完整，可見三角型反射的暗影圍繞成一圈，而稍為的切磨偏差，都會改變星型刻面反射的圖案完整性，也可能從正面只觀察到部分輪廓，但不影響目測估計值。反射影像越小，底深百分比越小，當底深百分比約 43% 時，星型刻面反射影像約只佔桌面的 1/3；底深百分比為 44.5%時，星型刻面反射影像約佔桌面的 1/2。

有些不佳的鑽石比例，會無法觀察到星形刻面反射，例如：鑽石的底部太淺，若底深小於38%，桌面會反射出一圈灰色腰圍，看起來像是魚眼，稱為魚眼效應 (Fisheye)。

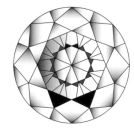

▶ 星形刻面反射影像常圍繞著桌面反射影像

▶ 因冠部與亭部顆面銜接不良，造成桌面下的星型刻面反射歪斜。Courtesy of EGL Taiwan

估計底深百分比

反射影像破碎

小於41.0%

45.5%

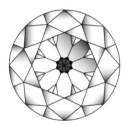

42.0%

47.0%

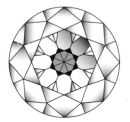

43.0%

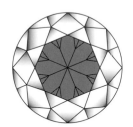

49.0%

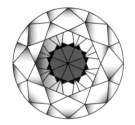

44.5%

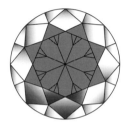

大於50%

而鑽石底深百分比超過 48%，會使鑽石桌面整個很暗，則稱為釘頭效應 (Nail head)。

而底深百分比也可用亭部角度計算及查表來量取，並底尖大小也會影響底深百分比的判斷，皆會於後面章節介紹之。

▶ 估計此底深百分比約 42%
Courtesy of EGL Taiwan

▶ 估計此底深百分比約為 44%
Courtesy of EGL Taiwan

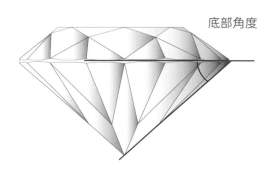

底部角度

B. 底部角度 (Pavilion angle)

亭部角度為腰圍平面與底部刻面所形成的夾角，底深百分比越大，亭部角度越陡，2 者呈正向關係。可用角度版配合 10 倍放大觀察量取數據，或查表得知。

底深百分比與底角

底深 %（大致數據）	底角
37.5%	37.0。
38.0%	37.4。
38.5%	37.6。
39.0%	38.0。
39.5%	38.4。
40.0%	38.8。
40.5%	39.0。
41.0%	39.4。
41.5%	39.8。
42.0%	40.0。
42.5%	40.4。
43.0%	40.8。
43.5%	41.0。
44.0%	41.4。
44.5%	41.8。
45.0%	42.0。
45.5%	42.4。
46.0%	42.6。
46.5%	43.0。
47.0%	43.2。
47.5%	43.6。
48.0%	43.8。
48.5%	44.2。

▶ 底尖無刻面時，底部深度與底部角度相對應關係。

底部角度的偏差，例如：主刻面之間的底部角度不一，會使的鑽石產生不均勻的亮度和閃光，致使反射影像破碎，不容易觀察。而過淺 (<37.4°，表示底深百分比小於 38%) 的底部角度再加上淺冠部或大桌面，則會產生魚眼效應；而過陡 (>44.0°，表示底深百分比大於 48%) 的底部角度，會使鑽石桌面整個很暗，則會產生釘頭效應。

鑽石切磨等級與亭部角度

可能的切磨等級	底部角度範圍	底部角度評論
P	<37.4°	極淺
F，P	37.4°-38.6°	很淺
G，F，P	38.8°-39.6°	淺
VG，G，F，P	39.8°-40.4°	中等淺
EX，VG，G，F，P	40.6°-41.8°	稍淺～稍陡
VG，G，F，P	42.0°-42.4°	中等陡
G，F，P	42.6°-43.0°	陡
F，P	43.2°-44.0°	很陡
P	>44.0°	極陡

C. 腰圍厚度百分比
(Girdle Thickness percentage)

平均腰圍直徑

平均腰圍厚度
(山丘位置)

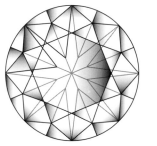

腰圍厚度屬於全身厚度中的一環,可用來檢視之前估算之冠部高度及底深是否得宜,也可用來相互對照目視法估計腰圍厚度的評估;腰圍厚度百分比是指腰圍的平均厚度:八個風箏面與底部主刻面。

連接處的平均值佔平均腰圍直徑的百分比,理想的腰圍百分比為2.5%~4.5%,若鑽石越大,腰圍百分比應越小。

計算方式:(1) 腰圍百分比 (%) = 全深百分比 (%) － 冠高百分比 (%) － 底深百分比 (%)

(2) 腰圍百分比 (%) = (全深 － 冠部高度 － 底深) ÷ 直徑

D. 腰下刻面長度百分比
(Lower half length percentage)

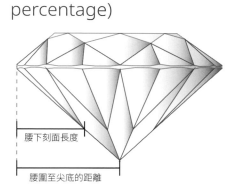

腰下刻面長度

腰圍至尖底的距離

腰下刻面佔圓形明亮是切割的大部分面積,從腰圍處向尖底的方向延伸,過長或過短會影響鑽石正面的明暗模式及火光,理想的腰下刻面百分比應介於70%~85% 之間。

以鑷子夾取鑽石腰圍處,於 10 倍放大下,觀看鑽石底部的位置,將尖底至腰圍的距離視為 100%,依序檢查 16 個腰下刻面,估算個別百分比,並取其平均值至最接近的 5%。

例:接近尖底 2/3 的位置,約 65%
接近尖底 4/5 的位置,約 80%

也可由每個腰下刻面的百分比檢視鑽石對稱性:尖底是否偏離中心,或底部主刻面的大小是否不同。

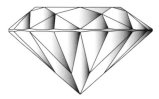
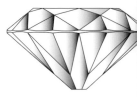

2. 尖底大小 (Culet size)

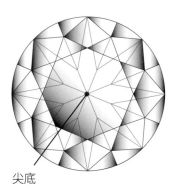

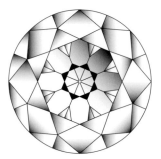
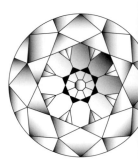

尖底

尖底大小 →▐◀—

尖底為底部主刻面的聚集處的刻面，旨在保護鑽石免於磨損，尖底刻面的大小即為尖底刻面的寬度。良好的尖底比例應為不影響視覺美觀下，足以防止鑽石磨損且與桌面平行。

並非所有的鑽石都有尖底，若尖底無切割面，為一個小尖點時，也可稱為尖端 (pointed)，而較大的尖底刻面，則可看到外型為 8 面體，過大的尖底，不僅影響鑽石視覺美觀性，也會影響鑽石的明暗模式，導致切工等級降低。有時候切磨師也會把未拋磨的天然面留作尖底，若與桌面平行，則以尖底視之，用適當的尖底大小

▶ 而尖底大小也會影響底深，若有底尖則應降低底深百分比的估計值。

來描述，而其他淨度特徵，例如：內凹天然面、缺口、洞痕或磨損，則要計入淨度特徵中，不當作尖底視之，僅以剩餘部分來描述尖底大小。

以鑷子夾取鑽石腰圍處，於 10 倍放大下，從正面觀看鑽石，透過桌面評定尖底的大小：

A. 無 (NON)：
10 倍放大下，尖底為一尖端。

B. 很小 (VSM)：
10 倍放大下，很難分辨有無尖底，僅能看到似乎有一點反光。

C. 小 (SML)：
10 倍放大下，僅能看到一個小平面。

D. 中等 (MED)：
10 倍放大下，可明顯看見尖底平面。

E. 偏大 (SLG)：

10 倍放大下，可明顯看見尖底平面，並可看出外型輪廓為八角形。

F. 大 (LGR)：

肉眼可見尖底平面

G. 很大 (VLG)：

肉眼可見尖底平面，並可看出外型輪廓為八角形。

H. 極大 (ELG)：

肉眼明顯可見尖底平面，並容易分辯外型輪廓為八角形。

七. 鑽石的超重百分比

切磨師在切割鑽石時，除了考量鑽石的最佳比例外，還必須考慮降地鑽石原石的耗損率，減少成本損失，若一顆切割鑽石具有高冠部、厚腰圍或深底部，會致使鑽石切工不良外，還會讓消費者多花錢買了對鑽石外觀沒有幫助的鑽石重量。而評斷鑽石的重量比率 (Weight ratio) 即是鑽石重量與標準值徑間的關係。例如：我們熟知的 0.5 克拉，標準直徑約為 5.15mm，若此鑽石直徑為 5.15mm，實際卻有 0.63 克拉，表示此鑽石的切工並不標準，而消費者卻額外支付了 0.13 克拉的重量價格。

而鑽石超重百分比則是計算鑽石標準重量與實際重量之間的差異，可能會對鑽石切磨等級造成影響，一般鑽石超重百分比應低於 8%，經由檢視其冠部高度、腰圍厚度、底深及全深百分比等，可以清楚判斷鑽石為何超重。

計算方式：鑽石超重百分比 (%) = (鑽石實際克拉數 − 鑽石理想克拉數) ÷ 鑽石理想克拉數

而鑽石的理想克拉數的計算公式則為：鑽石重量 = (平均值徑)^2 × 總深度 × 0.0061

極優到良好	優良到良好	良好到尚可	尚可到不良

<9% 超重	9%-16% 超重	17%-25% 超重	>25% 超重

圓形明亮式鑽石切工修飾

鑽石的修飾是 4C 中重要的評估等級，也代表鑽石切磨完成後的外表品質好壞，其中分為：拋光 (Polish) 及對稱 (Symmetry)，拋光是指鑽石切磨後，表面有無任何表面特徵的評估；而對稱則是整體刻面的形狀、位置是否正確，是否有對齊等狀況評估，兩者皆由 10 倍放大觀察正面、底部及腰圍後給予評估等級。

一. 拋光 (Polish)：

1. 鑽石表面的光滑度與切磨後狀態

鑽石硬度為10，拋光後，應有極高的金剛光澤反射及銳利的刻面稜線，優越的拋光，可提高目視者對鑽石的外觀評價，若拋光不佳，也會降低鑽石的光線反射能力，而無法散發鑽石應有的光彩。

拋光等級依照表面特徵之明顯度、大小、多寡來做等級區分，從極優 (Excellent) 至不良 (Poor) 分為 5 個等級：

A. 極優 (Excellent，EX)：

10 倍放大觀察下，完全無拋光之表面特徵至少許拋光表面特徵。

B. 優良 (Very Good，VG)：

10 倍放大觀察下，正面朝上可觀察到少許拋光表面特徵。

C. 良好 (Good，G)：

10 倍放大觀察下，正面朝上可觀察到約有 20% 的拋光表面特徵。

D. 尚可 (Fair，F)：

10 倍放大觀察可見約有 40% 的拋光表面特徵，會影響鑽石反射光澤，肉眼觀察可見部分特徵。

E. 不良 (Poor)：

肉眼可見表面特徵且影響鑽石光澤。

2. 拋光特徵整理如下：

A. 磨損 (Abrasion，Abr)

10 倍放大觀察下，已切磨鑽石的刻面稜線，有碰撞的許多連續小缺口連接而成，會使稜線呈現白霧狀。

B. 蜥蜴皮 (Lizard skin)

已切割鑽石表面上呈現透明波浪狀的區域，因拋光時太接近或太平行八面體所導致。

C. 小缺口 (Nick，Nk)

10 倍放大觀察，可見刻面稜線上有開口狀小凹痕，通常呈現白霧狀。

D. 白點 (Pit，Pit)

10 倍放大觀察，可見微小開口狀凹痕，通常看似白色點狀物。

E. 刮痕 (Scratch，S)

目視或 10 倍放大觀察，可見鑽石表面無深度之細白色線條。

F. 拋光紋 (Polish Line，PL)

鑽石拋光時，刻面與磨盤摩擦所造成之痕跡，可能呈現透明或霧白色線條。不會越過刻面邊線，可能發生於任何刻面，也可見相鄰刻面之拋光紋角度可能不一樣。

G. 粗糙腰圍 (Rough Girdle)

已切磨之鑽石的腰圍，佈滿小凹坑或粒狀的表面，有時伴隨著鬚狀羽裂紋出現。

H. 燒灼紋 (Burn Mark，Brn)

因拋光過程受熱，致使鑽石表面出現白霧狀區域。

I. 雷射加工殘跡 (Laser manufacturing remnant，LMR)

雷射切磨時，多餘標記紋遺留在鑽石表面，所造成的痕跡。

▶ 黃彩鑽鑽石耳環
2.01 克拉 Fancy Yellow SI1 / OVAL
2.01 克拉 Fancy Yellow VS2 / OVAL
Jurassic Museum collection

二.對稱 (Symmetry)

每個刻面的形狀、整體外型輪廓、位置與對齊的精確性。通常一般人誤解為若有對稱性缺陷的鑽石表示切磨不佳，但事實上不一定是如此解釋，因切磨師在做估算時，會優先決定保留克拉重及提升淨度品質，有些不良的對稱性，會來自於消除較表面的內含物，提升市場價值為主。

圓形明亮式切工鑽石包括冠部與亭部共有 57 或 58 個刻面，評估鑽石對稱時，以 10 倍放大觀察，考量鑽石外型、刻面位置、形狀、比例等，從正面觀察：桌面是否置中正八邊型，八個星刻面、八個風箏刻面及十六個腰上刻面之外型是否完整一致且對稱；從側面觀察：冠部與亭部之刻面稜線是否對齊；從底部觀察：底尖是否置中、腰下及底部刻面是否完整且對稱，並觀察是否有多餘刻面產生，例如：天然面或額外刻面。大部份鑽石對稱性皆有些微偏差，例如：外型輪廓非正圓，但一般來說此類些微偏差肉眼無法分辨。

1. 對稱偏差：

A. 腰圍輪廓不圓：

整個外型輪廓看起來非正圓，有時候呈現橢圓或外型非圓弧形，最大與最小的直徑差越小越好，若不超過 0.05mm 則不計入偏差值內。

輪廓不圓(OR)

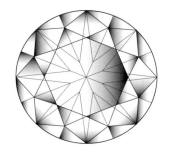

B. 桌面偏離中心或非正八邊形：

桌面不在冠部正中央，或八個邊不等長，表示星形或風箏刻面形狀不良，對稱性不佳，也表示冠部角度 (八個冠角測量數值的差異) 及冠部高度會有所偏差。

桌面偏離中心(T/oc)

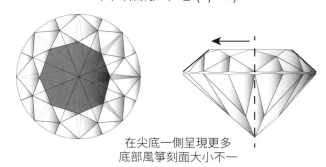

在尖底一側呈現更多
底部風箏刻面大小不一

桌面非正八邊形(T/oct)

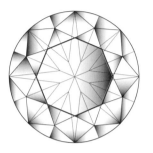
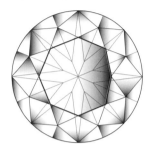

C. 尖底偏離中心：

若底部刻面所形成的十字線（如圖）並非直線，腰下及底部刻面並非對稱，尖底不在底部中央，則表示尖底偏離中心，也表示底部角度（八個底角測量數值的差異）及底深會有差異，需一併考量。

尖底偏離中心(C/oc)

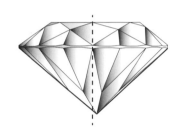

▶ 桌面八個邊不等長 Courtesy of EGL Taiwan

冠角偏差(CV)　　冠高偏差(CHV)

▶ 底尖偏離中心，從正面關差若底尖偏離中心的鑽石，側面底角依訂是偏差的。Courtesy of EGL Taiwan

底角偏差(PV)

▶ 底角偏差之鑽石側面 Courtesy of EGL Taiwan

D. 腰圍厚度偏差：

表示腰圍厚度明顯不一致。

腰圍厚度偏差(GTV)

▶ 此鑽石腰圍厚度有明顯差異
Courtesy of EGL Taiwan

▶ 小顆鑽石有時可見粗糙腰圍及腰圍厚度不均的
現象 Courtesy of EGL Taiwan

底深偏差(PDV)   下半面偏差(LHV)

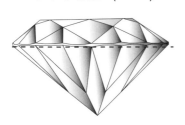

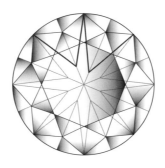

E. 天然面、額外刻面或缺少刻面：

表示某個刻面出現或缺少非該切模樣式應有之刻面。

額外刻面(EF)

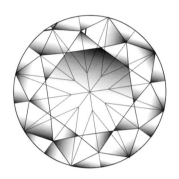

缺少刻面(MF)

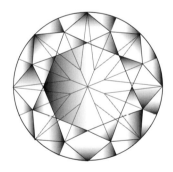

天然面(N)

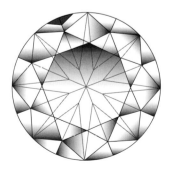

▶ 12 點鐘方向亭部反光之三角額外刻面
Courtesy of EGL Taiwan

▶ 腰圍下之天然面 Courtesy of EGL Taiwan

F. 刻面尖端不尖：

因刻面末端尖點交接不良而使尖端呈現開口狀或提早交會狀態，產生於風箏刻面尖點或底部主刻面，此也表示刻面形狀不良，會影響相鄰其他刻面形狀。

尖端不尖(Ptg)

短風箏刻面(SB)　　　主刻面開口(OM)

風箏刻面開口(OB)　　短底部主刻面(SM)

刻面形狀不良(Fac)

風箏形狀不良(Fac)　　主刻面形狀不良(MM)

星面形狀不良(MS)

▶ 星形刻面尖點不尖
Courtesy of EGL Taiwan

▶ 星型刻面與下腰刻面尖點不尖
Courtesy of EGL Taiwan

▶ 相鄰兩風箏刻面形狀不一
Courtesy of EGL Taiwan

▶ 風箏刻面尖點不尖 Courtesy of EGL Taiwan

▶ 風箏刻面形狀歪斜且尖點未對至腰圍處 Courtesy of EGL Taiwan

G. 冠部與底部不對齊：

從鑽石側面觀察，冠部與底部刻面未正確對齊，可觀察刻面稜線是否在同一條直線上，或是風箏刻面及底部主要刻面的尖點在腰圍處是否對在一起。

不對齊(Aln)

▶ 冠部與亭部刻面的對稱偏差很常見，端看是否誤差極大來評斷。
Courtesy of EGL Taiwan

2. 對稱的評估從極優 (Excellent) 至不良 (Poor) 分為 5 個等級：

A. 極優 (Excellent，EX)：

10 倍放大觀察下，正面朝上完全無對稱偏差或細微對稱偏差。

B. 優良 (Very Good，VG)：

10 倍放大觀察下，正面朝上可觀察到少許對稱偏差，且側面觀察可發現冠部與底部些微不對齊。

C. 良好 (Good，G)：

10 倍放大觀察下，正面朝上可觀察到較明顯的刻面對稱偏差或桌面偏離現象，且側面觀察可發現冠部與底部許多點不對齊，影響鑽石反射光線。

D. 尚可 (Fair，F)：

10 倍放大觀察，正面朝上可明顯看出腰圍輪廓不圓或其他對稱偏差，影響鑽石反射光線，且側面觀察可發現冠部與底部不對齊現象明顯。

E. 不良 (Poor)：

肉眼可見鑽石對稱偏差且影響鑽石光線反射能力。

三. 車工綜合評價
(Cut Grade)

依照拋光 (Polish) 及對稱 (Symmetry) 綜合結論來評級鑽石車工等級,且從鑽石正面評級亮度、火光及閃光的視覺效果差異程度,從極優 (Excellent) 至不良 (Poor) 分為 5 個等級,人工切磨時,大部分看到市售的鑽石車工評級為優良 (VG) 至良好 (G) ,只有在大克拉數高等級鑽石才能看到極優 (EX) 的切工等極,現今大部分切工皆由電腦和大型儀器校正,品質一般的鑽石也會切磨成極優 (EX) 的切工:

▶ 10.34 克拉 棕彩鑽鑽石戒 fancy Brown I1 / OVAL Jurassic Museum collection

A. 極優 (Excellent,EX) :

僅有輕微的刻面形狀不良或難以發現之拋光線,完全不影響鑽石光線反射,擁有均勻的明暗區域且火光反射極為多彩,且拋光或對稱皆為極優或其中一者為極優,另一個評極為優良者。

B. 優良 (Very Good,VG) :

僅有輕微的拋光線或不明顯的表面特徵,不影響鑽石反射能力,擁有極少的破碎明暗區域、火光反射佳,且拋光或對稱皆為優良或其中一者為極優。

C. 良好 (Good,G) :

正面可見些許透明拋光線,許多小型表面特徵、刻面不對稱或冠部底部比例偏差,正面可見較大區塊的暗區。

D. 尚可 (Fair,F) :

正面可見明顯的透明或白霧狀拋光線,表面特徵明顯或比例偏差,正面外觀明暗對比不明顯,整體較為黯淡。

E. 不良 (Poor) :

會降低鑽石透明度的表面特徵、明顯的對稱偏差、極厚的腰圍,致使鑽石看起來很亮,只有少許亮區,可能呈現魚眼或釘頭效應。

花式切割鑽石分級

花式切磨鑽石外型、輪廓、切割方式皆有很大的變化與不同切工組合，為了使切工更為完美，也一直有發明新式切割，在做分級評估時會較圓形明亮式切割更為複雜，有些基礎評估項目，例如：顏色、尺寸、淨度、拋光與螢光等與圓形明亮式切割鑽石相同，而其他項目則有不同的參考注意事項，以下會加以詳細介紹之。

一. 顏色分級

在做比色評級時採用的光源、環境及標準比色石也都與圓形明亮式切割相同，稍有不同的是，花式切割鑽石因切割面的關係，目視顏色容易看起來分布不均勻，不同切割方向顏色會有深淺，例如：馬眼及水滴形鑽石端點的顏色較深；需先將鑽石桌面朝下，由不同方向觀察鑽石顏色，長向顏色會較深，寬向顏色較淺，最終以鑽石的 45 度角朝向分級師，目測觀察鑽石顏色，做為顏色評級標準。

二. 鑽石尺寸

各式不同的花式切割鑽石都需紀錄其長、寬、高三個尺寸，不論是何種切割的長、寬皆是鑽石放正後，測量最長與最寬處。

三. 淨度分級

花式切磨之淨度分級大致與圓形明亮式切割相同，並以 10 倍放大做為評判標準，但因切割法不同，祖母綠切割的反光面較少，淨度特徵顯而易見，反之在尖點位置刻面較密集處，若有淨度特徵較不易察覺，例如：馬眼及水滴形鑽石尖點位置，在做分級鑑定時需仔細觀察。

▶ 各種花式切割測量長寬的位置

四．桌面百分比

量取花式切磨之桌面百分比是取鑽石最寬處與桌面最寬處作為測量基準，祖母綠或其他梯形切割鑽石，則量取桌面中央位置做為桌面寬度，而其他有圓弧型之花式切割，則以兩邊腹部之風箏刻面頂端做為桌面寬度，因一般而言，此位置為桌面最寬處，計算後並將結果取至最接近之百分比整數。

計算方式：桌面大小 (mm) ÷ 鑽石寬度
(mm)×100= 桌面百分比 (%)

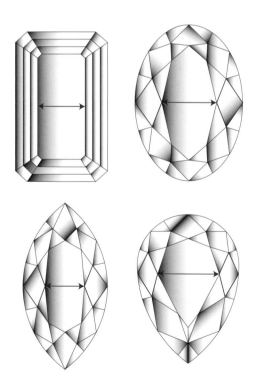

五．腰圍

花式切割鑽石的腰圍通常為刻面腰圍，鑑定時用語與分級和圓形明亮式切割相同，若為三角與風箏刻面所組成的花式切割鑽石，例如：馬眼、水滴、橢圓、雷第恩、三角等，會與圓形明亮式切割一樣有波浪狀腰圍，而尖端通常會留較厚之腰圍，以保護不至於碰撞破損；若為梯形切割鑽石，例如：祖母綠切割、長方鑽等切割，腰圍通常會有一致性的厚度，而心型切割鑽石的開口處會切磨較厚，才會有心型角度，所以此處的腰圍厚度不計入等級評估。

▶ 公主方鑽石腰圍為一致厚度

1. 腰圍厚度定義

腰圍厚度定義與圓鑽相同，分為極薄至極厚 8 個等，也會依照不同切割方式描述腰圍厚度，若有波浪狀的腰圍，則定義

腰圍會是一個區間，例如：薄至稍，b 厚；若一致性厚度的腰圍，一般只會有一個厚度定義。

A. 極薄 (Extremely thin，ETN)：

10 倍放大觀察下，呈現銳利邊緣，無任何厚度，又稱為刀鋒 (knife-edge)，鑲石時容易破裂。

B. 非常薄 (Very thin，VTN)：

10 倍放大觀察下，為很細的線，鑲石時需小心。

C. 薄 (Thin，THN)：

10 倍放大觀察下，可見腰圍厚度的細線。

D. 中 (Medium，MED)：

10 倍放大觀察下，可見適當腰圍厚度，是理想的腰圍比例。

E. 稍厚 (Slightly thick，STK)：

10 倍放大觀察下，可見明顯腰圍厚度，是很好的腰圍比例。

F. 厚 (Thick，STK)：

10 倍放大觀察下，可見明顯腰圍厚度，肉眼可見。

G. 非常厚 (Very thick，VTK)：

10 倍放大觀察下，影響到鑽石比例的美觀性，肉眼明顯可見。

H. 極厚 (Extremely thick，ETK)：

10 倍放大觀察下，很粗厚，影響到鑽石比例，也易影響鑽石桌面反射的光學效果。

六 . 全深百分比

在圓形明亮式切割中，我們了解到計算全深百分比是使用全深除以平均腰圍直徑，而花式切割無法估出平均腰圍直徑，是使用鑽石寬度來做計算，計算後並將結果取至最接近之百分比小數點第一位。

計算方式：鑽石深度 ÷ 鑽石寬度 ×100= 全深百分比

花式切割鑽石與圓形明亮式切割比例並不一樣，一般圓形明亮式鑽石的全深百分比落在 55.0%~65.0% 為正常範圍，而花式切割則會因不同外型需要不同的全深比例，以創造出最佳反射光。

七 . 底部評估

1. 底深

在花式切割中評估底深是否適合此種花式切割法，需先觀察鑽石正面的反射光澤是否良好，若正面觀察看起來偏暗或火光不足，則可能此亭部比例過深或過淺。再從側面觀察鑽石，冠部與亭部是否為良好比例，一般良好比例的亭部約為冠

部的 2.5~4.5 倍，以正面及側面觀察綜論作為判定標準，分為五等級：很淺 (very shallow)、稍淺 (slightly shallow)、可接受 (acceptable)、稍陡 (slight steep)、很陡 (very steep)。

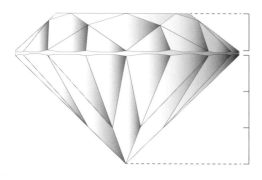

▶ 良好的冠部與亭深比例約為 1：2.5~4.5

2. 領結效應

領結效應常出現於花式切割中，將鑽石正面朝上，切工比例不良的鑽石會在桌面最寬處出現外型類似領結的暗影，稱為領結效應，常在鑽石的長寬比差異大與底部角度偏差較大的鑽石中出現，會出現領結效應的切割為心形、橢圓、馬眼、水滴等，以肉眼即可判斷之，領結的大小與顏色深度會影響鑽石的美觀度與價值，依照其目視明顯程度，可分為三個等級：輕微 (Slightly)、可見 (Noticeable)、明顯 (Obvious)。

▶ 黑領結效應圖示

3. 底部膨脹

　　底部膨脹 (Pavilion bulge) 會出現於花式梯形切磨鑽石，為保留其鑽石重量，會將底部之平行刻面第一層切磨的較偏向直角，角度較陡，藉以加大底部面積，鑽石底部膨脹會造成漏光，至使鑽石反射不良。依照其 10 倍放大觀察鑽石側面之長向與寬向膨脹明顯程度，可分為三個等級：輕微 (Slightly) 、可見 (Noticeable) 、明顯 (Obvious) 。

▶ 底部膨脹圖示

八 . 外型輪廓

1. 整體外型

　　外型判斷的重點在於是否美觀、賞心悅目，在切磨時會考慮保留此鑽石最大重量，也需同時考慮切磨後的整體外觀及適銷性，而每一種花式切割皆有較受歡迎的輪廓形狀，以下討論幾種較常見的花式切割輪廓偏差。

A. 橢圓形：

　　出現肩部過高之外型，會看起來像長枕型切割，會較不討喜。

B. 水滴形：

　　肩部過高、尖端不尖、翼部扁平或膨脹。

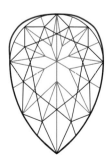

| 尖端不尖 | 翼部腫脹 | 肩部過高 | 翼部扁平 |

C. 心形：

尖端不尖、瓣部過深或過淺、翼部扁平或膨脹。

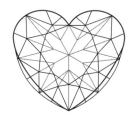
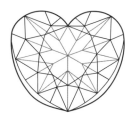

翼部扁平　　　　翼部腫脹　　　　瓣部畸形　　　　尖端不尖

D. 馬眼形：

尖端不尖、翼部扁平或膨脹。

E. 祖母綠形：

斜角過大或過小。

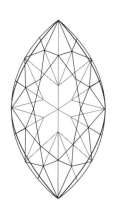
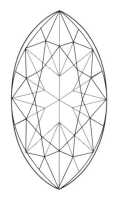

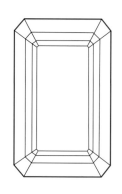
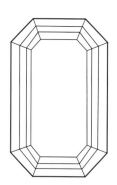

2. 長寬比

　　長寬比是影響花式切割美觀性的重要因素，不同花式切割皆有較佳比例，長寬比計算方式：先各測量出鑽石之長與寬，再將長除以寬，即可得到長寬比，結果取至最接近小數點第 2 位即可。

例：祖母綠切割之長為 9.60mm，寬為 6.1mm

9.60÷6.10=1.57

此顆祖母綠切割鑽石長寬比為 1.57：1，在標準比例範圍內。

常用花式切割長寬比參考值

花式切割	長寬比標準比例	長寬比過長	長寬比過短
祖母綠	1.50~1.75：1	大於 2.00：1	1.10~1.25：1
心形	0.9~1.10：1	大於 1.25：1	小於 0.9：1
三角形	1~1.1：1	大於 1.25：1	小於 1：1
馬眼形	1.75~2.25：1	大於 2.50：1	小於 1.50：1
橢圓形	1.30~1.70：1	大於 1.75：1	1.10~1.25：1
水滴形	1.50~1.80：1	大於 2.00：1	小於 1.50：1

3. 尖底大小

尖底大小的描述法與圓形明亮式切割相同，與評定圓鑽稍有不同的是：花式切割只需考慮寬向。

以鑷子夾取鑽石腰圍處，於 10 倍放大下，從正面觀看鑽石，透過桌面評定尖底的大小：

A. 無 (NON)：

10 倍放大下，尖底為一尖端。

B. 很小 (VSM)：

10 倍放大下，很難分辨有無尖底，僅能看到似乎有一點反光。

C. 小 (SML)：

10 倍放大下，僅能看到一個小平面。

D. 中等 (MED)：

10 倍放大下，可明顯看見尖底平面。

E. 偏大 (SLG)：

10 倍放大下，可明顯看見尖底平面，並可看出外型輪廓。

F. 大 (LGR)：

肉眼可見尖底平面。

G. 很大 (VLG)：

肉眼可見尖底平面，並可看出外型輪廓。

H. 極大 (ELG)：

肉眼明顯可見尖底平面，並容易分辯外型輪廓。

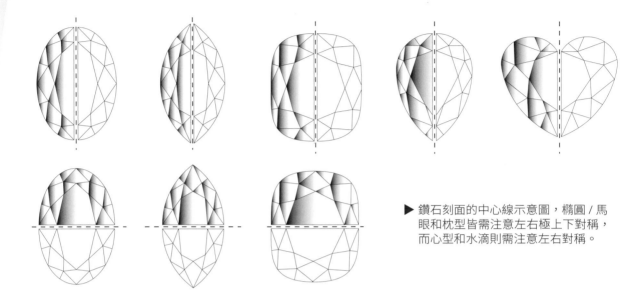

▶ 鑽石刻面的中心線示意圖，橢圓／馬眼和枕型皆需注意左右極上下對稱，而心型和水滴則需注意左右對稱。

九 . 花式切工鑽石切工修飾 (Finish)

花式切工鑽石對於修飾分級一般與圓形明亮式切工相同，分別在拋光 (Polish) 及對稱 (Symmetry) 做評級，但不做最後切工評等 (Cut Grade)。

1. 拋光 (Polish)

花式切割鑽石拋光與圓鑽相同，依照表面特徵之明顯度、大小、多寡來做等級區分，從極優 (Excellent) 至不良 (Poor) 分為 5 個等級：

A. 極優 (Excellent，EX)：

10 倍放大觀察下，完全無拋光之表面特徵至少許拋光表面特徵。

B. 優良 (Very Good，VG)：

10 倍放大觀察下，正面朝上可觀察到少許拋光表面特徵。

C. 良好 (Good，G)：

10 倍放大觀察下，正面朝上可觀察到約有 20% 的拋光表面特徵。

D. 尚可 (Fair，F)：

10 倍放大觀察可見約有 40% 的拋光表面特徵，會影響鑽石反射光澤，肉眼觀察可見部分特徵。

E. 不良 (Poor)：

肉眼可見表面特徵且影響鑽石反射光澤。

2. 對稱 (Symmetry)

花式切割的對稱性關係到整體鑲嵌之後的美觀程度,可從正面觀察,假設有一條十字線在鑽石正中央,觀察上下與左右是否皆為一樣弧度,也可將鑽石翻至背面,從龍線 (keel line) (注 1) 觀察左右兩邊之弧度大小及比例是否有對稱偏差。

A. 花式切割之對稱偏差包括:

a. 桌面偏離中心

b. 尖底偏離中心

c. 刻面尖端不尖

d. 刻面形狀不良

e. 缺少刻面或擁有額外刻面

以上 5 項評級方式與圓形明亮式切割相同。

B. 其他外型輪廓偏差包括:

a. 祖母綠切割四邊斜角不一

b. 長方形鑽石是否平行

c. 馬眼、水滴形、心型翼部不均勻

d. 心形瓣部不均勻

e. 水滴形、橢圓形肩部不均勻

以上述之判斷對稱偏差之評估參考方向,對稱的評估從極優 (Excellent) 至不良 (Poor) 分為 5 個等級:極優 (Excellent,EX) 、 優 良 (Very Good,VG) 、 良 好 (Good,G) 、尚可 (Fair,F) 、不良 (Poor)

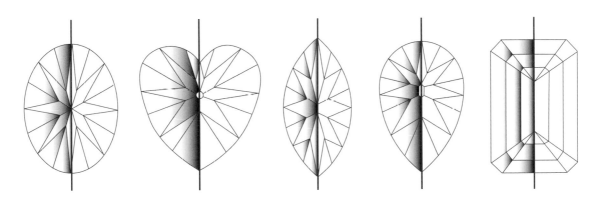

▶ 花式切割龍線示意圖 (龍線或稱為龍骨線:由刻面的尖底向兩邊長向延伸的的刻面稜線稱之。)

鑽石切磨中心

鑽石切割是鑽石業最重要的工藝之一，也需要昂貴的設備及技術支援，並在擁有原料與資本的國家中進行，隨著運輸業日漸發達，鑽石拋光行業追隨著低勞動成本的軌跡，由比利時開始，到以色列，再到現在的印度、中國等地。1930 年代末期，以色列的鑽石加工業興起，到了 1940 年代加入了來自比利時及荷蘭的鑽石業者，隨著當地鑽石業的蓬勃發展，當地人的就業會隨之增加，到了 1980 年代是以色列鑽石加工業的高峰期，而後，來自印度的低廉勞工成本，並發展鑽石切割的先進技術，成為目前最有競爭力的鑽石加工地。

根據以色列鑽石製造商協會提供的數據，2001 年在以色列生產的鑽石約佔該國鑽石總出口量的 60%。到 2005 年，當地產量已下降到拋光出口總量的 41% 左右，甚至 2010 年下降到 27.5%。印度目前是世界上最大的切割和拋光鑽石製造中心，按價值計算，印度鑽石切磨占全球供應量的 60%，數量方面佔 85%。而在現代技術的進步下，切磨中心遍佈全球，如中國、泰國、越南、俄羅斯、南非等地，也正因低廉的勞動成本，逐漸在鑽石產業中嶄露頭角；印度 2015 年全球鑽石原石加工價值份額為 49.3%，中國為 21.3%，俄羅斯為 7.1%，南非為 5.5%，以色列為 4.7%，以及美國的 1.4%。

現在許多鑽石出產國，例如：非洲，開始在自己國家在加工鑽石，進行切割和拋光行業。而泰國是歷史悠久的有色寶石切磨中心，近年來有增加鑽石加工的比例。

比利時（安特衛普），以色列（特拉維夫）和美國（紐約）都是最重要的傳統切割中心。這些中心依然具有重要性，因為它們具有大規模生產、鑽石知識和經驗所提供的特殊附加價值。而安特衛普或紐約，同時也是世界上主要的鑽石貿易中心。

一. 世界 5 大切磨中心

1. 比利時安特衛普 (Antwerp)—鑽石切工嚴謹

從 15 世紀以來，安特衛普一直是鑽石貿易及加工的重鎮此地的切磨師工藝精湛，工資昂貴但品質優良，15 世紀中後期的珠寶商暨切割工範貝肯先生 (Lodewyk van bercken) 發明一種名為 Scaif 的新型的鑽石拋光輪，混合橄欖油與鑽石粉末來進行拋光，使得鑽石切磨更為輕鬆，能切磨出更閃亮的鑽石，並於 1475 年切割了第一顆刻面對稱的水滴形

鑽石，在切割上取得革命性的突破，吸引了歐洲貴族的訂單，並也使得鑽石產業在安特衛普蓬勃發展，全世界最好的鑽石幾乎都集中在這裡加工與交易，吸引許多其他國家的鑽石切磨師來此工作，日後此地以精於大克拉數及花式鑽石切磨聞名。

而 1896 年，在南非發現金伯利鑽石礦後，大批鑽石被運往安特衛普，隨著鑽石貿易地位的上升，切磨工業反而漸漸走下坡，也由於其他新興國家工資低廉，比利時鑽石切磨的大企業轉投資至其他國家並靠著技術移轉來延續企業生命。

2. 以色列特拉維夫 / 拉馬特甘 (Tel Aviv/ Ramat Gran) —高端切磨技術聞名

興起於 1930 年代，第二次世界大戰期間，希特勒入侵荷蘭和比利時，許多猶太切磨業者逃往特拉維夫，並在此建立工廠，以色列政府提供官方津貼或低利貸款，使得鑽石切磨產業迅速發展，而拉馬特干以高端的切磨技術聞名，每每能減少切磨的損耗，保存較大的重量。

1980-1990 年代以色列是世界上鑽石切割的主要生產國，因有超高的鑽石切割技術及低廉的勞動力聞名，現今大部分較小克拉數的加工業務已經轉移到工資低廉的印度、中國、泰國、俄羅斯、越南及非洲。

3. 印度孟買 / 蘇拉特 / 古吉特 (Mumbai/Surat / Gujarat) —小克拉數鑽石 (0.08ct~5ct)

印度是悠久歷史的鑽石產地，在 1970 年代，印度鑽石加工行業是分散的許多小型家庭代工廠，主要切磨小克拉數的鑽石，現今已逐漸演變成現代化、機械化、大規模的鑽石加工，由於切磨技巧純熟，工資低廉，配合自動化設備更新，可切出火光佳的高品質小鑽，目前仍是世界產量最大的切割中心，世界鑽石產量的 50% 幾乎是孟買和蘇拉特拋光打磨的，目前估計超過 2 百萬人從事此行業。而近 10 年，印度鑽石製造商引進新設備以及鑽石切磨技術，並減少原石的耗損，也開始切磨較大顆、高品質的鑽石。同時也成為阿蓋爾粉鑽主要的加工的地區，並透過印度阿蓋爾委員會 (India-Argyle Diamond Council)，擴張阿蓋爾粉紅鑽的世界版圖，以阿蓋爾粉鑽的經驗，將印度推向新的多重管道市場，除鑽石切磨外也直接在當地加工成珠寶飾品，許多美國集團也在孟買成立採購中心，採購加工後的珠寶成品及流行寶石。

4. 美國紐約 (New York) — 切磨大克拉數鑽石

美國紐約成為主要的鑽石切割中心有兩個原因：1. 跟歷史背景有關的是：在第二次世界戰爆發時，迫使猶太人、阿姆斯特丹及安特衛普鑽石行業的成員逃往美國，在新的城市成立鑽石中心，而戰後經濟繁榮下，人們開始對鑽石首飾需求，也透過如鑽石恆久遠的一些廣告，刺激消費者對鑽石的需求，而在紐約的鑽石貿易商可以直接提供消費所需。2. 與地域有關的是：美國與加拿大等鑽石原礦生產國非常接近，也是一個主要的珠寶消費市場，有許多鑽石切割行業及培訓人才的專門學校在此成立，也有許多先進的儀器輔助，而美國擁有特殊技能的切磨師的工資高昂，以切磨特殊克拉數、高品質鑽石為主，在大型拍賣會可見的彩色名鑽，幾乎都是由紐約切磨的。

5. 中國

由於中國消費珠寶的能力轉強，中國政府大力支持下，上海、青島及其他城市積極尋找與國外廠商配合的機會，例如 De Beers、力拓集團及俄羅斯的 ALROSA，中國工廠規模也是相當壯觀，希望成為世界的一個主要切磨中心，進而發展成為亞洲鑽石貿易中心，在 2000 年也成立上海鑽石交易所 (Shanghai Diamond Exchange，SDE)，並提供進口毛胚鑽石減免關稅政策，以利國內鑽石加工產業發展。

周大福鑽石切割廠：1993 年，周大福獲得 DTC 鑽石配售商 (DTC sightholder) 資格，可以直接從 DTC 採購鑽石原礦，而 2009 年，成為力拓集團的精選鑽石商，在大陸推廣 Argyle 礦的鑽石。

▶ 2.01 克拉 艷彩黃橘彩鑽鑽石戒 Fancy Vivid Yellow-Orange SI2 / PEAR Jurassic Museum collection

鑽石重量單位

鑽石重量使用單位為克拉 (Carat)，源自希臘語 keratin，指長角豆樹 (carob tree) 的果實，一種中東普遍種植的植物。早期在地中海沿岸貿易的商人需要秤貴重及細緻的物質，在缺少精確秤重儀的年代，交易商使用大小和重量均勻的植物種子。其中兩個最古老且常見的是小麥籽粒和角豆。小麥籽粒提供了相對均勻

▶ 角豆樹豆莢，種子雖然形狀有點不一，但重量大約一致為 1 克拉左右 (圖片來源：Georgioupoli Hotels)

的重量標準，但由於小麥是當地主要食物之一，貿易商人轉向於不可食用的種子做為重量測量單位—長角樹豆，雖然每顆種子未必長的一模一樣，但不管形狀如何，大約都是同一個重量，在地中海沿岸貿易的商人發現地中海一邊的角豆種子重 0.1885 克，另一邊重 0.215 克。隨著時間的推移，在 1878 年和 1889 年之間，這兩個數字被平均，並且使用了 0.204304 克，並且最終由國際度量衡委員會提出，

於 1907 年在國際上商定為寶石的計量單位，並把克拉的標準重量訂為 1 克拉等於 200 毫克，也稱 1 克拉等於 1/5 克重。

而一克拉又分為 100 分 (points)，在珠寶業來說，通常秤重會秤至 0.1 分 (0.001ct)，採八捨九入，例如：0.496 克拉 =0.49 克拉，而 0.499 克拉 =0.50 克拉；而美國聯邦商務署規定在美國買賣鑽石可以有 0.005 克拉的差異，即為採四捨五入至 0.01 克拉，例如：0.494 克拉 =0.49 克拉，而 0.495 克拉 =0.50 克拉。

一 . 測量鑽石重量

1. 電子克拉秤

鑑定單位會使用精準度極高的電子克拉秤，用於未鑲嵌之鑽石或寶石，範圍一般從 0 至 200 克拉，秤重單位會至小數點第 3 位，採用八捨九入或四捨五入至 0.01 克拉，並可轉換以克 (g) 為單位；使用時，需先水平調教

及歸零，並於測量時將玻璃罩關上，避免任何外界干擾，影響到鑽石克拉數及其價格。

2. 鑽石重量估計

用於已鑲嵌之鑽石，可分為爪鑲及包鑲：

　　對於圓形明亮式切割，欲測量爪鑲的鑽石直徑，可利用爪子未遮住的地方多次量取，再取其最大及最小平均值；但若為包鑲鑽石，則需估計鑽石直徑，可藉由估計風箏刻面的尖點位置，藉由量取尖端與尖端的距離，估計出鑽石平均直徑。若為花式切割，只需要量取長度及寬度即可，長加寬除以二，則為平均腰圍。

　　桌面百分比可使用前述章節所學之桌面量尺直接測量或目測估計的方式取得，可得到十分準確之百分比估計值。

　　估計冠部角度則可利用前述章節所學之正面目測法來取得平均冠部角度。

　　若為圓形明亮式切割，利用估計出之桌面百分比及冠部角度查表可得冠高百分比。（表於此章節末）

　　評估腰圍時，若為爪鑲鑽石，可從未鑲嵌之區域判斷其腰圍厚度；而包鑲鑽石則可微側桌面，藉由腰圍反射影像觀察鑽石腰圍厚度，需轉動鑽石，觀察每一小段反射影像，若為刻面腰圍，可觀察到刻面

稜線的反射，而霜狀或粗糙腰圍，則可見灰色條紋。

▶ 鑲嵌好之鑽石，以畫箭頭之 4 個方向量取風箏面尖端直徑加以估算。

　　評估圓形明亮式切割之腰圍厚度百分比計算方法與前面章節介紹的裸鑽相同：腰圍百分比 = 全深百分比 - 冠高百分比 - 底深百分比

　　若鑲台底部有開口，可使用毫米量尺直接測量鑽石全深，則可計算全深百分比，若因鑲台狀況無法測量鑽石深度或計算全深百分比時，則可使用腰圍厚度百分比估計值表格。

a. 腰圍厚度百分比估計值

　　已鑲鑽石腰圍厚度百分比的計算方法與裸鑽相同；從全深百分比中減去冠高百分比和底深百分比。但是，有時因為鑲座的關係，無法測量鑽石的深度或計算其全深百分比。在這些情況下，可使用此表來估計腰圍厚度百分比。

　　從圖表所示的典型範圍內選擇一個

* 腰圍厚度百分比估計表格

整體腰圍厚度		腰圍厚度百分比估計值
極薄 ETN		1.5%
很薄 VTN		2.0%
薄 THN		2.5%
中等 MED		3.0% 至 3.5%
稍厚 STK		4.0% 至 4.5%
厚 THK		5.0% 至 6.0%
很厚 VTK		6.5% 至 8.0%
極厚 ETK		8.0% 或更大

符合鑽石整體腰圍厚度的腰圍厚度百分比估計值。

圓形明亮式切割之鑽石底深百分比可用前面章節所學之星型刻面反射影像之目測法來估計之，而大部分切磨比例良好之花式切磨之鑽石，底深會介於冠高的 2.5~4.5 倍。

正確的估計公式對於很重要，需調整比例變化及小數點位置，所有重量估計公式中皆包含一個修正值，也會因不同外型有重量校正，以下所學之公式僅適用於鑽石，並不適合其他有色寶石，而每一種切割鑽石的公式也不盡相同，以下單元會有詳細介紹。

估計鑽石重量時須注意 2 個重點：腰圍厚度之重量校正及外型輪廓的重量校正，腰圍厚度對於估算重量時會有極大落差，所以會依照平均腰圍厚度來做修正係數調整，腰圍厚度的校正範圍為 1%~12%，以下重量校正表適合用於腰圍稍厚或較厚的圓形及花式切割；花式切割還有其外型輪廓的重量校正係數，例如：雷第恩或祖母綠切割底部膨脹、水滴形或橢圓形的肩部過高、心型或馬眼形鑽石過胖。依照外形偏差的明顯度，從 1%~10% 的範圍內評估選取，並加上腰圍厚度校正值。兩個值相加後，使用於鑽石重量估計之公式內。

整體腰圍厚度	重量校正 % 平均腰圍直徑或寬度 (mm)											
	12%	11%	10%	9%	8%	7%	6%	5%	4%	3%	2%	1%
稍厚 STK										≤4.10	4.15-6.90	≥6.95
厚 THK									≤4.65	4.70-6.55	≥6.60	
很厚 VTK				≤4.15	4.20-4.70	4.75-5.50	5.55-6.55	6.60-8.10	≥8.15			
極厚 ETK	4.15	4.20-4.55	4.60-5.10	5.15-5.75	5.80-6.55	6.60-7.65	≥7.70					

表中數值為平均腰圍直徑，此表以鑽石值徑大小和腰圍厚度來做重量校正。

A. 圓形明亮式切割

最常用到的是估計圓形明亮式切割，並判定鑽石為對稱良好的標準現代化切工。估計圓形明亮式切工時，必須知道平均腰圍直徑及全深，單位為毫米 (mm)，以及平均腰圍厚度，若平均腰圍厚度達稍厚 (STK)，則必須做重量校正。

估計重量 = (平均腰圍直徑)^2 × 全深 × 0.0061 × 重量校正 (查重量校正表)

若無法測得全深時，因理想車工的全深百分比為 57.5%~63%，平均為 60.25%，因此估計重量公式可轉換為：

估計重量 = (平均腰圍直徑)^3 × 0.00367 (0.0061 × 60.25%) × 重量校正 (查重量校正表)

例：圓鑽平均腰圍直徑為 6.52mm
全深為 3.97mm
腰圍稍厚 (STK)
腰圍稍厚，平均腰圍後，查表可得需重量修正 2%
估計重量 =6.52 × 6.52 × 3.97 × 0.0061 × 1.02=1.050 (克拉)

B. 橢圓形明亮式切割

橢圓形鑽石之平均腰圍直徑 = (長度 + 寬度) ÷2

估計重量 = (平均腰圍直徑)^2 × 全深 × 0.0061 × 重量校正 (需考慮腰圍及外型輪廓)

例：橢圓形鑽石長度 10.50mm，寬度

8.23mm

全深為 3.91

腰圍厚 (THK)，肩部外形稍突出

腰圍厚及肩部稍突出，平均腰圍後，

腰圍查表可得需重量修正 2%，加上

肩部稍突出之修正百分比為 2%

估計重量 = [(10.5+8.23) ÷2] ^{2} × 3.91 × 0.0062 × 1.04=2.20 (克拉)

C. 心形明亮式切割

心型的長度是尖點至瓣部頂端的距離。

估計重量 = 長度 × 寬度 × 全深 × 0.0059 × 重量校正 (需考慮腰圍及外型輪廓)

例：心形鑽石長度 6.02mm，寬度 6.67mm

全深為 2.98

腰圍很厚 (VTK)

腰圍很厚，平均腰圍後，查表可得需重量修正 6%

估計重量 =6.67 × 6.02 × 2.98 × 0.0059 × 1.06=0.74 (克拉)

D. 三角形明亮式切割

若 3 邊皆略等長，可以任一邊做為寬度，若明顯有一邊比其他兩邊更長或更短，則可將其視為寬度。

估計重量 = 長度 × 寬度 × 全深 × 0.0057 × 重量校正 (需考慮腰圍及外型輪廓)

E. 長方或方形明亮式切割

估計重量 = 長度 × 寬度 × 全深 × 0.0083 × 重量校正 (需考慮腰圍及外型輪廓)

F. 長方形單切

估計重量 = 長度 × 寬度 × 全深 × 0.00915

G. 梯鑽

估計重量 = 長度 × 寬度 × 全深 × 0.00915 (寬度為上下平行兩邊之平均值)

H. 水滴型切割

水滴形切割鑽石會依照長寬比不一樣而有不同數據之修正值。

估計重量 = 長度 × 寬度 × 全深 × 修正值 × 重量校正 (需考慮腰圍及外型輪廓)

a. 水滴形切割鑽石修正值

(若長寬比落在數值中間，則修正值相加除以二即可)

長寬比	修正值
1.25：1.00	0.00615
1.50：1.00	0.00600
1.66：1.00	0.00590
2.00：1.00	0.00575

例：水滴形鑽石長度 8.33mm，寬度
6.05mm
全深為 3.88
腰圍厚 (THK)，肩部外形突出
腰圍厚，平均腰圍後，查表可得需
重量修正 2%，肩部外型突出重量修
正 5%
估計重量 =8.33 × 6.05 × 3.88 ×
0.00607 × 1.07=1.27 (克拉)

I. 馬眼形切割

馬眼形切割鑽石會依照長寬比不一
樣而有不同數據之修正值。

估計重量 = 長度 × 寬度 × 全深 × 修
正值 × 重量校正 (需考慮腰圍及外型
輪廓)

a. 馬眼形切割鑽石修正值

(若長寬比落在數值中間，則修正值相
加除以二即可)

長寬比	修正值
1.05：1.00	0.00565
2.00：1.00	0.00580
2.50：1.00	0.00585
3.00：1.00	0.00595

J. 雷第恩及祖母綠切割

雷第恩及祖母綠切割鑽石會依照長
寬比不一樣而有不同數據之修正值。

估計重量 = 長度 × 寬度 × 全深 × 修
正值 × 重量校正 (需考慮腰圍及外型
輪廓)

a. 雷第恩及祖母綠切割鑽石修正值

(若長寬比落在數值中間，則修正值相
加除以二即可)

長寬比	修正值
1.00：1.00	0.0080
1.50：1.00	0.0092
2.00：1.00	0.0100
2.50：1.00	0.0106

例：雷第恩切割鑽石長度 6.73mm，寬
度 5.87mm
全深為 4.02
腰圍超厚 (ETK)，底部膨脹超重約
8%
腰圍超厚，平均腰圍後，查表可得
需重量修正 8%
估計重量 =6.73 × 5.87 × 3.88 ×
0.00845 × 1.16=1.50 (克拉)

K. 單翻式切割鑽石 (Single cut diamond) 估算公式

單翻式切割之鑽石，一般小於 0.03 克拉，可由查表得知大約重量。

直徑	估計重量
1.0mm	0.005
1.1mm	0.007
1.2mm	0.009
1.3mm	0.010
1.4mm	0.013
1.5mm	0.015
1.6mm	0.017
1.7mm	0.020
1.8mm	0.025
1.9mm	0.030
2.0mm	0.035

L. 估計冠高百分比

以平均冠角及桌面百分比對應之比例得到冠高百分比。

▶ 1.45 克拉 濃彩紫粉彩鑽鑽石戒
Fancy Intense Purple-Pink SI2 /
CUT-CORNERED SQUARE
Jurassic Museum collection

▶ 想要估計鑽石的冠高百分比，需要知道桌面百分比及冠角。有了這兩個數值後，按表列找到合適的桌面百分比，再向右對應到正確的平均冠角。

桌面 % ＼ 平均冠角	20.5°	21°	21.5°	22°	22.5°	23°	23.5°	24°	24.5°	25°	25.5°	26°	26.5°	27°	27.5°	28°	28.5°	29°	29.5°	30°	30.5°
48	9.5	10.0	10.0	10.5	11.0	11.0	11.5	11.5	12.0	12.0	12.5	12.5	13.0	13.0	13.5	14.0	14.0	14.5	14.5	15.0	15.5
49	9.5	10.0	10.0	10.5	10.5	11.0	11.0	11.5	11.5	12.0	12.0	12.5	12.5	13.0	13.5	13.5	14.0	14.0	14.5	14.5	15.0
50	9.5	9.5	10.0	10.0	10.5	10.5	11.0	11.0	11.5	11.5	12.0	12.0	12.5	12.5	130.	13.5	13.5	14.0	14.0	14.5	14.5
51	9.0	9.5	9.5	10.0	10.0	10.5	10.5	11.0	11.0	11.5	11.5	12.0	12.0	12.5	13.0	13.0	13.5	13.5	14.0	14.0	14.5
52	9.0	9.0	9.5	9.5	10.0	10.0	10.5	10.5	11.0	11.0	11.5	11.5	12.0	12.0	12.5	13.0	13.0	13.5	13.5	14.0	14.0
53	9.0	9.0	9.5	9.5	9.5	10.0	10.0	10.5	10.5	11.0	11.0	11.5	11.5	12.0	12.0	12.5	13.0	13.0	13.5	13.5	14.0
54	8.5	9.0	9.0	9.5	9.5	10.0	10.0	10.0	10.5	10.5	11.0	11.0	11.5	11.5	12.0	12.0	12.5	12.5	13.0	13.5	13.5
55	8.5	8.5	9.0	9.0	9.5	9.5	10.0	10.0	10.5	10.5	10.5	11.0	11.0	11.5	11.5	12.0	12.0	12.5	12.5	13.0	13.5
56	8.0	8.5	8.5	9.0	9.0	9.5	9.5	10.0	10.0	10.5	10.5	10.5	11.0	11.0	11.5	11.5	12.0	12.0	12.5	12.5	13.0
57	8.0	8.5	8.5	8.5	9.0	9.0	9.5	9.5	10.0	10.0	10.5	10.5	10.5	11.0	11.0	11.5	11.5	12.0	12.0	12.5	12.5
58	8.0	8.0	8.5	8.5	8.5	9.0	9.0	9.5	9.5	10.0	10.0	10.0	10.5	10.5	11.0	11.0	11.5	11.5	12.0	12.0	12.5
59	7.5	8.0	8.0	8.5	8.5	8.5	9.0	9.0	9.5	9.5	10.0	10.0	10.0	10.5	10.5	11.0	11.0	11.5	11.5	12.0	12.0
60	7.5	7.5	8.0	8.0	8.5	8.5	8.5	9.0	9.0	9.5	9.5	10.0	10.0	10.0	10.5	10.5	11.0	11.0	11.25	11.5	12.0
61	7.5	7.5	7.5	8.0	8.0	8.5	8.5	8.5	9.0	9.0	9.5	9.5	9.5	10.0	10.0	10.5	10.5	11.0	11.0	11.5	11.5
62	7.0	7.5	7.5	7.5	8.0	8.0	8.5	8.5	8.5	9.0	9.0	9.5	9.5	9.5	10.0	10.0	10.5	10.5	10.5	11.0	11.0
63	7.0	7.0	7.5	7.5	7.5	8.0	8.0	8.0	8.5	8.5	9.0	9.0	9.0	9.5	9.5	10.0	10.0	10.5	10.5	10.5	11.0
64	6.5	7.0	7.0	7.5	7.5	7.5	8.0	8.0	8.0	8.5	8.5	9.0	9.0	9.0	9.5	9.5	10.0	10.0	10.0	10.5	10.5
65	6.5	6.5	7.0	7.0	7.0	7.5	7.5	8.0	8.0	8.0	8.5	8.5	8.5	9.0	9.0	9.5	9.5	9.5	10.0	10.0	10.5
66	6.5	6.5	6.5	7.0	7.0	7.0	7.5	7.5	7.5	8.0	8.0	8.5	8.5	8.5	9.0	9.0	9.0	9.5	9.5	10.0	10.0
67	6.5	6.5	6.5	6.5	7.0	7.0	7.0	7.5	7.5	7.5	8.0	8.0	8.0	8.5	8.5	9.0	9.0	9.0	9.5	9.5	9.5
68	6.0	6.0	6.5	6.5	6.5	7.0	7.0	7.0	7.5	7.5	7.5	8.0	8.0	8.0	8.5	8.5	8.5	9.0	9.0	9.0	9.5
69	6.0	6.0	6.0	6.5	6.5	6.5	7.0	7.0	7.0	7.5	7.5	7.5	8.0	8.0	8.0	8.5	8.5	8.5	9.0	9.0	9.0
70	5.5	6.0	6.0	6.0	6.0	6.5	6.5	6.5	7.0	7.0	7.0	7.5	7.5	7.5	8.0	8.0	8.0	8.5	8.5	8.5	9.0
71	5.5	5.5	5.5	6.0	6.0	6.0	6.5	6.5	6.5	7.0	7.0	7.0	7.0	7.5	7.5	7.5	8.0	8.0	8.0	8.5	8.5
72	5.0	5.5	5.5	5.5	6.0	6.0	6.0	6.0	6.5	6.5	6.5	7.0	7.0	7.0	7.5	7.5	7.5	8.0	8.0	8.0	8.0
73	5.0	5.0	5.5	5.5	5.5	5.5	6.0	6.0	6.0	6.5	6.5	6.5	6.5	7.0	7.0	7.0	7.5	7.5	7.5	8.0	8.0
74	5.0	5.0	5.0	5.5	5.5	5.5	5.5	6.0	6.0	6.0	6.0	6.5	6.5	6.5	7.0	7.0	7.0	7.0	7.5	7.5	7.5
75	4.5	5.0	5.0	5.0	5.0	5.5	5.5	5.5	5.5	6.0	6.0	6.0	6.0	6.5	6.5	6.5	7.0	7.0	7.0	7.0	7.5

31°	31.5°	32°	32.5°	33°	33.5°	34°	34.5°	35°	35.5°	36°	36.5°	37°	37.5°	38°	38.5°	39°	39.5°	40°	40.5°	平均冠角 桌面 %
15.5	16.0	16.0	16.5	17.0	17.0	17.5	18.0	18.0	18.5	19.0	19.0	19.5	20.0	20.5	20.5	21.0	21.5	22.0	22.0	48
15.5	15.5	16.0	16.0	16.5	17.0	17.0	17.5	18.0	18.0	18.5	19.0	19.0	19.5	20.0	20.5	20.5	21.0	21.5	22.0	49
15.0	15.5	15.5	16.0	16.0	16.5	17.0	17.0	17.5	18.0	18.0	18.5	19.0	19.0	19.5	20.0	20.0	20.0	21.0	21.5	50
14.5	15.0	15.5	15.0	16.0	16.0	16.5	17.0	17.0	17.5	18.0	18.0	18.5	19.0	19.0	19.5	20.0	20.0	20.5	21.0	51
14.5	14.5	15.0	15.0	15.5	16.0	16.0	16.5	17.0	17.0	17.5	18.0	18.0	18.5	19.0	19.0	19.5	20.0	20.0	20.5	52
14.0	14.5	14.5	15.0	15.5	15.5	16.0	16.0	16.5	17.0	17.0	17.5	17.5	18.0	18.5	18.5	19.0	19.5	19.5	20.0	53
14.0	14.0	14.5	14.5	15.0	15.0	15.5	16.0	16.0	16.5	16.5	17.0	17.5	17.5	18.0	18.5	18.5	19.0	19.5	19.5	54
13.5	14.0	14.0	14.5	14.5	15.0	15.0	15.5	16.0	16.0	16.5	16.5	17.0	17.5	17.5	18.0	18.0	18.5	19.0	19.0	55
13.0	13.5	13.5	14.0	14.5	14.5	15.0	15.0	15.5	15.5	16.0	16.5	16.5	17.0	17.0	17.5	18.0	18.0	18.5	19.5	56
13.0	13.0	13.5	13.5	14.0	14.0	14.5	15.0	15.0	15.5	15.5	16.0	16.0	16.5	17.0	17.0	17.5	17.5	18.0	18.5	57
12.5	13.0	13.0	13.5	13.5	14.0	14.0	14.5	14.5	15.0	15.5	15.5	16.0	16.0	16.5	16.5	17.0	17.5	17.5	18.0	58
12.5	12.5	13.0	13.0	13.5	13.5	14.0	14.0	14.5	14.5	15.0	15.0	15.5	15.5	16.0	16.5	16.5	17.0	17.0	17.5	59
12.0	12.5	12.5	12.5	13.0	13.0	13.5	13.5	14.0	14.5	14.5	15.0	15.0	15.5	15.5	16.0	16.0	16.5	17.0	17.0	60
11.5	12.0	12.0	12.5	12.5	13.0	13.0	13.5	13.5	14.0	14.0	14.5	14.5	15.0	15.0	15.5	16.0	16.0	16.5	16.5	61
11.5	11.5	12.0	12.0	12.5	12.5	13.0	13.0	13.5	13.5	14.0	14.0	14.5	14.5	15.0	15.0	15.5	15.5	16.0	16.0	62
11.0	11.5	11.5	12.0	12.0	12.0	12.5	12.5	13.0	13.0	13.5	13.5	14.0	14.0	14.5	14.5	15.0	15.5	15.5	16.0	63
11.0	11.0	11.0	11.5	11.5	12.0	12.0	12.5	12.5	13.0	13.0	13.5	13.5	14.0	14.0	14.5	14.5	15.0	15.0	15.5	64
10.5	10.5	11.0	11.0	11.5	11.5	12.0	12.0	12.5	12.5	12.5	13.0	13.0	13.5	13.5	14..0	14.0	14.5	14.5	15.0	65
10.0	10.5	10.5	11.0	11.0	11.5	11.5	11.5	12.0	12.0	12.5	12.5	13.0	13.0	13.5	13.5	14.0	14.0	14.5	14.5	66
10.0	10.0	10.5	10.5	10.5	11.0	11.0	11.5	11.5	12.0	12.0	12.0	12.5	12.5	13.0	13.0	13.5	13.5	14.0	14.0	67
9.0	10.0	10.0	10.0	10.5	10.5	11.0	11.0	11.0	11.5	11.5	12.0	12.0	12.5	12.5	12.5	13.0	13.0	13.5	13.5	68
9.5	9.5	9.5	10.0	10.0	10.5	10.5	10.5	11.0	11.0	11.5	11.5	11.5	12.0	12.0	12.5	12.5	13.0	13.0	13.0	69
9.0	9.0	9.5	9.5	9.5	10.0	10.0	10.5	10.5	10.5	11.0	11.0	11.5	11.5	11.5	12.0	12.0	12.5	12.5	13.0	70
8.5	9.0	9.0	9.0	9.5	9.5	10.0	10.0	10.0	10.5	10.5	10.5	11.0	11.0	11.5	11.5	11.5	12.0	12.0	12.5	71
8.5	8.5	8.5	9.0	9.0	9.5	9.5	9.5	10.0	10.0	10.0	10.5	10.5	10.5	11.0	11.0	11.5	11.5	11.5	12.0	72
8.0	8.5	8.5	8.5	9.0	9.0	9.0	9.5	9.5	9.5	10.0	10.0	10.0	10.5	10.5	10.5	11.5	11.0	11.5	11.5	73
8.0	8.0	8.0	8.5	8.5	8.5	9.0	9.0	9.0	9.5	9.5	9.5	10.0	10.0	10.0	10.5	10.5	10.5	11.0	11.0	74
7.5	7.5	8.0	8.0	8.5	8.5	8.5	8.5	9.0	9.0	9.0	9.0	9.5	9.5	10.0	10.0	10.0	10.5	10.5	10.5	75

95P81.02CT 白鑽裸石老式車工 / OLD MINE CUSHION CUT
Jurassic Museum collection

Chapter 8
國際鑑定所與鑽石證書

5.06CT 橘棕鑽戒 / FANCY DARK / EMERALD
Jurassic Museum Collection

國際鑑定所與鑽石證書

因應國際間珠寶市場銷售，為提供消費端切磨後的寶石或鑽石，能夠有專業且公正的檢測及評比，世界各地發展出鑽石及寶石的鑑定機構及國際鑑定標準，國際知名鑑定所皆為具有公信力的組織或機構，直接增進珠寶市場交易的效率及準確度。為求能夠服務到全世界消費者，各國際鑑定所也在世界各城市佈點提供鑑定服務，並針對顧客需求發展出不同的鑑定報告書，報告書上會詳細記載此顆鑽石之顏色、重量、淨度，以及切工的各項細節，可說是此顆鑽石之身分證明文件，而各鑑定機構之證書也發展出獨特的防偽標誌，並備有線上查詢系統，以供及時資料核對。

以下針對幾家國際知名鑑定單位做介紹：AGS、EGL、GIA、HRD、IGI (介紹順序依照鑑定所名稱英文字母排列)

▶ 0.50 克拉 ARGYLE 阿蓋爾粉鑽裸石 ARGYLE 403944
Jurassic Museum Collection

▶ 0.31 克拉 ARGYLE 阿蓋爾粉鑽裸石 ARGYLE 402251
Jurassic Museum Collection

一. AGSL (American Gem SocietyLaboratories)
美國寶石協會鑑定所

AGS 由羅伯特‧希普利 (Robert M. Shipley) 所創立，組織了美國第一批全國珠寶商及寶石學家教育聯合會。因其在珠寶業做銷售時認知到自己缺乏專業知識，而到英國全國史密斯協會學習寶石課程，將自己所學帶回美國，並於 1930 年在洛杉磯創立了寶石學初級課程，希望透過教育專業化珠寶貿易，而羅伯特先生也是 GIA 的創始者。

AGS 創立於 1934 年，是一群高級珠寶專業人士所組成的非營利性貿易協會，總部位於內華達州拉斯維加斯，算是全世界最有權威及古老的珠寶協會之一，以往只提供會員鑑定服務，且沒有對外的寶石教學課程。1996 年成立 AGS 鑑定所 (American Gem Society Laboratories，AGSL) ，是一個專注於鑽石切工的國際鑑定機構，目前 AGSL 使用的 4C 分級制度起源於 1966 年的 AGS 鑽石分級標準法，是由零售商、鑽石切割師和世界知名的寶石學家共同規畫研究 10 年的結論，創立 0-10 的切工分級，0 級為 Ideal cut 理想切工，是由 AGS 認定的理想拋光 (idealpolish) + 理想對稱 (idealsymmetry) + 理想比例 (ideal proportions) + 理想光性能 (ideal light performance) 所組成的，其他顏色、淨度分級也從 0-10 作為分級標準，0 為最佳，10 最差。

鑽石需靠人為切工才能綻放其奪目的光彩，AGSL 認為鑽石車工的評級法不會只表現在拋光及對稱上，用較精準的方式在評比亮光、火光、漏光、明暗比、重量比、耐用度、刻面角度及深度、腰圍及尖底等各部分細節，發展出一套車工評級法為 Light Performance Cut Grade，以 3D 模型分析光在鑽石上行進的表現，並進行比對，評鑑出其切工等級，也適用於各種花式切割鑽石。

如何讀懂 AGS 的鑽石證書？

1. 鑽石冷光雷射編號

2. 鑽石形狀和長寬高 (mm)

3. 切工評級 (包括：光能性 / 拋光 / 對稱以及鑽石比例)

4. 顏色等級

5. 淨度等級

6. 鑽石重量

7. 評論：包括鑽石螢光強度 / 淨度圖上無標示之內含物

8. 鑽石比例圖

9. 淨度圖

10. 鑽石光性能圖，使用角度光譜評估工具 (Angular Spectrum Evaluation Tool，ASET) AGS Scale 刻度鑽石的等級時，首先是鑽石切割等級，然後是鑽石顏色，淨度，然後是克拉重量。

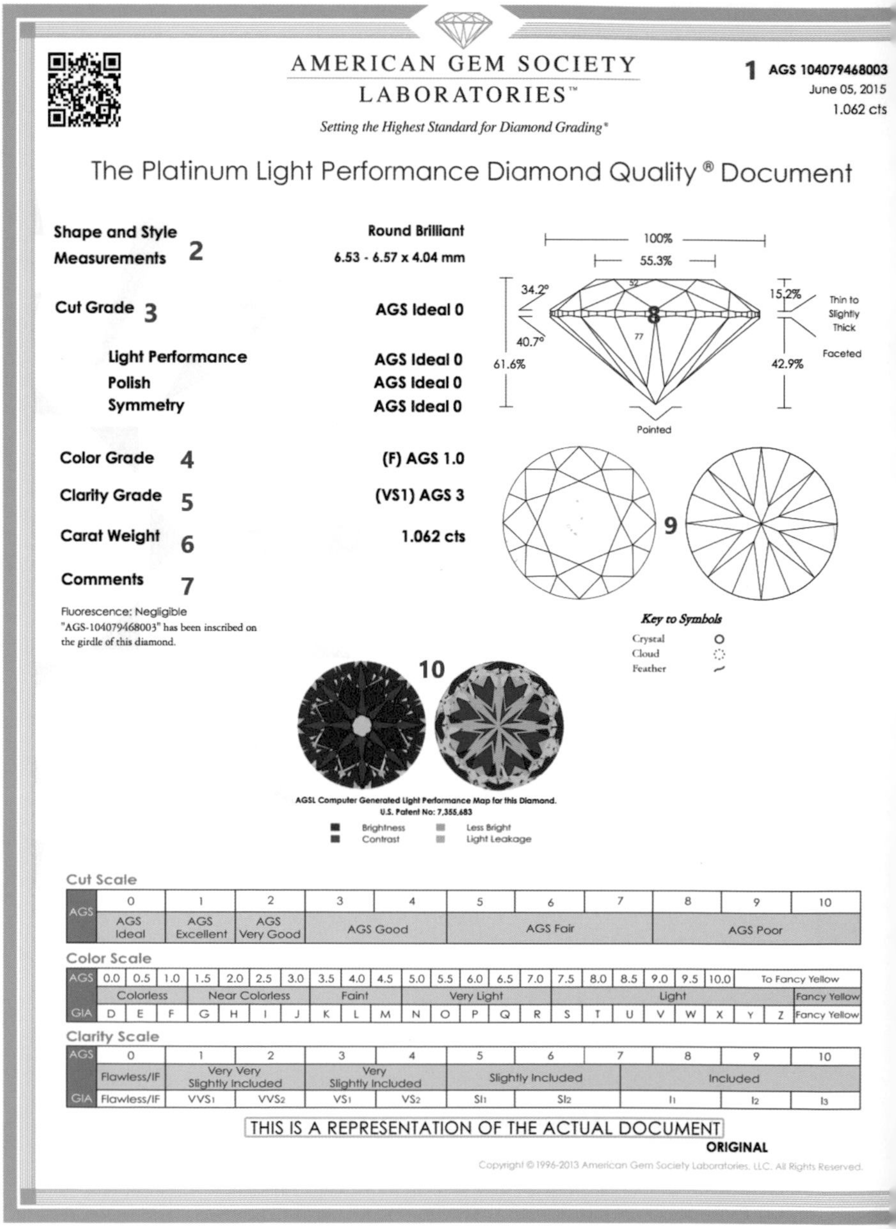

如果擁有最好的鑽石切割等級的鑽石也是無色的，沒有內含物，並且重 1.06 克拉，那麼它將寫成：0/0 / 0-1.060 克拉。

切割比例：AGS 按照以下切工等級對鑽石進行分級，從 0 到 10，0 的等級為理想切工，高 GIA 的 EXCELLENT 一個等級。

Cut Scale

AGS	0	1	2	3	4	5	6	7	8	9	10
	AGS Ideal	AGS Excellent	AGS Very Good	AGS Good		AGS Fair			AGS Poor		

顏色：AGS 按照以下顏色等級對鑽石進行分級，從 0 到 10 (0 表示最無色，10 表示明顯的黃色或棕色)。

Color Scale

AGS	0.0	0.5	1.0	1.5	2.0	2.5	3.0	3.5	4.0	4.5	5.0	5.5	6.0	6.5	7.0	7.5	8.0	8.5	9.0	9.5	10.0	To Fancy Yellow
	Colorless			Near Colorless			Faint				Very Light					Light						Fancy Yellow
GIA	D	E	F	G	H	I	J	K	L	M	N	O	P	Q	R	S	T	U	V	W	X	Y	Z	Fancy Yellow

淨度：AGS 按照以下淨度等級對鑽石進行分級，從 0 到 10 (0 表示 FL/IF，8-10 表示肉眼可見)。

Clarity Scale

AGS	0	1	2	3	4	5	6	7	8	9	10
	Flawless/IF	Very Very Slightly Included		Very Slightly Included		Slightly Included			Included		
GIA	Flawless/IF	VVS1	VVS2	VS1	VS2	SI1	SI2		I1	I2	I3

二. EGL Platinum (European Gemological Laboratory) 歐洲寶石鑑定所

EGL 歐洲寶石鑑定所為全球第二大寶石鑑定所，於 1974 年成立，由創辦人 Menahem Sevdermish 與以色列寶石和鑽石交易所 (Israeli Precious Stones and Diamonds Exchange，IPSDE) 簽訂合同，創立第一家寶石學院 GIPS (Gemological Institute for Precious Stones)，多年來，該鑑定所為以色列寶石和鑽石交易所鑑定了大部分以色列出口的鑽石及寶石，EGL 證書在歐洲的流通性高。

1981 年，GIPS 和 EGL 聯合開設了以色列最大的寶石鑑定所，國際總部位於以色列鑽石交易所內，但不參與任何交易。EGL 由多個部門組織而成：鑽石分級實驗室、寶石鑑定實驗室、珠寶和寶石鑑定部門 (EGA) 及歐洲寶石學院 (EGC) 教學部門。

1998 年，GIPS 更名為「歐洲寶石學中心 (European Gemological Center，EGC)」。

2012 年，EGC 開始頒發新的 EGL 白金證書，證書以其嚴格的質量保證標準而聞名。此外，該研究所更名為 EGL Platinum，以對應新品牌，E.G.L. 國際實驗室更獲得 ISO 9001 及國際認證聯盟認證。

EGL 系統覆蓋全球，在以色列、加拿大、美國、比利時、南非、法國、英國、韓國、印度、台灣均設有辦事處。成立於 2012 年的 E.G.L. 台灣實驗室，作為台灣珠寶鑑定業界的先驅，我們的鑑定團隊造訪世界各地超過 50 個礦區進行田野調查，深入其境帶回各種一手資訊，在眾多精密儀器的輔佐下，本實驗室兼具速度、精確性及可靠性之優勢，處理時間短，過程嚴謹，結果可靠，架構出世界級的珠寶鑑定所。由於 E.G.L. 是一間獨立的寶石實驗室，評級服務均由內部消化，因此可全

程掌控評級過程的精確性和可靠性。在這種內部管理體系下,鑑定師完全不知道客戶的背景,從而確保送件的寶石以盲評形式被鑑定。擁有如此豐厚的研究資源與鑑定經驗,E.G.L. 台灣實驗室憑著先進技術及業界資深鑑定師,更能嚴格謹慎、一絲不苟的操作規範貫徹到底。

以下表格可清楚了解 EGL 及 GIA 鑽石淨度等級之不同之處

鑑定所 \ 等級	無瑕	內無瑕	極輕微內含物		輕微內含物		微內含級			內含級		
GIA	FL	IF	VVS1	VVS2	VS1	VS2	SI1	SI2		I1	I2	I3
EGL	FL	IF	VVS1	VVS2	VS1	VS2	SI1	SI2	SI3	I1	I2	I3

EGL 對鑽石 4C 的檢驗與 GIA 最大不同的特點在於淨度分級—在 SI2 與 I1 中間增加 SI3 的分級,為具有肉眼可見內含物,但不影響鑽石的堅固性及火光,EGL 特此為此類鑽石增加一個等級。

1. EGL 證書防偽

1. 防偽雷射標籤

2. 證書底紙有 3 處螢光墨水

2. 鑽石鑑定報告書
(Diamond Grading Report)

遵循 E.G.L. PLATINUM 4C 分級制度進行 克拉、顏色、淨度、車工等評價繪製淨度圖供以客戶參閱，並提供線上查詢證書服務，以確保您的證書真偽及正確性。

E.G.L.
PLATINUM™

DIAMOND GRADING REPORT

September 30 , 2017

Report 175900046032

Shape & Cut .... Round Brilliant
Measurements .... 9.55- 9.60 x 5.91 mm.

Carat Weight .... 3.32 carat
Color Grade .... D
Clarity Grade .... Flawless
Cut Grade .... Excellent

Polish .... Excellent
Symmetry .... Excellent
Culet .... None
Fluorescence .... None

Comments:
According to the records of the EGL platinum Laboratory,
this diamond has been determined to be a
Type IIa diamond.

E.G.L COLOR SCALE	E.G.L CLARITY SCALE	E.G.L CUT SCALE
COLORLESS D (+0)	FLAWLESS (F)	EXCELLENT
E (0)	INTERNALLY FLAWLESS (IF)	VERY GOOD
F (+1)	VVS1	GOOD
NEAR COLORLESS G (1)	VVS2	FAIR
H (2)	VS1	
I (3)	VS2	POOR
I (4)		
K (5)	SI1	
FAINT L (6)	SI2	
M (7)	SI3	
VERY LIGHT (8)	I1	
LIGHT (9-10)	I2	
	I3	

Verity Report

Total Depth 61.7%   Table58%   15% Crown
MED -STK
Faced   43.5% Pavilion

CLARITY REPRESENTATION

INTERNAL CHARACTERISTICS SHOWN IN RED. EXTERNAL CHARACTERISTICS AND NATURALS
SHOWN IN GREEN. EXTRA FACETS SHOWN IN BLACK. SYMBOLS INDICATE NATURE AND LOCATION
OF IDENTIFIED CHARACTERISTICS. NOT THEIR ACTUAL SIZE. HAIRLINE FEATHERS IN GIRDLE,
MINOR BEARDING, AND MINOR DETAILS OF POLISH AND FINISH NOT SHOWN.

NOTE: THIS DOCUMENT CONTAINS SECURITY FEATURES TO PREVENT UNAUTHORIZED DUPLICATION.

ORIGINAL THIS REPORT IS SUPPLIED UPON REQUEST OF THE CUSTOMER AND IS
ISSUED FOR HIS/HER EXCLUSIVE USE. THE REPORT EXPRESSES AN OPINION
AT THE TIME OF EXAMINATION OF THE STONE. IT IS NOT A GUARANTEE, A VALUATION OR AN
APPPRAISAL OF ANY KIND. - E.G.L. PLATINUM HAS MADE NO REPRESENTATION OR WARRANTY
REGARDING THIS REPORT OR THE DIAMOND DESCRIBED. THIS REPORT REPRESENTS ONLY THE
BEST PROFESSIONAL OPINION OF THIS COMPANY. E.G.L. PLATINUM IS IN NO CASE RESPONSIBLE
FOR DIFFERENCES WHICH COULD OCCUR BY REPEATED EXPERTISE AND/OR USE OF OTHER
STANDARDS, NORMS, METHODS OR CRITERIA OTHER THAN THOSE CHOSEN BY E.G.L. PLATINUM

Online Verification Service at: www.egl-platinum.com
Tel:+886-(3)212-2990 Fax:+886-(3)322-9766

▶ 鑽石鑑定報告書

3. 彩色鑽石分析報告書
(Colored Diamond Analysis Report)

遵循 E.G.L. PLATINUM 4C 分級制度進行 克拉、顏色、淨度、車工等評價，並提供線上查詢證書服務，以確保您的證書真偽及正確性，彩色鑽石鑑定與一般白鑽鑑定報告書不同的是，彩鑽鑑定評鑑淨度等級，沒有淨度圖；E.G.L. 彩色鑽石鑑定證書為提供客戶方便性，並可分為裸石鑑定與鑲嵌成品鑑定，鑲嵌成台鑑定的淨度評價最高只能達到 VS 等級，對稱及拋光則不進行評價，並會於證書上註明 "Tested，weighed and graded as mounting permits." 及標示鑲嵌之 K 金顏色。

EGL - EUROPEAN GEMOLOGICAL LABORATORY
COLORED DIAMOND ANALYSIS
REPORT

Report Number **173901236032**

September 30, 2017

Shape ....Round
Cutting Style ....Brilliant
Measurements ....4.29 x 4.31 x 2.88 mm (Approximated)
Carat Weight.......................0.32 (Estimated)

Description: One (1) white and yellow gold ring set with one (1) natural orangy yellow diamond.

Color
　Origin ....**Natural**
　Grade...................................**Fancy Vivid**
　.....................................**Orangy Yellow**

Clarity Grade **VS1**

Symmetry ....N/A (mounted)
Polish..............................N/A (mounted)

Fluorescence............................Very Slight

Enhancements:

Image not to scale

Comments:
Tested, weighed and graded as mounting permits.

On behalf of the European Gemological Laboratory

LIMITATIONS This Report includes information of the item/s described above only, as recorded, during testing and grading, limited to the methods and equipment available by the E.G.L. Platinum laboratory at the time of the examination. Results of any repeated testing of the item/s may differ depending on new improvements in techniques and/or equipment endorsed by the E.G.L. Platinum laboratory and/or alterations made to the item/s since its previous testing. For further limitations, please refer to the back of this report.

Online Verification Service at: www.egl-platinum.com

ORIGINAL This report is supplied upon request of the customer and is issued for his exclusive use. The report expresses an opinion at the time of examination of the item, it is not a guarantee, nor a valuation nor an appraisal of any kind. - E.G.L. has made neither a representation nor warranty regarding this report or the item described. This report represents only the best professional opinion of this company. In any event, E.G.L. and/or its workers are not responsible for any loss, profit loss, damage or expense resulting from any error found in this report. E.G.L. is in not in any case responsible for differences which could occur by repeated expertise and/or use of other standards, norms, methods or criteria other than those chosen by E.G.L.

▶ 彩色鑽石分析報告書

三 . GIA (Gemological Institute of America)

美國寶石學院

美國寶石學院成立於 1931 年，為一非營利組織，創立者為羅伯特‧希普利 (Robert M. Shipley) ，因其在珠寶業界多年後，了解自己在珠寶方面知識嚴重缺乏，至英國參加金匠協會開的函授課程，回國後在洛杉磯設立了 GIA，認為珠寶知識需要透明化，他編輯課程、郵購課程及創立寶石研究實驗室。並穿越美國敦促各界珠寶商報名參加 GIA 課程並加入美國寶石協會 (AGS) 。隨著多年努力，GIA 實驗室第一個珠寶鑑定儀器，Gems & Gemology 珠寶研究期刊，第一批的女性珠寶學家皆孕育而生。

由羅伯特先生開始教授的寶石知識，也撰寫寶石課程，並與 AGS 成員研究鑽石術語，慢慢完整了國際鑽石分級系統，規範著嚴謹的 4C 分級制度，現今流通於珠寶業界不論是國際鑑定所或一般消費者，皆有通用語言，能從 4C 定義中了解其鑽石之價值。

早期 DE BEERS 將鑽石推廣至亞洲市場時，「鑽石恆久遠，一顆永流傳」的廣告詞也綁定了 GIA 國際證書一起銷售，GIA 證書在亞洲流通性較其他國際鑑定所都高。

1. 鑽石分級報告書及鑽石檔案 (Diamond Grading Report&Diamond Dossier)

鑽石分級報告，商業用語稱為大證，針對 D-Z 顏色之標準切割鑽石評估其

4C，並繪製其鑽石淨度特徵及鑽石比例，適用於 1.00 克拉以上之鑽石，而淨度等級良好之 0.15-0.99 克拉之鑽石，也可要求有淨度圖之證書；而鑽石檔案則用於 0.15-1.99 克拉間的鑽石，商業用語稱為小證，兩者的差別在於大證有鑽石淨度圖，小證則無；標準小證之鑽石刻有 GIA 雷射腰圍，大證則需另外付費。

　　而從 2012 年開始，針對天然無處理之 0.15-2.99 克拉裸鑽，也有線上鑽石報告書 (GIA Diamond EReport)，為無紙化報告，除了有標準 4C 評鑑之外，證書上秀有鑽石正面圖像可供查證。

▶ GIA eReport 上的鑽石正面照片可放大檢視細節圖像。

 eReport

PRINT THIS REPORT

| REPORT RESULTS | THE GIA 4CS | ABOUT THE GIA DIAMOND eREPORT | ABOUT GIA |

GIA DIAMOND eREPORT

Report Date	April 02, 2012
GIA Report Number	
	2141438194
Shape and Cutting Style	Round Brilliant
Measurement:	6.41 - 6.43 x 3.97 mm

GRADING RESULTS - GIA 4CS

Carat Weight	1.01 carat
Color Grade	F
Clarity Grade	VS1
Cut Grade	Excellent

ADDITIONAL GRADING INFORMATION

Polish	Excellent
Symmetry	Excellent
Fluorescence	None
Comments	**SAMPLE**SAMPLE**SAMPLE**SAMPLE**

IMPORTANT LIMITATIONS

The results documented in this report refer only to the diamond described, and were obtained using the techniques and equipment available to GIA at the time of examination. This report is not a guarantee or valuation. For additional information and important limitations and disclaimers, please see www.gia.edu/terms or call +1 800 421 7250 or +1 760 603 4500. ©2012 Gemological Institute of America, Inc.

IMAGE

CLARITY CHARACTERISTIC　PROPORTION DIAGRAM

CHARACTERISTIC	LOCATION
Crystal	Table

The diamond in the image is enlarged and standardized to highlight some of its identifying characteristics such as shape, faceting and clarity; the image may not represent the diamond appearance under different viewing conditions.

2. 彩色鑽石分級報告
(Colored Diamond Grading Report)

　　適用於 0.15 克拉以上彩色鑽石，除了有標準的 4C 評估級讚石淨度圖外，與鑽石分級報告書不同的是，彩鑽顏色分級較為多樣化，包含顏色等級和顏色來源（天然或人工處理），也可選擇是否需要鑽石正面照片於證書上，或選擇不需要標示淨度等級的半證。

GIA REPORT
5161085502

Verify this report at gia.edu

GIA COLORED DIAMOND REPORT

May 10, 2014

Report Type ....Grading Report
GIA Report Number 5161085502
Shape and Cutting Style .... Pear Modified Brilliant
Measurements .... 7.29 x 4.52 x 3.03 mm

Carat Weight .... 0.72 carat
Color Grade .... Fancy Yellow*
Color Origin .... Artificially Irradiated
Color Distribution .... Even
Clarity Grade SI1

Proportions:

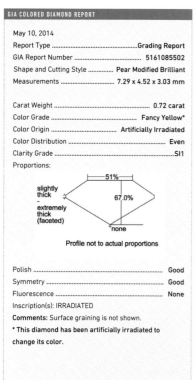

Profile not to actual proportions

Polish .... Good
Symmetry .... Good
Fluorescence .... None
Inscription(s): IRRADIATED

Comments: Surface graining is not shown.

* This diamond has been artificially irradiated to change its color.

ADDITIONAL INFORMATION

CLARITY CHARACTERISTICS

KEY TO SYMBOLS*

⌒ Twinning Wisp
⌐ Feather
∧ Natural

* Red symbols denote internal characteristics (inclusions). Green or black symbols denote external characteristics (blemishes). Diagram is an approximate representation of the diamond, and symbols shown indicate type, position, and approximate size of clarity characteristics. All clarity characteristics may not be shown. Details of finish are not shown.

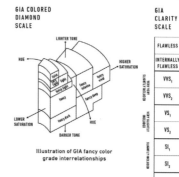

GIA COLORED DIAMOND SCALE

Illustration of GIA fancy color grade interrelationships

GIA CLARITY SCALE

FLAWLESS
INTERNALLY FLAWLESS
VVS₁
VVS₂
VS₁
VS₂
SI₁
SI₂
I₁
I₂
I₃

www.gia.edu

3. 彩色鑽石顏色成因報告
(Colored Diamond Identification and origin report)

此證書可用於已鑲嵌之彩色鑽石或裸石，針對顏色的來源做有效率的評估（天然或人工改色）。

GIA REPORT
1186823565

Verify this report at gia.edu

GIA COLORED DIAMOND REPORT

November 6, 2017

Report Type ....Identification and Origin Report
GIA Report Number 1186823565
Shape and Cutting Style .... Pear Modified Brilliant
Measurements .... 14.55 x 8.19 x 5.80 mm

Carat Weight .... 5.00 carat
Color Grade .... Fancy Deep Brownish Greenish Yellow
Color Origin .... Natural
Color Distribution .... Even

Inscription(s): GIA 1186823565

Comments: The color of this stone changes temporarily when gently heated, or when left in darkness for a period of time and is known in the trade as "CHAMELEON".

ADDITIONAL INFORMATION

GIA COLORED DIAMOND SCALE

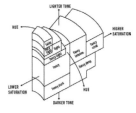

Illustration of GIA fancy color grade interrelationships

www.gia.edu

天然鑽石、永久性的人工處理鑽石的鑑定報告書皆為金色外觀，而人造鑽石，例如：實驗室合成脂 HPHT、CVD 鑽石，也可以開立 4C 分級的鑑定報告書，而鑑定報告書的外觀則為銀色，另非永久性的人工處理鑽石，例如：鍍膜及充填等，則不開立鑑定報告書，而是開立寶石鑑定書 (GIA Gemological Report)。

　　任何 4C 評估的細項中，有打星號的部分就必須特別注意，表示此顆鑽石有非天然的人為處理，若為人工鑽石，會在 Identification 項目上打 Laboratory

---

 **GIA**®

GIA GEMOLOGICAL REPORT

ADDITIONAL INFORMATION

IDENTIFICATION REPORT
December 09, 2014

GIA Report Number 2165780288
Weight .... 0.57 carat
Measurements .... 5.80 x 4.25 x 2.87 mm
Shape .... Cut-Cornered Rectangular Modified Brilliant
Transparency .... Transparent
Color .... Near Colorless

CONCLUSION

Species .... Diamond

TREATMENT(S)

Treated clarity

Comments: A foreign material has been artificially introduced into surface reaching fractures, which precludes quality analysis.

Image is approximate

▶ 此寶石鑑定書可開立此藍色裸石為鑽石，但不評級其確定顏色，且在 comments 處解說為，此顆鑽石含有干涉鑑定的人為填入之外來物質。

THE GREAT DIAMONDS

▶ 左一為 GIA 小證；左二為 GIA 白鑽鑑定報告書；左三為 GIA 彩色鑽石鑑定報告書；右一為有機寶石鑑定報告書；右二為寶石鑑定書；右三為合成鑽石鑑定報告書。

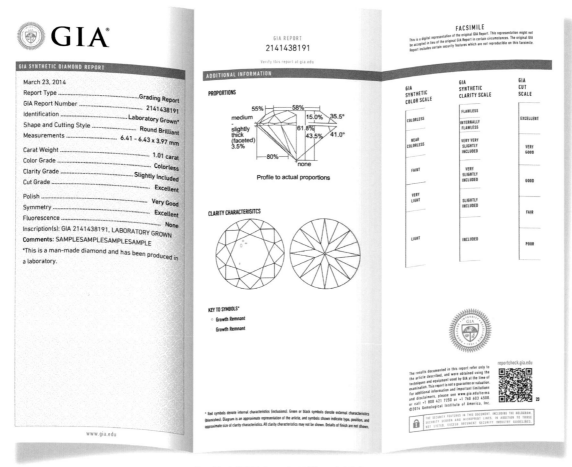

▶ 使用經過人工處理鑽石之證書

GIA REPORT
5161085502

Verify this report at gia.edu

FACSIMILE

This is a digital representation of the original GIA Report. This representation might not be accepted in lieu of the original GIA Report in certain circumstances. The original GIA Report includes certain security features which are not reproducible on this facsimile.

GIA COLORED DIAMOND REPORT

May 10, 2014
Report Type ....Grading Report
GIA Report Number 5161085502
Shape and Cutting Style .... Pear Modified Brilliant
Measurements .... 7.29 x 4.52 x 3.03 mm

Carat Weight .... 0.72 carat
Color Grade .... Fancy Yellow*
Color Origin .... Artificially Irradiated
Color Distribution .... Even
Clarity Grade SI1
Proportions:

slightly thick - extremely thick (faceted)
51%
67.0%
none

Profile not to actual proportions

Polish .... Good
Symmetry .... Good
Fluorescence .... None
Inscription(s): IRRADIATED
Comments: Surface graining is not shown.
* This diamond has been artificially irradiated to change its color.

www.gia.edu

ADDITIONAL INFORMATION

CLARITY CHARACTERISTICS

KEY TO SYMBOLS*
- Twinning Wisp
- Feather
- Natural

* Red symbols denote internal characteristics (inclusions). Green or black symbols denote external characteristics (blemishes). Diagram is an approximate representation of the diamond, and symbols shown indicate type, position, and approximate size of clarity characteristics. All clarity characteristics may not be shown. Details of finish are not shown.

GIA COLORED DIAMOND SCALE

LIGHTER TONE
HUE
HIGHER SATURATION
LOWER SATURATION
HUE
DARKER TONE

Illustration of GIA fancy color grade interrelationships

GIA CLARITY SCALE

FLAWLESS
INTERNALLY FLAWLESS
VVS₁
VVS₂
VS₁
VS₂
SI₁
SI₂
I₁
I₂
I₃

▶ 此鑽石經過人工輻照改色，並於鑽石腰圍刻有 "IRRADIATED" 字樣，證書上可注意 Color Grade 為 Fancy Yellow*，且 Comments 處的解說為：
*This diamond has been artificially irradiated to change its color.

Grow*，並於證書下面 Comments 處寫上解說，例如：This is a man-made diamond and has been produced in a Laboratory.

若為天然鑽石，而顏色經過人工處理改色，則會在 Color Grade 之顏色後面加注星號、顏色來源會標註人工處理方式，且於 comments 處寫上解說，例如：This diamond has processed by high pressure/high temperature (HPHT) to change its color.

在大部分情況下，國際鑑定所皆能鑑別出鑽石顏色為天然或經過人工改色，然而有少數例外，以現今儀器條件無法判別其顏色成因，則會在 Color Grade 標示為 undetermined（未確定）。

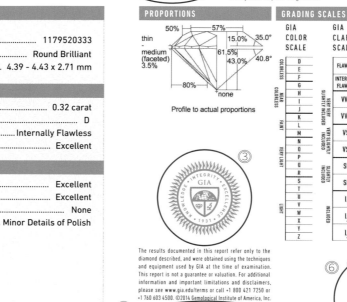

FACSIMILE

This is a digital representation of the original GIA Report. This representation might not be accepted in lieu of the original GIA Report in certain circumstances. The original GIA Report includes certain security features which are not reproducible on this facsimile.

② GIA REPORT
1179520333

Verify this report at gia.edu

GIA DIAMOND DOSSIER®

July 18, 2014
GIA Report Number 1179520333
Shape and Cutting Style .... Round Brilliant
Measurements .... 4.39 - 4.43 x 2.71 mm

GRADING RESULTS

Carat Weight .... 0.32 carat
Color Grade .... D
Clarity Grade .... Internally Flawless
Cut Grade .... Excellent

ADDITIONAL GRADING INFORMATION

Polish .... Excellent
Symmetry .... Excellent
Fluorescence .... None
Clarity Characteristics .... Minor Details of Polish
Inscription(s): GIA 1179520333 ①

www.gia.edu

PROPORTIONS

Profile to actual proportions

③

The results documented in this report refer only to the diamond described, and were obtained using the techniques and equipment used by GIA at the time of examination. This report is not a guarantee or valuation. For additional information and important limitations and disclaimers, please see www.gia.edu/terms or call +1 800 421 7250 or +1 760 603 4500. ©2014 Gemological Institute of America, Inc.

④ THE SECURITY FEATURES IN THIS DOCUMENT, INCLUDING THE HOLOGRAM, SECURITY SCREEN AND MICROPRINT LINES, IN ADDITION TO THOSE NOT LISTED, EXCEED DOCUMENT SECURITY INDUSTRY GUIDELINES.

⑥ reportcheck.gia.edu ⑤

GRADING SCALES

GIA COLOR SCALE	GIA CLARITY SCALE	GIA CUT SCALE
D	FLAWLESS	EXCELLENT
E (COLORLESS)	INTERNALLY FLAWLESS	
F		
G	VVS₁	VERY GOOD
H (NEAR COLORLESS)	VVS₂	
I		
J	VS₁	
K (FAINT)	VS₂	GOOD
L		
M	SI₁	
N	SI₂	FAIR
O (VERY LIGHT)	I₁	
P–R	I₂	POOR
S–Z (LIGHT)	I₃	

4. GIA 證書防偽

　　現今科技可以仿造任何品項，證書的防偽功能極為重要，可從證書上幾個不同位置作為判別依據：

1. 鑽石腰部的 GIA 雷射編號。

2. 特殊油墨白色 GIA LOGO 浮水印分佈於證書各處，可於燈光反射下明顯看到。

3. 證書右下角有金色 GIA LOGO 雷射防偽標籤。

4. 熱感應標籤，鎖的圖案在一定溫度下會由灰色變白色。

5. 顯微觀察可見藍、紅、黃、黑色點組成為線條。

6. QR Code 掃描，進行官網連結檢視證書資料。

7. 證書內文皆有使用特殊黃色油墨印刷底網，避免鑑定內容被變更。

Grading　　　　Education　　　　Equipment

四 . HRD (Hoge Raad voor Diamant)
鑽石高等評議會

　　從 15 世紀開始，比利時安特衛普因位於重要的海陸要衝，進而成為重要的鑽石加工中心，歷經幾個世紀變遷，目前仍為全球知名的鑽石切割與交易中心，而歐洲最知名的鑽石機構 HRD 就座落於安特衛普的鑽石區之中，1973 年比利時政府和鑽石業界共同成立比利時高等評議會 HRD (荷蘭語為 Hoge Raad voor Diamant，英文為 Diamond High Council) ，此機構扮演著安特衛普鑽石行業的發言者和組織者的角色，保護級推廣比利時的鑽石產業，並於 1976 年成立鑽石鑑定分支，當時成為世界上的第二所寶石鑑定教育機構，於 2007 年，HRD 分為兩個獨立

機構─HRD Antwerp 與 AWDC (Antwerp world diamond center) ；HRD 為一鑑定機構，擁有鑽石及寶石實驗室 / 研究 / 教育 / 設備 / 畢業生協會等單位，而 AWDC 為一個是一個私人基金會，也是比利時鑽石行業的官方代表，負責管理比利時國內外鑽石產業與政府之間的關係，以及為鑽石產業的集體利益提供服務和支持，透過不同活動、服務、會議等方式促進鑽石在安特衛普的進出口，有助於開拓、保護鑽石產業。

　　HRD 證書對 4C 的鑑定標準大致與 GIA 相同，較特別的是，如果鑽石具有八心八箭，則在證書上，會有一張八心八箭的照片。

1. HRD 鑽石防偽

1. 證書底部螢光墨水

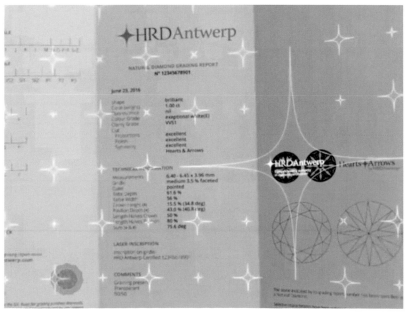

2. 鑽石腰部激光刻字

4. 證書底部有印刷微型文字

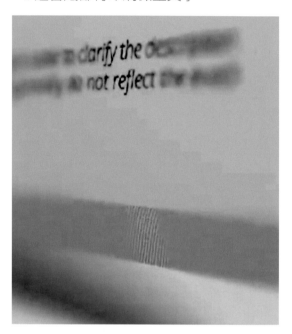

3. HRD 浮水印

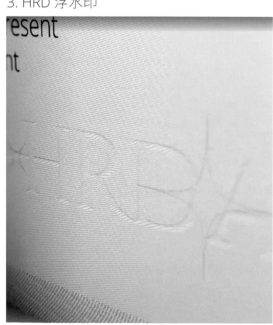

5. 防偽雷射標籤

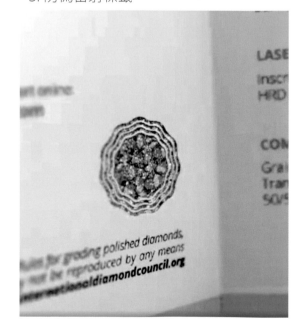

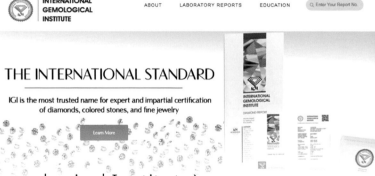

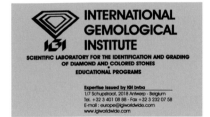

五 . IGI (International Gemological Institute) 國際寶石學院

國際寶石學院在 1975 年，成立於比利時安特衛普，是唯一單一家族持股經營的國際鑑定及教育機構，一開始只為少數鑽石世家做私人鑽石鑑定，這些高品質的鑽石被銷到歐洲皇室後，IGI 的名聲在皇室間逐漸流傳開來，慢慢的歐洲及中東皇室已鑲嵌珠寶接送至 IGI 做鑑定，後來發展成，IGI 也為高端首飾珠寶做鑑定開立證書之服務，為了講求證書與高級珠寶匹配，IGI 首先開創了 3EX 切工評級制度，此舉奠定了現代鑽石證書 4C 的完整性，也是世界首個提供鑽石密封服務的實驗室，且為世界首創鑽石激光雷射腰圍的機構，之後其他國際鑑定所才陸續跟進，並提供鑽石修正及重新切磨的服務。

IGI 鑑定證書在歐洲及美洲的流通性高，較晚進入亞洲市場，其鑑定標準大致與 GIA 相同，但其鑽石的切工比例數據是使用文字描述方式，實驗室分佈安特衛普、紐約、香港、孟買、曼谷、東京、杜拜特拉維夫、多倫多、洛杉磯、加爾各答、新德里、德里久爾、齋浦爾、齋浦爾、蘇拉特、金奈、阿默達巴德和海得拉巴等地，廣泛服務於鑽石零售商等鑽石領域合作夥伴，印度為其最大市場。

2004 年 IGI 在香港設立的鑑定實驗室，開始打進普及亞洲及台灣市場，2018 年，中國豫園集團為了布局全球的鑽石產業鏈，收購 IGI 80% 的股權，而原本單一持股的 IGI 集團，現在仍持有 20% 的股份，進入中國後仍然由 Lorie 家族成員經營，未來將快速拓展其亞洲市場。

1. 鑑定證書

除了一般鑽石證書、彩色鑽石證書、合成鑽石證書外，IGI 特別針對特殊需求而提供不同證書選擇，例如：八心八箭的鑽石證書 (Heart & Arrows Diamond Report)、優良車工鑑定書 (Excellent Cut Grade Report)，另外還有為珠寶成品所開的評估報告書，如珠寶鑑定書 (Jewelry Identification Report) 提供鑑定寶石與金屬成份的結果報告，目前其他國際鑑定所也陸續跟進中，另有珠寶評估報告 (Jewelry Appraisal Report) 提供合理市場零售價格的鑑價服務，並依照客戶需求，另外有卡片式、信用卡式、塑封式等證書形式。

INTERNATIONAL GEMOLOGICAL INSTITUTE

SCIENTIFIC LABORATORY FOR THE IDENTIFICATION AND GRADING OF DIAMOND AND COLORED STONES
•
EDUCATIONAL PROGRAMS

Expertise issued by IGI bvba
1/7 Schupstraat, 2018 Antwerp - Belgium
Tel. +32 3 401 08 88 - Fax +32 3 232 07 58
E-mail : europe@igiworldwide.com
www.igiworldwide.com

HEARTS & ARROWS DIAMOND REPORT

This report is a statement of the diamond's identity and grade including all relevant information.

NUMBER	M1D12345	ANTWERP, June 1, 2014

LABORATORY REPORT (ORIGINAL)	TO WHOM IT MAY CONCERN.

The diamond described is commonly refered to in the trade as «Hearts & Arrows»
Tested with «Hearts & Arrows» gemscope

The symbols do not usually reflect the size of the characteristics.
Red symbols indicate internal characteristics.
Green symbols indicate external characteristics.

DESCRIPTION	NATURAL DIAMOND
SHAPE AND CUT	ROUND BRILLIANT
CARAT WEIGHT	1.10 CARAT
COLOR GRADE	E
CLARITY GRADE	VVS 1
CUT GRADE	EXCELLENT
POLISH	EXCELLENT
SYMMETRY	EXCELLENT
Measurements	6.61 - 6.64 x 4.05 mm
Table	57%
Crown Height - Angle	14.5% - 34°
Pavilion Depth - Angle	43% - 40.7°
Girdle Thickness	MEDIUM (FACETED)
Culet	POINTED
Total Depth	62.1%
FLUORESCENCE	NONE
COMMENTS	Hearts & Arrows "IDEAL CUT ROUND BRILLIANT"

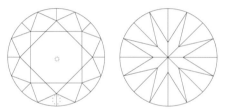

(Insignificant **external** details, visible under high magnification only,
are not shown)

Security features included in this document are hologram,
watermarked paper and additional features not listed,
that, as a composite, exceed industry security standards.

CLARITY GRADE:	Internally Flawless	VVS$_1$	VVS$_2$	VS$_1$	VS$_2$	SI$_1$	SI$_2$	I$_1$-P$_1$	I$_2$-P$_2$	I$_3$-P$_3$

COLOR GRADE :	D	E	F	G	H	I	J	K	L	M	N	O	P	Q	R	S - Z	FANCY COLOR

PROPORTION - MARGIN: ± 1%
MEASUREMENTS - MARGIN: ± 0.02mm

HBA-CTA

INTERNATIONAL
GEMOLOGICAL
INSTITUTE

**SCIENTIFIC LABORATORY FOR THE IDENTIFICATION AND GRADING
OF DIAMOND AND COLORED STONES**
EDUCATIONAL PROGRAMS

Expertise issued by I.G.I bvba
Head Office and Laboratories.
1/7 Schupstraat, 2018 Antwerp - Belgium
Tel. +32 3 401 08 88 - Fax +32 3 232 07 58
E-mail : info@igiworldwide.com
www.igiworldwide.com

IDENTIFICATION
REPORT

This report is a statement of the jewelry identity
and grade including all relevant information.

F4J28448	ANTWERP, January 26, 2010
LABORATORY REPORT (ORIGINAL)	TO WHOM IT MAY CONCERN.

DESCRIPTION OF ARTICLE

One 18 KT White Gold Ring, stamped "AU 750", weighing in
total 3.36 g., containing

FIVE NATURAL DIAMONDS

SHAPE AND CUT	Round Brilliant Cut
MEASUREMENTS EACH	APX 3.5 mm
ESTIMATED WEIGHT EACH	APX 0.16 Carat
TOTAL ESTIMATED WEIGHT	APX 0.85 Carat
COLOR GRADE	Colorless - Near Colorless (F - G - H)
CLARITY GRADE	SI
FINISH	Very Good

Graded as mounting permits

Photo enlarged

Security features included in this document are hologram,
watermarked paper and additional features not listed,
that, as a composite, exceed industry security standards.

See terms and conditions on reverse

ESTIMATED WEIGHT EACH   APX 0.16 Carat

TAL ESTIMATED WEIGHT   APX 0.85 Carat

LOR GRADE   Colorless - Near Colorless
(F - G - H)

ARITY GRADE   SI

NISH   Very Good

Graded as mounting permits

2. IGI 證書防偽

1. 證書內文皆有使用特殊油墨印刷底網，避免鑑定內容被變更。

2. 證書右下角有 IGI LOGO 雷射防偽標籤。

3. QR Code 掃描，進行官網連結檢視證書資料。

4. 鑽石雷射腰圍編號

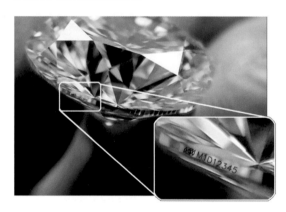

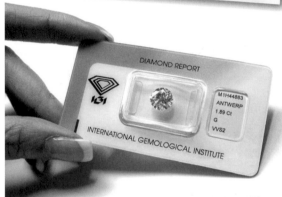

5. 塑封鑽石若被打開，IGI 塑封就會因化學變化而產生圖案，此圖案表示塑封盒已被打開。

6. QR CODE

7. 防水、防撕、可回收材質

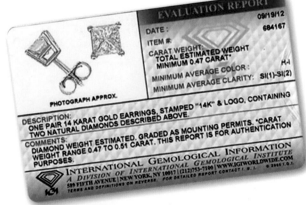

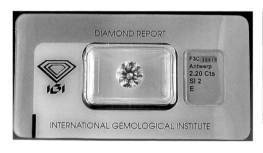

▶ IGI 提供多款不同形式之鑽石證書

六. 其他

2008 年，戴比爾斯礦業公司也成立自己的鑽石鑑定所——國際鑽石評級研究所 (International Institute of Diamond Grading & Research，IIDRG) ——鑽石鑑定機構，其鑑定範圍為 0.1 克拉以上天然鑽石及天然彩色鑽石，近年積極在國際間擴展其鑽石證書業務，2017 年在新加坡與鑽石零售集團簽合作約，是 IIDRG 證書在亞洲市場的第一個實體合作夥伴。

然而當時國際上已有成立近 80 年的 GIA 鑑定所，戴比爾斯為什麼又要獨自成立鑽石鑑定機構呢？2005 年末紐約時報報導了一起 GIA 賄絡醜聞的法律訴訟（註 1），同年 Rapaport 也對 GIA 提出嚴重指控：「鑽石分級員是否收取賄絡以提高鑽石等級？」（註 2），

此事件不僅造成 GIA 實驗室最高主管以及 4 名員工遭到解雇，賠償金額更高達 5000 萬美元！

這起賄絡案件最令人感到擔憂的是，GIA 竟然從未公布賄絡者資訊、受影響的鑽石數量及鑑定報告編號，此舉讓 GIA 的宗旨「維護珠寶業之穩定與誠信，強化消費大眾之信心」蒙上陰影，不禁讓所有珠寶業者及消費者都要問，這樣的賄絡行為在國際鑑定所之間真的停止了嗎？

在國際鑑定所日趨擴張之際，也會因為業務量大增，鑑定人員鑑定結論不同調，而導致同一顆鑽石不同時間送件，卻有天差底遠的結論，只有透過從礦區買鑽石，到工廠切磨至鑑定都是一條龍的流程，才能保障銷售端與消費者得到完整的資訊及保障其購買的資產，以下有一些實際例證：

1. http://www.idexonline.com/fullarticle?id=25000
2. https://www.diamonds.net/News/NewsItem.aspx?ArticleID=13569

1. 同一顆 0.54 克拉粉色彩鑽，於不同時間點送證後，顏色淨度皆不同。

GIA
GEMOLOGICAL INSTITUTE OF AMERICA®

5355 Armada Drive | Carlsbad, CA 92008-4602
T: 760-603-4500 | F: 760-603-1814

GIA Laboratories

Bangkok	Carlsbad	Gaborone
Johannesburg	Mumbai	New York

www.gia.edu

COLORED DIAMOND GRADING REPORT

October 29, 2010

Shape and Cutting Style .... **Round Brilliant**
Measurements .... **5.05 - 5.14 x 3.36 mm**

GIA REPORT 2125693638

GRADING RESULTS

Carat Weight .... **0.54 carat**
Color
   Origin .... **NATURAL**
   Grade .... **LIGHT**
   .... **PINK**
   Distribution .... **Not Applicable**
Clarity Grade **I1**

ADDITIONAL GRADING INFORMATION

Finish
   Polish .... Very Good
   Symmetry .... Good
Fluorescence .... None
Comments:
Additional clouds, internal graining and surface
graining are not shown.

REFERENCE DIAGRAMS

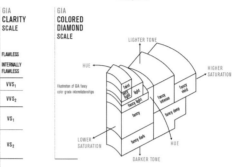

GIA CLARITY SCALE

FLAWLESS
INTERNALLY FLAWLESS
VVS₁
VVS₂
VS₁
VS₂
SI₁
SI₂
I₁
I₂
I₃

GIA COLORED DIAMOND SCALE

Illustration of GIA fancy color grade interrelationships

LIGHTER TONE
HUE
HIGHER SATURATION
LOWER SATURATION
DARKER TONE
HUE

510108694181

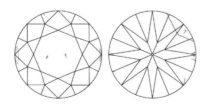

58%
65.9%
medium - slightly thick (faceted)
none

Profile not to actual proportions

KEY TO SYMBOLS

⌐ Feather	ʌ Indented Natural	
○ Cloud		
⁰ Crystal		
\ Needle		

Red symbols denote internal characteristics (inclusions). Green or black symbols denote external characteristics (blemishes). Diagram is an approximate representation of the diamond, and symbols shown indicate type, position, and approximate size of clarity characteristics. All clarity characteristics may not be shown. Details of finish are not shown.

Page 1 of 2

GIA
GEMOLOGICAL INSTITUTE OF AMERICA®

COLORED DIAMOND GRADING REPORT

Facsimile

5355 Armada Drive | Carlsbad, CA 92008-4602
T: 760-603-4500 | F: 760-603-1814

GIA Laboratories
Bangkok   Carlsbad   Gaborone
Johannesburg   Mumbai   New York

www.gia.edu

March 24, 2011

Shape and Cutting Style .... **Round Brilliant**
Measurements .... **5.05 - 5.14 x 3.36 mm**

GIA REPORT 1132168095

GRADING RESULTS

Carat Weight .... **0.54 carat**
Color
    Origin .... **NATURAL**
    Grade .... **FANCY LIGHT**
    .... **PURPLISH PINK**
    Distribution .... **Even**
Clarity Grade **SI2**

ADDITIONAL GRADING INFORMATION

Finish
    Polish .... Good
    Symmetry .... Good
Fluorescence .... None
Comments:
Pinpoints, internal graining and surface graining are
not shown.

REFERENCE DIAGRAMS

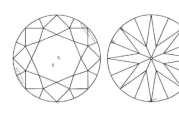

57%

medium
-
slightly
thick
(faceted)

65.9%

Profile not to actual proportions

KEY TO SYMBOLS

⌐ Feather   ∧ Indented Natural
○ Cloud
° Crystal
\ Needle

Red symbols denote internal characteristics (inclusions). Green or black symbols denote external characteristics (blemishes). Diagram is an approximate representation of the diamond, and symbols shown indicate type, position, and approximate size of clarity characteristics. All clarity characteristics may not be shown. Details of finish are not shown.

GIA CLARITY SCALE

FLAWLESS
INTERNALLY FLAWLESS
VVS₁
VVS₂
VS₁
VS₂
SI₁
SI₂
I₁
I₂
I₃

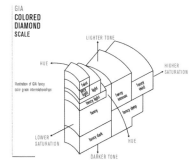

GIA COLORED DIAMOND SCALE

210510300047

2. 此顆綠色彩鑽，一開始被國際鑑定所認定可能為人工處理顏色，再送證後鑑定為天然顏色綠彩鑽。

COLORED DIAMOND IDENTIFICATION AND ORIGIN REPORT

5355 Armada Drive | Carlsbad, CA 92008-4602
T: 760-603-4500 | F: 760-603-1814

GIA Laboratories
Bangkok   Carlsbad   Gaborone
Johannesburg Mumbai   New York

www.gia.edu

Facsimile

GIA REPORT 2135341710

June 06, 2011

Shape and Cutting Style .... **Marquise Brilliant**

Measurements .... **11.73 x 6.12 x 3.55 mm**

Weight .... **1.51 carat**

Color Grade

Origin .... **UNDETERMINED**

Grade .... **FANCY LIGHT**

.... **YELLOWISH GREEN***

Distribution .... **EVEN**

Comments:

* Whether the color of this diamond is of natural origin or the result of an artificial process cannot currently be determined.

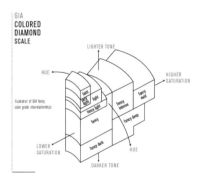

510111483498

GIA
GEMOLOGICAL INSTITUTE OF AMERICA®

COLORED DIAMOND GRADING REPORT

GIA REPORT 1142097759

December 08, 2011

Shape and Cutting Style .... **Marquise Brilliant**
Measurements .... **11.72 x 6.10 x 3.55 mm**

GRADING RESULTS

Carat Weight .... **1.51 carat**
Color
    Origin .... **NATURAL**
    Grade .... **FANCY LIGHT**
                 .... **YELLOW-GREEN**
    Distribution .... **Even**
Clarity Grade **SI1**

ADDITIONAL GRADING INFORMATION

Finish
    Polish .... Very Good
    Symmetry .... Good
Fluorescence .... None
Comments:
Additional twinning wisps are not shown.
Surface graining is not shown.

REFERENCE DIAGRAMS

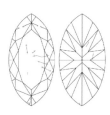

KEY TO SYMBOLS

～ Twinning Wisp
⌐ Feather
＼ Needle
∧ Extra Facet

Red symbols denote internal characteristics (inclusions). Green or black symbols denote external characteristics (blemishes). Diagram is an approximate representation of the diamond, and symbols shown indicate type, position, and approximate size of clarity characteristics. All clarity characteristics may not be shown. Details of finish are not shown.

Facsimile

5355 Armada Drive | Carlsbad, CA 92008-4602
T: 760-603-4500 | F: 760-603-1814

GIA Laboratories
Bangkok   Carlsbad   Gaborone
Johannesburg   Mumbai   New York

www.gia.edu

GIA
CLARITY
SCALE

FLAWLESS

INTERNALLY
FLAWLESS

VVS₁

VVS₂

VS₁

VS₂

SI₁

SI₂

I₁

I₂

I₃

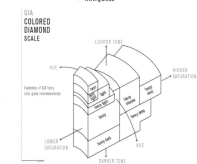

510114367622

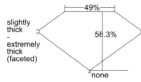

49%

58.3%

slightly
thick
-
extremely
thick
(faceted)

Profile not to actual proportions

This is a digital representation of the original GIA Report. To verify the information herein, please refer to reportcheck.gia.edu. This Report is not a guarantee, valuation or appraisal and contains only the characteristics of the diamond described herein after it has been graded, tested, examined and analyzed using the techniques and equipment used by GIA at the time of the examination and/or inscription. Inscriptions reported in this document are not a guarantee, valuation, or warranty of a diamond's quality, country of origin or source; or that the diamond will be identifiable by the inscription in the future (since inscriptions can be removed). GIA makes no representation concerning any trademark, word, or symbol which is inscribed by GIA or which is identified on this Report. The recipient of this Report may wish to consult a credentialed jeweler or gemologist about the information contained herein.

For terms, conditions, and limitations, see www.gia.edu/terms or call 800-421-7250 or 760-603-4500.

The security features in this document exceed document security industry guidelines.

©2010 GEMOLOGICAL INSTITUTE OF AMERICA, INC.

▶ 2.47CT 濃彩綠鑽戒 FANCY INTENSE GREEN
Jurassic Museum Collection

378

Chapter 9

鑽石交易所

1.00CT 綠鑽戒 / FANCY VIVID YELLOWISH GREEN / HEART
Jurassic Museum Collection

鑽石交易所

世界各地皆有鑽石交易中心，例如比利時、泰國、印度、義大利、土耳其、德國、以色列和美國等地，其中最主要的是比利時的安特衛普、以色列的特拉維夫、印度的孟買和美國的紐約，稱為四大鑽石交易中心。

一. 以色列

二次世價大戰期間，納粹在歐洲迫害猶太人，許多從事鑽石的猶太人跑回以色列在特拉維夫設立鑽石加工廠。早期較無組織的鑽石交易活躍在艾倫比街上，人行道、咖啡廳、貿易公司和銀行大廳都可看見交易活動。1947 年 Eretz 以色列鑽

▶ 以色列鑽石交易所。從左到右分別是 Shimshon Tower、Maccabi Tower 和 Diamond Tower。

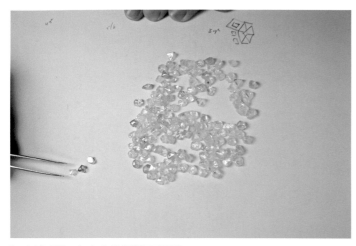

▶ 以色列切磨廠中挑選鑽石原礦

▶ 鑽石工業之父 Moshe Schnitzer 紀念牆

▶ 奧本海默鑽石博物館

石交易所成立。1948 年，以色列建國，大批猶太人歸國，並加入鑽石產業，使特拉維夫的鑽石產業越來越蓬勃。1950 年 Eretz 以色列鑽石交易所改名為以色列鑽石交易所 Israel Diamond Exchange (IDE)。

以色列鑽石交易所是一家私營公司，業務包含原礦和拋光鑽石的進出口、製造等。IDE 為他們的成員規劃了一個安全又舒適的商業環境，進大樓前要經過層層安檢，像是檢驗身分證、隨身包包、通過 X 光機，檢查是否有攜帶危險物品。完成後你能在內部獲得所需的一切，不管是商業的服務或是一般生活需求一應俱全，有辦公室、交易大廳、銀行、貨運公司、郵局、海關辦公室、餐廳、商店和醫療服務等，像個小城市一樣。

整個交易所是由四棟建築物和連接橋構成；Maccabi Tower、Shimshon Tower、Noam Building 和 Diamond Tower。EGL Platinum 的總部就在 Noam Building 裡。

二 . 比利時

安特衛普的鑽石交易歷史悠久，早在 1447 年就有鑽石交易紀錄，當時的市長和市議會宣布禁止假鑽石和珠寶貿易 。1456 年安特衛普出了有名的鑽石切磨師—範貝肯先生 (Lodewyk van bercken)，他發明的 Scaif 開啟鑽石切磨新的篇章，許多貴族的訂單相繼而來，鞏固了安特衛普鑽石交易的地位，後人為了紀念他對鑽石業的貢獻，在梅爾街建立他的雕像。16 世紀上半，安特衛普成為阿爾卑斯山以北第二大歐洲城市，逃離伊比利半島的猶太人在此定居，這時也是安特衛普的黃金時代。但反覆的繁榮與蕭條使人口和經濟下滑，許多店家在 1557 年左右破產。1568 年爆發八十年戰爭，隨後在 1579 年安特衛普成為荷蘭起義的首都，但在 1585 年投降，安特衛普成為西班牙的一部份，許多人跑到北部的荷蘭共和國，阿姆斯特丹成為新的貿易中心。1648 年八十年戰爭與三十年戰爭結束，一些人回到安特衛普。在 18 世紀，已經成為貿易中心的阿姆斯特丹控制了世界上的鑽石供應，保留最好的鑽石，只給安特衛普品質較低的原礦，意外地使安特衛普開發出提升鑽石品質的新切磨法。1815 年，拿破崙垮台後，更多的猶太人回到安特衛普，在 1816 年成立猶太社區，重振鑽石市場。1871 年，

► Hoveniersstraat 街景。街上有許多珠寶商。

► 比利時拍賣的鑽石，在拍賣會前一格格放在類似釣具盒的盒子裡讓買家檢閱。

南非發現金伯利鑽石礦，大量的鑽石原礦被運至歐洲，安特衛普再次成為鑽石重鎮。一戰後，剛果開採的鑽石出口至比利時，使安特衛普擁有充足的原礦，但接下來的經濟大蕭條和二戰再次衝擊安特衛普，許多猶太人逃至以色列和美國，在當地建立新的交易中心。直到二戰結束，安特衛普逐漸復甦，回到歐洲鑽石首都的地位。

▶ Diamond club in Antwerpen 出入口

　　安特衛普是世界上最大的鑽石交易中心，在專業的交易所建立以前，人們在火車站附近的咖啡廳內交易，目前安特衛普有四個交易所，分別是專營裸鑽的 Beurs Voor Diamanthandel (1904) ；經營裸鑽和原礦的 Diamantclub van Antwerpen (1893) 和 Vrije Diamanthandel (1911) ；專精於原礦的 Antwerpse Diamantkring (1929) 。

▶ Beurs Voor Diamanthandel 的交易大廳

三 . 印度

　　印度是古老的鑽石產地，早在西元前 4 世紀就有鑽石貿易的紀錄，也擁有世界上最大的鑽石交易所，總占地約 20 英畝。巴拉特鑽石交易所 (Bharat Diamond Bourse) 成立於 2010 年，由九棟大樓互相連接，與特拉維夫一樣內有海關、銀行、餐廳和急救中心等設施。

▶ 巴拉特鑽石交易所

　　在孟買北邊的蘇拉特以鑽石切割和拋光聞名，被稱為鑽石城。由於美國市場 20 世紀 70 年代到 80 年代中期的需求，蘇拉特鑽石行業大幅增長，市場上 90% 的拋光鑽石是由蘇拉特生產，因此 2014 年，Vailabhbhai Patel 和其他鑽石商提出建立新的交易所（蘇拉特鑽石交易所）

▶ 交易所中挑選鑽石

，2017 年動工，預計 2020 年完工，到 2035 年蘇拉特將成為世界上最發達的城市。

▶ 已切磨好的裸石

四．美國

紐約鑽石區位於紐約曼哈頓 47 街上，介於第五和第六大道之間。紐約的鑽石交易所—鑽石經銷商俱樂部 (Diamond Dealers Club) 有個傳聞，據說在 1931 年一個商人掛褲子時，鑽石從反摺的褲管中掉出，怎麼找都找不到。儘管是在經濟大蕭條時期，鑽石交易商們決定向歐洲學習，建立一個安全的設施從事交易，避免悲劇再次發生。兩位律師與 Philip Horowitz 創辦了鑽石經銷商俱樂部，第

▶ 佳士得拍賣公司位於 49 街上

一次會議就有 12 名成員加入，年底增加至 53 名。當德國入侵荷蘭和比利時時，猶太人帶著鑽石逃離阿姆斯特丹和安特衛普，定居在紐約市。二次大戰後，國內經濟繁榮，因為這些移民，促使紐約鑽石業起飛。DDC 隨著會員數的增加，需要更大的場地，從上城搬到 47 街，推動了紐約鑽石區興起，成為鑽石與珠寶業的樞紐。

筆者與藍玫瑰集團主席合影

▶ 位於 York Avenue 的蘇富比總部

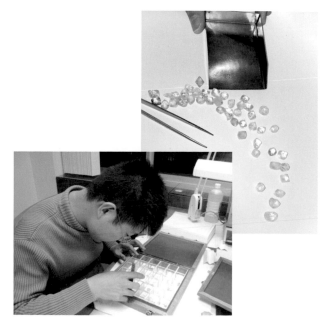

▶ 交易所中挑選鑽石

五 . 阿拉伯

　　杜拜鑽石交易所是杜拜多種商品交易中心的交易平台，是該地區唯一的一家鑽石和彩寶交易所，於 2003 年開業，2004 年加入世界鑽石交易所聯盟。杜拜多種商品交易中心由政府在 2002 年成立，為了促進度拜的商品貿易流動，將杜拜定位成全球貿易首選地。據交易所官網聲稱在 15 年內，杜拜成為世界第三大鑽石交易中心，效果顯著，僅次於安特衛普和孟買。

▶ 杜拜鑽石交易所就在阿勒瑪斯大樓二樓。

六 . 中國

　　中國在澳門、香港和上海都有交易所，澳門·中國鑽石與寶石交易所（澳鑽所）成立於 2018 年，香港鑽石交易所成立於 1985 年，上海鑽石交易所在 2000 年經過中國人民共和國國務院批准成立，是中國唯一的鑽石進出口交易平台。2009 年搬至中國鑽石交易中心，中心是海關特殊監管區，有海關、檢疫局、外管局和稅務局等政府機構，也有銀行、報關和鑑定等服務。2018 年與以色列鑽石交易所簽屬合作備忘錄，通過後能為彼此會員提供優惠條件，並在鑽石加工、交流和網路交易平台互相合作。

▶ 資料來源：The World Federation of Diamond Bourses

Chapter 10

鑽石的價格

0.35CT 紅鑽戒 / FANCY RED / CUT-COR RECTANGULAR
Jurassic Museum Collection

鑽石的報價表

近年來鑽石被當作一種投資的標的，使得人們在購買鑽石除了情感面或是美觀外，還多了投資報酬率的考量，綜合前面幾章的內容我們了解到，雖然鑽石貿易的市場已長達數千年，但如何挑選鑽石的質量或是什麼樣的價格合理，卻是到近代才逐漸建立出來的制度，從戴比爾斯控制了鑽石市場，使得鑽石價格變得相對穩定，再到了鑽石 4C 的推行，使得鑽石的質量有一個依據及共識，但始終沒有像股市、黃金或是其他貴金屬等……有相關趨勢指數可供參考，貿易商依照自己的進貨來源及營運成本等因素，來制定鑽石銷售價格，使得消費者都猶如霧裡看花，即

▶ 筆者與「馬丁‧拉帕波 (Martin Rapaport)」合影。

▶ RAPAPRORT 周刊除了記載鑽石報價外，還提供商業及市場資訊。

一 . 如何閱讀 RAPAPRORT DIAMOND PRICE LIST

便在一樣的 4C 評級結果，A 商和 B 商的價格卻是天朗之別，這樣的問題是直到近年來出現了"鑽石批發價格表"，也就是所謂的 "RAPAPORT DIAMOND REPORT"，才讓鑽石價格更為透明公開。

"RAPAPORT DIAMOND REPORT" 是由「馬丁・拉帕波 (Martin Rapaport)」創制，「拉帕波」於 1975 年在比利時的安特衛普當起鑽石切磨學徒，並於 1976 年創立了 "RAPAPROT"，於兩年間收集了紐約鑽石交易所的平均交易價，並依照鑽石的克拉數、顏色、淨度分類，在 1978 年首度發行了 "RAPAPORT DIAMOND PRICE LIST"，對鑽石行業造成巨大的影響，數十年來持續著影響著鑽石銷售業。

"RAPAPORT DIAMOND PRICE LIST" 於美東時間每周四 23:59 分發布線上查詢，隔日寄出實體周刊，如要取得報價表需要進行訂閱，最低每年費用為 180 美元 (不含實體雜誌)，報價表的顏色為紅橘色，主要是因為早年掃描器尚未普及，用這個顏色的紙進行傳真會無法辨識防止散布出去。

RAPAPRORT DIAMOND PRICE LIST 是收集各地交易所的市場價格製作而成，在閱讀報價表時需要參考幾個區塊：

1. 發布日期

在使用報表前，須注意發布日期，報表為每周五更新一次，以市場「最高現金價交易金額 (Appro×imate high cash asking price indictions) 」製作成表格。

2. 新聞資訊

當周資訊的簡易資訊，會記載到市場狀況以及漲幅，在花式車工的報表中還會顯示個別車工形狀目前市場的狀況。

3. 車工形狀

依照「圓形車工 (ROUNDS) 」及「梨形車工 (PEARS) 」兩種表格供參考，兩種車工的損耗率及價格有極大的落差，請務必注意，而花式車工以梨形車工為代表，再自行參考新聞資訊區域的狀況進行價格評估。

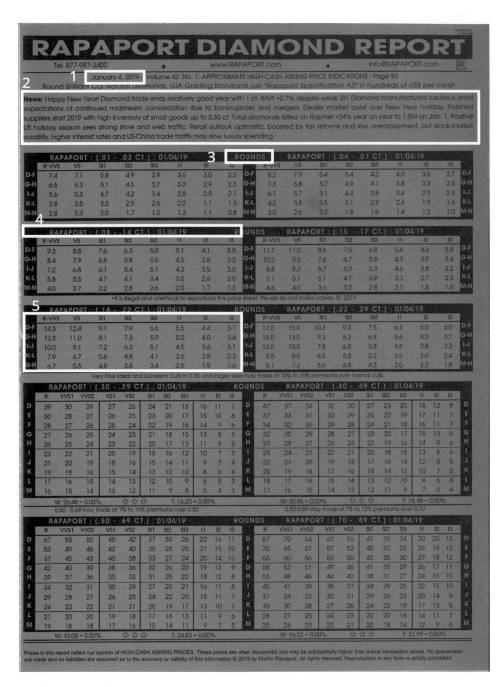

4. 克拉大小矩陣

圓形車工從最小的 0.1~0.3 克拉矩陣（花式車工最小為 0.18~0.22 克拉）到 10.00~10.99 克拉矩陣，依照欲購買的鑽石克拉數大小參考不同矩陣區。

5. 顏色及淨度

依照欲購買的鑽石顏色及淨度等級分類價格，價格是以每克拉一百美元為單位計價，顏色從 D~M 色，淨度從 IF~I3。

	IF	VVS1	VVS2	VS1	VS2	SI1	SI2	SI3	I1	I2	I3	
D	198	159	140	122	108	86	70	58	47	27	17	D
E	150	138	117	108	96	82	67	56	45	26	16	E
F	130	120	107	102	90	79	64	54	44	25	15	F
G	107	102	95	90	83	74	60	52	42	24	14	G
H	90	85	82	80	76	68	57	49	40	23	14	H
I	76	72	70	68	66	62	53	46	36	22	13	I
J	63	61	60	59	57	53	48	42	33	20	13	J
K	53	51	49	47	45	43	39	36	31	18	12	K
L	48	46	45	43	41	38	35	33	29	17	11	L
M	43	41	39	38	36	34	30	28	26	16	11	M

▶ 2019 年報價表

	IF	VVS1	VVS2	VS1	VS2	SI1	SI2	SI3	I1	I2	I3	
D	231	170	145	110	86	73	61	48	41	28	16	D
E	158	149	126	101	81	68	58	45	39	27	15	E
F	143	130	115	92	77	65	55	43	37	26	14	F
G	101	97	93	81	72	61	53	41	36	25	14	G
H	84	80	75	68	62	58	51	40	34	24	13	H
I	72	70	65	58	55	52	46	37	31	22	12	I
J	60	58	56	53	48	46	43	33	27	20	12	J
K	54	51	50	48	41	40	36	30	25	18	11	K
L	48	46	43	43	38	33	28	28	23	16	10	L
M	40	39	37	35	31	29	26	22	20	15	10	M

▶ 2009 年報價表

二 . 如何藉由報表計算鑽石價格？

如果您需要購買一顆鑽石的規格為：1.36 克拉 /D 色 / 淨度 VS2

1. 請先依照克拉數找到 1.00~1.49 克拉的矩陣。

2. 從縱向軸找到 D 行。

3. 從橫向軸找到 VS2 列。

4. 找到數字為 108，這個數字是以每克拉一百美元計價，即 10,800 美元，並將此數值乘上克拉重量 1.36。
10,800×1.36 = 14,688 美元

從此我們得知 1.36CT D/VS2 的鑽石報價為 14,688 美元，再依照當地的匯率得到價格，我們可以依照這樣的價格去評估購買鑽石的指標。

相比十年前的報價表，同樣等級的鑽石報價則為：8,600×1.36 = 11,696 美元，兩者價格相差 2992 美元，所以請務必要特別注意報價日期。

三 . 索引指數

圓形車工的報價表從 0.30 克拉起，各自的矩陣下方還有兩個指數提供參考，第一個指數是 W（代表白色），是該矩陣內顏色最好的區塊（圖片藍框區域），也是普遍消費者購賞的區域，從顏色 D~H 色、淨度 IF~VS2 的區域，每克拉的平均價格及相較上期報價的漲幅，如範例圖顯示的：

W：111.00 = 0.00%

111.00 為藍框區域的每克拉平均價格。

0.00% 為本期與上期的漲幅，並未調整。

第二個指數 T（代表總和），是該矩陣全部的規格（圖片黃框區域），每克拉的平均價及相較上期報價的漲幅。

四.花式車工報價表

　　與圓形明亮式規格不同，以「梨形車工 (PEARS)」為代表，多了一區各式車工的市場狀況，缺少了索引指數參考值，但閱讀方式並未有太多的差異，如要計算價格時請勿必注意不要拿錯報價表，導致價格差距。

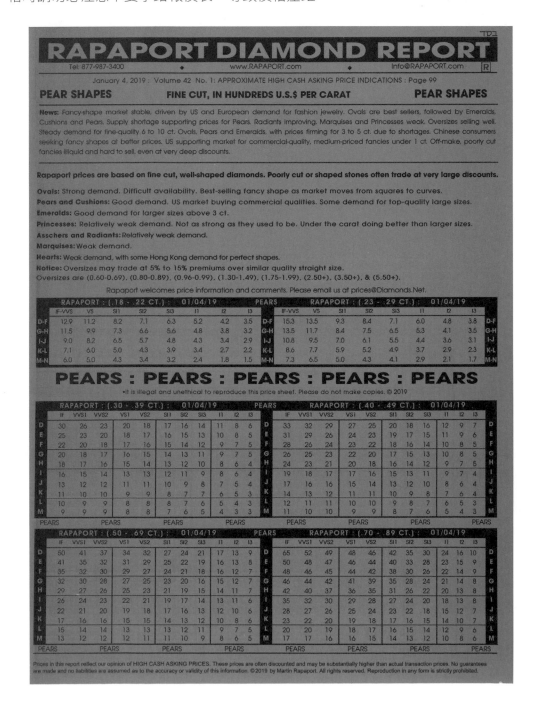

▶ G 代表 GIA、E 代表 EGL、H 代表 HRD、I 代表 IGI

INDEX
INTERNET DIAMOND EXCHANGE

RAPNET
TRADE SHEET

DIAMONDS OFFERED FOR SALE
Diamond Sell Listings #649 • April 2009 Page 81

The following stones are offered for sale to the trade subject to prior sale. Qualities listed are as per sellers' indication. **We do not guarantee the availability, quality or accuracy of any stone or certificate.** All prices are in US$ per carat. They are net to the buyer and include our 5% commission. Brokerage fees may be significantly higher if we negotiate prices with buyer and seller or provide credit or other services.

SHAPE	REPORT	RDC SPECS
E=Emerald cut	N=None	A,B,C
H=Heart	G=GIA	A is the best
M=Marquise	E=EGL	
O=Oval	H=HRD	
P=Pear	I=IGI	
T=Triangle		

DATA FORMAT

SIZE CLARITY PRICE PER CT

E 0.72 G VS1 GA 3192 -35%

SHAPE COLOR REPORT, % CHANGE FROM
RDCS PRICE SHEET

PERCENTAGE FIGURES show percent difference between stone price and the Rapaport price list. All % for stones larger than 5 ct. are compared to 5 ct. list prices. All % for fancy shapes are compared to the Pear Shape price sheet. Please read Rapaport Information Kit and RAP specifications sheet for additional information. To buy or sell stones, please call our trading department at 212.354.9800.

NOTICE: THIS IS A PARTIAL LISTING OF BEST PRICED RAPAPORT SPEC 1 & 2 DIAMONDS. ADDITIONAL STONES ARE AVAILABLE ON INDEX® OR RAPNET® AT WWW.DIAMONDS.NET

五．報價表未記載但需要注意的

1. 評價依據

受限於評價標準的差異，國內外的評級嚴苛度及公信力大為不同，PAPAPORT 報價表則是依據鑽石四大鑑定所提供的鑑定報告書分級為準則，G 代表 GIA、E 代表 EGL、H 代表 HRD、I 代表 IGI，請消費者務必注意。

2. 車工

報價表上並未記載到車工造成價格差異，但以花式車工的報表上有附註到一句 "FINE CUT, IN HUNDEREDS U.S. $ PER CARAT"，意思為 4C 分級中的車工評價為 GOOD 以上，才是每克拉一百美元計價，而圓形車工在 RAPAPORT 的官方有記載從 2016 年 1 月 21 以後的，需要在 A3 等級以內 (最佳為 A1，最差為 C5)，相當於車工評價必須為三個優良，且內含物不得有晶結及洞痕等……消費者再依照鑑定證書購買的石頭車工好壞去增減 % 數。

3. 螢光

螢光造成的價格差異，在報價表中也未提及到，RAPAPORT 周刊中，在不定期刊載這樣的資訊 (通常是每一個月一次)，需要注意的是這個增減 % 數的是架構在對石頭本身的影響達到一定程度，例如：高等級的鑽石因為帶有螢光導致產生「油霧感」或是「白濁感」的鑽石會照報價金額折扣，反之顏色偏黃鑽石則是因為螢光反應使期看起來更白，鑽石報價金額會增加，因此還需要看過石頭再評估，並非絕對的參考值。

APPROXIMATE % CHANGES FROM NONFLUORESCENT

COLOR	BLUE FLUORESCENCE	IF-VVS	VS	SI-I3
D-F	Very Strong	-10 to -15%	-6 to -10%	0 to -3%
	Strong	-7 to -10	-3 to -5	0 to -1
	Medium	-3 to -7	-1 to -2	0
	Faint	-1	0	0
G-H	Very Strong	-7 to -10%	-3 to -5%	0%
	Strong	-5 to -7	-2 to -3	0
	Medium	-1 to -3	0 to -2	0
	Faint	-1	0	0
I-K	Very Strong	0 to +2%	0 to +2%	0 to +2%
	Strong	0 to +2	0 to +2	0 to +2
	Medium	0 to +2	0 to +2	0 to +2
	Faint	0	0	0
L-M	Very Strong	0 to +2%	0 to +2%	0 to +2%
	Strong	0 to +2	0 to +2	0 to +2
	Medium	0 to +2	0 to +2	0 to +2
	Faint	0	0	0

▶ 螢光造成的價格差異

4. "6.00~9 克拉 "

如果你曾看過報價表，一定會發現不管是圓形或式花式車工克拉矩陣 5.00~5.99CT 後直接跳到 10.00~10.99CT，缺少了 6.00~9.99 克拉的報價，原因是介於這個克拉數的交易量相對較少，所以未在報價表上載明，但 RAPAPORT 周刊還是會在每個月提供一次這個區間的參考指標，依照 5.00~5.99CT 數字再加上 % 數去計算。

例：一顆 7.77 克拉的 D/VS2 的圓鑽報價如何計算？

首先找到 5.00~5.99 克拉的矩陣中 D/VS2 的金額顯示為 575 美元

575×100（百美元計價）×7.77（克拉數）＝ 446,775 美元

再依照左表的增加百分比為 12%

446,775×112% ＝ 500,388 美元為參考報價。

六.藉由報價表觀察到的市場趨勢

本章開始提到報價表的問世是於 1978 年，直到今日已經 40 個年頭，期間經歷了 80 年代末的黑色星期一、90 年代的網路泡沫及亞洲金融危機、再到了 911 恐怖攻擊、08 年的全球股災、09 年歐債以及近期的美中貿易戰等……顯示出鑽石的價格的確會因為歷史事件造成波動，但如果以年為單位來參考，鑽石價格可以說是十分穩定，下表為 40 年來的一克拉鑽石價格波動：

可以發現上述幾個金融事件，對長線來看以影響幾乎微乎其微，甚至在 2008 年的金融風暴中，是所有投資標的最快回穩的，反倒是在 1980 年代初期出現一次明顯的崩落，原因可能有二，一是鑽石報

APPROXIMATE % INCREASE OVER 5-CARAT PRICES

6 CARAT RAPAPORT	IF-VVS	VS	SI	I1	I2-I3
D-F	0%	0%	7%	5%	5%
G-H	5	5	3	3	3
I-K	5	5	3	3	3
L-M	5	5	3	2	2

7 CARAT RAPAPORT	IF-VVS	VS	SI	I1	I2-I3
D-F	15%	12%	12%	7%	7%
G-H	15	15	12	7	7
I-K	15	15	12	5	5
L-M	15	15	12	5	5

8 CARAT RAPAPORT	IF-VVS	VS	SI	I1	I2-I3
D-F	25%	23%	20%	15%	15%
G-H	20	20	20	15	15
I-K	20	20	20	10	10
L-M	20	20	20	10	10

9 CARAT RAPAPORT	IF-VVS	VS	SI	I1	I2-I3
D-F	30%	25%	25%	20%	20%
G-H	30	25	25	20	20
I-K	30	25	25	15	15
L-M	25	25	25	15	15

價表的問世，使得自由心證的市場，回歸「正常水準」，二是當時因為 1970 年代因停滯性通膨及經歷了兩次的石油危機，民生蕭條物價飛漲，大量人口失業，人們試圖尋找能對抗這股力量的標的，當時鑽石被十分看好，因此湧入大量的鑽石投資潮，投機客也藉此進行了一波操控，這波投資潮到了 1980 年代初期結束，使得價格急速回到「合理值」。

綜合比較 0.5、1、3、5 克拉的鑽石成長趨勢，可以觀察到 40 年來大克拉數的鑽石成長率更佳，但如果以近十年的狀況來看，反而是小克拉數的鑽石價格較為穩定，然後您一定也會問起彩色鑽石為何沒有報價呢？

相較於白鑽，彩色鑽石的稀有性使得彩鑽價格難以量化估計，但可以參考各大國際拍賣會成交金額。

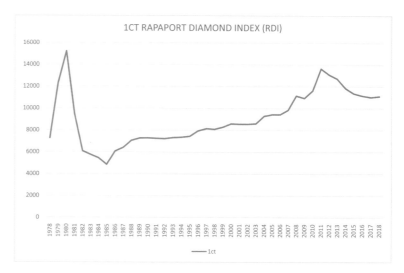

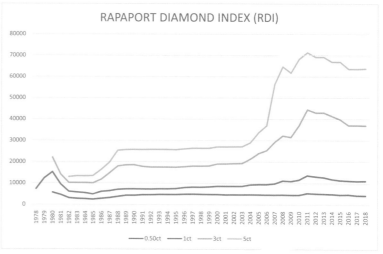

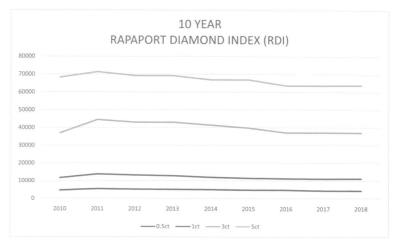

▶ 圖表金額為美元計價。資料來源：Rapaport Group。

RAPAPORT DIAMOND REPORT

Tel: 877-987-3400 ◆ www.RAPAPORT.com ◆ Info@RAPAPORT.com

January 4, 2019 : Volume 42 No. 1: APPROXIMATE HIGH CASH ASKING PRICE INDICATIONS : Page 93
Round Brilliant Cut Natural Diamonds, GIA Grading Standards per "Rapaport Specification A3" in hundreds of US$ per carat.

News: Happy New Year! Diamond trade ends relatively good year with 1 ct. RAPI +0.7% despite weak 2H. Diamond manufacturers cautious amid expectations of continued midstream consolidation due to bankruptcies and mergers. Dealer market quiet over New Year holiday. Polished suppliers start 2019 with high inventory of small goods up to 0.30 ct. Total diamonds listed on RapNet +24% year on year to 1.5M on Jan. 1. Positive US holiday season sees strong store and web traffic. Retail outlook optimistic, boosted by tax reforms and low unemployment, but stock-market volatility, higher interest rates and US-China trade tariffs may slow luxury spending.

ROUNDS — RAPAPORT : (.01 - .03 CT.) : 01/04/19

	IF-VVS	VS	SI1	SI2	SI3	I1	I2	I3
D-F	7.4	7.1	5.8	4.9	3.9	3.6	3.0	2.5
G-H	6.6	6.3	5.1	4.5	3.7	3.3	2.9	2.3
I-J	5.6	5.3	4.7	4.2	3.4	2.8	2.5	2.1
K-L	3.9	3.5	3.3	2.9	2.6	2.2	1.7	1.3
M-N	2.8	2.3	2.0	1.7	1.5	1.3	1.1	0.8

ROUNDS — RAPAPORT : (.04 - .07 CT.) : 01/04/19

	IF-VVS	VS	SI1	SI2	SI3	I1	I2	I3
D-F	8.2	7.9	6.4	5.4	4.3	4.0	3.5	2.7
G-H	7.3	6.8	5.7	4.9	4.1	3.8	3.3	2.5
I-J	6.1	5.7	5.1	4.4	3.8	3.4	2.9	2.3
K-L	4.2	3.8	3.5	3.1	2.9	2.4	1.9	1.4
M-N	3.0	2.6	2.2	1.9	1.6	1.4	1.2	1.0

ROUNDS — RAPAPORT : (.08 - .14 CT.) : 01/04/19

	IF-VVS	VS	SI1	SI2	SI3	I1	I2	I3
D-F	9.3	8.8	7.6	6.3	5.9	5.1	4.1	3.5
G-H	8.4	7.9	6.8	5.8	5.5	4.5	3.8	3.2
I-J	7.2	6.8	6.1	5.4	5.1	4.3	3.5	3.0
K-L	5.8	5.5	4.7	4.1	3.4	3.0	2.6	2.0
M-N	4.0	3.7	3.2	2.8	2.6	2.0	1.7	1.3

ROUNDS — RAPAPORT : (.15 - .17 CT.) : 01/04/19

	IF-VVS	VS	SI1	SI2	SI3	I1	I2	I3
D-F	11.7	11.0	8.6	7.5	6.8	5.6	4.4	3.8
G-H	10.2	9.5	7.6	6.7	5.9	4.9	3.9	3.4
I-J	8.8	8.3	6.7	6.0	5.3	4.6	3.8	3.2
K-L	7.1	6.7	5.1	4.7	3.9	3.3	2.7	2.3
M-N	4.6	4.0	3.6	3.2	2.8	2.3	1.8	1.5

•It is illegal and unethical to reproduce this price sheet. Please do not make copies. © 2019

ROUNDS — RAPAPORT : (.18 - .22 CT.) : 01/04/19

	IF-VVS	VS	SI1	SI2	SI3	I1	I2	I3
D-F	14.3	12.4	9.1	7.9	6.6	5.5	4.4	3.7
G-H	12.8	11.0	8.1	7.3	5.9	5.0	4.0	3.4
I-J	10.0	9.1	7.2	6.3	5.1	4.5	3.6	3.1
K-L	7.9	6.7	5.6	4.8	4.1	3.6	2.8	2.3
M-N	6.7	5.5	4.8	3.8	3.4	2.5	1.9	1.6

ROUNDS — RAPAPORT : (.23 - .29 CT.) : 01/04/19

	IF-VVS	VS	SI1	SI2	SI3	I1	I2	I3
D-F	17.0	15.0	10.3	9.3	7.5	6.3	5.0	4.0
G-H	15.0	13.0	9.3	8.3	6.8	5.6	4.3	3.7
I-J	12.0	10.5	7.8	6.8	5.8	4.6	3.8	3.3
K-L	9.5	8.5	6.5	5.8	5.2	3.9	3.0	2.4
M-N	8.1	7.2	5.6	4.8	4.3	3.0	2.2	1.8

Very Fine Ideal and Excellent Cuts in 0.30 and larger sizes may trade at 10% to 20% premiums over normal cuts.

ROUNDS — RAPAPORT : (.30 - .39 CT.) : 01/04/19

	IF	VVS1	VVS2	VS1	VS2	SI1	SI2	SI3	I1	I2	I3
D	39	30	29	27	26	24	21	18	16	11	7
E	30	28	27	26	25	23	20	17	15	10	6
F	28	27	26	25	24	22	19	16	14	9	6
G	27	26	25	24	23	21	18	15	13	8	5
H	26	25	24	23	22	20	17	13	11	8	5
I	23	22	21	20	19	18	16	12	10	7	5
J	21	20	19	18	16	15	14	11	9	7	4
K	19	18	16	15	14	13	12	10	8	6	4
L	17	16	15	14	13	12	10	9	6	5	3
M	16	15	14	13	12	11	9	8	5	4	3

W: 26.48 = 0.00%   T: 16.20 = 0.00%

ROUNDS — RAPAPORT : (.40 - .49 CT.) : 01/04/19

	IF	VVS1	VVS2	VS1	VS2	SI1	SI2	SI3	I1	I2	I3
D	47	37	34	32	30	27	23	20	18	12	8
E	37	33	31	30	29	25	22	19	17	11	7
F	34	32	30	29	28	24	21	18	16	11	7
G	32	30	29	28	27	23	20	17	15	10	6
H	29	28	27	26	25	22	19	16	14	9	6
I	25	24	23	22	21	20	18	15	13	8	6
J	22	21	20	19	18	17	16	14	12	8	5
K	20	19	18	17	16	15	14	12	10	7	5
L	18	17	16	15	14	13	12	10	8	6	4
M	17	16	15	14	13	12	11	9	7	5	4

W: 30.96 = 0.00%   T: 18.48 = 0.00%

0.60 - 0.69 may trade at 7% to 10% premiums over 0.50
0.80 - 0.89 may trade at 7% to 12% premiums over 0.70

ROUNDS — RAPAPORT : (.50 - .69 CT.) : 01/04/19

	IF	VVS1	VVS2	VS1	VS2	SI1	SI2	SI3	I1	I2	I3
D	67	55	50	45	42	37	30	26	22	16	11
E	53	49	46	42	40	35	28	25	21	15	10
F	47	45	43	40	38	33	27	24	20	14	10
G	42	40	39	38	36	32	26	23	19	13	9
H	39	37	36	35	33	31	25	22	18	12	8
I	34	32	31	30	29	27	23	21	16	11	8
J	28	27	27	26	25	24	22	20	15	11	7
K	24	23	22	21	21	20	19	17	13	10	7
L	21	20	20	19	18	17	16	13	11	9	6
M	19	18	18	17	16	15	14	11	9	7	5

W: 43.08 = 0.00%   T: 24.83 = 0.00%

ROUNDS — RAPAPORT : (.70 - .89 CT.) : 01/04/19

	IF	VVS1	VVS2	VS1	VS2	SI1	SI2	SI3	I1	I2	I3
D	87	70	64	60	55	47	39	34	30	20	13
E	70	65	61	57	52	45	37	32	29	19	12
F	63	60	56	53	50	43	35	30	27	18	12
G	58	53	51	49	46	41	33	29	26	17	11
H	53	48	46	44	42	38	31	27	24	16	10
I	45	41	39	38	37	34	29	25	20	14	9
J	37	34	33	32	31	29	26	23	20	14	9
K	33	30	28	27	26	24	22	19	17	13	8
L	28	27	25	24	23	22	20	16	14	11	7
M	25	24	23	22	21	20	18	14	12	9	6

W: 56.52 = 0.00%   T: 31.99 = 0.00%

RAPAPORT DIAMOND REPORT

Tel: 877-987-3400 ◆ www.RAPAPORT.com ◆ info@RAPAPORT.com [R]

January 4, 2019 : Volume 42 No. 1: APPROXIMATE HIGH CASH ASKING PRICE INDICATIONS : Page 94
Round Brilliant Cut Natural Diamonds, GIA Grading Standards per "Rapaport Specification A3" in hundreds of US$ per carat.

We grade SI3 as a split SI2/I1 clarity. Price changes are in **Bold**, higher prices underlined, lower prices in italics.
Rapaport welcomes price information and comments. Please email us at prices@Diamonds.Net.

0.95-0.99 may trade at 5% to 10% premiums over 0.90   1.25 to 1.49 Ct. may trade at 5% to 10% premiums over 4/4 prices.

RAPAPORT : (.90 - .99 CT.) : 01/04/19 — ROUNDS — RAPAPORT : (1.00 - 1.49 CT.) : 01/04/19

	IF	VVS1	VVS2	VS1	VS2	SI1	SI2	SI3	I1	I2	I3		IF	VVS1	VVS2	VS1	VS2	SI1	SI2	SI3	I1	I2	I3	
D	137	114	98	85	75	65	57	47	38	22	15	D	198	159	140	122	108	86	70	58	47	27	17	D
E	114	100	90	77	71	61	54	44	37	21	14	E	150	138	117	108	96	82	67	56	45	26	16	E
F	99	90	80	72	67	58	50	42	36	20	14	F	130	120	107	102	90	79	64	54	44	25	15	F
G	88	80	72	67	62	55	47	40	34	19	13	G	107	102	95	90	83	74	60	52	42	24	14	G
H	78	70	66	62	58	52	44	37	32	18	13	H	90	85	82	80	76	68	57	49	40	23	14	H
I	66	60	57	54	51	48	42	34	30	17	12	I	76	72	70	68	66	62	53	46	36	22	13	I
J	52	49	47	45	43	41	37	30	26	16	11	J	63	61	60	59	57	53	48	42	33	20	13	J
K	43	41	39	37	35	33	31	26	23	15	10	K	53	51	49	47	45	43	39	36	31	18	12	K
L	38	37	35	34	32	30	27	23	20	14	9	L	48	46	45	43	41	38	35	33	29	17	11	L
M	35	33	32	30	29	27	24	21	17	12	8	M	43	41	39	38	36	34	30	28	26	16	11	M

W: 82.88 = 0.00%   ⇧ ⇧ ⇧   T: 44.90 = 0.00%   W: 111.00 = 0.00%   ⇧ ⇧ ⇧   T: 58.32 = 0.00%

1.70 to 1.99 may trade at 7% to 12% premiums over 6/4.   2.50+ may trade at 5% to 10% premium over 2 ct.

RAPAPORT : (1.50 - 1.99 CT.) : 01/04/19 — ROUNDS — RAPAPORT : (2.00 - 2.99 CT.) : 01/04/19

	IF	VVS1	VVS2	VS1	VS2	SI1	SI2	SI3	I1	I2	I3		IF	VVS1	VVS2	VS1	VS2	SI1	SI2	SI3	I1	I2	I3	
D	260	208	178	160	142	108	88	70	54	31	18	D	430	345	295	255	195	155	120	83	66	33	19	D
E	208	186	159	149	131	105	85	68	51	30	17	E	320	290	255	225	180	145	110	80	64	32	18	E
F	182	162	140	131	118	100	80	65	50	29	16	F	280	250	225	190	165	135	105	77	62	31	17	F
G	145	136	122	114	108	95	75	64	49	28	16	G	225	200	180	160	146	125	100	72	60	30	16	G
H	116	112	103	98	94	87	71	60	47	27	16	H	170	165	155	140	125	110	95	67	57	29	16	H
I	94	90	85	82	79	75	64	55	43	25	16	I	130	125	120	112	105	95	85	62	53	27	16	I
J	79	74	72	70	66	62	56	48	38	23	15	J	105	100	95	90	85	80	70	57	49	24	15	J
K	67	64	62	58	55	52	48	42	35	20	14	K	95	88	80	75	70	65	60	52	44	23	15	K
L	57	55	53	49	46	44	41	38	32	19	13	L	80	75	70	65	60	55	52	47	39	24	14	L
M	48	46	44	42	40	38	36	33	28	18	13	M	69	66	63	60	55	50	47	41	33	21	14	M

W: 146.48 = 0.00%   ⇧ ⇧ ⇧   T: 72.93 = 0.00%   W: 222.60 = 0.00%   ⇧ ⇧ ⇧   T: 101.45 = 0.00%

3.50+,4.5+ may trade at 5% to 10% premium over straight sizes

RAPAPORT : (3.00 - 3.99 CT.) : 01/04/19 — ROUNDS — RAPAPORT : (4.00 - 4.99 CT.) : 01/04/19

	IF	VVS1	VVS2	VS1	VS2	SI1	SI2	SI3	I1	I2	I3		IF	VVS1	VVS2	VS1	VS2	SI1	SI2	SI3	I1	I2	I3	
D	790	590	500	430	330	230	165	98	80	39	21	D	960	700	630	530	410	275	195	109	89	44	23	D
E	540	500	420	370	295	210	160	93	75	37	20	E	690	625	545	480	390	260	190	104	84	42	22	E
F	470	425	370	310	270	190	155	88	70	36	19	F	615	535	475	425	355	245	185	99	79	40	21	F
G	365	325	295	265	225	175	140	83	68	34	18	G	465	415	380	370	300	210	170	94	74	38	20	G
H	270	250	235	220	185	150	130	77	65	32	17	H	350	330	300	295	250	185	160	88	68	36	19	H
I	205	195	185	175	150	130	115	72	61	30	17	I	260	245	230	220	190	160	140	83	63	34	18	I
J	160	150	145	135	125	110	100	67	55	28	16	J	210	200	185	175	160	140	125	73	58	32	17	J
K	135	125	120	110	100	92	85	62	49	27	16	K	175	165	155	145	135	115	105	67	53	30	17	K
L	105	100	95	90	85	80	70	52	43	26	16	L	130	120	110	105	95	90	80	60	48	28	16	L
M	90	87	85	80	75	68	58	47	36	25	15	M	110	100	95	90	85	80	70	53	38	27	16	M

W: 369.80 = 0.00%   ⇧ ⇧ ⇧   T: 152.67 = 0.00%   W: 472.80 = 0.00%   ⇧ ⇧ ⇧   T: 190.13 = 0.00%

Prices for select excellent cut large 3-10ct+ sizes may trade at significant premiums to the Price List in speculative markets.

RAPAPORT : (5.00 - 5.99 CT.) : 01/04/19 — ROUNDS — RAPAPORT : (10.00 - 10.99 CT.) : 01/04/19

	IF	VVS1	VVS2	VS1	VS2	SI1	SI2	SI3	I1	I2	I3		IF	VVS1	VVS2	VS1	VS2	SI1	SI2	SI3	I1	I2	I3	
D	1300	1000	870	750	575	370	260	120	95	47	25	D	2020	1450	1290	1120	890	565	380	180	110	54	29	D
E	930	820	750	670	520	345	250	115	90	45	24	E	1450	1270	1160	1020	810	520	365	170	105	52	27	E
F	800	745	670	600	450	320	240	110	85	43	23	F	1240	1140	1020	900	700	480	345	160	100	50	26	F
G	600	550	500	460	395	280	225	105	80	41	22	G	930	880	800	700	610	420	330	150	95	48	25	G
H	470	430	400	365	310	240	195	95	75	39	21	H	750	690	630	580	480	360	290	135	90	46	24	H
I	350	325	310	290	260	205	170	90	70	37	20	I	540	510	490	460	410	315	260	125	85	44	23	I
J	260	250	235	225	215	175	150	80	65	35	19	J	410	390	370	355	340	270	230	115	80	42	22	J
K	205	190	180	170	165	145	125	75	60	32	18	K	310	300	280	270	255	210	185	105	75	40	21	K
L	150	140	135	130	120	110	95	70	55	30	17	L	225	220	210	200	185	160	130	95	70	38	20	L
M	125	120	115	110	105	95	85	50	29	17		M	190	180	170	160	140	115	85	60	36	19		M

W: 637.20 = 0.00%   ⇧ ⇧ ⇧   T: 246.54 = 0.00%   W: 981.20 = 0.00%   ⇧ ⇧ ⇧   T: 373.55 = 0.00%

RAPAPORT DIAMOND REPORT

Tel: 877-987-3400 ◆ www.RAPAPORT.com ◆ Info@RAPAPORT.com ®

January 4, 2019 : Volume 42 No. 1: APPROXIMATE HIGH CASH ASKING PRICE INDICATIONS : Page 99

PEAR SHAPES   FINE CUT, IN HUNDREDS U.S.$ PER CARAT   PEAR SHAPES

News: Fancy-shape market stable, driven by US and European demand for fashion jewelry. Ovals are best sellers, followed by Emeralds, Cushions and Pears. Supply shortage supporting prices for Pears. Radiants improving. Marquises and Princesses weak. Oversizes selling well. Steady demand for fine-quality 6 to 10 ct. Ovals, Pears and Emeralds, with prices firming for 3 to 5 ct. due to shortages. Chinese consumers seeking fancy shapes at better prices. US supporting market for commercial-quality, medium-priced fancies under 1 ct. Off-make, poorly cut fancies illiquid and hard to sell, even at very deep discounts.

Rapaport prices are based on fine cut, well-shaped diamonds. Poorly cut or shaped stones often trade at very large discounts.

Ovals: Strong demand. Difficult availability. Best-selling fancy shape as market moves from squares to curves.

Pears and Cushions: Good demand. US market buying commercial qualities. Some demand for top-quality large sizes.

Emeralds: Good demand for larger sizes above 3 ct.

Princesses: Relatively weak demand. Not as strong as they used to be. Under the carat doing better than larger sizes.

Asschers and Radiants: Relatively weak demand.

Marquises: Weak demand.

Hearts: Weak demand, with some Hong Kong demand for perfect shapes.

Notice: Oversizes may trade at 5% to 15% premiums over similar quality straight size.

Oversizes are (0.60-0.69), (0.80-0.89), (0.96-0.99), (1.30-1.49), (1.75-1.99), (2.50+), (3.50+), & (5.50+).

Rapaport welcomes price information and comments. Please email us at prices@Diamonds.Net.

RAPAPORT : (.18 - .22 CT.) : 01/04/19 — PEARS

	IF-VVS	VS	SI1	SI2	SI3	I1	I2	I3	
D-F	12.9	11.2	8.2	7.1	6.3	5.2	4.2	3.5	**D-F**
G-H	11.5	9.9	7.3	6.6	5.6	4.8	3.8	3.2	**G-H**
I-J	9.0	8.2	6.5	5.7	4.8	4.3	3.4	2.9	**I-J**
K-L	7.1	6.0	5.0	4.3	3.9	3.4	2.7	2.2	**K-L**
M-N	6.0	5.0	4.3	3.4	3.2	2.4	1.8	1.5	**M-N**

RAPAPORT : (.23 - .29 CT.) : 01/04/19

	IF-VVS	VS	SI1	SI2	SI3	I1	I2	I3	
D-F	15.3	13.5	9.3	8.4	7.1	6.0	4.8	3.8	**D-F**
G-H	13.5	11.7	8.4	7.5	6.5	5.3	4.1	3.5	**G-H**
I-J	10.8	9.5	7.0	6.1	5.5	4.4	3.6	3.1	**I-J**
K-L	8.6	7.7	5.9	5.2	4.9	3.7	2.9	2.3	**K-L**
M-N	7.3	6.5	5.0	4.3	4.1	2.9	2.1	1.7	**M-N**

PEARS : PEARS : PEARS : PEARS : PEARS

•It is illegal and unethical to reproduce this price sheet. Please do not make copies. © 2019

RAPAPORT : (.30 - .39 CT.) : 01/04/19 — PEARS

	IF	VVS1	VVS2	VS1	VS2	SI1	SI2	SI3	I1	I2	I3	
D	30	26	23	20	18	17	16	14	11	8	6	**D**
E	25	23	20	18	17	16	15	13	10	8	5	**E**
F	22	20	18	17	16	15	14	12	9	7	5	**F**
G	20	18	17	16	15	14	13	11	9	7	5	**G**
H	18	17	16	15	14	13	12	10	8	6	4	**H**
I	16	15	14	13	13	12	11	9	8	6	4	**I**
J	13	12	12	11	11	10	9	8	7	5	4	**J**
K	11	10	10	9	9	8	7	7	6	5	3	**K**
L	10	9	9	8	8	8	7	6	5	4	3	**L**
M	9	9	9	8	8	7	6	5	4	3	3	**M**

RAPAPORT : (.40 - .49 CT.) : 01/04/19

	IF	VVS1	VVS2	VS1	VS2	SI1	SI2	SI3	I1	I2	I3	
D	33	32	29	27	25	20	18	16	12	9	7	**D**
E	31	29	26	24	23	19	17	15	11	9	6	**E**
F	28	26	24	23	22	18	16	14	10	8	5	**F**
G	26	25	23	22	20	17	15	13	10	8	5	**G**
H	24	23	21	20	18	16	14	12	9	7	5	**H**
I	19	18	17	17	16	15	13	11	9	7	4	**I**
J	17	16	16	15	14	13	12	10	8	6	4	**J**
K	14	13	12	11	11	10	9	8	7	6	4	**K**
L	12	11	11	10	10	9	8	7	6	5	3	**L**
M	11	10	10	9	9	8	7	6	5	4	3	**M**

RAPAPORT : (.50 - .69 CT.) : 01/04/19 — PEARS

	IF	VVS1	VVS2	VS1	VS2	SI1	SI2	SI3	I1	I2	I3	
D	50	41	37	34	32	27	24	21	17	13	9	**D**
E	41	35	32	31	29	25	22	19	16	13	8	**E**
F	35	32	30	29	27	24	21	18	16	12	7	**F**
G	32	30	28	27	25	23	20	16	15	12	7	**G**
H	29	27	26	25	23	21	19	15	14	11	7	**H**
I	26	24	23	22	21	19	17	14	13	11	6	**I**
J	22	21	20	19	18	17	16	13	12	10	6	**J**
K	17	16	16	15	15	14	13	12	10	8	6	**K**
L	15	14	14	13	13	13	12	11	9	7	5	**L**
M	13	12	12	12	11	11	10	9	8	6	5	**M**

RAPAPORT : (.70 - .89 CT.) : 01/04/19

	IF	VVS1	VVS2	VS1	VS2	SI1	SI2	SI3	I1	I2	I3	
D	65	52	49	48	46	42	35	30	24	16	10	**D**
E	50	48	47	46	44	40	33	28	23	15	9	**E**
F	48	46	45	44	42	38	30	26	22	14	9	**F**
G	46	44	42	41	39	35	28	24	21	14	8	**G**
H	42	40	37	36	35	31	26	22	20	13	8	**H**
I	35	32	30	29	28	27	24	20	18	13	8	**I**
J	28	27	26	25	24	23	22	18	15	12	7	**J**
K	23	22	20	19	18	17	16	15	14	10	7	**K**
L	20	20	19	18	17	16	15	14	12	9	6	**L**
M	17	17	16	16	15	14	13	12	10	8	6	**M**

PEARS : PEARS : PEARS : PEARS : PEARS : PEARS : PEARS : PEARS

RAPAPORT DIAMOND REPORT

Tel: 877-987-3400 • www.RAPAPORT.com • Info@RAPAPORT.com

January 4, 2019 : Volume 42 No. 1: APPROXIMATE HIGH CASH ASKING PRICE INDICATIONS : Page 100
Pear Shape Diamonds in Hundreds US$ Per Carat: THIS IS NOT AN OFFERING TO SELL

We grade SI3 as a split SI2/I1 clarity. Price changes are in Bold, higher prices underlined, lower prices in italics.
Prices for fancy shapes are highly dependent on the cut. Poorly made stones often trade at large
discounts while well-made stones may be hard to locate and bring premium prices.
Rapaport welcomes price information and comments. Please email us at prices@Diamonds.Net.

RAPAPORT : (.90 - .99 CT.) : 01/04/19 — PEARS

	IF	VVS1	VVS2	VS1	VS2	SI1	SI2	SI3	I1	I2	I3
D	95	79	71	63	58	55	46	38	28	19	11
E	77	71	61	57	55	53	44	36	27	18	10
F	69	61	56	54	53	51	43	34	26	17	10
G	59	56	54	53	51	49	41	32	25	16	9
H	50	49	48	47	46	44	39	30	24	16	9
I	46	45	44	42	41	39	35	28	23	15	9
J	39	38	37	36	35	33	29	25	20	14	8
K	32	31	30	29	28	27	25	21	17	13	8
L	27	26	25	24	23	22	21	18	14	11	7
M	21	20	20	19	19	18	17	16	12	10	7

RAPAPORT : (1.00 - 1.49 CT.) : 01/04/19 — PEARS

	IF	VVS1	VVS2	VS1	VS2	SI1	SI2	SI3	I1	I2	I3
D	145	110	98	80	75	64	55	45	34	22	13
E	108	98	84	75	70	62	53	43	33	21	12
F	95	85	75	70	68	60	51	41	32	21	11
G	78	72	69	66	64	57	49	39	30	20	10
H	66	60	57	56	54	52	46	37	29	19	10
I	54	52	50	49	47	45	41	34	27	18	10
J	48	45	43	41	39	37	35	32	24	16	9
K	39	36	35	33	31	30	28	24	20	15	9
L	33	31	30	29	27	26	25	21	18	13	9
M	28	26	24	23	22	21	20	19	15	11	8

RAPAPORT : (1.50 - 1.99 CT.) : 01/04/19 — PEARS

	IF	VVS1	VVS2	VS1	VS2	SI1	SI2	SI3	I1	I2	I3
D	170	147	132	115	103	89	71	56	41	25	14
E	145	132	117	110	98	87	69	54	40	24	13
F	125	112	105	100	95	84	67	51	38	23	12
G	100	97	94	89	84	78	65	48	36	22	11
H	85	81	79	77	74	70	60	45	34	21	10
I	68	66	65	64	62	59	53	42	32	19	10
J	55	53	51	50	49	48	45	35	28	17	10
K	45	44	42	40	38	37	35	30	26	16	9
L	40	38	37	36	35	33	31	26	23	14	9
M	32	31	30	29	28	26	24	22	20	13	9

RAPAPORT : (2.00 - 2.99 CT.) : 01/04/19 — PEARS

	IF	VVS1	VVS2	VS1	VS2	SI1	SI2	SI3	I1	I2	I3
D	245	220	200	180	155	125	92	67	53	28	15
E	210	190	175	160	140	120	90	65	50	27	14
F	185	165	155	140	130	115	88	63	47	26	13
G	150	140	135	125	120	105	85	58	44	25	12
H	120	110	105	100	95	90	75	53	41	23	11
I	90	87	84	81	78	75	70	48	38	21	11
J	75	71	69	67	65	62	57	43	35	19	11
K	65	61	59	57	55	53	50	37	31	18	10
L	50	47	45	43	42	40	37	33	27	17	10
M	42	41	40	39	38	36	31	27	23	16	9

PEARS : PEARS : PEARS : PEARS : PEARS

•It is illegal and unethical to reproduce this price sheet. Please do not make copies. © 2019

RAPAPORT : (3.00 - 3.99 CT.) : 01/04/19 — PEARS

	IF	VVS1	VVS2	VS1	VS2	SI1	SI2	SI3	I1	I2	I3
D	520	380	330	295	250	180	129	82	64	32	16
E	370	335	305	265	230	170	124	80	60	30	15
F	325	300	265	245	210	160	119	76	56	28	14
G	275	255	235	210	180	140	113	71	52	26	14
H	220	210	195	175	145	120	101	64	48	25	13
I	170	160	150	140	120	110	93	58	45	24	13
J	125	120	110	105	95	88	80	54	42	23	12
K	100	95	90	85	80	72	65	47	38	22	12
L	68	65	62	59	56	53	48	40	35	20	11
M	57	55	53	51	49	45	40	35	30	18	10

RAPAPORT : (4.00 - 4.99 CT.) : 01/04/19 — PEARS

	IF	VVS1	VVS2	VS1	VS2	SI1	SI2	SI3	I1	I2	I3
D	600	480	440	410	360	220	143	90	69	35	19
E	470	440	415	375	335	210	138	87	66	33	17
F	430	410	375	340	295	195	133	84	62	31	16
G	365	330	310	290	250	175	128	79	58	29	15
H	300	280	260	240	210	155	118	75	55	27	14
I	210	200	190	180	170	135	103	69	52	26	14
J	165	155	145	140	130	110	93	62	48	24	13
K	130	120	115	110	100	90	65	45	44	23	13
L	85	82	80	75	70	66	62	45	38	21	12
M	70	67	63	60	58	55	52	38	32	19	11

RAPAPORT : (5.00 - 5.99 CT.) : 01/04/19 — PEARS

	IF	VVS1	VVS2	VS1	VS2	SI1	SI2	SI3	I1	I2	I3
D	930	690	630	590	470	295	195	105	80	38	19
E	660	630	600	540	440	285	190	100	75	36	17
F	590	560	530	475	385	265	180	95	70	34	16
G	470	440	410	380	315	235	170	90	65	32	16
H	390	360	330	305	270	200	150	85	62	30	15
I	285	275	250	230	210	170	134	80	59	28	15
J	205	200	190	170	160	150	124	72	54	26	14
K	160	155	145	135	130	115	98	65	51	25	14
L	115	105	100	95	90	85	78	56	47	23	12
M	95	90	85	80	75	70	63	50	38	21	12

RAPAPORT : (10.00 - 10.99 CT.) : 01/04/19 — PEARS

	IF	VVS1	VVS2	VS1	VS2	SI1	SI2	SI3	I1	I2	I3
D	1580	1140	1030	960	790	470	320	155	99	53	23
E	1120	1020	940	870	740	450	300	145	95	50	22
F	950	890	850	740	640	420	290	140	91	48	21
G	750	710	660	630	530	370	270	135	87	45	20
H	610	570	540	510	430	320	235	125	83	42	19
I	465	440	420	370	340	260	215	115	78	40	18
J	340	330	310	280	260	230	185	105	74	37	17
K	265	260	240	230	210	180	160	95	70	34	16
L	180	170	165	160	150	130	115	85	62	32	16
M	145	140	130	120	110	100	90	70	53	30	15

* 0.60 - 0.69 : 0.96 - 0.99 : 1.30 - 1.49 : 1.75-1.99 : 2.50 - 2.99 : May trade at 5% to 10% over straight sizes.

八 . 彩色鑽石的價格

　　珍稀的彩色鑽石在這幾年一直都是矚目的焦點，即便近年來大環境的變遷動盪、金融市場的不穩定、投機市場普遍不看好的狀況下，彩色鑽石在國際市場中殺出一條血路，屢屢在國際拍賣市場創佳績，各國藏家及富豪對彩鑽的追求始終狂熱，絲毫未減退，就筆者從業多年的經驗來看，彩色鑽石潛力無窮，然而彩色鑽石的稀有性以及多元性，使的彩色鑽石不同於白鑽，沒有所謂的行情報價表，慶幸的是電子資訊的發展使得要收尋彩色鑽石的金額，不再變得困難，您可以從下列幾項管道，彙整資訊。

1. 國際珠寶展覽

　　全球每年都有近百場的珠寶展覽，諸如：瑞士巴賽爾、香港、美國土桑、拉斯維加斯、日本以及台灣珠寶展等……，匯集了各地的珠寶業者前往參展，使得消費者可以快速的一次參觀數百家的珠寶業者商品，您便可以從中去快速了解到，當年流行的主要珠寶以及大約的商業行情價格。

▶ 全球最頂尖的瑞士巴賽爾鐘錶珠寶展，每年吸引數十萬人參觀。

2. 國際拍賣市場

　　就以筆者多年的經驗來看，拍賣市場一直都是最具參考價值的資訊，因為世界各國的專業藏家尋求的珍品普遍都在拍賣市場才能獲得，率創新高的彩色鑽石，不了解的人普遍認為是商業炒作，但事實上參加國際拍賣會的人，都是對於鑽石價格的敏銳度不同於常人的藏家！因此這些成交價格是最具市場指向及參考價值，國際知名的拍賣公司諸如：蘇富比、佳士得、邦漢斯、富藝斯、珍藏逸品等……在世界各地舉辦拍賣會，你都可以在各大拍賣公司的網站，擷取成交價格等資訊。

▶ 筆者為國際性珠寶拍賣會的常客，身兼賣家與買家，藉此洞悉珠寶行情趨勢。

左圖方表示，本屆巴塞爾國際鐘錶珠寶展(Baselworld)共吸引了超過 100 多個國家逾 145,000 名參觀人士；跟參觀人數較 2015 年稍為下降 3%

巴塞爾展商對前景審慎樂觀
Baselworld 2016 exhibitors cautiously optimistic toward market outlook

Trade Fairs 展覽

來　自多個國家及地區達1,500家珠寶及鐘錶品牌及
　　供應商雲集一年一度的巴塞爾國際鐘錶珠寶展(Baselworld)，向全球發佈2016最新產品滙訊。

主辦方MCH Swiss Exhibition (Basel) Ltd表示，本屆展會共吸引了超過100多個國家逾145,000名參觀人士，總人數較2015年稍為下降3%，出席的媒體代表人數達4,400名則較去年增加2.3%。

經觀本屆巴塞爾的場內氣氛，不少參展商表示在全球投資繁縮的大環境下，賣商及買家的態度普遍維持十分保守。MCH Swiss Exhibition的董事LVMH腕錶部門主席及負責泰格豪雅 (TAG Heuer) 總裁 Jean-Claude Biver指出：「雖然當今世界政治、經濟、財政和實形是呈現緊張態勢，鑑於這是日我們在巴塞爾的成果，我仍對 2016 年持有積極態度。」

來自德國的彩鑽供應商Paul Wild OHG市場經理Annie Wild表示：「全球經濟放緩對當地市場有需求影響的影響，十分緊張。這種氣氛在珠寶界各領域都能感受到得，而作為彩鑽供應商，這種影響並未極為明顯，但由於我們在業界早已建立了穩健的客戶基礎，加上我們大部份客戶都是成熟的彩鑽賣家，他們對鑽石都有一套的思維，短暫的市場波動未對我們整體營業未造成重大的負面影響。」

長，買家對彩寶的認識及要求正在不斷提升，在本年3月份的巴塞爾展上，Paul Wild展出了多個品種特別及優質的系列，包括一些經過精心組合的彩寶套裝。Wild女士表示：「經過多年的教育及推廣，珠寶商對彩色的觸覺已越來越敏銳，尤其在多彩潮流逐漸加溫起的近年。為向買家提供更貼心的服務，我們推出了很多配搭不同顏色組合的套裝首石，一方面顯示了我們作為專業彩鑽供應商的實力，同時為客戶提供更多色彩品牌的選擇，這些多走一步的服務都能給對方的行程，包括來自許多珠寶品牌的採購團隊，期間能快速地取得雙方所需的資訊，讓這些資訊互動我們交流了很多關於各地市場銷狀況的信息，這些互動對此我們進一步調整市場策略及整理資訊十分重要。整體而言，我們對本屆巴塞爾展的成績感到滿意。」

對於大量套裝石，Paul Wild於本屆Baselworld更展示了一系列獨特的彩寶配搭組合，由具豐富彩石鑲制經驗的大師負責設計。談及原由，與地們合作的Wild女士指出：「造型及工藝價為彩鑽首石需求在近年有上升趨勢，Paul Wild一直十分重視珠寶級顏寶與彩石方面的發展，公司近年在此還的銷售更不能怠慢。在本屆巴塞爾展期期我們安排了一場專業的顯寶展標誌出最新的鑽飾首石，成功地吸引了來自各地地的參觀人士及買家造訪。」

來自巴西的彩石綠供應商Belmont Mine在本年重新裝修的4號負責一層展出，公司負責人一層展出，由負責人Marcelo Ribeiro表示：「雖然的近年持續提升，來自歐、美及亞洲的賣

家對不同品質的組母綠均有需求。」Ribeiro先生續指，本年首次於重新裝修的4.0展區展出，對大都份參展商及買家而言是一個適應過程，整體人流有待進步。「作為從讓場到市場的組母綠供應商，我們看重是市場整體及長遠的發展。經過較為波動的一年多，市場在2016年開始穩定，不過組母綠的需求都在提升，尤其是以人華人及日本買家對組母綠的認識與需求都在提升，本次展覽會上雖然我們未算接觸到大量華人消費，但我們代理公司的客服不少都有機會賣至亞洲及華人市場，他們對當地市場發展的態度正面，從而亦加強了我們對後市的信心。」

據Ribeiro先生介紹，市場對2克拉至40克拉、克拉價200美元至6,000美元的優質及大顆組母綠需求般切，而隨著中國買家對組母綠的認識日深，對商品的品質、數量及價格要求亦在增長。「我們大部份的客戶是珠寶製造商，因市場對多元設計組母綠首飾的需求增加，買家對寶石的需求亦漸趨穩定，這是市場向健康發展的良好表現。」

縱使珠寶界大部份業者對2016年前景表現審慎，組母綠的銷情自3月份香港國際珠寶展期間已開始呈正面勢頭，Ribeiro先生表示令人鼓舞的市場氣象一直延續至月底的巴塞爾展，表明歐亞兩廂的組母綠市場正在朝向穩定正面的方向發展。「在當前的大環境下，市場反而減少了泡沫和水份，更反實在和穩步的發展正是市場可持續成長遠發展的關鍵。」

於本年巴塞爾展首次展出的比特鑽石供應商Rare

台灣珠寶紀彩色鑽石李承翰說，在本年巴塞展期間，買家對鑽石高端珠寶的需求表現熱切

Paul Wild OHG的帕拉伊巴碧璽套裝石，在本屆巴塞展上，該公司展出多種不同組合的彩寶套裝列

Diamond House負責人之一 Oded Mansori表示，「看見不少參觀人士駐足我們的陳列窗並對我們的鑽石展現極為讚譽的神情，我感到非常滿足，這也圓滿了我們這次參展的目的。」

Rare Diamond House經營的都是逾10克拉以上的高級大顆鑽石，Mansori先生表示：「我們只經營大顆鑽石，客戶都是最頂尖和對鑽石有深入認識的成熟賣家。近年，隨著賣家對鑽石處身保值、越來越多具實力的賣商加入珠寶投資及收藏家的行列，我們經營的頂級品種價需求正不停攀升。」

「正因頂級鑽石精品的供應十分稀少，我們從來不愁買家，這次參加巴塞爾展是希望務與買家建立直接溝繫，從而更準確地掌握市場資訊。過去我們主要依賴業內的中介單位或代理商傳遞有關客人及市場的信息，但賣與鑽石有十分複雜視鑽人關係及感情元素的天然資源，我們深信與客戶建立第一身直接有助於擴擴團隊的視野，並提升對市場的敏感度。」

台灣珠寶紀彩色鑽石在本屆巴塞爾展上展出多個稀有的鑽石及彩鑽系列，公司負責人李承翰表示，高端珠寶的市場價值近年隨著供不應求日益明顯而不斷上升，很多具實力的買家都視珠寶為保值的投資品，其中彩鑽及未經處理的紅、藍寶石更是當中的最精品。

「縱使大環境的經濟氣線在過去一年提淡，高端珠寶的銷售額及數量不跌反升，表明精品珠寶市場不易受客觀環境影響。」他續指，在本年巴塞爾展期間，到訪展會的人流越不稀得上十分擁擠，前來的客商大都是認識和專業的買家，他們在本年巴塞爾展期期時求鑽的熱切，反映出市場對高端珠寶的需求十分有力。

THE QUEST FOR **PERFECTION**

JURASSIC JEWELRY CO. LTD. 3.1 / P29

Since Jurassic Jewelry was established in 1999, founder Richard Li has visited more than fifty mines around the world in his quest to provide his clients with that perfect rare gemstone.

Jurassic Jewelry Co. offers gems that come straight from the mine, with no treatment or processing, presenting the true variety of stones that nature has to offer. These are just some of the rare stones the Taiwanese firm carries: beautiful rare non-oil Colombian emeralds, fancy vivid IF diamonds in all colours, sapphires from Kashmir and pigeon's blood rubies.

"We have partnered up with gemmological complex EGL Platinum in Israel to open the first EGL Platinum Lab in Taiwan," says Richard Li, founder of Jurassic Jewelry. Taiwan Auction House is also part of the Jurassic group. "We are a great company, one of great passion and professionalism," adds Li, whose hands are usually covered in dirt as he grasps that rare gem, eager to present it to its next lucky owner. Jade Wu, his wife, is a magnificent designer who plucks visions of beauty from her imagination and her dreams to create some truly stunning pieces. Together, they bring rare gems embedded in supremely elegant designs to the world. The firm is

also presenting 'art jewellery' with its first showcase pieces. This jewellery work of art (right) comes with a beautiful wooden stand for home display.

Jurassic Jewelry has a flair for this business and the expertise to execute pieces beautifully. "With over 6,000 square feet of operational and showroom space, and a team of over 100, we are more than ready to showcase all of the marvelous gems from around the world that we have under one roof," says Li of his retail venture.

The Jurassic Jewelry Group operates on the basis that all products should be both 'natural' and 'authentic'. "Even with the latest technology and innovations, our creations are crafted in such a way as to show the stone in its most natural form, reflecting its source. The gems come straight from the mine to your hands without any treatment or setting 'magic'," explains Li. This is how the first jewellery pieces were made and how it should be now, he believes.

"We at Jurassic have a great understanding of the Asian market and years of expertise in it, so come and let us be your window to Asia. Where else can you find a company that can source, cut, design, manufacture and offer market expertise? Only we at Jurassic are willing to take on such responsibility and perfection. So let us work together to make new industry trends!" Li concludes proudly.

01 Colombian emerald rings, 2.53–5.35 cts.
02 Kashmir sapphire rings, 3.06–5.11 cts.
03 Fancy-colour diamond rings, 1–5.53 cts
04 Richard Li, CEO and President of Jurassic Jewelry and his wife Jade Wu, designer
05 Showcase piece of 'art jewellery' for Baselworld, with beautifully crafted wooden display stand

▶ 筆者也曾經數度參展世界最頂級的巴賽爾珠寶展,被當地媒體採訪刊載。

十.商業市場的改變

　　此外我們也觀察到早年鑽石的市場幾乎都掌握在特定的鑽礦公司獨立擁有,但也誠如先前的章節提到,近年因為大大小小的鑽石礦源不斷被發現,多重市場的發展使得大型的礦業公司難以再掌控這些礦脈,部分小型的礦場也漸漸挖掘到各色的彩鑽,國際拍賣會的行情上漲,帶動了彩色鑽石的交易越發蓬勃,這樣的發展使得今日您再生活周遭的珠寶店或是商場、電視購物等…都能看到彩色鑽石的銷售,讓這些機會不再專美於國際珠寶品牌,隨著近年來區塊練的發展,使得鑽石的交易模式更多元化,還可以透過這樣的

▶ 2018 由戴比爾斯發起鑽石業的區塊鍊朔源,目前已有兩大礦業巨頭戴比爾斯、阿羅莎加入組織。資料來源:TRACR。

模式查詢到鑽石生產履歷,持續的發展對於血鑽石的喝止,可望達到 100% 的成效。

▶ 位於紐約的佳士得、蘇富比拍賣公司。

▶ 拍賣會匯集各國珠寶藏家及業者。

下面我們整理了五克拉以內的濃彩等級以上的藍鑽近年成交行情，可以觀察到藍色彩鑽的市場從 2000 年到今至少有 10 倍的漲幅！

藍彩鑽價格行情

五克拉以內 濃彩等級以上藍彩鑽 近年成交價					
年份	拍賣公司	顏色 / 淨度	克拉數	成交價（以當時美元計價）	每克拉成交價
2000/11/16	日內瓦佳士得	Fancy Vivid Blue / IF	5.08	1,519,258	299,066
2004/04/19	紐約佳士得	Fancy Vivid Blue /SI1	3.77	1,463,500	388,196
2006/06/01	香港佳士得	Fancy Intense Blue /SI1	5.34	1,598,360	299,318
2007/10/16	紐約佳士得	Fancy Intense Blue /VS2	5.07	2,885,800	569,191
2007/11/14	日內瓦蘇富比	Fancy Vivid Blue / VS1	4.16	4,744,509	1,140,506
2010/04/07	香港蘇富比	Fancy Vivid Blue / IF	5.16	6,432,272	1,246,564
2011/04/12	紐約佳士得	Fancy Vivid Blue / IF	3.25	3,666,500	1,128,153
2013/04/24	倫敦邦漢斯	Fancy Deep Blue / VS2	5.30	8,065,346	1,521,763
2014/11/25	香港佳士得	Fancy Vivid Blue /IF	3.39	5,790,188	1,708,020
2016/11/29	香港佳士得	Fancy Vivid Blue /IF	4.29	11,763,414	2,742,055
2017/04/04	香港蘇富比	Fancy Intense Blue / IF	3.13	4,790,858	1,530,625
2017/12/05	紐約蘇富比	Fancy Vivid Blue /VVS1	5.69	15,130,800	2,659,191
2018/04/18	紐約蘇富比	Fancy Intense Blue / I1	3.47	6,663,300	1,920,259
2018/10/03	香港蘇富比	Fancy Vivid Blue / VS2	5.00	13,833,499	2,766,700

2010-2018 五克拉內艷彩藍鑽每克拉單價趨勢

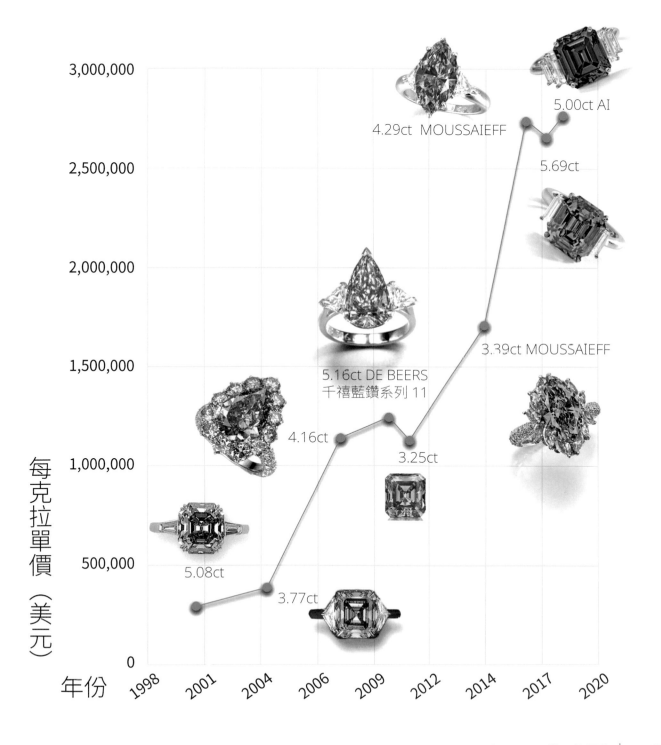

年份

每克拉單價（美元）

3,000,000
2,500,000
2,000,000
1,500,000
1,000,000
500,000
0

1998 2001 2004 2006 2009 2012 2014 2017 2020

5.00ct AI

4.29ct MOUSSAIEFF

5.69ct

3.39ct MOUSSAIEFF

5.16ct DE BEERS
千禧藍鑽系列 11

4.16ct

3.25ct

5.08ct

3.77ct

Carmel BVBA的彩虹系列中的彩色綠藍鑽石
fancy vivid green-blue diamond

Fancy
coloured diamonds beating all odds
彩鑽魅力抗衡逆市

富部份鑽石業者對於國際鑽石銷情放緩仍然憂心忡忡，另一邊廂，形象與價格崇高的彩色鑽石不論在需求量、產品價格，以及市場認受性正與日俱增。

多家彩鑽供應商、貿易行以及國際拍賣行近月的銷售報告都顯示，市場對彩色鑽石的需求正有增無減，這種市場趨勢與鑽石業在過去一年多所經歷的與大環境背道而馳，不僅如此，一個旨在亞洲推動彩鑽市場發展的亞洲彩鑽協會更於本年首季在香港成立，看好彩鑽在亞洲，尤其是中國大陸的市場前景，《亞洲珠寶》與多名專營彩色鑽石的業者及珠寶投資專家交流，專訪他們對彩鑽市場當前形勢以及發展前景的看法，了解鑽石界在全球經濟危機以外的正面商機。

文．鄭欣欣

稀有、珍貴、獨特，一向都是彩色鑽石引人之處，正因是來自大自然，每一顆彩色鑽石都是獨一無二，亦成為了多年來令人愛不釋手的瑰寶，在各主要高端市場市場上供不應求。近年，有越來越多媒體關注到彩鑽的交易及市場狀況，加上彩鑽的成交紀錄在各大拍賣會上屢創新高，逐漸受更多有實力的買家關注。

香港蘇富比2016年春拍那顆15.38克拉的橙彩紅色鑽石，以2.48億港元（3,180萬美元）成交（每克拉315萬美元），破亞洲珠寶拍賣單價紀錄成交的10.10克拉內部無瑕的鮮彩藍鑽「喜比鑽色千禧瑰寶4」

珠羅紀彩色鑽石（Jurassic Jewelry）的3.07克拉深彩橙紅鑽Fancy Intense Orangy Pink，是本年6月於台北舉行的珍藏逸品拍賣會的拍品之一

稀有度推高投資價值

彩鑽拍賣市場於近年都見強勁，蘇富比亞洲區副主席及珠寶部亞洲區主席郭進灝指出，無論經濟環境好與壞，只要是稀有的珍品，還是會受到買家的熱烈追捧。「近年彩鑽售出後都下跌賣紀錄，成為買家心目中一個有力的指標，對彩鑽的保值能力更具信心。蘇富比近年先後售出多枚重要的彩鑽，包括去年11月以3.7億港元售出的12.03克拉藍鑽「Blue Moon of Josephine」，刷新了任何鑽石世界拍賣紀錄，廣泛引發市場對彩鑽的興趣及關注。」

2016年，香港蘇富比春季拍賣會的焦點拍品10.10克拉鮮彩藍鑽，更是拍賣史上最大的橢圓形鮮彩藍鑽，美國寶石學院指市場上重達10克拉紅且淨度達內部無瑕的藍鑽不會多於數顆，郭先生指，近年彩鑽在拍賣場上屢創佳績，回想過廿年前，彩鑽的世界拍賣紀錄還是一枚以每克拉9萬美金成交的紅鑽，這個紀錄一直保持了超過20年，直至2007年蘇富比拍出一枚每克拉價達130萬美元的藍鑽，此後藍鑽的拍賣價一直處升，2014年一枚9.75克拉鮮彩藍鑽「The Zoe Diamond」以2.546億港元成交，每克拉賣價達335萬美元。不一年，從鑽去年的拍賣紀錄已升至每克拉400萬美元。」

天成國際珠寶部董事楊俊賀指出：「其實這幾年無論在薄率、利息、天然尖豐、戰爭等因素影響下，很多有實力的投資者已經把投資抱牢，除了投資房地及投鑽，更注意到實豐實豐有一定的資金鎖定，而且稀有實石例如彩色鑽石更是擁有全球流通性的一項投資工具。」

楊先生續指，「鑑於市場需求大而品價格越升，彩鑽鑽家可大量套現資金週轉，因此一年內幾個大型拍會相繼出現多額史上最大彩鑽。由於這些彩鑽存有稀有性相高，而需求永遠不會透減，從歷史角度去越，多有年十世紀歷史的古有收藏品今天亦能以天賣拍出，投資此顧彩鑽石日後亦會回通貨膨，為投資者帶來可觀的回報。」

專營高端珠寶的台灣珠羅紀彩色鑽石（Jurassic Jewelry）近年都常舉辦珠寶拍賣會，期間蒐羅多顆彌麗稀有的彩鑽精品，該公司負責人兼EGL歐洲寶石鑑定所台灣實驗室區及顧問李承俙表示：「珠寶是不可再生的美麗寶源，其稀缺性決定了它的價值。加上3月初鑽石原價跌已將鑽鑽售價提高2%，勢必又會帶動珠寶消費市場的價格攀升。」

在珠羅紀彩色鑽石於本年5月初在台北舉行的珍藏逸品拍賣會上，除了藍鑽及粉鑽外，更呈現了全球不超過一百顆的阿蓋爾（Argyle）紅鑽，該公司指，其中的Fancy Red紅彩鑽從澳洲遙遠飄降，已有獨家表示難產出高於拍拍品的價格，將50萬美元差匹競標。李承俙指出，彩鑽過去往受高端買家歡迎，除了因其瑰麗高貴的外表，其稀有及長期供不應求的狀況亦令彩鑽價格高居不下。「相對於男

下接第62頁 ▶▶

鑽彩彩鑽的項鏈，台北珍藏逸品拍賣會拍品之一

▶ 近年來國內外的珠寶、時尚等雜誌，都能看到彩色鑽石的資訊，使得這些訊息不再難以取得。

NATURAL COLORS™
MODIFIED COLORS 2ND EDITION

Educational Publication of the NCDIA
Volume 2, Issue 2

Inside This Edition:
Modified Color Diamonds
Collector's Corner: Shades of Gray
Tips from Retailers
Member Impressions

TIPS FROM RETAILERS

Store image courtesy of Gunderson's Jewelers

Understand the Value of Your Colors!
by Breanne Demers, Gunderson's Jewelers

Understanding the value of natural color diamonds with modifiers can lead to increased natural color diamond sales in your stores. There is an untapped market of retail jewelry customers who are just learning about natural color diamonds and are unsure if they can afford them. If you educate yourself and your staff on natural color diamonds with modifiers, you can open the door wide for these prospective clients.

Natural color diamonds are available at low entry level pricing especially with the brownish and grayish colors, and it is important to understand the benefits of these modifiers and how to develop the right partnerships with various natural color diamond designers and dealers through the NCDIA network.

Have a client who wants a pink diamond but doesn't have $1 million to spend? No problem! Here is where understanding the value and price of a brownish pink comes in handy! It is important to explain how each of these stones is beautiful, rare and affordable. Did you know a modifier could actually bring out a depth of color you can't find in an unmodified color diamond? The same can be said with grayish blues, orangy yellows, the list goes on and on! Having your sales team well versed in natural color diamonds will be beneficial and it is important to utilize the educational material NCDIA offers.

Happy selling!

The Misconception in Natural Color Diamonds
by Richard Li, Jurassic Jewelry

Since color diamonds come in all colors of the rainbow, there is always one suitable for each individual. Aside from the misconception that diamonds are colorless, people also think of color diamonds as unaffordable. This may be the case for fancy intense or vivid color diamonds, however there are other options. Pink and blue diamonds for example, are extremely rare, however accepting a modifying color such as brown mixed in pink diamonds and gray mixed in blue diamonds can make them so much more affordable to the general public. Brown and gray diamonds are more common, thus the addition of a secondary tone reduces the price dramatically.

Images courtesy of Jurassic Jewelry

Chapter 11

鑽石鑑定的儀器

1.93CT 綠鑽戒 / FANCY DEEP GREEN / CUSHION MODIFIED
Jurassic Museum Collection

鑑定儀器

第七章詳細描述了 4C 的鑑定標準，重量、顏色、淨度和切工，這些只是鑽石的表徵，而此章將會展示鑽石在各種鑑定儀器下不同的樣貌。

一 . 偏光鏡

自然光經過相互垂直的偏振濾鏡時，光線幾乎會被完全擋住，但寶石會改變偏振光的偏振方向，使光線能透過正交偏光鏡，到達使用者眼中。根據均質或非均質寶石在偏光鏡下的不同現象，來提供鑑定寶石的依據。

鑽石為立方晶系礦物，在偏光鏡下應為不透光，然而，晶格錯位和內含物會使鑽石產生特殊的異常消光現象。第十三章提到高溫高壓處理的鑽石可見榻榻米效應，天然無處理的 II 型鑽石也有。

▶ 鑽石在偏光鏡下顯現異常消光現象
Courtesy of EGL Taiwan

二 . 顯微鏡

寶石顯微鏡在珠寶鑑定當中為相當重要的儀器，顯微鏡搭配本身基座的暗場照明光源或另外使用光纖燈提供適合觀察的穩定光源，透過光源的補正、倍率的調整，可觀察鑽石內部特徵內含物、填充物及生長紋路，也可觀察鑽石外部的切割、拋磨優劣，有無處理及人工製造等跡

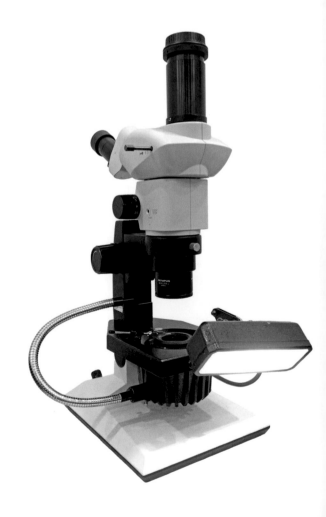

象，為寶石鑑定一大重要利器。現在各家光學廠也推出相關設備可讓顯微鏡外接 CCD 或是藉由轉接環加上單眼相機，協助鑑定單位鑑定及教學。

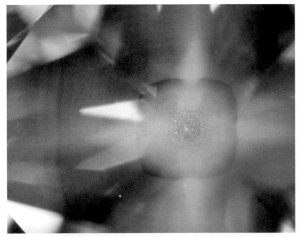

▶ 顯微鏡下的鑽石　Courtesy of EGL Taiwan

三 . HRD D-Screen

HRD Antwerp 利用短波紫外光的專利技術開發 D-Screen，用來區分樣品是天然鑽石與合成或處理鑽石。是方便快速的分辨儀器，可分析 0.2 克拉到 10 克拉、D 到 J 色的拋光鑽石，若指示燈亮表示為無處理天然鑽石，橙色代表可能是合成鑽石或經過 HPHT 處理，紅色代表電力不足或儀器故障。

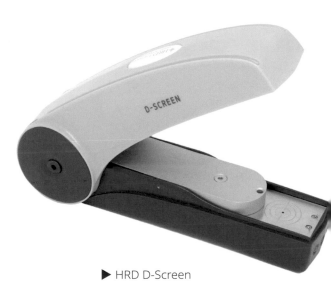

▶ HRD D-Screen

四 . 長短波紫外線燈箱

紫外線燈箱的主要功能是在判別寶石的螢光現象，螢光現象於第三章已有介紹，我們常使用的短波段紫外線 (SWUV) 與長波段紫外線 (LWUV) 的波長分別是 253nm 與 365nm，藉由長短波的紫外燈切換，來判別寶石本身帶有的螢光強度、磷光及發光顏色。

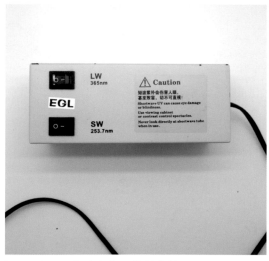

▶ 台灣 EGL 實驗室使用的螢光燈

五 . 傅立葉轉換紅外線光譜儀 Fourier transform infrared spectrometer (FTIR)

紅外線 (IR) 是波長介於微波與可見光之間的電磁波，紅外線光譜 (IR spectrum) 的原理是物質中的分子在振動和轉動模式時，吸收了適當的能量，而產生的光譜。物體通常會輻射出跨越不同波長的紅外線，但是偵測器的設計通常只能接收感到興趣的特定頻譜寬度以內的輻射。所以，紅外線依照波數大小的不同分為三部份，近紅外光區為 14000~4000cm^{-1}，中紅外光區為 4000~600cm^{-1}，遠紅外光區為 600~100cm^{-1}。

FTIR 為判斷鑽石類別的一項有力工具：鑽石的特定官能基有特定的吸收譜帶，不受周圍環境的影響而改變，從光譜圖能得知鑽石所含的元素和缺陷。一般分子振動吸收的能量大致落在紅外光區，中紅外光區是最常用的範圍。

▶ 傅立葉轉換紅外線光譜儀

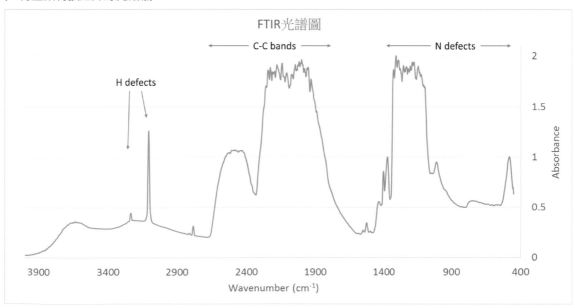

▶ FTIR 光譜圖。從圖中可知此鑽石有大量的氮為 IaAB 型且含有氫。

六．拉曼光譜儀
Raman spectrometer

　　拉曼效應起源於分子的振動與轉動，拉曼光譜儀是以雷射光束照射待測物體，偵測物體散射光子與入射光子的頻率差，從這些資料可以得知物質的結構。不同種類的原子或是不同結構的分子就會有不同的拉曼光譜，因此，只要建立物質的拉曼光譜資料庫，就能比對出受測樣品是何種物質。顯微拉曼光譜儀也是目前唯一在無破壞性的分析下可偵測到寶石內含物的高階儀器。

七．光致螢光光譜儀
Photoluminescence (PL)

　　螢光與磷光都屬於光致螢光，只是在寶石學上 PL 是以雷射作為激發光，螢光和磷光則是用紫外光。PL 的靈敏度非常高，即使在氮濃度低的 II 型鑽石，也可以檢測到低於 10ppb 的 NV 訊號，因此被廣泛運用在辨別合成與處理鑽石上。

　　在室溫下，有些缺陷產生的電子躍遷是一個範圍而不是固定的能量，使得偵測到的 PL 峰形成一個寬帶，甚至蓋過其他波峰。所以在測量時會加入液態氮，讓溫度冷卻至 -196°C，減少寬螢光帶的產生。

▶ 光致螢光光譜儀內建於拉曼光譜儀中，與拉曼測量不同的是需要用液態氮冷卻樣品。

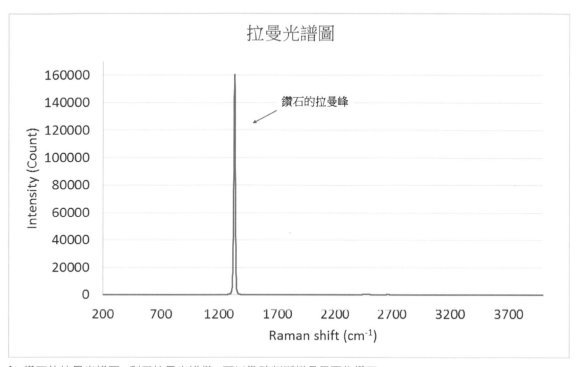

▶ 鑽石的拉曼光譜圖。利用拉曼光譜儀,可以準確判斷樣品是否為鑽石。

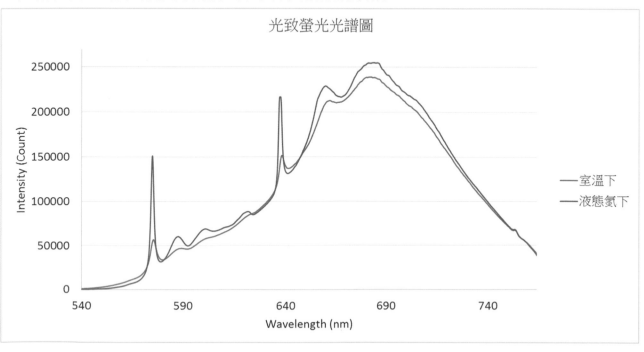

▶ 鑽石的光致螢光光譜圖。在不同溫度下的光致螢光光譜圖,液態氮能讓波峰更明顯。

八 . 紫外光可見光吸收光譜儀
UV-VIS spectrophotometer

　　每種物質的分子對光吸收相對強度不同，當分子中的電子遭受到光線的照射時，會吸收特定的能量，由於每一特定的官能基，均會有特定波長的吸收，不同的頻率的光線能量會造成不同的電子躍遷，在紫外光可見光的範圍，形成 UV-VIS 吸收光譜，可偵測到鑽石的 N3、N2、H3、H4 和 GR1 等缺陷訊號，能用來評估致色原因。

▶ 紫外光可見光吸收光譜儀

九 . 能量色散 X 光螢光光譜儀 (EDXRF)

　　對輕元素具有高靈敏度分析能力，理論是藉由 X 光螢光的原理，對受測樣品發出 X 光射線，使樣品中所含的原子中電子游離造成不穩定，產生能階遞補，散發出來的特殊 X 光射線，稱為螢光，各元素具有特定的波長 (能量)，因此通過檢測 X 光射線的波長就能夠進行定性分析。另外，X 光螢光的強度與濃度具有函數關係，檢測每個元素 X 光射線特徵波長量就能進行定量分析。

▶ 能量色散 X 光螢光光譜儀

　　鑽石由碳和一些微量元素組成，藉由能量色散 X 光螢光光譜儀能獲得鑽石所含元素的重量百分比，觀察其中不尋常的元素，協助判斷鑽石有無處理，若鑽石經過鉛玻璃填充，通過儀器可發現鉛的蹤跡。

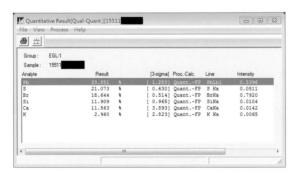

▶ 經過鉛玻璃填充的鑽石，含有鉛元素。

Chapter 12
天然鑽石的處理

▶ 17.89CT 藍鑽 / FANCY LIGHT BLUE / RECTANGULAR
Jurassic Museum Collection

天然鑽石的處理

天然鑽石珍貴而稀有，珠寶等級鑽石是所有鑽石產量的 5%，而又根據切磨後鑽石分級 4C，等級好的鑽石少之又少，鑽石處理的目的是為了為提升淨度等級及顏色，提高其商業價值。而彩鑽的數量更為稀少，約 1 萬克拉切磨好的鑽石中，只有 1 克拉的彩鑽；於 1987 年，一顆 0.95 克拉、名為漢考克的紅鑽 (Hancock red)，在國際拍賣會上拍出高價後，收藏家開始注意彩色鑽石，鑽石處理變得更為多元化，除了淨度及顏色提升外，開始出現新的鑽石改色技術。

鑽石處理分為：

  一 . 淨度優化處理

  二 . 顏色優化處理

一 . 淨度優化處理

切磨師在切磨原石時，會盡量避掉鑽石淨度特徵，或將淨度特徵安排在較不明顯的位置，但有些切磨後鑽石仍有明顯的淨度特徵，需要進一步處理，提升其商業價值。

1. 外部雷射鑽孔

雷射鑽孔 (Laser drilling)，起始於 1970 年代，使用雷射光束消除鑽石內明顯可見之有色內含物，其作法是使用二氧化碳雷射，在最靠近內含物的鑽石表面上燒出一個小管束，通到內含物處，依照內含物不同性質，可以直接將內含物用雷射光束打碎燒掉或使用酸劑漂白或洗出，降

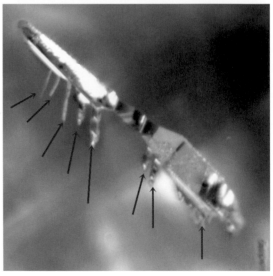

▶ 上圖為人工雷射洞，下圖為天然凹蝕管（箭頭指出處）Courtesy of EGL Taiwan

低鑽石內含物可見度。雷射孔洞並不會影響鑽石火光及亮光，但因雷射鑽孔會在鑽石內部留下另一個淨度特徵，處理後的雷射孔洞可用裂縫填充方式將其封住，以降低污垢入侵使孔洞變得明顯。

因雷射孔洞極為細小，肉眼不易察覺，可藉由 10 倍放大，觀察到雷射鑽孔痕跡，另一點值得注意的是雷射鑽孔可能會跟天然凹蝕管混淆，需使用高倍顯微放大觀察分辨：雷射孔洞為圓形直線管狀物，而天然凹蝕管會有角度且粗細不一致。

2. 內部雷射鑽孔

內部雷射鑽孔 (Internal laser drilling)， 此種雷射方式也稱為 KM（希伯來文 kiduah meyuhad 的縮寫）技術，約於 1980 年代末期在以色列發展起來，此種技術旨在去除有色內含物而不會留下可見的雷射孔洞，藉由一條或多條雷射光束瞄準內含物，使其內含物受熱膨脹產生裂紋或擴大現有裂紋，延伸至表面，適用於近表面的內含物，再以加壓灌酸，漂白有色的內含物，KM 雷射孔不具有特定外觀：有些可能看起來像不規則的蟲洞，有些像不規則的羽裂紋，有些可能有一個圓盤狀的特徵，比傳統雷射鑽孔更不易察覺。

顯微觀察下，可能會在羽裂紋附近看到類似階梯狀或管狀般蟲洞的特殊現象，由此可判定為內部雷射鑽孔遺留之痕跡。

3. 裂縫充填處理

1980 年代開始玻璃充填技術開始應用於提升鑽石淨度或改變顏色，此原理為：光線進入鑽石時，若有裂縫，則會改變光線行進方向，因鑽石折射率高，會使裂紋明顯易見，若使用熔融鉛玻璃填充，填充物的折射率比空氣更接近鑽石折射率，使裂紋較不易察覺；每家填充處理廠商所使用的充填物化學成分不一，但以接近鑽石折射率為主，低溫液化後，加壓注入鑽石裂縫中，亦可用於充填雷射處理後造成的孔洞，而彩色鑽石經過玻璃充填後，可改善其淨度及提升顏色。

玻璃填充適用於各種大小的鑽石，但因成本因素考量，會建議此淨度提升方式用於 1 克拉以上鑽石，大克拉數鑽石經過優化處理後可以提升其售價，較符合經濟效益；且此種方式並非永久性的，鉛玻璃會熔於高熱：重新切磨的高溫或修繕過程中的焊炬熱源，皆可能使鉛玻璃熔融溢出；化學藥劑的多次清潔、超音波洗滌，長時間下來也會使充填原料改變顏色。

A. 鑑別裂縫填充處理

a. 氣泡：

在注入鉛玻璃時，可能夾帶氣泡填入，因縫隙較小，氣泡會被壓成扁平狀，若顯微觀察時看見疑似扁平氣泡，可藉由觀察閃光效應再進一步確認之。

b. 閃光效應：

因填入之鉛玻璃的折射率與鑽石不同，放大觀察下，在不同角度會呈現不同色彩，可能呈現藍色、紫色、橘紅色單一色彩閃光效應。

c. 龜裂紋路：

若因裂隙較開口較寬，需注入較厚之填充物，注入之填充物放酒後可能會產生龜裂紋路，或顏色微黃。

這類的優化處理皆為非永久性，會隨著時間或人為因素產生變化，國際鑑定機構對於此類鑽石並不予以評定等級。

▶ 鑽石裂縫充填處出現之橘色閃光
Courtesy of EGL Taiwan

▶ 鑽石裂縫充填處出現之藍色薄膜狀閃光
Courtesy of EGL Taiwan

二. 顏色優化處理

顏色優化處理是將鑽石顏色提升，早期有些顏色優化處理為非永久性的，顏色呈現也較不自然，而現今技術進步，處理之方式也進階至大型高科技儀器改變鑽石原子排列方式，如前面章節所學，鑽石的顏色是來自於微量元素或是晶體缺陷、晶體扭曲等不同因素所形成，科學家著手研究在實驗室中模仿天然環境，以不同人工方式改變鑽石結構排列，藉以改變鑽石顏色。

1. 包膜 (Coating)

包膜或鍍膜技術存在已久，是最早用來改變寶石或鑽石顏色的方法，通常會將塗層包覆於亭部刻面，藉著覆膜層的顏色，改變無色鑽石的目視顏色，呈現出各色彩色鑽石，但包膜層非永久性，會因時間變化或環境改變而脫落，因而慢慢式微。

2008 年，Serenity Technologies 此家公司於推出應用於鑽石的奈米包膜技術，含有銀 (Ag) 或金 (Au) 的二氧化矽塗層或氧化鐵，可生成鮮艷的藍色、綠色、黃色至橙色、粉色至紫色，除了為無色鑽石增色之外，也可以將微黃鑽覆膜後變為無色鑽石，此種包膜可長時間維持，但也會因長時間久戴或是其他人為狀況而刮傷脫落或稜線磨損。

A. 鑑別包膜處理

可透過觀察冠部與亭部來檢測塗層，從側面可見不同色域，一般可見冠部為無色而亭部為有色包膜層，放大觀察下，有時可見包膜處會有氣泡產生或脫落的斑塊狀區域。

2. 輻射 (Irradiated) 及退火處理 (Annealing)：

不論天然或人工優化改色的綠色鑽石皆由輻照而產生，輻射是是一種能量，可以使原子的外層電子游離，游離是指電子被游離輻射從電子殼層中擊出，使原子帶正電，α、β、γ 輻射及中子輻射均可以加速至足夠高能量擊出碳原子，使鑽石產生孤立空位，這些空位能在碳原子裡產生色心，光學吸收的原理下，賦予鑽石顏色，依照鑽石的類型不同，經輻照後會產生綠色、黑色或藍色。

退火處理通常接續在輻射處理後，藉由控制時間長短，溫度緩慢上升或是冷卻的過程，增加單個碳原子的遷移率，校正輻射時產生的一些晶格缺陷，在不同溫度下，鑽石會經歷一系列顏色變化，可使輻射後的鑽石顏色變得更鮮明，最終顏色取決於鑽石成分及退火的溫度和時間長短；或單獨運用退火處理，也可改變鑽石顏色。

輻射後再經過退火處理會將鑽石修正為除了藍、綠色以外的其他不同顏色，例如：Type Ⅰa 型鑽石經輻射再退火處理後，會產生粉色鑽石；Type Ⅰb 型鑽石經輻射再退火處理後，會產生黃色、黃綠色、橘色鑽石。

第一次人工改色綠鑽的紀錄是物理諾貝爾獎得主 -- 亨利貝勒爾 (Antoine-Henri Becquerel) 在 1896 年發現放射性物質後，使用放射性元素長時間照射了一些鑽石，成功改變了鑽石的顏色。1904 年，威廉克勞克斯爵士 (Sir William Crookes)，把幾顆經過拋光後的鑽石，放在射性元素鐳 (Ra) 中一年，也成功將鑽石表面變為暗綠色，目前並無使用此種鑽石處理方式，因可能受到放射性汙染，在安全時間內不會衰減到安全水平，無法在商業使用。

1930 年代，第 2 次世界大戰後，歐內斯特‧勞倫斯教授 (Professor Ernest Lawrence) 發明了可在圓形路徑中加速原子內粒子的粒子迴旋加速器設備，藉由高速的帶電粒子衝擊鑽石，再經退火處理，人工輻照技術開始能大量商業化，但此種方式只能穿透鑽石淺層，形成色域。

1900 年代後期，持續發展現出今使用的直線加速器，以高能量電子穿透鑽石，高能量電子為帶電粒子，鑽石中的碳原子與電子相互被激發，形成電子空穴，進而使鑽石產生綠、藍綠色或黑色，隨後經過退火處理，可以產生橘黃色、粉色至紫粉色鑽石。

另一種方式為核子反應爐的中子轟擊，將鑽石放在核子反應爐中，接觸到各種不同強度穿透力的射線，當高速中子與鑽石炭原子碰撞時，很容易使碳原子離開其原本位置型成晶格缺陷，此種晶格缺陷的色心可以貫穿整個鑽石，使的鑽石顏色均勻、一致，可同時在一個反應爐中處理多顆鑽石原礦或已拋磨鑽石，而形成顏色的飽和度取決於中子束的能量大小、輻照的時間長度及鑽石的大小，能量越大，輻照時間越長，所形成之輻照鑽石的色調越深，輻照後可呈現藍綠色至綠色或黑色鑽石，隨後再進行 500~900°C 退火處理，鑽石可產生褐色、黃色、橘色、紅至紫紅色之鑽石體色。

對於鑽石來說，以上介紹的 2 種輻照方式：高能量電子輻射處理及中子輻射處理，是現今市面上最理想且較常見的優化處理方式，因其鑽石經處理後之放射性原子的半衰期 (Half-lives) 較其他方法短(註1)，且成本低、改色效果好，符合商業需求。

---

1. 半衰期 (Half-lives)：經過某些反應後，具輻射原子的濃度，降低一半至不具輻射所耗損的時間；不同輻射物質的半衰期不等，可從少於一秒至數十億年不等。

Report 1

GIA REPORT
5161085502
Verify this report at gia.edu

GIA COLORED DIAMOND REPORT

May 10, 2014
Report Type ....Grading Report
GIA Report Number 5161085502
Shape and Cutting Style .... Pear Modified Brilliant
Measurements .... 7.29 x 4.52 x 3.03 mm

Carat Weight .... 0.72 carat
Color Grade .... Fancy Yellow*
Color Origin .... Artificially Irradiated
Color Distribution .... Even
Clarity Grade SI1
Proportions:

51%
67.0%
slightly thick - extremely thick (faceted)
none

Profile not to actual proportions

Polish .... Good
Symmetry .... Good
Fluorescence .... None
Inscription(s): IRRADIATED
Comments: Surface graining is not shown.
* This diamond has been artificially irradiated to change its color.

ADDITIONAL INFORMATION

CLARITY CHARACTERISTICS

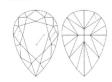

KEY TO SYMBOLS*
⌒ Twinning Wisp
⌐ Feather
∧ Natural

GIA COLORED DIAMOND SCALE

GIA CLARITY SCALE

Illustration of GIA fancy color grade interrelationships

Report 2

GIA REPORT
2165085577
Verify this report at gia.edu

GIA COLORED DIAMOND REPORT

May 23, 2014
Report Type ....Grading Report
GIA Report Number 2165085577
Shape and Cutting Style .... Cushion Modified Brilliant
Measurements .... 4.76 x 4.75 x 3.44 mm

Carat Weight .... 0.71 carat
Color Grade .... Fancy Green-Yellow*
Color Origin .... Artificially Irradiated
Color Distribution .... Even
Clarity Grade SI2
Proportions:

56%
72.4%
very thick - extremely thick (faceted)
none

Profile not to actual proportions

Polish .... Very Good
Symmetry .... Good
Fluorescence .... Medium Yellow
Inscription(s): IRRADIATED
Comments: Additional twinning wisps, additional clouds, pinpoints and surface graining are not shown.
* This diamond has been artificially irradiated to change its color.

ADDITIONAL INFORMATION

CLARITY CHARACTERISTICS

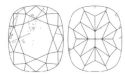

KEY TO SYMBOLS*
⌒ Twinning Wisp   ∧ Extra Facet
⌐ Feather
□ Crystal
○ Cloud

GIA COLORED DIAMOND SCALE

GIA CLARITY SCALE

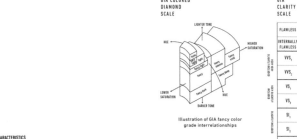

Illustration of GIA fancy color grade interrelationships

A. 鑑別輻射處理

　　輻射處理並不能由簡易儀器觀察分辨出，必須經由專業鑑定儀器檢驗，看鑽石特定的光譜分析，在退火之前，幾乎所有經輻射的鑽石都具有特徵性的 GR1 吸收光譜，在 741nm 處，並且通常被認為是經過輻照的強烈指示。隨後的退火處理通常會破壞這條線，但會產生幾條新線；其中最具指標性的是 595 nm 吸收線，然而，鑽石優化處理業者也會經由不斷嘗試來破壞這些具判斷力的吸收線，讓鑑定人員無法從光譜分析來做判斷，在鑽石顏色不會改變的條件下，若退火處理至 1000°C，具指標性的是 595 nm 吸收線會被破壞而無法判別。鑑定所會藉由不同專業儀器，交互分析檢驗來作為判別依據。

　　台灣 EGL 實驗室針對綠黃色及橘色彩鑽做了一份研究報告如下：

a. 研究條件

✳ *切磨好之彩鑽*

✳ *液態氮*

✳ *Photoluminescence (PL)*

　　在液態氮低溫環境下共分析 23 顆彩鑽，數據分析是根據不同鑽石主色來分為 3 類：綠黃色彩鑽 / 黃色彩鑽 / 橘色彩鑽。

b. 研究分析

✳ *綠黃色系彩鑽*
　GREEN YELLOWDIAMOND 共 8 顆

經人工輻射處理

IRRADIATED DIAMOND 3 顆

	COLOR	CARAT
1.	FANCY GREEN YELLOW	0.71ct
2.	FANCY GREEN YELLOW	0.71ct
3.	FANCY GREENISH YELLOW	0.25ct

天然無處理綠黃鑽

NATURAL COLOR DIAMOND5 顆

	COLOR	CARAT
1.	FANCY INTENSE GREENISH YELLOW	0.80ct
2.	FANCY GRAYISH GREENISH YELLOW	0.71ct
3.	FANCY BROWNISH GREENISH YELLOW	0.72ct
4.	FANCY GRAYISH GREENISH YELLOW	0.51ct
5	FANCY VIVID GREENISH YELLOW	0.90ct

　　研究分析後：經過人工輻射處理的 3 顆綠黃色鑽石皆出現明顯的 574.9nm / 650nm / 680nm / 703nm 的尖峰，以及在 659nm 出現寬峰；而一般所說的 741nm 之 GR1 尖峰，只有出現於 2 顆經人工處理輻照鑽石 (Irradiated green yellow diamond)，另一顆經人工處理

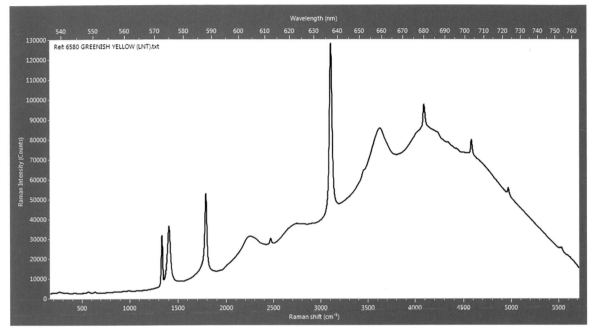

▶ IRRADIATED FANCY GREENISH YELLOW DIAMONDPL 圖譜

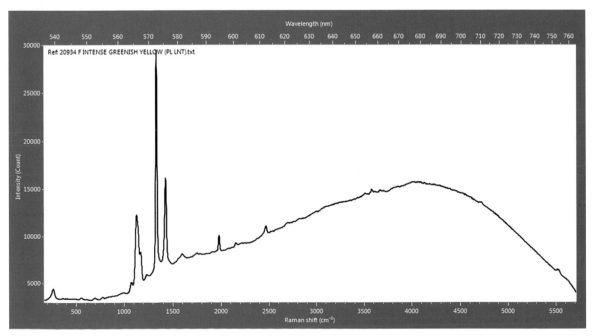

▶ NATURAL FANCY INTENSE GREENISH YELLOWPL 圖譜

輻照鑽石 (Irradiated greenish yellow diamond) 並無出現。

另有幾個值得探討的尖峰在天然無處理和人工輻照處理之綠黃色彩鑽皆有可能出現的是 587.9nm 及 637nm 尖峰：

＊ 587.9 尖峰 (peak)：

在 3 顆 irradiated diamond 皆出現明顯尖峰，而在 1 顆 natural fancy grayish greenish yellow diamond 則在 Raman 532 (LNT) 條件下有一個小凸起。（前人文獻提及 588nm 尖峰為輻照後之退火處理會出現的尖峰）

＊ 637 尖峰：

此峰為氮的空位；7 顆綠黃鑽都出現此尖峰，研究顯示若出現很強 637 尖峰，也可確定為人工輻射處理之綠黃彩鑽。

從圖中明顯看出同樣是 FANCY GREENISH YELLOW DIAMOND，重要判別的尖峰顯示有很大的差異。

＊ 黃彩鑽
FANCY YELLOW DIAMOND 8 顆

經人工輻射之黃彩鑽
IRRADIATED DIAMOND 1 顆

	COLOR	CARAT
1.	FANCY YELLOW	0.72ct

天人無處理之黃彩鑽
NATURAL COLOR DIAMOND 7 顆

	COLOR	CARAT
1.	FANCYYELLOW	0.71ct
2.	FANCYYELLOW	2.02ct
3.	FANCYYELLOW	1.01ct
4.	FANCY VIVID YELLOW	5.03ct
5.	FANCY VIVID YELLOW	1.06ct
6.	FANCY INTENSE YELLOW	2.02ct
7.	FANCY INTENSE YELLOW	2.00ct

研究分析後：經過人工輻射處理的 1 顆黃彩鑽出現明顯的 659nm 寬峰及 680nm 尖峰，未經過輻照處理之天然黃鑽則無；有趣的是此顆經過人工輻照之 Fancy Yellow 鑽石無 GR1 尖峰。

而在 587.9nm 尖峰及 637nm 尖峰則也有 1 顆天然無處理之 fancy yellow 2.02ct 也有此 2 個尖峰，其他 6 顆則無此尖峰，如先前在綠黃鑽研究所提及的相同。

從圖中明顯看出同樣是 FANCY YELLOW DIAMOND，重要判別的尖峰顯示有很大的差異。

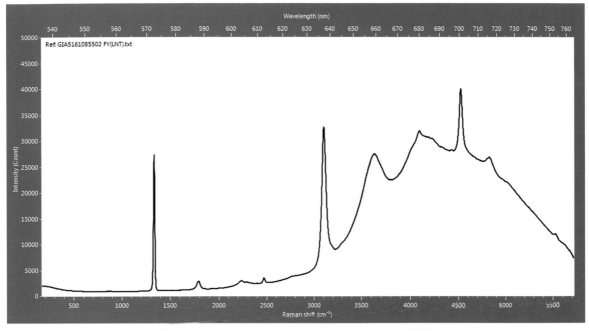

▶ IRRADIATED FANCY YELLOW DIAMONDPL 圖譜

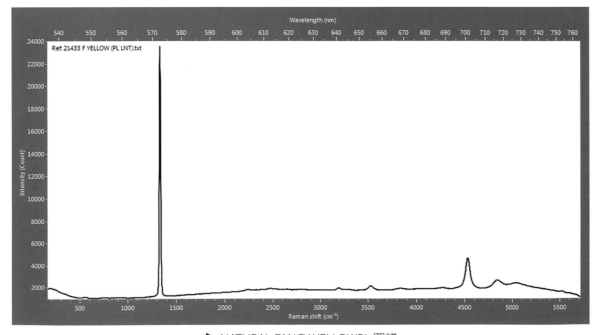

▶ NATURAL FANCY YELLOWPL 圖譜

＊ 橘色彩鑽
FANCY ORANGE DIAMOND 7 顆

經人工輻射處理橘色彩鑽

IRRADIATED DIAMOND 1 顆

	COLOR	CARAT
1.	FANCY DEEP BROWNISH ORANGE	1.06ct

天然無處理之橘色彩鑽

NATURAL COLOR DIAMOND6 顆

	COLOR	CARAT
1.	FANCY VIVID ORANGE	0.11ct
2.	FANCY VIVID ORANGE	0.70ct
3.	FANCY VIVID YELLOWISH ORANGE	0.52ct
4.	FANCY DEEP YELLOWISH ORANGE	0.26ct
5.	FANCY VIVID YELLOW ORANGE	1.01CT
6.	FANCY INTENSE YELLOW ORANGE	0.81ct

　　研究分析後：經過人工輻射處理的 1 顆橘色裸鑽出現明顯的 587.9nm (強度高於鑽石峰) / 637nm (強度高於鑽石峰) / 651nm / 659nm / 680nm 及 741nm (GR1) 尖峰，未經過幅照處理之天然橘鑽則無；且 2 者峰型完全不同。

　　從圖中明顯看出同樣是 FANCY ORANGE DIAMOND，因輻照在鑽石晶體內產生缺陷，使得重要判別的尖峰顯示有很大的差異。

c. 此研究結論

　　除了一般實驗室所提及經過人工幅照處理後的鑽石會出現的 GR1 之外，不同顏色的人工輻照鑽石也會有不一樣的參考尖峰；此次研究是黃色系彩鑽為主，分色比對後，659nm 和 680nm 出現尖峰、有高強度明顯 637nm 尖峰在綠黃鑽、黃鑽以及橘鑽都有出現。

▶ 黃彩鑽鑽石耳環
1.00 克拉 Fancy Yellow SI2 / CUSHION
1.04 克拉 Fancy Yellow SI2 / CUSHION
Jurassic Museum Collection

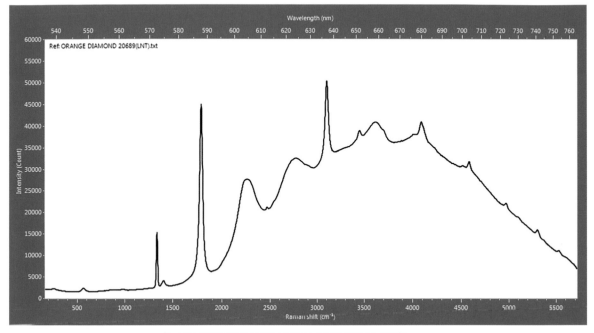

▶ FANCY DEEP BROWNISH ORANGE PL 圖譜

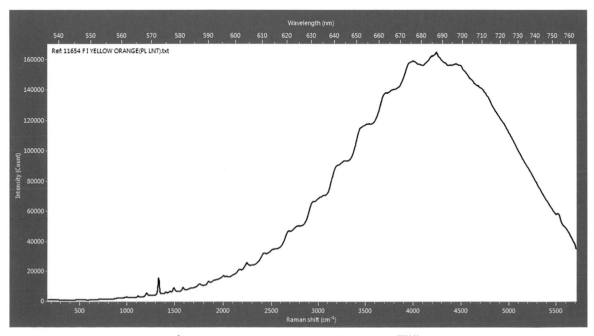

▶ FANCY INTENSE YELLOW ORANGE PL 圖譜

3. 高壓高溫處理
(High pressurehigh temperature, HPHT)

1999 年，Lazare Kaplan International (LKI) 集團 (註2) 和美國奇異公司 (General Electric Company，GE，也稱美國通用電氣公司) (註3) 向市場推出一種新的無輻照危害或破壞天然鑽石的永久改色技術，最初以 "GE POL" 的名義出售，目前由 Bellataire Diamond 作為品牌銷售名稱，並雷射 "Bellataire" 字樣於鑽石腰圍上。

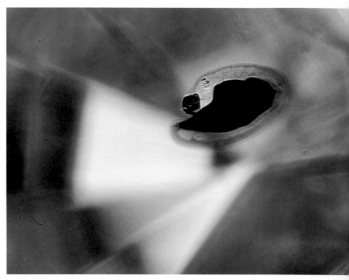

▶ 鑽石經過高溫高壓後，石墨化的晶體及其爆裂光暈。
Courtesy of EGL Taiwan

奇異公司利用和製造合成鑽石類似之技術來改善鑽石顏色，因褐色 Type IIa 型鑽石晶格中分子的水平缺陷導致晶格的原子缺乏對準，形成缺口，使得光通過鑽石時呈現棕色，稱為「塑性變形」，藉由高壓高溫處理可將扭曲的晶格回復到原本應有的排列順序，為穩定此過程並癒合晶格錯位，將鑽石晶體放置於近 60,000 大氣壓力、約 2,600 攝氏溫度的設備中處理，鑽石顏色可從不討喜的棕褐色，提升為 D 至 H 的顏色；大部分經過高壓高溫處理鑽石處理後，表面會出現蝕坑或白霧現象，需重新拋光，也有可能因高壓高溫後而破損或是產生缺角或新的羽裂紋，有時高溫也會使的內含物石墨化，在顯微鏡下可見被石墨化的晶體外微有一圈爆裂的光暈，所以製造商會挑選淨度較好 (VS 以上等級) 且大於 0.5 克拉的鑽石做優化處理，避免處理完之後降低淨度等級或因高壓造成破裂。

2. Lazare Kaplan International (LKI) 集團：LKI 位於紐約市專營鑽石切割及銷售的公司，主要業務為切割理想切割鑽石，創立於 1903 年，於 1919 年成為第一家切割理想比例圓鑽的鑽石廠商，主要位於美國，但在比利時、日本、中國和香港設有銷售辦事處，並與俄羅斯礦業公司 Alrosa、中國、泰國及非洲都有切割鑽石合作業務，透過 29 個國家的 1,500 多家零售合作夥伴和客戶銷售其產品。2002 年，LKI 與通用電氣公司共同獲得了一項專利，用於改善某些天然鑽石顏色的高壓高溫 (HPHT) 處理技術，初期以其子公司──海外飛馬公司 (Pegasus Oversea Limited，POL) 為品牌名稱出售高壓高溫處理鑽石。

3. 美國奇異公司 (General Electric Company，GE，也稱美國通用電氣公司)：1878 年，愛迪生在紐約與幾位金融家，包括 J. P. 摩根和 Vanderbilt 家族組建愛迪生電燈公司，經過幾次不同公司合併後，於 1892 年成為現今的美國通用電氣公司，公司主要營運業務為：航空、醫療保健、電力、可再生能源、數字、風險投資和金融、照明、運輸以及石油和天然氣等。

GIA COLORED DIAMOND REPORT

April 05, 2014

Report Type ....Grading Report
GIA Report Number 2155982024
Shape and Cutting Style .... Pear Brilliant
Measurements .... 7.05 x 4.94 x 3.05 mm

Carat Weight .... 0.66 carat
Color Grade .... Fancy Vivid Greenish Yellow*
Color Origin .... HPHT Processed
Color Distribution .... Even
Clarity Grade SI1

Proportions:

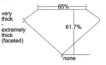

65%
very thick
extremely thick (faceted)
61.7%
none

Profile not to actual proportions

Polish .... Good
Symmetry .... Very Good
Fluorescence .... Strong Blue

Inscription(s): HPHT PROCESSED

* This diamond has been processed by high pressure/high temperature (HPHT) to change its color.

ADDITIONAL INFORMATION

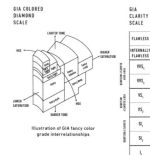

GIA COLORED DIAMOND SCALE

Illustration of GIA fancy color grade interrelationships

CLARITY CHARACTERISTICS

KEY TO SYMBOLS*

＼ Feather
⌒ Natural

* Red symbols denote internal characteristics (inclusions). Green or black symbols denote external characteristics (blemishes). Diagram is an approximate representation of the diamond, and symbols shown indicate type, position, and approximate size of clarity characteristics. All clarity characteristics may not be shown. Details of finish are not shown.

GIA CLARITY SCALE

| FLAWLESS |
| INTERNALLY FLAWLESS |
| VVS1 |
| VVS2 |
| VS1 |
| VS2 |
| SI1 |
| SI2 |
| I1 |
| I2 |
| I3 |

GIA COLORED DIAMOND REPORT

April 08, 2014

Report Type ....Identification and Origin Report
GIA Report Number 2155982098
Shape and Cutting Style .... Modified Shield Brilliant
Measurements .... 6.74 x 5.52 x 2.87 mm

Carat Weight .... 0.60 carat
Color Grade .... Fancy Vivid Greenish Yellow*
Color Origin .... HPHT Processed
Color Distribution .... Even

Inscription(s): HPHT PROCESSED

* This diamond has been processed by high pressure/high temperature (HPHT) to change its color.

ADDITIONAL INFORMATION

GIA COLORED DIAMOND SCALE

Illustration of GIA fancy color grade interrelationships

現今高壓高溫優化處理法不斷擴大，不再侷限於去除 II 型棕色鑽石以轉變成無色或接近無色，在特定條件下，甚至可將鑽石改色為淡粉紅色鑽石，且短時間內即可完成，微黃的鑽石高壓高溫處理成無色鑽石只需 15 分鐘。也可將粉棕色或藍灰色 Type II 型鑽石轉換為粉紅色和藍色，甚至可將 Type Ia 型的褐色鑽石處理成金絲雀黃至綠黃色或橘色。

A. 高壓高溫複合式處理

前面討論的天然鑽石改色處理已由單一人為處理方式發展為多重處理，根據不同顏色鑽石晶體缺陷來做改色處理，例如很受歡迎的粉紅色，可先將 Ia 型鑽石高壓高溫處理後，再做輻照及退火處理，創造出 N-V 色心，鑽石則可呈現粉紅色；而其他顏色，如：黃色及黃綠色彩鑽也可用複合處理方式得到。

a. 鑑別高壓高溫處理

高壓高溫的改色技術日新月異，改色後顏色較輻射後的鑽石顏色看起來更為天然，無法以目視鑑別鑽石顏色是否有異狀，除了上述提到可能會產生石墨化內含晶體、有雷射腰圍標示外，在正交偏光鏡下可見榻榻米效應（此效應也可於天然無處理 Type IIa

▶ 經過高壓高溫改色鑽石，在正交偏光鏡下所呈現的榻榻米效應。Courtesy of EGL Taiwan

型中看見），還必須經由專業鑑定儀器，看個別不同顏色的鑽石特定光譜分析交叉檢驗。

Chapter 13

合成鑽石

1.19CT 阿蓋爾粉鑽 / FANCY INTENSE PINK / SQUARE

合成鑽石 Synthetic diamond

18世紀時，歐洲的科學家們經由實驗證明鑽石是由碳原子組成，也就是說鑽石、木炭及石墨的成分是一樣的，只要找對方法改變結構差異，就能讓木炭或石墨變成鑽石，因而揭開了人們合成鑽石的歷史。第一位宣稱成功合成出鑽石的人是蘇格蘭科學家韓內，但是後來的研究證實韓內提供的鑽石都是天然鑽石，戳破了韓內的謊言；至於人類真正合成第一顆鑽石是何時呢？答案是 1953 年，瑞典 ASEA 公司在高溫高壓 (2670℃，8GPa) 的環境下合成出直徑不到 0.1 公分的小鑽石，至於克拉級以上的鑽石則是科學家們經過一番努力，直到 1971 年，奇異公司才合成出來寶石級鑽石。

在合成鑽石使用於珠寶業界之前，大量使用其他鑽石類似石來模仿切割後鑽石，例如玻璃、鋯石、無色藍寶、合成二氧化鋯 (CZ)、合成碳矽石 (莫桑鑽) 等，而這些材質只能稱為鑽石的類似石，並非合成鑽石；合成鑽石是由人工方法在實驗室製造的鑽石，與天然鑽石具有相同的結晶構造及物理、化學成分、光學性質等，但合成鑽石的生長週期只需要數周至數月，條件地球深處生長的天然鑽石形成條件不同，由於生長期非常短，合成鑽石的晶體形狀與天然鑽石有很大的差異，一般合成鑽石具有優於天然鑽石的硬度、導熱性與電子遷移率。

▶ HPHT 人工合成鑽石晶體 (上圖) 與天然鑽石 (下圖) 明顯不同

以往合成鑽石受限於設備的規模，只能生長出小結晶的人工鑽石，多用於工業及科技用途，比天然鑽石更有顯著的優

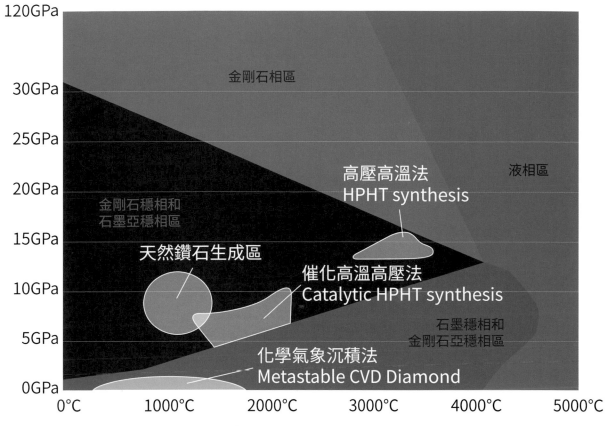

▶ 生成天然鑽石與人工合成法鑽石所需之壓力及溫度，現今較常見的高壓高溫法是使用催化高壓高溫法，因使用催化劑後可縮端合成所需時間及壓力，較符合經濟效益。

勢，例如人工鑽石粉可控制外型及硬度，品質較天然鑽石粉穩定，使用壽命較天然鑽石粉長，而 Type IIa 鑽石有優秀的導熱能力（天然或合成皆是），可避免過熱，切成薄片後製成外科手術刀、散熱槽、雷射視窗等得良好材料；近年來因合成儀器及技術精進，可合成出大顆粒透明結晶，且較能穩定的控制品質，才慢慢用於珠寶業界。以下介紹兩種在合成鑽石已應用於珠寶等級人工鑽石合成法。

一. 高壓高溫合成鑽石

1797 年科學家發現鑽石是一種結晶形式的碳組成，即開始使用各種方式想把碳轉化為鑽石，模仿在地底鑽石的高溫高壓生成條件，早期因為技術限制，沒有適當的設備得以使用，1940 年代，美國、瑞典和蘇聯開始進行系統研究，1941年，高壓設備上有了重大突破，美國通用公司 (General Electric Norton) 與專門研究高壓物理的布里奇曼博士 (Dr. Percy Williams Bridgman) 合作，發展出新的高

壓設備，但因第二次世界大戰而終止了整個計畫。隨後在 1951 年，美國通用公司另組團隊延續布里奇曼博士的研究計畫，此團對一開始只不斷的加壓及升溫，想把石墨加壓成鑽石，卻無法成功，直到團隊內一名科學家霍爾博士 (Dr. Tracy Hall) 另外設計了一款可提高壓力的碳化鎢壓缸，並在外圈加一層帶狀金屬，可把壓力調至 12 萬個大氣壓及維持在 1800°C 左右，並於一次實驗中在導電加熱的鉭 (Ta) 金屬蓋片上發現數顆約 0.1mm 的小結晶，才發現原來合成鑽石需要其他化學觸媒，而硫化鐵和鉭都可成為合成鑽石的觸媒，這些觸媒可以溶解碳又加速使它轉化為鑽石，經過幾次重複實驗後，皆可得到同樣結果，美國通用公司於 1955 年 2 月 15 日發表製造高壓高溫人工合成鑽石之成果，1957 年開始銷售合成鑽石粉作為工業用途，且於 1960 年註冊專利。

戴比爾斯集團 (De Beers) 除了天然鑽石礦業開採銷售外，De Beers 集團子公司——戴比爾斯工業鑽石公司 (De Beers Industrial Diamond) 於 1950 年代即開始研發高壓高溫 (HPHT) 的合成鑽石，此一子公司一直是戴比爾斯工業鑽石生產及加工的主力，早期是販售天然工業用鑽石，1958 年開始販售人工合成鑽石於各工程、科技及醫學產業，如光學，動力傳輸，能源，半導體，傳感器等，並於

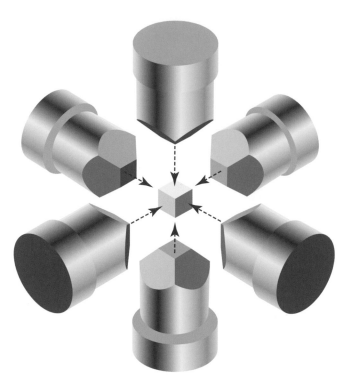

▶ 立方體壓力艙示意圖，分別從六個方向加壓，中心正方體為生長艙示意圖 (裡面包含金屬觸媒，鑽石粉末以及晶種)

2002 年改名為元素六 (Element Six)。而其他的合成鑽石廠商也相繼宣稱成功合成了鑽石，例如瑞典的主要電器製造企業之一的 ASEA (Allmana Svenska Elektriska Aktiebolaget)、1980 年代韓國的 Iljin Diamond、日本住友公司 (Sumitomo Electric Industries) ，甚至後起的中國企業，工業級甚至珠寶級合成鑽石產業出現百家爭鳴的狀況。

2014 年俄羅斯鑽石集團 New Diamond Technology 成立，使用立方體壓力機合成鑽石，設備複雜且昂貴，其優點為可在同一個壓力艙的不同反應層內生產多顆合成鑽石，主要生產 Type IIa 及 Type IIb 的工業、科學及珠寶用途之合成單晶鑽石。

雖然這些生產商每年生產數百萬克拉的工業合成鑽石,這些鑽石都不夠大或品質夠優良到寶石等級,直到 1971 年,美國通用公司宣布製造出第一顆 1.1 克拉可切磨級的合成鑽石,但耗費大量的電能和時間,比購買天然鑽石貴上許多,且顏色為黃棕色、含有大量金屬內含物,並不適合量產。於 1990 年代已經有製造商將氮氣及硼等微量元素加入石墨中一起生成,產出黃色及藍色人工合成彩色鑽石,而要產生透明無色鑽石結晶,則必需去除氮氣,但此去除氮氣的過程會減緩晶體生長,並降低晶體品質,所以一般高壓高溫產出之人工合成鑽石皆是微黃色。

2015 年俄羅斯鑽石集團 New Diamond Technology 宣布只用了不到 300 小時即生產出一顆 32.26 克拉的人工鑽石晶體,切磨後為 10.02 克拉、顏色 E/淨度 VS1 的祖母綠切割鑽石,目前宣稱可以用獨特技術生產出超過 50 克拉的鑽石晶體,以珠寶用途來說,目前可大量生產 D-H 顏色及藍色彩鑽,切割後尺寸為 1.0~10.0 克拉,切割後淨度為 IF-SI。

隨著生產寶石級合成技術日益為人所知,美國,中國和俄羅斯以及烏克蘭的少數製造商開始向珠寶行業推銷它們。

▶ HPHT 人工合成各色鑽石晶體(照片提供:阿里山鑽石科技股份有限公司)

二. 化學氣相沉積法 (CVD)

1952 年，Union Carbide 的 William Eversole 開始使用化學氣相沉積（CVD）方法製造合成鑽石，是使用分離甲烷 (CH4)，成為碳元素，再沉積成為鑽石薄層，所以在未切磨的 CVD 合成鑽石晶體上可看見一層一層的生長紋。早期的 CVD 方法鑽石長不出大單晶鑽石，只能長出小單晶鑽石或是多晶鑽石，所以在上個世紀合成鑽石的方法幾乎都是以高溫高壓為主，在 21 世紀初期，科學家將微波法導入 CVD 製成微波電漿化學氣相沉積法 (MPCVD)，大幅提升 CVD 合成單晶鑽石的速度與數量，也同時降低 CVD 鑽石的成本，MPCVD 的主要組成可以分成微波產生器、真空腔、氣體以及鑽石晶種。

其原理是先在真空腔中通入甲烷 (CH4)、氫氣，再開啟微波產生器以產生電漿球，電漿球的溫度約在 1-2000 度，所以能讓甲烷解離產生碳離子 (C) 與氫離子 (H)，碳離子會在鑽石晶種表面沉積，同時間形成 SP2 鍵結（石墨）與 SP3 鍵結（鑽石），與此同時，氫離子會將碳離子帶離鑽石晶種表面，只是氫離子分離石墨的速度高於鑽石，所以鑽石晶種表面只會形成鑽石，另外值得一提的是當氣體只有氫氣跟甲烷時，鑽石的生長速度會很緩慢，只要加入氮氣就能加速鑽石的生長速

▶ CVD 合成晶體，左上角單晶合成鑽石四周黑色部分為多晶合成鑽石晶體。（照片提供：阿里山鑽石科技股份有限公司）

▶ CVD 合成鑽石晶體，從側面可看到一層一層的生長紋路。

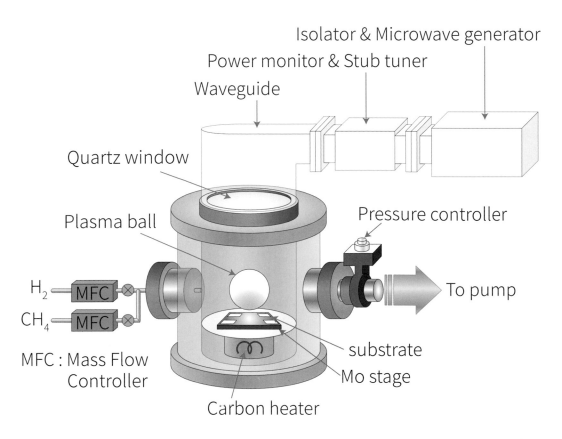

Isolator & Microwave generator

Power monitor & Stub tuner

Waveguide

Quartz window

Plasma ball

Pressure controller

H₂ MFC

CH₄ MFC

To pump

MFC : Mass Flow Controller

substrate

Mo stage

Carbon heater

▶ 微波電漿化學氣相沉積法 (MPCVD) 的構造示意圖 (照片提供 : 阿里山鑽石科技股份有限公司)

度，但是生長出來的鑽石就會是灰褐色鑽石，所以目前發展出 CVD 製造出鑽石後，再以高溫高壓改色處理。在過去的十年中，隨著成本低得多的 CVD 生長製程的成熟，合成鑽石在外觀和質量上與天然寶石並無差異。CVD 比 HPHT 更容易產生無色鑽石，由於成本較低，大多數大型人造金剛石晶體生產商在過去的兩到三年內逐漸投入 CVD 製造，值得一提的是台灣不僅有廠商製造 CVD 的儀器，也有廠商開始製造 CVD 鑽石。

▶ 台灣製造的微波電漿化學氣相沉積法 (MPCVD) 儀器 (照片提供 : 阿里山鑽石科技股份有限公司)

戴比爾斯集團也於 2018 年 9 月推出以 Lightbox Jewelry 為名的珠寶公司，以販售經濟實惠之時尚首飾為名，專門銷售實驗室生長鑽石首飾，以一克拉 $800 美元為標準零售價，並標榜會在 0.20 克拉以上的鑽石內部帶有一個肉眼不可見的永久 Lightbox 標誌。

據了解內幕的人士指出，戴比爾斯推出低價的合成鑽石最主要的目的是打算用低價來消滅市場上的合成鑽石。這兩年來，人工合成鑽石滲入鑽石消費市場，使的目前天然鑽石銷售市場疲軟，為防止珠寶業產生混亂，國際鑑定開始開立人工鑽石之鑑定證書，讓消費者有依循的管道，2017 年，人工合成鑽石的平均售價只低於天然鑽石約 10%~20%，而一年後，中國大陸人工合成鑽石製造業日趨成熟，甚至工業級合成鑽石產量占世界總生產量的 90% 以上，寶石級產量也多達數百萬克拉，兩者的價格差距越來越大，已經到達 30%~40%，相信不久的將來可以明顯區分頂級消費者及購入人工合成鑽石消費市場。

以鑽石等級 F-H/VS 為例，比較兩年天然與人工鑽石相對價格。

	克拉 / 重量	天然鑽石價格	人造鑽石價格	價格差 %
2017	0.5	$1,480	$1,315	11%
	1.0	$5,850	$4,850	17%
	1.5	$11,875	$9,500	20%

	克拉 / 重量	天然鑽石價格	人造鑽石價格	價格差 %
2018	0.5	$1,505	$1,090	28%
	1.0	$6,150	$4,350	29%
	1.5	$12,125	$7,275	40%

Chapter 14

鑽石的類似石

1.72CT 藍鑽 / FANCY VIVID BLUE / HEART

鑽石的類似石

一. 鑽石類似石與其辨別方式

　　鑽石為世界上最受歡迎的貴重寶石之一，在合成鑽石技術未到達珠寶用途之前，市面上有很多類似鑽石的仿品，切割成各種鑽石外型用來做為鑽石替代品，因其價格低廉且產量豐富，大量被應用於各種飾品之中，但至今未有任何一種仿品的表面光澤和火光、亮光和閃光可以完全接近鑽石。

1. 何謂鑽石類似石 (Diamond simulant)

　　指非具有鑽石的物理或化學性質的天然或人工合成材質，切磨成類似鑽石之外觀，做為鑽石的替代品；任何無色透明的切割寶石都可被拿來作為鑽石的類似石，隨著科技進步，也應用許多新技術來製作鑽石仿品，有些可用肉眼判斷出，有些則需使用儀器檢測，此章節在學習如何簡易分辨各種不同鑽石仿品。

2. 辨別鑽石與類似石

A. 肉眼觀察

1. 因鑽石的硬度為 10，拋光後表面呈現金剛光澤與銳利的刻面稜線，其他透明寶石或是類似石硬度無法跟鑽石比較，表面光澤及稜線會呈現較鈍的狀態。

2. 另也可利用鑽石的透視性作為簡單區分（只能用於圓形明亮式切割），原理為：鑽石折射率高，臨界角較小，光線會返回冠部才溢出，從底部無法透視，而許多鑽石類似石的折射率較鑽石低、臨界角較大，因此光線會透過底部逸出，則會有透視效果。方法為：將受測物品桌面朝下，放在有文字或線條的紙上，切磨良好的圓形明亮式切割鑽石，無法看到底下的文字或線條，此法不適用於折射率高的鑽石類似石，例如：合成碳矽石。

▶ 上圖為打磨鑽石的顆粒狀腰圍
Courtesy of EGL Taiwan

▶ 莫桑鑽腰圍為光滑表面 Courtesy of EGL Taiwan

▶ 天然鋯石腰圍為光滑表面
Courtesy of EGL Taiwan

3. 腰圍可分辨出鑽石或鑽石類似石，鑽石
   腰圍若只有打磨過，會呈現顆粒磨砂狀
   外觀或有鬚狀腰圍，而其他類似石腰圍
   會是光滑表面或是呈現條紋圖案（二氧
   化鋯石，CZ）。

4. 鑽石親油不親水，水珠滴在鑽石表面是
   會結成水珠狀，其他類似石相對較快擴
   散開來。

5. 鑽石可能會出現天然面會內凹天然面，
   其他類似石則無，可與其他類似石之小
   缺角作為區分；類似石會有貝殼或弧形
   狀斷口，而鑽石會呈現階梯狀斷口。

B. 簡單儀器

可藉由簡單儀器分辨鑽石與類似石，因各種寶石的導熱性不同，由於鑽石的導熱性優異，摸起來會較其他大部份其他類似石冰涼，可藉由手的觸摸或是使用鑽石探針分辨，鑽石探針為一簡單、且便於攜帶的鑽石辨識工具，操作時，只需將碳針接觸受測物品，碳針會傳導熱到受測物品表面，即可偵測此寶石的導熱性，藉此可分辨是否為天然鑽石；值得注意的是：有些品牌鑽石探針無法分辨天然鑽石與莫桑鑽（合成碳矽石）的區別，所以必須再藉由其他方式檢測。

3. 鑽石類似石介紹

A. 玻璃

於 1700 年代開始使用玻璃來模仿鑽石，喬治·斯特拉斯 (Georg Friedrich Strass) 是此種鉛玻璃的發明者，在拌熔玻璃內加入氧化鉛，提升其亮光及火光，在當時路易十五的宮廷內大受歡迎，被受與國王珠寶商的稱號，此種鉛玻璃又稱為斯特拉斯玻璃 (stras 或 strass)，目前已無在高級珠寶中用來替代鑽石，但仍大量使用於流行飾品中。

鉛玻璃的折射率 (RI) 為 1.47~1.70，表面光澤、亮度、火光及硬度遠低於鑽石，表面容易有刮傷或小缺角，刻面稜線不銳利，相當容易從肉眼區分與鑽石之不同，且若桌面朝下觀察，玻璃可被透視，切割良好的圓形明亮式切割鑽石則無法透視。放大觀察可見玻璃內可能帶有圓型氣泡，鑽石則無。

B. 箔底石

在十八世紀之前，因鑽石切割技術不良，在製作珠寶時，常在寶石底下墊一層光面金屬薄膜，用以提供顏色和增進反光；現今技術進步後，在天然或人工合成寶石底部包覆有色薄膜，藉此增加寶石色彩及亮度，此類寶石現今通稱為水鑽，也稱為萊茵石 (Rhinestone)，此名稱源自於萊茵河地區水晶加工成的寶石，現今被使用於有襯底的各種人造或天然寶石之通稱。

C. 夾層寶石

夾層寶石出現於 1840 年代中期，冠部使用無色石榴石，底部使用無色玻璃，因石榴石硬度約為 7，較玻璃硬，可增加表面光澤及增強堅固性，十九世紀末，隨著科技進步，開始出現合成剛玉及其他合成寶石，取代了石榴石、玻璃夾層的夾層寶石，現今只能在部分骨董珠寶中仍見其蹤影。1930 年代開始，出現人工合成剛玉及合成尖晶石，此 2 種人造寶石有更高的硬度，而 1953 以維爾納葉

方法〈Verneuil process〉製成的人造寶石——鍶鈦石 (Strontium Titanate)，擁有高色散，比之前的替代品更接近鑽石色散，但因硬度只有 6，商業上將其應用於夾層石底部，增加火光；市面上可見冠部為合成藍寶石、底部為鍶鈦石或冠部為合成尖晶石、底部為鍶鈦石的夾層石，甚至有更新的方式，冠部使用鑽石薄層、底部使用其他寶石材料的夾層石。

　　檢測夾層寶石，快速的觀察方式為：觀察其側面是否有平滑的黏合線，在光源下晃動時，也可觀察到不同光澤；正面放大觀察，有時可見黏合的痕跡夾有氣泡。

D. 火焰法合成寶石

　　1800 年代末期，法國化學家奧古斯特維也納葉 (Auguste Verneuil) 認為可將磨細的氧化鋁重新結晶成大的寶石，以此為基礎，開始生產合成寶石：此製成需使用氧化鋁或氧化鉻在至少約 2000°C 的火焰中融化，液態氧化物在冷卻過程中，會慢慢形成結晶，此人工寶石製成法稱為維也納葉 (Verneuil process) 焰熔法，或稱為火焰法 (Flame fusion)。

　　合成尖晶石或合成藍寶石與之前的類似石相比，雖然火光與亮光仍不及鑽石，但硬度更高，且可大量製造，目前市面上仍可見使用於流行珠寶中。

▶ 冠部左上角可見天然鋯石內含物
Courtesy of EGL Taiwan

▶ 從桌面可明顯看出鋯石的刻面重影
Courtesy of EGL Taiwan

E. 天然鋯石

　　天然鋯石 (Zircon) 化學成分為 $ZrSiO_4$，是具有多種顏色且高折射率的寶石，經過熱處理後會變成無色鋯石，被當作鑽石類似石使用，曾經有一段時間成為鑽石類似石的主流，但因熱處理後鋯石結構被破壞，變的易破損或碎裂，目前商業市場已較少使用。

因鋯石為雙折射，而鑽石為單折射，分辨方式為，將寶石微傾斜，由風箏面看底部刻面是否有重影，即可容易辨識。

F. 合成金紅石

合成金紅石 (Synthetic Rutile) 最早出現於 1948 年，體色呈微黃色，硬度 6，是一種使用維也納葉 (Verneuil process) 焰熔法製成且色散極強的合成寶石，目視下容易看見其有七彩火光，一度被使用來做鑽石的類似石，但因硬度不佳，容易磨損，現在已不再使用。

合成金紅石為雙折射，可放大觀察其刻面重影，並有比鑽石更強烈之色散，容易與鑽石分辨之。

G. 鍶鈦石

鍶鈦石 (Strontium Titanate) 是一種人工寶石，化學式為 $SrTiO_3$，是鍶和鈦的氧化物，使用維也納葉 (Verneuil process) 焰熔法製成，1953 年被當作鑽石的類似石來使用，但因為硬度只有 6，常被用於夾層石的底部。

早期自然界中並無發現天然的鍶鈦礦，直至 1982 年，在西伯利亞發現並命名為鈦酸鍶 (Tausonite)，是一種非常稀有的礦物，被應用於精密的光學元件、壓敏電阻、熱敏電阻器等電子陶瓷領域。

H. 釔鋁榴石

1960 年代因為有工業上需求、激光技術的運用，科學家在實驗室中產出幾款立方晶體的結晶物，而釔鋁榴石〈yttrium aluminate，YAG〉最早被當作鑽石類似石來應用，YAG 的硬度為 8，折射率是 1.83，比之前的任何一個替代品要接近鑽石，當時 Cartier 公司使用 YAG 複製了伊莉莎白泰勒所擁有的 69.42 克拉，名為泰勒波頓 (Taylor-Burton) 的水滴形鑽石，成功建立了 YAG 在珠寶市場的地位，直到 1980 年代，普遍被使用在珠寶飾品上。但因為缺少鑽石明顯的火光，一旦有新的鑽石類似石，隨即被取代。

I. 釓鎵榴石

釓鎵榴石 (Gadolinium gallium garnet，GGG) 是另一種人工生產的立方晶體的結晶物，GGG 的硬度為 7，折射率是 1.97，接近鑽石的 2.417，色散 0.045，幾乎與鑽石色散 0.044 相同，但因其硬度較低，製成比 YAG 貴，暴露在陽光下可能會變成深褐色，在珠寶市場中並沒有大量被使用。GGG 的比重 (SG) 為 7.05，是所有鑽石類似品中最高的，透過比較其尺寸與預期和實際重量，可輕易辨認出 GGG。

J. 合成二氧化鋯

從 1970 年代初期，合成二氧化鋯石 (Synthetic Cubic Zirconia，CZ；也稱蘇聯鑽) 出現於市場，且可生產出各種不同顏色，至今仍普及於珠寶市場；CZ 的化學式為 ZrO_2，硬度為 8.5，折射率為 2.150，非常接近鑽石的 2.417，色散為 0.060，較鑽石的 0.044 稍高，火光比鑽石稍強，整體外觀與鑽石類似，是很受歡迎的鑽石替代品。許多知名國際飾品廠商，使用標準鑽石切割比例切磨，且，鑲嵌於珠寶飾品中，模仿各色鑽石。

其判別方式可由腰圍看出：一般 CZ 腰圍拋磨後呈現霧面斜條紋，而拋磨的天然鑽石腰圍呈現顆粒磨砂狀外觀或有鬚狀腰圍；也可利用鑽石探針儀器輕易分辨兩者，且 CZ 比重為 5.6，高於鑽石的 3.52，透過比較其尺寸與預期和實際重量，可辨認出 CZ 與鑽石。

K. 合成碳矽石

合成碳矽石 (SyntheticMoissanite)，化學成分為 SiC，也稱為莫桑鑽，其名稱由來為紀念發現天然碳矽石之諾貝爾化學家一亨利莫桑 (Henri Moissan) 來命名，1893 年，亨利莫桑在亞利桑那州的流星隕石坑中發現天然碳矽石，其物理化學特性類似鑽石，但因極為稀少，無法作為商業用途。

合成碳矽石硬度為 9.25，早期開發是以工業研磨用途為主，因其各種物理、化學、光學效應接近天然鑽石，1990 年代，被應用於珠寶業，其折射率為 2.65，色散為 0.104，比重為 3.2，與天然鑽石類似，其顏色大部分為透明至淺黃或淺綠色。

有一段時間因其導熱性佳，鑽石探測儀無法分辨鑽石與合成碳矽石，而在市場上造成恐慌，觀察兩者不同最顯而易見的是：鑽石為單折射，合成碳矽石為雙折射，可藉由傾斜寶石，透過冠部刻面，觀察其底部刻面，則可看見合成碳矽石的刻面重影；合成碳矽石有時會有方向一致的白色絲狀內含物，這種方向一致性的內含物不會出現於天然鑽石中。

▶ 從冠部刻面可以明顯看出莫桑鑽的刻面重影
Courtesy of EGL Taiwan

4. 鑽石類似石列表

寶石名稱	硬度	折射率	比重	色散	單折射/雙折射	紫外線反應
鑽石	10	2.417	3.52	0.44	單折射	無螢光、藍、白、黃色
合成碳矽石	9.25	2.65-2.69	3.22	0.104	雙折射	橙色
CZ	8	2.18	5.6-6.0	0.060	單折射	短波一呈黃色 長波一呈橙色
YAG	8-8.5	1.833	4.55	0.028	單折射	長波一呈黃色
GGG	6.5	2.02	7.02	0.045	單折射	無
鍶鈦石	6	2.409	5.13	0.190	單折射	無
天然鋯石	7.5	1.815-1.925	4.69	0.039	雙折射	無
合成金紅石	6.5	2.61-2.90	4.25	0.300	雙折射	無
合成尖晶石	8	1.727	3.63	0.020	單折射	短波一呈藍、綠、白色
合成藍寶石	9	1.760-1.768	3.99	0.018	雙折射	短波一呈藍白色
玻璃	5-6	1.47-1.70	2.30-4.50	0.01-0.031	單折射	藍色

0.89 克拉 艷彩綠藍彩鑽裸石
Fancy Vivid Green-Blue SI2 /
CUT-CORNERED RECTANGULAR
Jurassic Museum Collection

鑽石大全
THE GREAT DIAMONDS

作　　者／李承倫 (Richard Li)

美術設計／侯信志、邱大誌、游采瑜、陸亞倫

編　　輯／EGL 台灣鑑定團隊：余文翔、張嘉茹、李聿文

封面攝影／陳宗賢

總 編 輯／賈俊國

副總編輯／蘇士尹

編　　輯／高懿萩

行銷企畫／張莉滎 · 廖可筠 · 蕭羽猜

發 行 人／何飛鵬

法律顧問／元禾法律事務所王子文律師

出　　版／布克文化出版事業部

　　　　　台北市中山區民生東路二段 141 號 8 樓

　　　　　電話：(02)2500-7008　傳真：(02)2502-7676

　　　　　Email：sbooker.service@cite.com.tw

發　　行／英屬蓋曼群島商家庭傳媒股份有限公司城邦分公司

　　　　　台北市中山區民生東路二段 141 號 2 樓

　　　　　書虫客服服務專線：(02)2500-7718；2500-7719

　　　　　24 小時傳真專線：(02)2500-1990；2500-1991

　　　　　劃撥帳號：19863813；戶名：書虫股份有限公司

　　　　　讀者服務信箱：service@readingclub.com.tw

香港發行所／城邦（香港）出版集團有限公司

　　　　　香港灣仔駱克道 193 號東超商業中心 1 樓

　　　　　電話：+852-2508-6231　　傳真：+852-2578-9337

　　　　　Email：hkcite@biznetvigator.com

馬新發行所／城邦（馬新）出版集團 Cité (M) Sdn. Bhd.

　　　　　41, Jalan Radin Anum, Bandar Baru Sri Petaling,

　　　　　57000 Kuala Lumpur, Malaysia

　　　　　電話：+603- 9057-8822　　傳真：+603- 9057-6622

　　　　　Email：cite@cite.com.my

印　　刷／韋懋實業有限公司

初　　版／2019 年 05 月

售　　價／2800 元

Ｉ Ｓ Ｂ Ｎ／ISBN 978-957-9699-83-9 (精裝)

城邦讀書花園
www.cite.com.tw　布克文化 WWW.SBOOKER.COM.TW